网络传播书系

网络新闻实务

Online News Operation

金梦玉　主编

中国传媒大学出版社

《网络传播书系》总序

◇ 刘继南

呈现在读者面前的这套网络传播书系，是我校网络传播学院编写的系列教材。编写队伍由中青年教师和部分在读博士、硕士研究生组成。他们当中，既有多年在新闻学、传播学、艺术学、语言学、电子和通信工程学等学科领域从事教学和研究工作的中年专家、教授，也有海外学成归来的年轻博士和青年学术骨干，还有正在勤奋攻读的莘莘学子。他们的努力、思考、学识和睿智都凝集在书中了。

进入21世纪，人类社会正经历着从原子时代向数字时代的转变。互联网在世界范围内飞速扩张，其发展速度之快、影响力之深广，都超出了人们原来的大胆预想，为迄今所仅见。不但如此，它强劲的发展势头至今有增无减。

互联网代表着一种崭新的信息交流方式。它使信息的传布有可能突破传统的政治、经济、地理和文化的壁垒阻隔；世界范围内的信息传播活动，因此而发生深刻的变革。借助互联网，国际交流在一个前所未有的广阔平台上展开：国与国、地区与地区之间的往来和影响，不同政治制度、经济体制、文化传统之间的竞争和借鉴都达到了前所未闻的程度。

网络传播的基本特征是互联性。网络使世界更快捷更方便地进入中国，也使中国以前所未有的规模走向世界。越来越多的中国人受益于网络传播——不仅借助它通达全球，而且通过它实现或加强了彼此之间的联络和沟通。网络传播对我们的影响和对我们的未来，实在是太重要了。

1999 年 2 月 26 日，江泽民总书记在全国对外宣传工作会议上指出：信息传播业正面临着一场深刻革命，以数字压缩技术和卫星通讯技术为主要标志的信息技术的发展，互联网的应用，使信息达到的范围、传播的速度与效果都有显著增大和提高。世界各国争相运用现代化信息技术加强和改进对外传播手段。我们必须适应这一趋势，加强信息传播手段的更新和改造，积极掌握和运用现代传播手段。江总书记的这一指示，对把握中国网络传播事业的未来有着特别重要的意义。

网络与社会生活的结合，衍生出许许多多新的事物和新的现象。例如，网络与新闻活动结合，产生了被人们视为是继报刊、广播、电视之后的一种新型媒体形式，即“第四媒体”。互联网既给激烈竞争中的传统媒体带来了吸引受众、扩大影响的技术手段，也造就了新的网络媒体的蓬勃崛起，人类的新闻传播活动从此进入了一个新的阶段。目前，网络传播与传统的报纸、杂志、书籍、广播、电视、电影等大众传播形式相互融合、相互竞争，也互相补充，社会信息传播生态结构明显地呈现出多样性的可能。

中国互联网业日新月异，但是相关的理论总结和系统研究数量不多，对学科交叉的边缘地带更鲜有人涉足。正是出于对这一现状的关注，我们想到编写并出版这套网络传播书系，从中国的现实出发，以中国人的视角来观察和思考互联网问题。

这套书系的第一批成果，涉及了网络新闻传播的理论及实务、网络技术、网络广告、电子商务、网络媒体管理、网络经济、网络艺术、网络传播环境中的话语研究以及网络传播与人才培养等专业领域。这些选题的确定既是网络传播发展所提出的研究课题，也是我们教学和人才培养的实际需要。我校曾经长期侧重培养广播电视传播方面的专业人才。随着社会需求的变化和我们自身不断的调整、充实和开拓，我校目前已经成为国内一所为信息传媒全方位培养高素质人才的重点高等学府；2000 年 4 月 30 日，又成立了全国首家网络传播学院。我们的前进步伐在不断地加快。

网络传播业在全球范围内仍然处在“现在发展时态”，这套书系只能说是为中国网络传播教学和研究今后向更广领域迈进、向更高层次提升而放置的第一块基石。目前教研成果的部分内容是否会在短时间内便过时呢？产生这种疑虑和担心，是突飞猛进的数字时代的正常现象，也是社会心理“与时共进”的表现。的确，与 IT 业界的其他软件产品一样，我们的书系和我们的研究成果，同样需要经常地“刷新”和“升级”。面对未来，我们将以完全开放性的心态对待网络传播方面新的选题和新的研究，这套书系也将尽可能及时地和连续不断地推出新的、优秀的阶段性成果。我们衷心欢迎各界专家和读者的支持和指正。

2001 年 3 月

目　录

第一章 绪 论

当人类处于新旧世纪交替之际，“互联网媒体”、“第四媒体”、“网络新闻”等等新名词开始频繁出现在日常生活当中。国际互联网正在改变着这个世界，也在改变人们的生活。也许还没有人能说得清楚国际互联网究竟还能给我们带来什么，但越来越多的人已开始意识到它所具有的媒体功能。

互联网为人类历史开辟了一个崭新的信息时代，由于它在信息交流快捷、贮存量大、更新及时、使用方便等方面具有传统信息传播手段不可企及的优势，运用网络发布新闻，对人类社会的新闻与信息传播活动将是很有益的补充。

新闻工作是一项专门的职业，网络新闻作为后起之秀，其新闻从业人员必须专业化，也就是说，网络新闻传播工作者应当研究网络媒体及网络新闻工作的内在规律；只有获得了规律性认识，才能取得网络新闻传播的预期成效。对于新闻学来说，网络新闻传播是一个崭新的领域；本章将从因特网、网络媒体、网络新闻等基本概念出发，探讨网络新闻业务的主要内容，阐明学习网络新闻实务的基本要求。

第一节 网络新闻的基本概念

要说清楚网络新闻，必须先回到原点，弄清楚互联网、网络媒体等基本概念问题。

一、国际互联网（Internet）

1．Internet

Internet是国际计算机互联网的英文名称，是一种全球信息资源网，中文又译为“因特网”。国际互联网是目前世界上最大、最流行的计算机网络，同时也是目前影响最大的一种全球性、开放的信息资源网。它通过专门的通信界面和规程，由不同类型的计算机之间各联邦网（美国）、不同国家和地区一系列的局域网、校园网以及其他国家的各种类型的网络等组成庞大的计算机网络体系，其上存放着大量的信息，供世界各地的网络用户查询和使用。

2．Internet的发展及其现状

最初的Internet雏形是美国军方为军事通信目的而建立起来的一个内部的网络，是成立于20世纪60年代的美国国防部高级研究计算局（ARPA，Advanced Research Projects Agency）的Arpanet（通常称为ARPA网）。Arpanet是一个实验性的计算机网，用于军事目的，设计要求是支持军事活动，特别是研究如何能承受像核战争那样的破坏或其他灾害性破坏，当网络的一部分遭到损害，整个网络仍能照常工作。与其不同的是，Internet是用于民用目的，最初主要是面向科学与教育界，后来才转到为其他领域的一般用户服务，成为全球性开放的网络。为了达到此目的，需要制定一个大家共同遵守的支持网络的协议，经过专家的不断研制和完善，制定了TCP / IP协议，这对网络互联的发展起到了很大的推动作用，为以后的Internet的产生和发展开辟了道路。

20世纪80年代初，美国国家科学基金会（NSF）采用了TCP/IP网络技术，建立了CSNet。CSNet只是一个逻辑上的虚拟网络，它是在其他网络基础上加统一的协议层而构成的，借用其他网络提供的通信能力；从用户角度来说，它仍然是一个独立的网络。1984年，美国国家科学基金会将六个超级计算机中心连接起来，加上一些地区性网络，组成了NSFNet（National Science Foundation Networking），实现了计算资源的共享。

还是在1983年1月，当TCP/IP成为Arpanet惟一的正式协议后，连接Arpanet的计算机用户迅速增长。在Arpanet和NSFNet互联连通后，这种增长达到了指数级别，而且还连接了加拿大、欧洲和太平洋区域的网络，这样就逐渐形成了现在的Internet。

历经了以军事应用为代表的摇篮期和以学院科研应用为代表的少年期后，进入20世纪90年代，由于WWW在Internet上的应用，使Internet吸引了成千上万的非专业用户的加入，步入了一个飞速发展的全新时代，Internet才真正开始影响我们每一个人的生活。随着多媒体技术的兴起和它在网络上的应用，如网络电话、通过网络听广播、欣赏音乐、观看影片等，已经使得我们的生活越来越离不开网络。因为现在网络对我们来说，不仅仅是获得信息的工具，而且已经形成了一种文化——网络文化。

Internet最大也是最令人着迷的应用功能就是提供万维网浏览服务。万维网是WWW（World Wide Web）的中文译名，也被称为全球信息网，是一种全球网信息服务系统，有时也简称为Web。它是通过超文本（Hyper Text）链接在一起的多媒体文档的集合，是在Internet上支持WWW协议和HTTP客户机与服务器的一个巨大的总和。万维网最早于1989年出现在欧洲粒子物理实验室（CERN），该实验室是由欧洲12个国家共同出资建立的。万维网的初衷是为了让科学家们以更快更方便的方式彼此交流思想和研究成果，希望能够有一种方便的方法在互联的网络上共享信息。现在，万维网已经成为一种基于超文本方式的信息查询工具，也是Internet一个代表性的信息查询工具。万维网的文件以超文本格式编写，含有与许多相关文件的超链接（Hyperlink）。用户只要用鼠标左键点中该文件网页的超链接，打开与该超链接相关的文件网页，系统将自动地调用被选择的网页文件，而不管这些网页文件在Internet上的哪个地方。利用万维网可以检索网上几乎所有的信息资源，除了浏览文本信息外，还可以通过相应的软件显示多媒体信息，如图像、影视和声音等。而现在的World Wide Web可以被认为是一个基于Internet的各种通信协议基础的、无所不包的缤纷世界，人们可以在上面十分方便而惬意地“冲浪”从而获取种种信息，同时也可以方便而无拘束地发表自己认为有意义的信息以供他人浏览。而这一切的一切，都是因为万维网完美地将“超文本”的概念变成了触手可及的现实。如今，在五彩缤纷的Internet世界里，WWW是最光彩夺目的一道风景。

3. Internet在中国

在中国，Internet如同在世界其他主要国家一样，最早是出于科研目的被引入，由学术网络发展而来的。著名的网络专家、被称为“中国Internet

之父”的钱天白先生在1987年9月20日发出了第一封电子邮件“越过长城，通向世界”，实现了电子邮件的存储转发功能，揭开了中国人使用Internet的序幕。1990年10月，钱天白教授代表中国正式在国际互联网络信息中心的前身DDN－NIC（美国国防部ARPANET网络中心DDN－NIC负责全球互联网络域名和IP地址的分配）注册登记了我国的顶级域名CN，从此开通了使用中国顶级域名CN的国际电子邮件通信服务。1993年3月2日，中国科学院高能物理研究所租用AT&T公司的国际卫星信道与美国SLAC国家实验室的64Kbps专线正式开通，是我国实现部分连入Internet的第一条专线，几百名科学家在我国得以使用电子邮件。

1990年4月，中关村地区教育与科研示范网络（NCFC）启动。NCFC工程连通了中国科学院院网（CASNET，连接中关村地区三十多个研究所及三里河中科院院部）、清华大学校园网（TUNET）和北京大学校园网(PUNET)，1993年底完成主干网的建设。

1994年4月，中国科技网NCFC首次开通可以全功能访问国际互联网的专线，标志着我国正式连入国际互联网，揭开了我国Internet发展的新篇章。

1994年10月，中国教育科研计算机网（CERNET）开始启动，目标是建设一个全国性的教育科研的基础设施，利用先进实用的计算机技术和网络通信技术，把全国大部分高等学校和中学连接起来，推动这些学校校园网的建设和信息资源的交流共享。

1996年1月中国公用计算机互联网CHINANET全国骨干网建成并正式开通；中国公用计算机互联网的诞生标志着中国的Internet用户从科技教育界已经转向全国各行各业，从而拉开了全民性Internet应用的序幕，为中国Internet的发展奠定了坚实的基础。

1996年9月6日，中国金桥信息网业务正式宣布开通。中国金桥信息网，又称国家公用经济信息通信网，是国家经济信息化的基础设施。中国金桥信息网与中国公用计算机互联网共同成为面向社会公众提供服务的互联网络，标志着中国互联网开始进入商业应用的新时期。

1997年4月，国务院在深圳召开全国信息化工作会议。会议通过了“国家信息化九五规划和2000年远景目标”，从此，中国互联网被正式列入国家信息基础设施建设。

随着以上所说的中国四大互联网络相继建成，Internet 在中国开始飞速发展。目前，中国互联网形成了由中国科技网、中国公用计算机互联网、中国教育和科研计算机网、中国金桥信息网、中国联通、中国网通、中国移动互联网、中国长城企业网等构成的九大骨干网，并将实现互联互通。

二、网络媒体的定义

1987 年美国硅谷的《圣何塞信使报》首先将报纸内容搬上了国际互联网，开网上大众传播之先河。随着网络技术的不断发展，特别是万维网和浏览器的推出，使得人们能够通过国际互联网，很方便地在计算机屏幕上访问他们所需要的任何文字、音响记录或视频图像，因此网上新闻服务内容日益增多。

与此同时，国际互联网被越来越多的人使用，逐渐达到成为一种大众传播媒体的标准。

由于国际互联网具备了传播新闻信息的各种强大功能，包括电子邮件(E－mail)、网络新闻组（Usenet)、万维网浏览（WWW)、网络论坛(BBS)、网络聊天（IRC、ICQ）等等，并且在实际生活中扮演了媒体的角色，人们称之为“网络媒体”；相对于原有的媒体，它又被称为“新媒体”(New Media)；由于其具有数字化传播的特点，又被称为“数字媒体”（Digital Media)；又因其诞生在报刊、广播、电视这三种大众传播媒体之后，被形象地称作“第四媒体”。1998 年 5 月，联合国新闻委员会年会上正式提出“第四媒体”的概念：是继报刊、广播和电视后出现的因特网和正在兴建的信息高速公路。

有的学者在界定第四媒体时认为，“第四媒体”的概念存在广义和狭义之分。从广义上说，“第四媒体”通常就是指因特网（作为正在兴建的信息高速公路的主要组成部分)；从狭义上说，“第四媒体”是指基于因特网这个传输平台来传播新闻和信息的网站，是“通过因特网传送文字、声音和图像的新闻传播工具”。①

有人从媒介发展的历史及其不同的表现形态的角度对于把网络媒体界定为“第四媒体”提出异议，认为报纸杂志、广播、电视是人类发明的第二代

① 钱伟刚：《第四媒体的定义和特征》，参见 http：//www. cjr. com. cn。

媒介（第一代媒介应当是应用于人际传播的媒介——引者注），即大众传播媒介；网络媒介应当属于第三代媒介，即实现了大众传播与人际传播兼容的媒介。[①]

但是，需要预先说明的是，媒体不是网络的全部内容。国际互联网不仅具有新闻媒体的功能，在军事、金融、商务、医疗、教育、科研等各个领域，它也发挥着变革性的作用。国际互联网上并非仅有传播信息的媒体功能，还具有电子邮件、电子商务等重要功能，有网上银行、商店、医院、学校、图书馆甚至娱乐场所等等，它对人们的生活方式产生了巨大影响。把国际互联网归结为媒体不尽全面。这一点正如 chinabyte 的首席执行官宫玉国所说："Internet 不是媒体，把 Internet 说成媒体，是把 Internet 的一部分特点放大了。"搜狐公司总裁张朝阳也有类似的认识。他说，我们是为了告诉大家 Internet 不是纯技术，所以才把它说成了媒体。Internet 实质上是以技术来实现很多功能的一个平台。

明白了国际互联网的实质，我们再来从新闻媒体的角度来认识网络媒体，那么概念就比较清楚了。据《现代汉语词典》（修订版，1996 年商务印书馆出版）解释，"媒介"是指使双方人和物发生联系的人和事物；对于传播意义上的媒介（或媒体），即"传播媒介"、"传媒"（Communcation Media），《新闻学大词典》解释，"是指承载传递信息的物理形式"。按使用对象又可划分为：个人媒介，如私人信函、私人电话等；大众媒介，即大众传播媒介（Mass Communication Media），如报纸、杂志、广播、电视、电影和图书等。也就是说，只有当国际互联网被作为传递各种信息，特别是新闻信息的技术手段，而不是商业手段、教育手段等其他手段时，它才具有传播学、新闻学上的意义。

可以说，当前所说的网络媒体，一般指互联网媒体，就是借助国际互联网这个信息传播平台，以电脑（包括可移动电脑）、电视机以及移动电话等为终端，传播以文字、声音、图像等多媒体形式反映出来的数字化新闻信息的一种传播媒介；相对于早已诞生的报纸、广播、电视等媒体，它是"第四媒体"。从严格意义上说，网络媒体应当是指国际互联网被人们所利用的进行新闻信息传递与交流的那部分传播工具性能。

① 李希光主编：《网络记者》第 54 页，中国三峡出版社 2000 年 6 月版。

界定清楚了网络媒体之后，鉴于“国际互联网”、“因特网”和“网络媒体”等不同称谓之间实质上存在着一定的差别，我们主张分语境使用，在计算机与信息科学领域以及社会日常生活中，可以使用“因特网”；而在新闻信息传播领域较为正式的话语情境中，以使用“国际互联网”为宜，也可以直接使用“网络媒体”或“互联网媒体”。

三、网络新闻的概念

网络新闻是什么？要追溯网络新闻起源，更远一点可以从电子邮件说起。1972 年，美国位于波士顿的一家咨询公司 BBN 公司职员雷·汤姆森发明了电子邮件，在互联网上传送信件、文件以及图片。电子邮件可以在 1 秒钟内把一封几千或上万字的长信从地球一端发送到地球的另一端（点对点传输）。电子邮件的问世，使人类历史上所有的通信方式相形见绌。不久又开发出了电子邮件发送清单（邮件列表），在互联网上做到一点对多点的传输。

但是，随着互联网用户的增加，电子邮件和邮件列表的传输方式很快不能满足人们要把文件或信息传送到更大范围、更多人的愿望。由此，电子公告牌应运而生，电子公告牌实现了在互联网上成千上万人参与信息交流与文件传输的愿望。电子公告牌是供网络用户自由地张贴和发布自己的消息和对事件的意见的。人们在电子公告牌系统中很容易形成对某一问题的集中讨论，故又被称为“计算机讨论小组”；由此产生了新闻组（Net - work news），通常简称为 Netnews（或 Usenet）。新闻组中又分为很多小组（Newsgroup），由于讨论话题五花八门，包罗万象，出于交流的方便，人们把新闻组大致分为七大类：

comp——与计算机有关的主题；

sci——与科学研究有关的主题；

rec——与娱乐有关的主题；

soc——与社会文化有关的问题；

news——网络新闻系统本身；

misc——杂类，这里讨论的是比较离奇的话题；

talk——与各种讨论类话题有关的主题。

在这七大类下又有无数的小组。如今，互联网上有超过数万个的独立新闻组，类别划分超过 200 个。

人们要获取新闻或发布信息，就必须加入一个新闻组。有人利用新闻组经常发布消息，也有人向他订阅自己感兴趣的消息，这样，在互联网上出现了个人主页和电子公告牌经营，产生了定时向订户发送新闻的传播方式。互联网这一新的信息传播形态的出现，很快引起新闻传播机构（传统媒体）的注意；与此同时，政府机构、企业以及ISP（网络服务提供商）也看到了网络新闻的巨大潜力，纷纷开设站点，发布新闻、信息或获取新闻服务；网络新闻由此逢勃发展起来。

新闻组（Netnews）运行于全球各地支持NNTP协议的服务器上，是国际互联网上的一个重要组成部分，它是利用计算机网络进行有关主题讨论的国际性论坛，用户使用该服务即可同网间网中其他用户就某一问题进行讨论。然而，严格说来，互联网上的新闻组作为网络新闻的滥觞，但却不是真正意义上的新闻。新闻组具有很浓郁的讨论味，它只是现在网络新闻的很少一部分，从实际情况看，新闻组中发布的信息，极少一部分是具有新闻价值的。鉴于这种情况，有人直接提出把互联网的这一功能重新界定为网络“讨论组”①。这一说法是比较可取的，在Netscape浏览器里，新闻组就直接被称为discussion group。

随着互联网的发展，网络新闻被注入了新的内涵，其内容和表现形式都大为丰富和多样。如今人们提起网络新闻，更多地是指由报纸、杂志社、广播电视台、通讯社的网站在互联网上所发布的新闻，同时也包括各商业网站发布的新闻，以及政府机构、行业协会、企业甚至个人在互联网上发布的新闻。

那么，究竟什么是网络新闻？从新闻学理论的角度来说，所谓网络新闻，就是指上述各种机构和个人在互联网上利用网络技术和网络功能对最新发生、发现或正在发生的事实的报道。

这一定义指明了网络新闻的三层内涵：一是指网络新闻的载体是以电子技术、数字技术以及诸如ICP/IP协议等网络技术为特征的国际互联网络；二是指网络新闻的传播形态是在互联网基础上表现的，是借助于互联网络功能实现的；三是指网络新闻传播主体既包含传统的新闻传播专门机构，也包括从事新闻传播的非专门机构，还包括个人新闻传播。这是与传统媒体表现

① 雷健：《网络新闻》第76页，四川科学技术出版社1999年11月版。

不一样的地方，也是网络新闻理论研究和业务研究需要充分正视和注意的地方。而正是由于这些不同的主体发布网络新闻，构成了网络媒体的全部内容。

四、网络媒体发展历程

1. 世界网络媒体发展简史

30 年前，当拉利·罗伯兹（Larry Roberts）受命为美国国防部组建阿帕网（ArpaNet）时，没有谁能够想到这种用于军方通讯的电脑网络会对报纸产生什么样的影响；但是，今天，当阿帕网演变成国际互联网、扮演着信息传递者的角色，并且其用户以几何级数迅速膨胀时，我们已经不得不换一种眼光来认真对待这种新的媒体了。

世界上第一家基于互联网的电子报纸是美国加里福尼亚州的《圣何塞信使报》。1987 年，这家位于高科技研究园区的报纸，首先将本报内容送上了尚处于初级阶段的因特网，虽然当时仅只是将纸质报纸的内容悉数搬上了网络，但从此开创了网上报纸的新纪元。

但直到 1994 年底，美国上网的报纸不过几十家，全世界也不超过 100 家，所提供的内容也仅限于在线新闻或分类广告服务。这其中的主要原因，是当时网上信息的发送和接收在技术上都还不那么便利。

技术的进步推动了网络媒体的发展。1994 年 11 月，美国网景公司推出了其划时代的软件产品：因特网浏览器 Netscape Navigator 1．0，这极大地方便了人们在网上的搜索与浏览，从而激起了第一次用户上网的高潮，也刺激了报刊上网的热情。据估计，仅仅一年内全球互联网用户激增了一倍，达到 3000 万人，上网的报纸 1996 年初世界上共有 900 家电子报纸，1997 年 10 月增加到 2300 家①。

今天的互联网连通着全球约 200 个国家和地区的 3000 多万台主机，拥有着世界上约 1 亿多用户，目前还在以每月 15%的速度迅猛扩展（据 1999 年 6 月 14 日《互联网周刊》报道），网上报纸总数已经超过 3600 家。同时，上网报纸也从最初的母报翻版发展到形式多样、内容丰富的各种网站，其代表性的有几种：（1）设独立网站，内容是纸质母报的翻版；（2）设独立网

---

① 闵大洪：《传播科技纵横》第 196 页，警官教育出版社 1998 年 4 月版。

站，除包含纸质报纸的内容，还增加单独编辑、单独采访的其他新闻信息；(3) 众多报纸联合经营一个大型的新闻网站，但各报内容独立；(4) 报纸独自或数家联合、或与其他网络服务商联合，经营专业性的信息服务网站。

除报纸上网之外，广电传媒也迈开建立网站提供网络广播、电视节目的步伐。英国广播公司BBC从1997年9月起，在互联网站基础上推出BBC网络频道（BBC On line Channel）。美国广播公司（ABC）、全国广播公司（NBC）和哥伦比亚广播公司（CBS）这三大广电网络，以及有线新闻电视网（CNN）均已上网，涉足网上新闻服务。美国全国广播公司还和电脑软件业巨头微软公司联手创建了微软—全国广播公司电视台（MSNBC），在互联网上建立了该有线频道的网站（http：//www. MSNBC. com）。

2. 中国互联网网上报纸的发展情况

1993年12月6日，一家地方报纸——《杭州日报》下午版通过该市的联机服务网络传输数据，而当时中国还尚未与国际互联网连接。1995年1月12日，《神州学人》杂志开中国出版刊物上网之先河。1995年10月20日《中国贸易报》正式上网，标志着国内第一家日报将新闻信息发布到国际互联网，揭开了中国网络新闻传播业蓬勃发展的序幕。

值得一提的是，《中国贸易报》电子版一开通就通过国际互联网络、中央电视台图文电视、全国电子信箱信息服务系统等三种渠道向国内外传播，每天在网上的文字量约为1.5万。

1997年在北京首次召开了有关电子报刊的研讨会——'97全国电子报刊经营现状与发展趋势研讨会，据会议组织者会前在网上搜寻检索的结果，当时中国上网报刊只有60多家。

统计数字显示，截至1999年底，中国上网报纸已经接近1000家，上网的广播电台和电视台超过100家。目前国内有独立域名的网上报纸占全国报纸总数的42.6%。上网的全国性报纸共56种，占全国性报纸种数211种的26.5%，全国性报纸中的四分之一强已经在互联网上安了家。同时，中国网民人数在迅速增长，据1997年第一次互联网调查，中国网民数量为62万人；而到2000年7月统计调查显示，截止于2000年6月，全国网民达到1690万人；到2000年12月底，即突破2250万人。在国家做出将2000年定为企业上网年，2001年定为家庭上网年（1999年为“政府上网年”）的决策后，网民数量将会以成倍级数量增长，而网络媒体在数量和质量方面也肯定会向纵深两极发展。

回顾世界和中国网络媒体的发展历程，可以看出，作为第四媒体的互联网络的发展具有无限的生命力。在美国，如果以“5000万受众”为传媒的一个里程，达到这一里程，无线电广播用了38年，电视用了13年，而国际互联网自从对公众开放开始商业应用，到拥有这个数量的用户只花了4年时间。短短几年，世界和中国的网上报纸走过了其他媒体几年甚至几十年的发展历程。它的发展速度已经远远超过了其他几类媒体。

在回顾这一历程时，会发现世界和中国网上报纸发展的一些共同点：一是世界和中国第一份上网的报纸都是地方性报纸。这一方面说明地方性报纸在网上的地域优势，另一方面也预示未来网上报纸的一种思路和方向；二是互联网技术对网络媒体的瓶颈作用。网络媒体在一定程度上依赖于互联网技术的发展，而互联网技术的每一次进步都会或多或少推动网络媒体前进的步伐。由此可以预见，未来网络媒体的空间扩张还需借助互联网技术提供给它一对腾飞的双翼，才能获得媒体世界独一无二的绝对优势。

3．网络媒体发展模式

美国哥伦比亚大学新闻学院新媒体中心主任约翰·帕维里克（John V. Pavlik）研究认为，互联网上的新闻传播大致可分为三个阶段。第一阶段是拷贝借鉴阶段，通常是将母报内容搬上网络版；第二阶段是用户化阶段，力求在信息内容和形态上办出特色；第三阶段是网络原创阶段，融入网络的多种服务功能，有实力的网站则向门户网站迈进。

在我国，国内传统媒体上网基本形成三种模式：复制链接版、网络版、综合性网站。复制链接版即电子版，就是将传统母报的内容原封不动地搬到网上；网络版，除母报内容外，扩充了服务范围，增加自采新闻，在新闻的层面上内容有所扩充；第三种形式则是在传统媒体的基础上形成的相对独立的网站，新闻来源更广阔，甚至以发布原创信息为追求目标。

这三种模式，分别显示出传统媒体在网上发展的三个不同阶段：初级上网阶段、网上探索阶段、个性化创新阶段。就整体而言，我国网上媒体正逐渐由初级上网阶段向网上探索阶段过渡；但是，上网媒体的个性化追求以及网络的原创性亦已经显现出来。有人用富有新闻特征的语言描述网络媒体发展的轨迹，称1998年是“网络门户年”，1999年是“电子商务年”，而2000年是“新闻网络媒体创新年”。不论这些提法是否科学，但在2000年，中国新闻媒体确实对新闻的网络传播新动向给予了异常热情的关注。无论地方还是中央新闻媒体均积极探索新的网络传播运作方式，已不满足于单纯的电子版或网络版，而开始向网络传播的深度和广度进军。为青年服务的综合性网站《中国青年报》中青在线网站（WWW. CYOL. NET.）成为首家公司化独立运作的中央新闻网站，探索新的网络传播运作方式。

2000年5月8日，由北京日报社、北京电视台、北京人民广播电台等9家北京地区媒体联办的新闻网站——“千龙网”正式启动。5月28日上海最大规模的综合新闻网站——东方网 www. eastday. com. cn 面世。她由上海多家主要新闻单位联合东方明珠股份有限公司、上海信息投资股份有限公司共同发起，成立上海东方网际传讯股份有限公司并注册东方网，各大媒体以资本或信源投入占有网站股份。2000年8月21日，《人民日报》网络版以“人民网”的形象亮相，人民网将以新的思路和更大的气魄进入一个新的发展阶段，向着超越媒体的综合性信息服务平台迈进。同时，全国还有近10家传统媒体主办的综合网站也将相继启动。它表明：面对众多商业网站的严峻挑战，传统媒体在经历了1997年大办网络版的第一次“触网”潮后，2000年开始大办相对独立于传统媒体的综合网站。

国内广播电视媒体也纷纷走进网络传播领域。虽然在互联网上建立网站及利用网上广播技术，总体上比国外海外滞后，但自1999年以来，呈现出令人刮目相看的变化。中央电视台、中国教育电视台、北京电视台、上海电视台、上海东方电视台、西湖明珠电视台、岭南视听信息网、中国国际广播电台等，均已建立网站。据统计：到2000年5月底，全国近100家广播电台、60家电视台、25家有线电视台、10家卫视台（以上统计不包括派生的频道网站数）已经上网。此外，尚有广播电视业界直属或相关的20多家机构（如国家广播电影电视总局、中国国际电视总公司、央视—索福瑞调查咨询公司、北京广播学院等）建立了网站①。

经过五年的努力，随着网络技术的成熟及人们对网络传播认识的不断深入，中国网络新闻媒体在整体上经历了早期简单复制传统媒体内容、中期利用网络传播特性扩展母体媒体、到现在努力摆脱传统媒体的制作方式和运作方式，发展独立的综合新闻网站的历程。但是，在个体上多种发展模式与不

① 闵大洪：《中国网上广播的现状与前瞻》，参见 http：//www. cjn. com. cn。

同发展阶段在当前交相重叠，并将延续一段时间。

五、网络新闻媒体与传统新闻媒体共同构成我国新闻传播的新格局

1. 中国新闻媒体网站是我国互联网传播的重要组成部分

至 2000 年 6 月，全国 WWW 的站点已达 27289 个，比 1999 年同期增长 275%；在 cn. 下注册域名的站点达 99734 个。其中新闻网站的数量也达 700 余个，而除了纯粹的新闻网站，很多无法计算的综合性网站也做起了新闻信息传播工作。涉及新闻的网站数量如此之大，当“千龙新闻网”等诞生之时，有人欢欣鼓舞，“现在，符合中国国情的真正的新闻网站可能要出现了。可以看做传统媒体在互联网上大兵团作战的前哨战，可以看做传统媒体在互联网上拓荒的开始，这是一个令人鼓舞的开端。”“中国的传统媒体终于清醒地认识到了互联网的魅力，终于开始在此开天辟地了。”①

目前网上资讯的主要内容来自媒体网站。包括绝大多数商业网站在内，新闻是用以吸引用户的第一手段，也直接关系到网站的经营。据调查，中国约有 60%到 70%的网民表示最喜爱的网络信息是新闻；网民上网寻求的服务内容 82%是新闻。

中国已有数百家新闻媒体网站，它们在发展战略、实践层次、网站定位、网络业务上正呈现出百花齐放之势。与媒体上网历程相伴随，媒体网站对与商业网站的关系、网络新闻的采编规律、大型新闻网的运作、网络版权问题、网络新闻人才培养及媒体网站的技术创新等，从内容到运作都在进行着积极的探索，尤其是在传统媒体联合推出大型新闻网站如北京千龙新闻网、上海东方网后，媒体网站与商业网站竞争态势产生了一定的变化。在运用网络传播新闻信息方面，传统媒体网站仍然占有独特的优势，但是那些遵纪守法、知名度较高、导向基本正确的民营商业网站的作用也不能忽视，它们是传统媒体及其媒体网站传播新闻信息的有益补充。

2. 传统媒体与新兴网络媒体的关系

传统媒体与新兴网络媒体之间的关系，从根本上来说，不是对立的关系，更不是后者“吃”掉前者的关系，而应当是互补的关系，相互促进的关系。传统媒体有着丰富的信息资源和采编经验，以及一支训练有素的专业队

① 孙坚华：《提升网上新闻服务的品质》，sjh@zjonline. com. cn 20000313。

伍；新兴网络媒体有领先的技术优势、灵活的运营机制和相对的雄厚资金，人力、物力、财力，信息、技术和经验，这些都是开展网络新闻传播活动不可或缺的资源。

第二节　网络新闻业务的研究对象和内容

一、探索网络媒体传播规律

对网络媒体特性的认识，将很大程度上影响着我们对其他与此相关的重大问题的认识，影响到网络新闻传播的深入发展，必须深入探讨其内在特性与自身发展的规律。从与其他传统媒体比较中可以看到，网络媒体具有以下不同于传统媒体的根本特性。

（一）强大的综合包容能力

报纸、杂志、广播和电视在长期的竞争和发展过程中，互相取长补短，出现一定程度的特性兼容。在网络媒介出现以前，人们认为电视由于具有多种多样的传播手段，是综合性最强的传播媒介；但即使是电视，其兼容性同样无法与网络媒体相比。网络媒体在数字化技术的基础上，综合多种媒体形式，兼具多种媒体媒介优势。

1. 网络综合了多种媒体信息形式

网络是一种建立在数字化技术基础上的能够传输多媒体信息的媒介。所谓数字化，就是把所有信息，包括文字、图形、图像、声音、视频等各种形式的信息，都用一连串的“0”和“1”组成的代码来表示，并用数字电子技术来加工、处理、存储、传输和接受[①]。所谓多媒体，是指“数据、文本、声音及各种图像在单一、数字化环境中一体化”[②]。多媒体技术是建立在各种媒体数字化技术基础上的一体化技术。20 世纪 80 年代以来，随着计算机性能的日益强大和信息压缩编码技术的基本成熟，声音和视频信息的数字化技术难题逐步得到解决。这样，不同媒体之间就有了“共同语言”，不管什么媒体形式的信息，哪怕是人的触觉、气味，只要能够数字化，就可以通过

① 张宏科：《信息高速公路》第 68 页，人民邮电出版社 1996 年版。
② 卜卫：《互联网络对大众传播的影响》，《国际新闻界》1998 年第 3、4 期。

网络进行传输、接收、解码和还原。

美国心理学家吉尔福特（Guilford，J. P.）将人处理的信息分做五种形式：视觉（Visual）、听觉（Auditory）、符号（Symbolic）、语义（Semantic）、行为（Behavioral）①。根据他提供的视角，传统的三种大众传播媒介与网络媒介所传信息的形式构成对比如下：

报刊：有较多局限性的符号信息、视觉信息；

广播：语义信息、听觉信息；

电视：语义信息、听觉信息、行为信息、一定局限性的视觉信息、符号信息；

网络媒介：语义信息、听觉信息、行为信息、视觉信息、符号信息。

由此可见，数字化技术使网络媒介能够做到：

（1）包容了传统传播媒介的所有信息形式，成为迄今为止媒体形式最广泛的媒介；原来按照媒体形式将媒介分成文字类（如报刊）、声音类（有线、无线广播）、图像类（电视）的方式将不再有多大意义，媒介分类将主要根据它所提供的服务内容来决定；

（2）消除了传播中产生的噪声，传播质量不会受到环境的干扰，成为迄今为止“保真”度最高的媒介；

（3）突破了传统大众媒介信息形式的局限性，使平面的或静止的信息（如报刊上的文字、符号、照片、图表、绘画、电视上的视频信息等），在网络上以立体的、动态的形式表现出来，特别是虚拟现实技术、全息技术、360度摄影技术等新科技的出现与日益成熟，将网络媒体信息形式的表现能力提升到传统传播媒介不可企及的高度；

（4）各种媒体形式之间相互配合、相互补充的潜力将会非常大，多种媒体形式形成的组合优势可以使新闻事件的报道达到原先不可思议的境界；

（5）能够以不同的方式述说同一件事情；关于同一件事情的报道可以在传播过程中不同媒体形式间自由转化，“从一种媒介流动到另一种媒介”，它的受众可以“从许多视角来看同样的比特”②。

2．网络兼具多种媒介优势

传统的三种大众媒介由于所用载体不同，所以在具有不同的优势的同

① 参见屠忠俊：《网络多媒体传播——媒介进化史上的新的里程碑》，《新闻大学》1999年春季号。

② ［美］尼葛洛庞帝：《数字化生存》第89—91页，海南出版社1996年版。

时，又具有相应的劣势。表1－1对传统大众媒体与网络媒体优势与劣势作一比较：

大众媒介 / 比较内容	报纸	广播	电视	网络
报道深度	A	C	B	A+
逼真感人	C	B	A	A
传播速度	C	A	A	A
传播距离	C	A	A	A
传播对象	C	A	A	B
易于保存	A	C	C	A+
便于检索	B	C	C	A+
信息量	C	C	C	A+
接收便利	A	A	C	C

A——优势明显；B—— 一般；C——劣势明显

表1－1

由上表可见，新兴的网络媒介“集万般宠爱于一身”，几乎同时具备了报纸、广播、电视三种大众传播媒介的优势：它可以组织深度报道，由于独特的超级链接这种文档组织方式，使它比报刊更能就某一事件进行全面、深入、细致、充分的报道；它的图像、图表、声音和视频可以使报道生动形象，具有广播与电视一样的现场感；信息随时更新，以电子速度在网络中流动，迅速及时，无远弗届；不受版面、时段与频率的限制，可以发布无限量的信息；易于保存，更可提供全文检索。

当然，网络媒介现在也有很多不利因素：要求传播主体具有一定的电脑操作技能，使电脑知识匮乏的人群难以使用它；时至今日，连接网络需要比较昂贵的电脑、调制解调器或机顶盒，接收起来不如听收音机或阅读报纸那么方便。并且，限于目前带宽的容量，音频、特别是视频新闻还远不能达到电视传播的成熟与流畅境界。但是，随着更加友好的电脑界面的出现、网络媒介操作的日益简化、无线网与互联网的融合以及光纤宽带传输的应用，网络媒体存在的劣势会逐渐得到扭转。

网络媒体的综合性使传统媒介成为网络媒介的“内容”，传统的新闻机构成为网络新闻传播主体中的重要组成部分，使得报刊、广播和电视等各种传统媒介可以顺利地向网络实行转移。

（二）互联网独特的拓朴结构

结构是事物系统的诸要素所固有的相对稳定的组织方式或联结方式，是系统的本质方面的属性。从结构入手可以观察由于事物结构发生变化而引起的事物性质方面的变化。逻辑拓朴结构是描述不同网络系统中信息传输逻辑过程的方法。透过对逻辑拓朴结构的分析，我们可以找到作为信息传播系统的网络与各种传统媒介在结构上的根本差异。

1．传统大众媒介：中央控制式传播拓朴结构

由于传播介质的不同，使用不同介质建立起来的媒介往往会选择不同的拓朴结构。网络基本逻辑拓朴结构可分为总线型、树型、环型、星型、网状和混合型。媒介的逻辑拓朴结构不同，表明它们在信息传输方式上的不同，呈现出的特点也相异。这里参照黎洪松《网络系统集成技术及其应用》、胡道元所著《计算机局域网》等书绘制报刊、无线广播电视和有线电视的传播逻辑拓朴结构图，以便与网络媒体传播拓朴结构图作一比较。

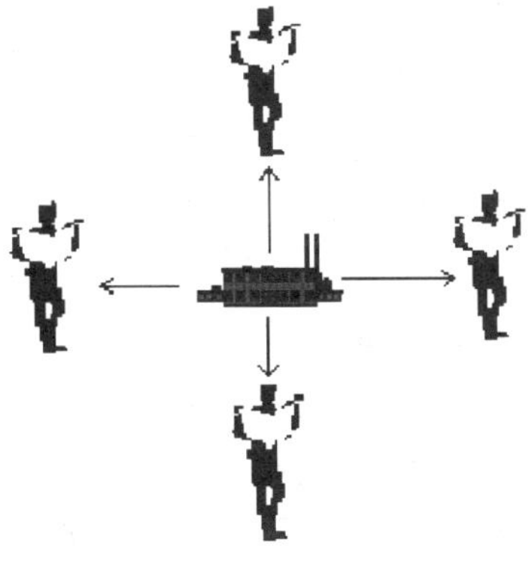

图 1－1　报刊逻辑拓朴结构图

报社或杂志社将采集的信息大量复制于纸张上，然后通过发行将这些报纸或杂志分别送达每一位读者

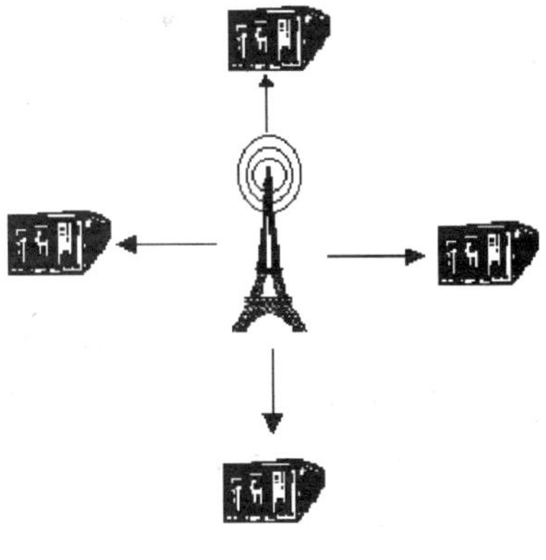

图 1－2　无线广播电视逻辑拓朴结构图

无线广播电视将广播电台或电视台采集的信息通过无线电磁信号向四面八方传送，观众通过电视机将信号转换成声音或图像

报刊传播拓朴结构图说明报社或杂志社将采集的信息大量复制于纸张上，然后通过发行将这些报纸或杂志分别送达每一位读者；无线广播电视则将广播电台或电视台采集的信息通过无线电磁信号向四面八方传送，观众通

过电视机将信号转换成声音或图像。

尽管报刊和无线广播电视两种媒介所使用的介质不同，但这两种传播网络的逻辑拓朴结构实质是相同的——都是星型结构。星型结构的信息传播网络有如下特点：(1) 中心节点（报社、杂志社、广播电台或电视台）是传播网络中信息的惟一来源，其他节点不能发送信息；(2) 信息是单向流动的，即从中心节点流向终端节点（读者、听众或观众），而没有从终端节点产生的信息回流；(3) 信息是批量复制的，所有终端节点所接收到的信息都是相同的；(4) 网络内各终端节点之间是孤立的，不能直接发生联系，只有通过中心节点才能进行信息交流；(5) 终端节点只与中心节点发生关系，网络易于扩展。

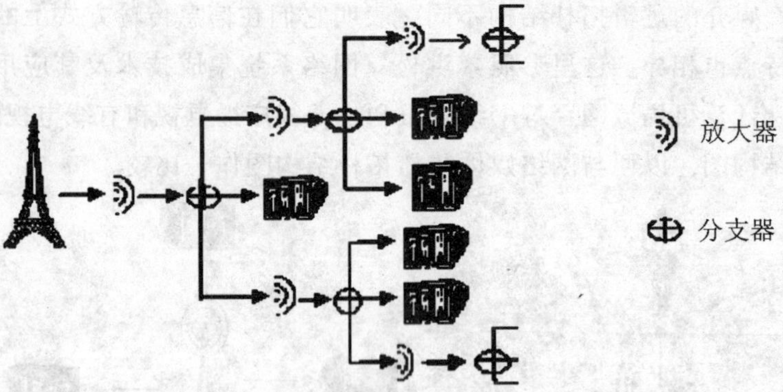

图 1－3　有线电视逻辑拓朴结构图

有线电视台将信息转换成电缆上的电磁信号，依次通过放大器和分支器到达用户，再通过电视机将电磁信号转换成声音与图像

有线电视与报刊、无线广播电视的传播拓朴结构不一样，它是树型结构。在这个结构中，有线电视台是“树根”，它将信息转换成电缆上的电磁信号，依次通过放大器和分支器到达用户，再通过电视机将电磁信号转换成声音与图像。

树型结构的信息传播网络有如下特点：(1) 根部节点（有线电视台）是传播网络中信息的惟一来源，其他节点不能发送信息；(2) 信息是单向流动的，即从“根部”（有线电视台）流向“树枝”（观众），而没有从树枝产生的信息回流；(3) 信息通过放大器和分支器批量复制，所有树枝节点所接收到的信息都是相同的；(4) 网络内各终端节点之间是孤立的，无法通过网络进行相互的信息交流；(5) 通过放大器与分支器，从任意节点可以生成新的树枝，网络易于扩展。

2. 网络媒介：环型分布式的传播拓朴结构

网络媒介的传播拓朴结构既不是报刊或无线广播电视传播的星型结构，也不是有线电视传播的树型结构，而是以环型拓朴结构为基础的混合型拓朴结构。

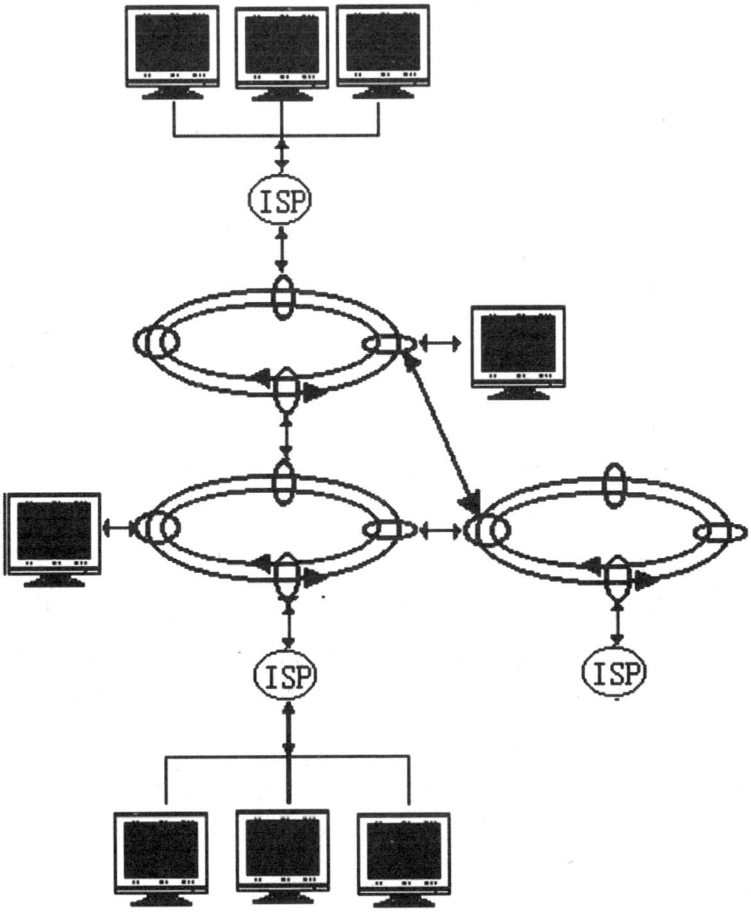

图 1－4 网络媒介逻辑拓朴结构图

在这个结构中，光纤构成环形主干网，节点（网络用户）要么通过综合服务数字网（ISDN）专线或通过电话线与调制解调器直接跟主干网联结，要么通过网络服务供应商（ISP）与主干网联结。

与星型结构和树型结构不同，环型拓朴结构有自己的独特之处：

（1）拓朴结构中没有像“中心”节点或“树根”这种比其他节点重要的节点；

（2）信息是双向流动的，任何一个节点都能向发送信息的节点传回反馈信息；

（3）每个节点都可以主动向其他节点发送信息，成为信息的来源；

（4）信息通过不同节点的接力传送，最后达到惟一的目的节点，在这个过程中没有向其他节点复制信息，因此本质上是一种点对点的传播；但由于信息技术的强大功能，点对点的传播又可以转换成点对面的传播。这样，环形结构的网络实际上可以包含多种层面的传播类型；

（5）网络各节点之间不是孤立的，任意两节点都可以通过网络直接进行信息交流；

（6）任意两节点进行信息交流的路径不只一条，所以每次信息传输的路径可能不同；而且由于网络采用了 TCP/IP（传输控制协议/网络协议），所以每次传输的信息，视其数量的大小，都有可能被分成不同部分，分别经过不同路径到达目的地；

（7）从环型网络上的任意位置都可以生成新网络、节点或与其他网络、节点相联，网络易于扩展。

从图 1－4 分析可以看出，星型结构和树型结构实际上都是一种有中心节点的结构，它们的中心分别是“中心”节点与“树根”节点。中心与其他节点相比，具有相当的信息发布优势，形成了对其他节点的控制权，如报社、电台或电视台。只要控制住中心节点，就可以控制整个网络系统。这种结构就叫做中央控制式网络结构。

网络媒介起源于冷战时期，其最初的动机就是要避免因中心节点被敌方击中而导致整个网络瘫痪，所以采用了崭新的分布式网络结构。从上面的传播拓朴结构可以看出，这种网络信息传播系统没有中心节点，各个节点在理论上是平等的，在权利上是相同的，任何节点都可以成为信息的传播者，整个系统结构呈现出扁平化的特点。即使有人控制住网络中的某一节点，也无法控制其他节点传送或接收信息，更难以形成对整个网络系统的控制。

独特的传播拓朴结构使网络克服了传统大众媒介在互动性方面的所有劣势，使传受双方的充分互动成为可能。这种充分互动使那些在传统媒介构成的传播系统中只能充当受众角色的普通个人和机构，完全可能拥有自己的新闻传播媒介，从而成为新闻传播主体。

表1－2　网络媒介互动模式示意图

首先，网络是一种双向交流的媒介，任何一台网络终端设备（比如一台电脑加上一个调制解调器，或一台电视加一个机顶盒）既是接收工具，又是传播工具，这使受众可以通过网络媒介本身而不必假道其他媒介与传播者进行交流。这从根本上改变了传统的大众传播模式中接收手段（如报纸、收音机或电视机）与发布手段（如报社、电台或电视台）相分离的局面，普通受众只能拥有接收手段而不可能拥有发布手段的情形为之一变。由于受众拥有了他们原来从来不曾拥有过的传播手段，他们就不会再是“魔弹论”中应声而倒的“靶子”，传播内容也不会再是传播者的“独白”。面对传播者通过媒介传送的信息，受众也不再处于要么拒绝、要么修正、要么接受的被动地位，不管是赞同还是反对，他都可以通过网络与传播者进行交流，恰如通过电话与他们交谈一样。

其次，由于受众都拥有信息的发布与接受工具，他们内部的互动性也因此大大加强：受众不但可以同生活圈子里的人们就传播内容进行交流，网络的跨时空性还使受众可以直接与世界上任何一个角落的网民进行交流，不管他们以前相识与否。受众之间的交流可以是同步的，也可以是异步的；交流的规模可大可小，可以是两位网民之间的聊天，也可以是数位网民之间的沟通，甚至可以是成千上万网民的声讨或拥护。受众内部充分的交流使他们不会再形同“一盘散沙，彼此疏离，互不关联”，而是一个紧紧地联系在一起的群体。受众内部如此大规模、大范围、长时间的互动，只有通过网络媒介才可能实现。这个群体内部的大规模的充分互动，使任何一位成员都可以撇开专门的新闻机构这一中间环节，直接向其他成员进行新闻传播。

第三，网络媒介的受众可以为自己安排议程。在网络时代，受众不必再求助于新闻记者代言，不必再担心“把关人”可能将自己想说的话“过滤”掉，完全可以将自己的心里话送上网络，成为信息的发布者。一旦某位受众所发布的信息能引起其他网民一定程度的关注，就完全可能成为网民的议程，甚至成为传统大众媒介的议程，并最终成为广大受众的议程。

网络成为一种通用的媒介，几乎囊括了各种类型的人类传播：人们通过个人之间的电子邮件、双人网络聊天、网络电话等，可以进行点对点的个人传播；通过电子论坛、新闻讨论组等可以进行小组传播；通过邮件列表、新闻站点等，可以进行点对面大众传播。这样，普通个人或机构不仅可以利用网络进行人际传播或组织传播，还可以利用这种媒介面向社会大众传播各种信息，成为新闻传播的主体。网络上的不同传播类型相互渗透，相互补充，相互转换，呈现出水乳交融的现象。正是由于网络媒介综合了各种传播类型，可以进行多种形式的传播，所以一些研究者将它看做是一种“多层面的大众媒介（Multifaceted Mass Media)”①。

从以上分析可以看出，网络媒介中的信息不再是单向地、自上而下地流动，而呈现出多向、自由的流动。新闻传播由此走出了传统大众传播的被动模式，呈现新的互动模式。

网络媒介的互动性使受众很容易与正在现场采访的新闻工作者进行交流，提出自己的建议与要求。比如，如果受众对记者拍摄的现场照片不满意，可以马上要求正在现场的记者从其他角度再拍一张。网络用户也可以直接与采访对象交流，提出问题要求对方回答。

（三）网络媒体集合了传统媒体所有的表现形式，成为真正的多媒体传播手段

网络媒体一个非常吸引人的特点在于，它能够提供以往单个传统媒体所不能提供的表现手段——多媒体技术（ Multimedia)。这种新型的新闻媒体图文并茂，声情逼真。报纸最早以抽象的方式表现信息，广播是以声音表现内容，电视则以最具象的声画结合的方式受到了大家的欢迎。网络多媒体新闻集报纸、广播、电视报道的优点于一身，使新闻的报道手段更具综合性、直观性、形象性，增强了新闻的感染力和影响力；多媒体新闻以超文本、超媒体方式组织新闻信息，受众阅读新闻内容时可方便地“联想”和跳转，更加符合人们的阅读和思维规律。

随着计算机与网络技术的飞速进步，还将有可能给网络媒体在新闻传播方面创造更新的表现方式，其中虚拟现实（Virtual Reality）已经引起了人

① 卜卫：《互联网对大众传播影响》，见《国际新闻界》1998年第4期。

们的关注。美国学者 Mark Pesce 在 1993 年提出 VRML（virtual reality modeling language）定义，他想象有这样一个网络界面，所有的资料包括画面、声音、影片都可以像它们在真实世界里一样原样呈现。可以想象，如果这种技术被用于新闻报道，将会给受众带来怎样的“现场感”。如果在肯尼迪刺杀案中就有这种技术的话，就可以非常直观地感受整个新闻事件，进入模拟的新闻事件发生现场，用鼠标点击周围的群众，以广播或电视采访的方式听听他们对这件事的看法与描述。在进行体育与娱乐报道时，就更能产生身临其境的感觉，那时也可能出现门票收入的锐减。《纽约时报》已经开始进行这种实验，称为全方位影像技术（omni direction imaging），它把用户带入新闻现场，使观众可以看到仍然在活动的三维图像。《休斯敦记事报》的记者经常带着数码照相机、高品质的摄像机以及其他先进的电子设备外出采访，专门为网络版采制第一手的多媒体报道。在他们的网站上还有个深受欢迎的“多媒体特写”（Multimedia Features）——“虚拟旅行者”（Virtual Voyager）。记者们将自己外出采访的旅行经历制作成有声有色的多媒体报道，使得网站的访问者如临其境、如闻其声，真正感受到了多媒体对视觉和听觉的冲击力。纽约的万维网杂志 Word 在报道一次街头枪杀案的庭审新闻时，采用的方式是：在站点放上枪杀现场的街区图，读者可以点击出事地点附近的若干位置，听取当时在该位置目击者的证词，从而对当时的案件作出自己的判断。

这些技术一旦成熟，受到冲击的将不仅是包括传统报纸在内的所有传统媒体，还有这些媒体所一贯遵循的新闻法则。届时受众将不仅是观看新闻事件的发生，还将获得仿真参与新闻事件发展过程的享受。

（四）网络媒体的其他特性

上面从三个不同的角度探讨了网络媒体区别于传统媒体的本质属性，也是传播技术的发展给网络新闻媒体带来的质的飞跃。除此之外，网络媒体还具备以下一些特性：

1. 容量大

传统报纸的版面容量是固定的，对开的中文报纸一般只能容下 1 万字左右的内容。而且传统报纸的版数也基本上是固定的，哪怕只加印一个版，都会涉及到包括印刷、排版、发行在内的诸多环节，哪家报社的当家人都要小心翼翼地算上一笔成本账。这就不难理解为什么传统报纸轻易不出“号外”，而且每次扩版都要经过反反复复的酝酿和筹划了。正因如此，对于传统报纸的编辑记者来说，用“惜字如金”来形容版面的珍贵和拥挤恐怕一点也不过分。广播电视媒体同样受到节目播出时间的限制，播出节目总量是不能超越时间的规定的。

而依托国际互联网的网络媒体就完全不一样了。英特尔公司的奠基人高登·摩尔认为，计算机处理器（CPU）的运营能力每18个月就会翻一倍（这就是著名的“摩尔定律”）。主机的每翻一倍，而价钱只有原来的一半。网络存储的主要介质——硬盘的发展也符合这个定律，不断扩大的容量却只需要更低的价格就可以获得。在过去的20年里，个人电脑因此而变得越来越廉价、快捷和优秀。现在一个9G的硬盘大约可以储存45亿汉字的信息量，而价钱只需几千元钱，并且这个价格还将一降再降。从这个意义上说，与传统报纸相比，网络媒体的信息存储量几乎大到了无穷尽的程度。今天，摩尔定律将要被运用到传播领域中，新闻传播受制于介质的限制程度被降到了极低点。

2. 速度快

时效性强一直是新闻媒体追求的目标，传播技术的进步也是以时效性的提高作为一个衡量标准的。互联网没有出现的时候，新闻的时效是以天、以小时来计的，而互联网出现后恐怕要以分秒来计了。传统报纸通过邮递手段送达订户手中至少要半天时间，送达远程受众手中的时间还要长，而网络传输可以每秒30万公里的速度送达世界各地。传输手段的更新使传统报纸在网络媒体面前感到力不从心。

1999年5月8日北京时间凌晨5时45分，以美国为首的北约悍然发射5枚导弹，袭击我国驻南斯拉夫大使馆，新华社记者邵云环、光明日报记者许杏虎、朱颖夫妇壮烈牺牲，使馆多名工作人员受伤。新浪网在当天凌晨6时24分即在其新闻网页上登出一条“中国驻南使馆遭到轰炸”一句话快讯，6时40分又登出一条数百字的综合消息，发布有关此事件的较为详细的报道。这在国内所有网站中是动作最快的，其他网站很快也紧随其后。在传统媒体中，反应最快的广播电台大约是在上午9点左右播出的。作为国内第一消息源的《人民日报》是在当日上午9时44分通过网络版发布该报记者吕岩松的消息。电视则在当天的午间新闻中有所体现。而报纸由于受出版周期的限制，反应当属最慢——据《北京晚报》称，该报5月8日下午三四点钟出版的报纸，在同类媒体中最早报道了该事件。网络媒体在新闻报道时效性方面的优势在此得到淋漓尽致的体现。

3. 超地域

国际互联网的最大成功之处是将五大洲的计算机“联合”起来构成了覆盖全球的统一的信息网络，任何信息一旦进入互联网，几乎就可以同时被世界各地的网民在自己的电脑屏幕上看到、在随机音箱中听到。这一特点为网络媒体扩大新闻信息的传播范围创造了极好的条件。而传统报纸由于受到种种局限（包括运营成本、意识形态）而不能轻易跨越地域的限制，至少到目前为止，还没有任何一家报纸能像网络媒体一样覆盖全球。

在 1998 年 1 月 17 日晚，不管从世界什么地方，登录“德拉吉报道”(ww w. drudgerePort. corn）的人都能看到这样的大幅黑体新闻标题：“《新闻周刊》‘枪毙’关于 24 岁的白宫实习生与总统性关系的新闻报道”，这条由个人掌管的网站发布的新闻传播到全球。如果没有网络媒体而采用传统报纸的传播方式，在各个地方收到这条消息以及详细的报道，很可能是在几天或者几个星期之后。而有了国际互联网，人们就可以直接登录网站查看斯塔尔报告，甚至可以通过计算机音视频技术在网上看到克林顿总统的白宫作证录像。

4. 超链接

网络媒体还有一个依托于国际互联网技术的特点——超链接。网络媒体的新闻发布者可以根据自己的需要和条件任意分层组织自己的信息，网民则可以根据自己的需要和兴趣选择其中每一条信息。万维网页最常见、最常使用的形式是，当鼠标移动到一些文字（通常为词、短句或网址）及图像上时，光标就变成手形，这样的区域被称为“热区”，用鼠标在“热区”上点一下，就会调出相关信息和资料，其中可能又有若干“热区”；以此类推，网民就可以浏览无穷尽的信息。这种技术使网络媒体的每一篇新闻报道都有可能成为立体化的报道，赋予了网络新闻新的表现形式。

5. 可检索

近年来，随着信息量的不断增大，传统媒体纷纷采取报纸导读、广播电视节目预告等形式，为受众更有效地获取新闻提供服务，但往往效力有限。网上新闻信息更是海量，找起来是不是更困难呢？对于网络媒体来说，这种担心毫无必要。基于计算机技术的信息检索，只是简单地将所查询的内容转换成二进制代码并根据一定的查询条件组合规律进行查找。使用信息检索功能不仅可以使用关键词查找，还可以分类进行查询。比如在《计算机世界》网站上，只要输入一个或几个词后，网络会自动将符合查询条件的文章列出，在这当中还包括了前几个月或几年前的信息。这极大地减轻了人工劳动的强度，并且提高了获取新闻信息的便捷程度。当然，要获得十分准确的搜索结果，还有待技术的进一步发展。

从以上对网络媒体特性的描述中我们不难看出，网络媒体具有极强的整合能力。在新闻传播追求时效、追求大容量、大范围传播、追求生动性、冲击力的今天，它得天独厚。它代表着新闻传播的发展方向，为人们享有无处不在、无时不有、普遍共享的新闻信息服务提供了可能。学习网络新闻业务，从事网络传播实务，应当充分把握网络媒体的固有特性，将网络媒体提供给我们的优势发挥到极致；同时注意探索网络传播的其他规律。

二、研究网络新闻媒体对传统新闻传播特别是新闻业务带来的变化

人们已经感觉到，网络媒体将给新闻传播领域带来深刻变革，如传统新闻媒体的新闻垄断地位被打破，新闻传播的地域化分割被打破，越来越多的传统媒体新闻记者开始通过国际互联网获取新闻线索和新闻事实，等等。这些也是网络新闻实务学习者和研究者需要注意的内容。

那么，网络媒体对新闻业务的变革主要表现在哪些方面呢？

（一）对传统媒体新闻报道机制的冲击

在我国长期的计划经济体制下形成的新闻宣传体制，包括报纸在内的新闻媒体的主要社会功能是宣传和教育。在这些体制因素的作用下，传统媒体，尤其是我国传统报纸，形成了一整套独特的新闻采访、报道机制。传统新闻媒体的采访报道机制主要服务于宣传需要，某种程度上存在着被动等待的现象，按部就班地从事着新闻信息的传播。这种机制虽然正在受到社会主义市场经济体制下新闻工作要求的变革，但我们仍然应当看到，它在一定程度上压抑了新闻从业人员的主动性和积极性，使之与很多重要的新闻事件失之交臂，也使媒体的信息量和新闻性打了折扣。网络媒体的崛起在使得传统报纸的新闻垄断地位受到动摇的同时，也对其传统报道机制构成了挑战。

1999 年 2 月 24 日，西南航空公司一架编号为 2624 的图—154 型飞机在执行成都—温州 sz4509 航班的飞行任务时，在距温州 20 余公里的地方坠

毁，机上11名机组人员和50名乘客全部遇难。这次空难是西南航空公司继1988年1月一架伊尔—18在西安失事后的又一次空难事件，引起国内外传媒的广泛关注，纷纷争相报道此事。最早进入现场的是温州地方传媒的记者，但由于有关部门通知暂不报道，未能及时发布。最早发布消息的是温州电台。该台在获得准确消息后，立即在当晚的6点钟本地新闻节目中播出，并请听众注意收听本台有关飞机失事的最新报道。但由于在播出这一新闻的同时，接到了有关部门的通知，暂不报道此事，因此电台也就没有再播，为此还招来了听众的责难。同时由于其有限的覆盖面，也未能产生大的传播效应。与之相反，网络上的消息则源源不断。根据有关部门就飞机失事检索国际互联网有关信息，24日晚，境外传媒对此事的反应最为迅速，“美国之音”、台湾、香港的电台、电视台在当晚6点就播发了有关新闻；英国路透社在当晚的6点37分将新闻上网，美联社当晚9点上网，台湾的中央社当晚9点56分上网，英国BBC当晚10点上网。国内传媒最早对外发稿的是新华社温州支社。据温州支社社长说，他大概在当晚7点10分通过浙江分社向新华总社发稿。浙江有线电视台在当晚9点播发这一新闻，中央电视台在10点钟的晚间新闻中口播这一消息。

由此可以看到，由于网络传播比传统媒体的报道方式有更多的自由度和透明度，使得任何形式的新闻垄断将逐渐失去市场。只有尽可能地获得有价值的新闻，才能在激烈的媒体竞争中占据一席之地。而主动出击、全方位涉猎的采访报道机制，才是网络媒体获得新闻的重要保障。

（二）对新闻采访、编辑和写作方式形成冲击

从采访方式来说，传统新闻从业人员的采访手段主要是面对面的问答，或者利用电话、传真、信函等通讯手段进行采访。而网络媒体的崛起改变了传统媒体的新闻采编方式。网络采访逐渐兴起，人们不仅可以通过国际互联网上的各种新闻信息网站获取新闻线索，还可以通过国际互联网的电子邮件等形式实现远距离的详细采访。

从编辑和写作方式来说，网络媒体的多媒体、超文本编辑与写作方式，彻底改变了传统报纸从业人员的线性编辑与写作方式。在传统的线性编辑方式下，记者和编辑对所采集的大量新闻素材（包括文字和图片）进行整理，从中选出新闻报道所需要与所能容纳的片段，按先后顺序组合成新闻成品。这种方式使得编辑过程十分复杂，新闻成品中的任何一次内容变动，都可能

引起全部内容的线性重组；新闻成品的容量受到线性结构的严重限制。而网络媒体打破了原有的文字报道、广播报道以及电视报道之间的界限，记者可以运用文字、图画、声音、影像等多媒体形式，进行超文本结构的新闻报道。建立在多媒体基础之上的网络媒介，对于新闻事件和现实生活不再用一维的线性文字来陈述，而对原本立体多维的新闻信息进行超文本结构，也就是将新闻报道中的每一个要素如人名、地点、时间，甚至每一个词语、句子都连接另一个声音文本、图画文本、动作文本或影视文本。通过这种超文本语言方式，在力所能及的范围内做到有声有色，声情并茂，全方位地客观报道新闻事件和现实生活进程。

编辑方式也由传统的线性编辑方式演变成为非线性编辑方式，采取这种编辑方式，可以把任何一段文字文本、图画文本、声音文本、影像文本等编入任何主控文档，并且可以根据需要任意调整子文本的长度等等。我们在学习网络新闻实务过程中，要重视并研究如何适应这种根本性的变革对传统媒体从业人员的思维方式、工作方式以及业务素质提出的全新要求。

第三节　网络新闻业务流程分析

网络新闻业务流程充分体现了网络新闻的性质和要求。

一、特殊编辑过程

网络新闻业务的基本流程不同于传统新闻的工作方式。在新闻制作的程序上，网络媒体具有传统报纸所不可比拟的快速优势。网络上新闻信息的制作环节不像传统报纸那样繁琐。与传统报纸相比，网络媒体没有了制作分色胶片和印刷的程序，直接在电脑上制作后便可以送上服务器，进入传播。传统报纸尽管在采写环节可以采取各种方法来提高时效性，但它的生产过程决定了它不可能把最新采写到的新闻立即传播出去。虽然有些报纸通过增加每天的出版版数来改善这一状况，但这毕竟不能完全解决问题。网络传播中间环节少，制作方式简单，而且它的传播形式允许它即时地更改页面内容——或者全部，或者部分。因此，在很多突发性事件发生的时候，网络媒体可以像电台、电视台一样进行实时、实况报道，还可以随时滚动播出最新消息，其时效性足以和广播、电视竞争。

以传统报纸编辑新闻流程为例，由于受到印刷术的限制，过程复杂而繁琐；新闻成品中的任何一次改动，都可能引起全部内容的线性重组。网络媒体编辑的编排完全不同于传统方式。网络编辑或直接将本日出版的纸质报纸按时送上互联网，或是通过网络接收记者发回的稿件、进行全国性或全球性的资料查询甚至临时性的补充采访，修改稿件、送审或签发稿件，最后把稿件在网页中编排出来。

二、生成网页

网络版页面指的是各类稿件在网页平面上的布局整体。它由字符、色彩、图像、线条、音频、视频等基本元素和相关的网络制作手段（链接、动态更新、JAVA 程序)、网络版的整体框架（网络栏目或频道、专题报道、数据库、热点链接、新闻内容等）构成。怎样根据网络媒体的特征设计页面，表现稿件之间的关系，色彩如何套用，导航线如何建立，如何使页面既美观大方，又便于受众阅读，这一切都离不开网页编排的原则和技巧。网络页面的编排，是一项综合性很强的艺术。

网页相当于报纸的版面，但具有与传统报纸不同的编排手法、思维方式和审美情趣。网络编辑不同于传统编辑的突出特点在于：传统编辑专版专用，根据一个版上的稿件选出头条、二条，设计出特定的版式；而网络编辑的过程却正好相反，先由编辑或主页设计人员设计好版式、栏目，预先留出页头、内容导读、标题新闻、图片等位置，需要更新时根据上载稿件的类别和时间顺序依次出现在相应的位置上。

网络版提供信息时，依靠的是电脑屏幕。许多网页的大小都超过一个屏幕，这就意味着，受众在读网络新闻时，不能再像看报纸印刷版那样做到一览无余，也就很难对报纸的总体内容有一个完整印象。

三、上网程序

以报纸为例。报纸内容上网的程序，大致是：每天凌晨 3 点多，先由编辑部门对整份报纸内容定稿并出最后的清样，然后留 2 名编辑在清样上把上网的内容条目做上标志，并把相关内容的文本文件放到固定的目录下，之后由电脑科工作人员运行转换程序，生成网页。也就是读者从网上所看到的日报网络版当日的新闻内容了。这时候大约在凌晨 4 点左右。

网络内容上的编辑权仍归编辑部门。网络编辑在传播活动中，具有总串联、总合成、总把关的职能，并最后决定着网络报纸的传播质量和在虚拟及现实生活中的影响。

四、新闻制作流程化

网络新闻与信息传播充分依赖计算机与互联网信息技术的恩惠，新闻生产与制作技术流程化。以新浪网网站为例。目前新浪网新闻中心所有的页面都是使用流程生成出来的，流程的界面和使用简便，易于操作。新浪网对新闻的快速反应是得到读者公认的，无论是上单独的一条新闻，还是要做一个突发事件的专题，新浪网都能迅速将其送到网站上，并且在页面上保持与固有的风格以及与频道和相关栏目的便捷链接，正是其流程的优势所在。流程的主要内容是：

（1）当编辑要在主页或其他页面上加一条消息时，编辑只需在一个表格式的界面里贴上密码、题目、正文、稿源、所属频道和页面等信息，再发出，该条信息几乎同时出现在新浪网的相关页面上。

（2）若是一个新的专题栏目，多做的工作只是需要一位稍懂写页面的人对固定的流程做一些微调。

在这种生产线式的网上新闻发布流程中，编辑的主要工作就是到处找新闻，一旦找到则是重复的简单劳动——新浪网的员工称之为 ICPP（Internet－Copy－Paste－post）。

五、放眼搜寻新闻源

新浪网的新闻中心有员工 10 多人，主要负责新闻频道和体育、生活、科技频道的新闻发布，同时兼有监督北美和台湾站内容、看管部分 BBS 的职责。新闻中心实行三班倒，大部分为白班，白班时 1—2 个人负责一个新闻栏目，前夜班和后夜班一般情况下只有一个人，职责是为各栏目添加新闻、监管北美、台湾站，关注中央电视台的整点新闻、关注《人民日报》网络版等中文站点的滚动新闻，有突发事件立即通知有关人员并做出反应等。

新浪网有一个很大的录入队伍，网上现成的报纸可以随手拿来，没有上网的报纸就自己录入。一时间新浪网成了比“新华社”新闻还要集中的地方，各类新闻媒体的记者都到这里来寻找信息，闲来无事的网民也在这里消耗对世界的关心。新浪网的访问量因此很快上升，成为国内商业网络中发布新闻的第一大网站。

六、更改与撤换

为了保证所发稿件的真实、准确、权威，人民网（原《人民日报》网络版）实行四级审稿制：责任编辑——主编——部门负责人——报社领导。一般稿件由责任编辑处理，特殊稿件部门负责人拿不准的，则由报社领导定夺。

和传统的作为国家宣传机构的新闻媒体比起来，新浪对新闻的审查方式可以用“松散”两个字来形容，这和它的企业性质是密不可分的。当然，它也设有类似于传统媒体的主编负责制，上“要闻推荐”和首页的新闻要事先经过审批，但其余部分则由编辑人员自行决定，直接上网，只不过公司会进行不定期的抽查，发现不合适的内容便马上撤下。在这点上，新浪充分利用了网站的电子媒介特质，稿件抢在第一时间送到网上，一旦觉得不妥，便随时更改内容或标题，甚至撤换下整篇稿件，这是传统纸质媒介所不能比拟的。

七、业务流程的特点：全天候、接力式

一家媒体的理论水平再高，对新闻的认识再深刻，最终仍要体现在每日惯常的新闻流程上。从一定意义上说，这种日常工作体制的合理与否是考验一家媒体成熟程度的试金石。网络媒体采取 24 小时不间断滚动发稿的方式，如新浪网“新闻中心”24 小时有人值班，实时地对新闻进行更新，并可随时处理突发新闻。新闻媒体网站基本上采取的都是这种方式。原《人民日报》网络版一开始就注意到新闻的时效性。未改版前，网络版从凌晨 4:00 开始发布新闻，全部版面每天进行 9 次更新，整点新闻进行 15 次更新。2000 年初再次改版后，整点新闻进一步发展成 24 小时滚动新闻，把最新的情况及时上载到网站上，新闻实时更新，时效性进一步加强。这个富有魅力的 24 小时滚动新闻栏目在“国内新闻提要”前以一个链接的形式出现。而千龙新闻网的滚动新闻被命名为“首席新闻”，列出几条要目，放在右侧显著位置。

为了充分利用网络媒体的优势，网络媒体不能提供与其他网站一样的菜

谱，应当注重新闻原创性和独家新闻的分量，珍视个性化的新闻品质。滚动新闻用不着过分追求形式的完美和调查的详尽，重在快，重在简明，干净利落地把信息发布出来就行了。至于更具体的报道、更新的发展，则可以随着时间的推进而进一步充实和深化。如2000年5月19日，中国和欧盟签定入世协议，这是一条重要新闻。当日下午18:20协议签署，18:21千龙网的新闻就出来了：

签了!!!（2000. 05. 19 18：21：29）

经过5天漫长而艰苦的谈判，中国与欧盟终于就中国加入世界贸易组织达成协议。

北京时间18:20分，中国外经贸部部长石广生和欧盟贸易代表拉米在外经贸部谈判大厅签署了正式协议。

这项协议的签署，标志着中国向入世又迈入了关键的一步。

这条新闻虽然比较简单，但要点都传达了，受众的信息需求在第一时间得到了满足。稍后，虽然《人民日报》网络版在18点56分出现有关这一新闻的滚动报道，写得较详细，报道中还有各方评论，但它在时效上毕竟慢了一步。

网络新闻业务的这种全天候、接力式的工作方式，适应了网络新闻传播的规律和法则，也是网络新闻业务的一个重要转变。如同《纽约时报》网络版主编伯纳德·戈瓦曼说："这需要企业文化进行一次重大转型，因为日报工作人们早已经习惯了一天写一篇稿子，他们通常花一整天的时间搜集新闻素材，构思、撰写新闻，然后在截稿时间之前交卷。现在是改变这种习惯的时候了。"①

第四节　学习网络新闻的方法和要求

全国人大常委会副委员长、中国科协主席周光召院士在中国首次召开的网络新闻学会议上说："10年前，网络是科学家获取资料和讨论问题的手段。而今天，进入网络更成了以抢时效为已任的新闻记者不可缺少的重要途

① 参见左赛春：《〈纽约时报〉网络版与〈人民日报〉网络版编辑特色比较研究》，中国社会科学院研究生院硕士学位论文，2000年6月。

径。”学习网络新闻业务，培养成为合格的网络新闻专业人才，以下方法和要求必须注意。

一、树立几个观念

网络媒体对新闻信息的要求越来越高，从业人员将面对更快的节奏、更多的变化、更高的强度，促使从业人员必须有较全面的素质，必须树立全新的新闻职业观。学习网络新闻业务，首先要树立几个观念：

一是确立学习观念。网络传播加快了人类社会信息化进程，现在，知识更新的速度已达到了爆炸的程度，知识的快速易损，需要新闻从业人员不断学习。

二是强化竞争观念。随着网上新闻的发展，网络将逐渐成为日益增多的社会成员获知最新、最重要新闻的主要渠道。为了满足不同层次网上受众群的需要，包括大量网民对于了解情况的需要，网上新闻机构所建立的网站势必应当对于网上新闻的表述形式及网络技术的时效性优势之间的联系，予以更多的关注。传统的新闻传媒在加盟互联网后，如果要在网络上稳占一席之地，就必须研究网民对网上新闻内容与形式的期望与要求，并据此对自身的网页建设策略不断进行调适。

三是坚持创新观念。网络的生命在于创新。网络媒体随着信息技术的迅猛发展，其运作观念、手段、方式都日新月异，惟有不断创新，网络媒体才能立于不败之地。在互联网上，犹如逆水行舟，不进则退，没有第二种选择。

目前我国传统媒体新闻网站存在着明显的不足。一是网络新闻媒体在单一地复制母体媒体的内容，信息量少，重复性高。大部分网站的信息基本依赖传统媒体，有的甚至是报纸、杂志的“翻版”、“电子版”，连广播电台、电视台、通讯社的网站，也多是将传统传播渠道传播的各种信息，简单加工就“移植”到网站上。而且网上的信息晚于传统媒体的信息。网上新闻信息的单调陈旧，彼此重复，即使开始时能吸引一些网民的点击，但无法保持较高的“回击率”。二是与网民缺乏沟通。目前上网的中国新闻媒体一般还是囿于传统媒体的运作模式，限于对受众的单向信息传播。这与网络交互性的本质是根本背离的。三是信息分类不科学，编排不醒目，一些网站没有根据网络的特点进行创新性的分类和栏目设置，重要信息往往被淹没。多数网站的从业人员都是匆匆组成，经过新闻传播专业训练的人很少，对新闻信息的分类明显缺乏深刻的认识，还是按传统的图书馆式的分类方式来建设网站的信息栏目，造成雷同程度高，信息资源利用率低的局面。

以上这些方面造成了网络新闻缺乏原创性。新闻网站缺乏采编原创性的现象令人忧虑（新华社为此还于 2000 年 3 月 27 日专电报道国内中文网站存在的以上新闻信息的质量问题）。为了便于人们利用网络媒体的资源，它的内容需要增强原创性，更需要一批具有创新精神和才华的创造者。在这个“你也在线我也在线”的年代，不发奋创造，不独树一帜，传播媒体将逐步蜕变为“霉体”，实等于慢性自杀。由此观之，越是处于大媒体潮时代，传播媒体越要倡导并开发创造力，越需要开展创新活动乃至运动，越需要那些继往开来、前仆后继的创造群体。

网络传播学者孙坚华说：“在我看来，互联网精神，最根本的一点恰恰是原创，而非复制。”“如果说‘文摘、汇编’型的网站，就是互联网上主流新闻网站的基本模式，那么，这不是进步，这是倒退。这是对于几百年近现代新闻事业的背叛。如果说这就是互联网精神，那么，这种精神是如此肤浅、实用的精神。”①

四是加强服务观念。“用户第一”始终是互联网媒体的运作准则。对于新闻媒体来说，最重要的问题只有一个：网民最需要的是哪些服务，我们能以何种独特的方式提供？

网络媒体是新的历史条件下的一种全新的舆论工具；网络媒体同传统媒体一样，应当坚持正确的舆论导向，坚持以正确的舆论引导人；同时，网络媒体又有其独有的运作方式。国内外传统报纸，尤其是著名大报上网的成功经验已经证明，除了充分发挥自己的信息资源优势，把报纸报道全部上网外，同时还需充分利用“名牌”优势，增强读者观念、服务观念，在新的领域扩大报道服务面，扩展读者市场。

由于互联网的广泛性和充足的可选择余地，我们必须改变以往传统媒体以我为主的陈旧思维方式，一切以受众需求为转移，扩大网络新闻服务竞争的规模与层次，强化网络新闻的服务品质。如果不能满足用户需求，再好的网络媒体都是空中楼阁，“以正确的舆论引导人”也将成为一句空话。

---

① 孙坚华：《提升网上新闻服务的品质》，sjh@zjonline．com．cn 20000313。

五是确立市场观念。互联网媒体是一种充分利用市场运作和与市场共生共荣的新型媒体。这一点，与传统媒体有着相当大的不同。网络媒体比任何时候都更依赖于市场，一个没有市场观念的网络媒体，肯定没有出路。研究市场就是研究受众、研究网民。受众对于网络新闻和报纸新闻的信息需求有很大差别，比如在报纸上很受读者喜爱的长篇文章和有些栏目却不宜登在网上。网民需求的是精炼信息。英国《泰晤士报》针对网络新闻与报纸新闻在阅读习惯等方面的不同，对同一篇文章在两个载体上有不同的处理方式，网上的文章短小精练，注重可视性，报纸文章则侧重深度报道。

因此必须处理好坚持“用户第一”的观念和市场化运作的两个关系；应当明白网络媒体的开放搞活，是网络媒体吸引网民的前置条件。惟有如此，有中国特色的网络媒体所肩负的历史责任才能最终得以实现，我们才能将我们党的理想信念和我们所倡导的社会主义道德体系变为我们整个社会的主体价值观念。

六是培养务实观念。信息社会的新闻竞争迫使新闻采访和写作要充分利用网上新闻源和各种背景资料。但是这种利用无论如何只能作为辅助工作系统，记者有可能到现场的，最好还是亲自到现场，然后再通过网络进一步查找材料或进行远距离交流；从网络上获得的新闻线索，也一定要核查确实。否则，可能会出现很多问题。

二、打好从事网络新闻传播工作的科学而坚实的理论与业务基础

先注意以下两个现象：

在某些新闻媒体网站显著位置常常放置着招聘信息。招聘启事对网络编辑提出如下要求：知识面宽，有较强文字驾驭能力，有对新闻及相关行业敏锐的洞察力；有较强的英译中笔译能力、有编辑经验；大学本科以上学历，英语六级；熟悉电脑操作，具备网络基础知识和有相关工作经验，……

纽约时报网络版在招聘编辑时，常常跳过一大叠推荐材料不看，而直接上网查看应聘者的个人主页，寻求思路清晰、分析和整合能力强、掌握传统和现代技能的复合型人才①。经过挑选及口试后，要应聘者到网络版来做五天“试编”。试编者在五天内要处理交付给他的稿件，并做成恰当的标题。

---

① 张子让：《当代新闻编辑学》第 375 页，复旦大学出版社 1999 年版。

所有试编稿经网络编辑主管看过，批注意见，交由主管人事的资深编辑审阅，作出合格与否的决定，在两个月以内通知当事人。“试编”通过考核的编辑，遇有缺额，即可开始工作。

由此，我们约略看到了网络媒体时代真正的新闻从业人员的形象了。将来，个人应聘到网站就业，可以不必递送材料，而通过设计个人主页来表现其综合素质。网络传播正在不可逆转地向我们走来。特别对于从事大众传播工作的记者、编辑来说，即使还没有上网，但以下必要的理论、知识和技能掌握得越早就越主动。

首先是理论基础。

媒体是现代社会里的一项重要的公共资源，必须始终承担起正确引导舆论、自觉维护社会稳定的责任。我国的新闻事业长期以来坚持正确的舆论导向，传播有益于社会 主义物质文明和精神文明建设的内容。而互联网具有信息极大丰富、形式多种多样、传播迅速及时、范围涉及全球的特点，特别是具有自由和交互等功能，分散了舆论的社会整合性，因此更要强调用正确的舆论引导人。作为新闻从业人员，要打下坚实的理论基础，包括政治理论、新闻传播理论等。新闻真实性、新闻党性原则在网络媒体时代同样适用，而且更要适应网络传播时代的需要，创造性地体现舆论引导能力。

主张“受众第一”，并不是在传播新闻时，盲目迎合受众心理，以求耸人听闻。这样做，其实是一种危险的倾向。如何把握好“度”，就要求我们学好理论，对于网络新闻中的负面现象，运用马克思主义的辩证唯物主义和历史唯物主义的观点、立场和方法，分析之，判断之，批判之。

上网发布新闻信息，应当严格自律。这几年自律意识较强，坚持将社会效益放在重要地位的一些民营商业网站，大都发展迅速，取得了较高的知名度，树立了较好的公众形象。但我们也看到，某些商业网站涉足发布新闻，甚至开设了专门的时事新闻频道、网民论坛等，而这些网站的新闻源几乎全是对国内外新闻媒体网站上的新闻信息的随意下载、删改和转发。随便打开一个带有读者论坛的网站，不负责任的消息到处都是：小到谩骂一个人，大到对国家大事的胡诌乱猜。社会舆论的过于分散和社会舆论的极度混乱会危害社会的进步和稳定；在某种意义上已混淆视听，甚至危害到国家的利益。由于其新闻没有像传统媒体一样，经过编辑和对其真伪进行鉴别，使传统的以正确舆论引导社会的职能受到了严峻挑战。更有少数网络媒体由于片面追求时效与煽情，往往无力也无意于严格把握新闻的真实性（当他们直接或自行采写并发布新闻时更是如此），从而使一些虚假新闻得以出笼。

针对这种种现象，制定网络新闻传播法规是极为必要的。这里应当强调的是，不论是利用网络进行传播还是使用网络，要有一种对网络的批判精神。网络传播确实可能给人带来负面影响；如果使用不当，网络不但不能提供人们快速的沟通渠道以节省时间，反而让人浪费时间，从源源不断的信息中清理出没有价值的部分；另外，网络的即时性容易让人没有时间专注在自己的工作上，反而去注意网络上又发生了什么事，忽略了自己正在研究的事情。正如克利夫·斯托尔说："我喜欢电脑且经常用它，但是人们对电脑的狂热崇拜让我感到忧心。"在网络还不充分发展的当下，"若说电视是广大的荒原，网络就是劣质、肤浅的大洞"。①

二是基本技术技能。

未来新闻工作者除必须具备扎实的新闻理论、新闻业务知识和较高的语言文字表达能力等基本功外，还必须具备较高的技术素质。高技术素质是决定着 21 世纪新闻工作者取得成功的极其重要的前提条件。

技术素质主要是指网络编辑在网络及计算机知识方面的素质，即应用计算机局域网和国际互联网技术、远程通信技术（通过电子邮件、在线聊天、电子论坛获取各种最新的信息）、网络新闻和网页设计制作及传送、计算机辅助报道技术、稿件传输技术、多媒体应用等的能力。网络时代不仅开创了一个全新的新闻业领域，还将造就一批新素质的新闻编辑。网络编辑除了必须具备扎实的新闻业务知识和较高的语言表达能力等基本功外，还必须具备较高的技术素质。

网络采编人员是新闻媒体进入数字化时代的先锋。编辑不仅要能够在互联网上收发邮件、传送新闻稿件和查阅所需信息，还要会运用专为本媒体开发的软件，掌握数字化摄影技术和图像处理技术，根据需要制作美观、实用的网页，使新闻信息传递得更加快速、方便、有效；还要能熟练使用"数字化移动采访系统"，利用便携式电脑撰写稿件，使用数码相机拍摄照片并直接输入电脑，通过网络连接装置在现场发送稿件回编辑部。通过"虚拟编辑部"，在采访地与坐在异地办公室的编辑部主任讨论稿件，并完成定稿工作。

---

① ［美］克利夫·斯托尔：《关于网络的另一种声音》，媒体评论 Media Review。

也可以在主编的授权下，将现场稿件直接在便携电脑上编辑成最终成品稿，通过无线通讯设备连接本网站的服务器，将稿件直接发送到本网站数据库中，实现重大事件报道的即时发布，从而完成采、编、播一体化的移动采编过程。

综上所述，网络时代的新闻编辑，除了应当具备传统媒体所必需的新闻从业技能，成为采稿、编稿能手，毫无疑问，还需要具备一定的网络知识和操作能力，成为用互联网传送信息的行家里手。当然，一个更为优秀和完善的新媒体编辑，将是一个拥有自己的个人主页，能熟练地编排文本、照片、图表、音频、视频等材料的复合型技术人才。缺乏必要的技术素质是难以适应未来激烈的新闻竞争的。

三是新闻业务技能

网络媒体在写作风格、采访工作节奏上表现出自己独特的传播优势，并最终影响传统新闻现有的传播方式，使其逐步发生根本性变化。

这种变化表现在，一是以文字新闻写作方式为主将逐步转变为以多媒体新闻写作方式为主。报纸等印刷媒介的新闻报道与写作以文字符号为手段。文字符号的最大特点，一是具有表意的相对确定性；二是字里行间能给人们充分的想象空间或解释余地。但是，在新闻报道中，文字与声音、图象相比，又有很多弱点：一是不如声音、影视报道生动、形象；二是报道新闻事件不如视频报道客观、立体。记者在用文字符号报道纷繁复杂的新闻事件时，只能做线性描述、抽象概括和主观形容，单一文字报道“线性叙述”的先天不足是，不管记者本身愿意不愿意、自觉不自觉，都难免掺杂个人的主观色彩，与客观真实有差距，制约了新闻记者客观、真实地报道事件。

二是以线性文本结构为主将逐步转变为以超文本结构为主。传统的新闻写作、报道，受到文字文本结构的严重局限：原本立体、多维的新闻事件和现实生活，只能用一维的线性文字来陈述；原本同时发生的新闻信息、新闻要素等，只能按有先后顺序的线性结构来排列；原本纷繁复杂的新闻事件和现实生活，限于印刷媒介的篇幅和表述方式，只能用短短数百或数千字来报道；原本有声有色的新闻事件和现实生活，只能用千篇一律黑色的、无声的文字来记叙。多媒体和互联网络等新技术为打破这种不能充分反映现实生活的线性文本结构提供了广阔天地。在“电子报纸”中，新闻信息的联结不再仅仅是线性的，而是网状的；新闻报道与写作的文本结构不再仅仅是线性文字，而是超文本结构。

所谓“超文体结构”，就是文本的构成，不仅有文字文本，而且有声音文本、图画文本、动画文本直至影视文本。在超文本结构中，新闻报道中的每一个关键人名、地名、时间，甚至每一个词语、每一个句子都可以联结另一个声音文本、图画文本、动画文本或影视文本。记者可以通过这种超文本结构，在力所能及的范围内，既有声有色、声情并茂、图文并茂地，又全方位地、历史地、客观地报道新闻事件和现实生活。采用超文本结构写作与报道是网络时代新闻报道方式的根本变革。

多媒体写作和超文本结构空前提高了新闻记者特别是报纸记者和大众媒体客观、真实、立体地报道新闻事件和反映现实生活的能力与质量。它既是信息时代对媒介工作者提出的崭新素质要求，也是媒介工作者在新世纪面临的严峻挑战。

当然，在学习和掌握多媒体写作和超文本结构的同时，不但不能丢弃而且必须加强对文本写作与结构的训练，包括文字技能、摄影摄像技能。但作用于新闻工作者主体素质的综合思维能力、批判能力也将是极为重要的。辨别网上信息的真伪，将成为记者们必须训练的一项新的基本功。又如网页设计，在网络报纸上，技术因素对页面编排起着很大作用。但是，过于依赖技术手段，而忽视与传统报学版面编排方法的结合，就会走许多弯路。因此，必须学习新闻编辑学的原理，结合网页设计原理，探讨网络报纸页面编排和网页设计中的特殊规律。

三、加强网络传播专业的新闻教育和研究

新闻教育界面对网络新闻传播的兴起，已做出积极的应对。至2000年底，在全国高校开设网络传播专业或在大学新闻院系开设网络新闻传播相关课程的高校已有中国人民大学新闻学院、清华大学、复旦大学、浙江大学、北京广播学院等7个院校。2000年12月23日，由北京广播学院新闻传播学院组织召开的网络新闻传播教育和人才培养研讨会，提出了探索网络新闻传播专业人才的培养途径这一命题。其实，培养既有较高新闻业务知识和能力，又能够掌握现代传播技术的人才，不仅是新闻教育界提出的命题，更是网络时代的新闻传播实践首先提出的要求。

有人认为没有新闻背景的人也能做好新闻工作，甚至找理由说，没有受

过传统新闻教育束缚的“外行”，凭着作为普通网民（受众）的真实感觉选择新闻，而不是新闻教科书上的条条框框，这种真实的感觉和网友才是最接近的。必须承认，这种观点可能说明传统新闻理论和教育本身存在着某些问题。网络时代的新闻价值取向可能确实在发生着转变，如新闻价值标准的全球化意识逐渐彰显，某些人类共同面临的问题成为新闻选择的“头条”；新闻价值的侧重点转移，接近性、趣味性、人情味等因素在网上新闻中的价值相应增大；网民接受新闻的心理发生了变化，需要平等对话和自由交流等等，这些现象使得传统新闻理论表现出跟不上网络时代受众需要、新闻观念滞后等的实际情况，需要重新建构网络新闻价值观念和网络新闻学。但是，从另一方面也说明，新闻专业教育对于网络从业人员是必须的。在美国，通过互联网第一个向全世界发布了《克林顿总统对一个叫莱温斯基的女人微笑》的德拉杰，让《华盛顿邮报》、《时代周刊》以及 CNN 等拥有成百上千职业记者的大牌媒体输给了他这个单枪匹马的小子，在受到美国新闻事务专家哈博莱西盛赞他“代表着某种未来的全新的观念与方向”的同时，也指出了“德拉杰是美国的麻烦，是第二个公民凯恩”。目前我国某些新兴媒体网站的新闻制作简单、粗糙的原因不无缺乏新闻专业素质的因素在里面。

改革开放以来，我国大学新闻院系在结合高新技术培养新闻工作者学会应用现代技术进行采、写、编、播、传等手段，改变传统的思维模式等方面做出了努力。但是，因受时代的局限，较为普遍的现象是概念上的探讨多于扎实的理论研究，对传播技术的掌握落后于传播技术实践的发展。另外，新闻院系的课程开设不尽合理。尽管多数院校开设了计算机基础、文稿的录入和编排技术、报刊电子排版、网络入门之类的课程，但实验课时太少，侧重点不够，实验室购置的计算机配置低而且数量少，网络设施亦跟不上。这些问题的存在，导致培养出来的人才技术素质不够理想。他们走上新闻工作岗位后，相当长一段时间难以胜任技术含量高的采编等工作。在新世纪，在网络传播时代，新闻教育应当适应网络新闻传播技术要求，改变新闻教育在内容和手段上的落后状况，注重培养学生的技术素质，努力培养复合型网络新闻传播人才。

本章思考与练习

1. 如何理解“网络媒体”与“网络新闻”的概念？如何更科学地界定

这些概念?

2. 正确分析和认识网络媒体与传统新闻媒体、新闻媒体网站与综合性商业网站新闻传播的关系。

3. 如何正确认识网络媒体的传播规律及其特性?我国新闻媒体网站的发展方向是什么?

4. 通过实际调查,了解各类媒体新闻网站的工作流程及其具体要求。

5. 具体分析和论述网络新闻传播对传统新闻报道方式的影响以及对新闻工作者提出的新要求。

第二章　网络新闻采访

一切新闻媒体从事传播的基础是新闻事实的传播，没有新闻事实就没有新闻传播，网络新闻传播也不例外。而采访就是获得事实材料的主要手段。通常认为新闻采访是记者为进行新闻报道而从事的一种特殊的调查研究活动，是全部新闻工作的基础和前提。报纸、广播、电视或网络媒体的记者采集新闻的方式方法多种多样，各有优势和不足，但他们都有着同样的目的，那就是最大限度地获取新闻事实，为新闻写作和报道提供前提条件。网络媒体必须增强原创信息，一方面可以全面、及时地为上网者提供高质量新闻信息服务，另一方面也可以使网络媒体在日益激烈的媒体竞争中增强自身竞争实力。在新闻业务的各个环节中，新闻采访是第一道工序，是新闻活动的起点。没有新闻采访活动，其他一切后续工作就会成为“无米之炊”。这一点对网络新闻媒体同样不能例外。

本章从这一目的出发，讲解网络新闻采访的基本规律和方法。

第一节　网络新闻采访的含义及特点

一、什么是网络新闻采访

1．*网络新闻采访的两层含义*

网络新闻采访的概念具有两层含义。其一，是为互联网媒体新闻发布而进行的采访，这类采访主要是指目前我国拥有采访权的省级以上新闻媒体网站的编辑记者进行的新闻采集活动，可以理解为广义的网络新闻采访；其二，是在互联网上进行采访，这实际上是一种特殊的采访手段，这种方法可以单独使用，也可以与传统的采访方法如现场采访、个别采访配合使用，可以理解为狭义的网络新闻采访。

两层含义的主要区别在于：前者把互联网当做一种发布新闻的媒体，是为网络而采访；而后者把互联网看做一种采访的工具，是利用网络进行采访，就像电话采访中利用电话一样。广义的概念是相对于传统的广播、电视新闻采访的概念衍生而来的，是从信息传播的角度，把互联网看做一个像广播电视那样的发布新闻的媒体。因此，广义概念涉及新闻采访的认识原理、新闻记者的素质以及新闻采访的方式方法等等尚待完善的系统体系。后者在互联网上采访作为一种新的采访手段就包含在上述这个大的系统中。这时候的互联网只是一个采集新闻的工具。任何媒体只要需要都可以使用。

这种概念上的多义性，主要是由于网络特性引起的，互联网作为一种新兴的传播工具，既可以是一种大众传播工具也可以是一种人际交流的工具。例如，人们在互联网上，既可以到新华网、千龙新闻网等网络媒体去看最新的新闻，也可以通过 E－mail 与亲人朋友联络，甚至可以到 BBS 或新闻组与陌生人就某一话题展开讨论。因此，互联网是有别于传统媒体的一种全新的传播工具，其本身既可以用于新闻发布，也可以用于新闻采访。而报纸、广播、电视都只是单一的发布工具，不能进行人际之间的交流，更不能用于新闻采访；所谓广播电视访谈，须借助专门的采访设备才能进行，广播电视的作用也只是把采访内容传播出去。互联网的这种采访工具和媒体身份二而合一的特性，必然极大地推动新闻采访的时效性、互动性，揭开人类传播史上新闻发布与传播的新篇章。

2．*网络媒体及其采编权*

目前，国内的网络媒体大致包括两种类型，一种是传统媒体在网上兴办的网络版或独立新闻网站，它拥有传统媒体采编队伍及信息资源优势，但由于观念、技术以及经费等方面的限制，潜力没有被完全发掘出来，多是停留在对“母报”照抄照搬的阶段。另一种是某些获得发布新闻资格的商业网站，如新浪、搜狐等。这些网站每日提供大量的新闻信息，并实现滚动播出，同时增强了交互性，为上网者提供针对某条新闻的即时的沟通环境，因此颇受网民欢迎，其中的佼佼者更成为一部分网民上网浏览新闻的首选站点。但其缺陷也是明显的：新闻来源于对传统媒体新闻信息的剪剪贴贴，缺乏原创性。这在新闻竞争日益激烈的今天无疑将成为制约其发展的瓶颈，一旦传统媒体网络版突破原有观念的桎梏获得快速发展，将对其构成极大的威胁。事实上近来已有不少网络版开始转型，如新华社在原有网络版的基础上兴建新华网，《电脑报》网络版引进风险基金组建以全球最大的中文 IT 网站为目标的天极网等等。而真正按照国际互联网的本质和特点进行商业化运作的网络媒体也已出现，如由北京多家传统媒体参股组建的有政府背景的千龙新闻网以及按照同样模式组建的上海东方网、天津北方网。

网络媒体是新生事物，相应的法律法规正在逐步建立、健全。而网络具有的开放性、交互性又使网络媒体监管难度较大，不易控制。对此，国内知名网络传播学者闵大洪有过这样的论述：

“传统媒体信息传播的特点是受控的、单向的，且往往是自上而下的，而网络媒体则是分众媒体、个众媒体，其信息传播特点是开放的、交互的、犹如‘蕃薯藤’一般。传统大众媒体经过长期的不断完善形成了规范的运作方式和一整套有效的管理机制，网络媒体则具有桀骜不驯难以管理的特点。传统大众传媒可以营造出‘舆论一律’的信息空间，因特网提供的却是舆论多元的信息空间。所有这些特点是网络技术决定的，只要接入因特网，便不能不接受这一新媒体的传播特性所带来的冲击。”[①]

为了有效地对网上媒体实施监督和管理，国家有关部门作了很多努力，有关法律法规也在加紧制订。目前已颁布的管理措施主要集中在网络媒体的新闻发布资格和新闻采编权的认定。1997 年 3 月国务院新闻办公室下发了一个文件，对利用互联网开展对外新闻宣传做了若干规定。这是政府对新闻媒体上网实施管理的第一个以文件形式出现的规定。文件指出：新闻宣传单位入网须提出申请，报国务院新闻办公室审批。经批准入网的新闻报刊，应到新闻出版署办理备案手续。各新闻宣传单位利用国际互联网络对外新闻宣传的内容，需在中央对外宣传信息平台统一入网，不得自行通过其他途径入网，更不得自行在国外入网。已通过其他途径入网的，要一律补办报批手续，获准继续入网的应转到中央对外宣传信息平台上。

《互联网站从事登载新闻业务管理暂行规定》第七条明确规定：非新闻单位依法建立的综合性互联网站“不得登载自行采写的新闻”。依据这一规

① 闵大洪：《网络新闻之我见——兼与郭乐天先生商榷》，载中国新闻传播学评论 www. cjr. com. cn。

定，综合性非新闻单位网站并不拥有采访权，仅仅具有新闻发布权或编辑权，即在与省级以上新闻媒体签订协议后，可以转载传统媒体的新闻。①

3．网络记者

网络记者是指为网络媒体采集新闻事实，进行新闻报道的专业工作者。

目前拥有网络记者的媒体主要是传统媒体网络版，如《人民日报》、中央电视台等媒体建立的网站。曾代表《人民日报》网络版赴澳门参与澳门回归报道的王淑军、罗华对自己的身份作了这样的解释："我们被称为网络记者，这个称呼有这样两层意思；我们首先是中国传统媒体的记者，其次我们是在传统媒体兴办的网站从事新闻编采工作。我们既脱胎于传统媒体，又在以一种全新的方式进行新闻传播活动。"② 这段话可以说是对目前绝大多数网络记者性质的恰当描述。网络记者是一个新兴的记者种类，现行的记者管理法规中还没有网络记者的内容，因此，目前的网络记者尚没有经过政府有关部门的认定，"网络记者"实际上还是传统媒体的记者，只是工作于传统媒体的网络版或新闻网站这一特殊部门。

真正的网络媒体是与传统媒体完全不同的媒体，其运作方式、新闻发布特点等都有很大不同，照搬传统媒体的模式只会束缚网络媒体的发展，因此网络版终究只是一种过渡的媒体形式，真正的网络媒体必然是独立于传统媒体，按自身应有的规律与模式发展的新型媒体。如千龙新闻网被称为国内第一家真正意义上的网络新闻媒体。千龙网除了采用商业网站链接、整合新闻的做法外，还成立了自己的新闻记者队伍，以独立媒体的身份发布新闻。这种有传统媒体背景、独立的采编队伍以及按网络新闻传播规律进行新闻传播活动的媒体模式无疑代表了网络媒体发展的方向。而只有在这样的网络媒体中网络记者才能够真正发挥自身优势，成为有别于传统记者的新型记者。

二、网络新闻采访的特点

特点或称特征是指一事物区别于其他事物的特有的、鲜明的个性。新闻采访活动的特征，就是新闻采访活动本身所独有的而其他同类（或同属）活

---

① 国务院新闻办公室、信息产业部于2000年11月联合发布了《互联网站从事登载新闻业务管理暂行规定》，全文见本书附录。

② 罗华、王淑军：《我们是第一个"吃螃蟹"的人——网络记者澳门采访日记》，《新闻记者》2000年第1期，第3页。

动所没有的质的规定性。从本质上说，新闻采访活动是人类的一种特殊的认识和把握客观事实的活动，或者说是新闻记者的一种职业性的调查研究活动。

作为新的媒体形态，网络媒体由于国际互联网的原生特质，其新闻发布的方便、快捷是报纸、广播、电视三大媒体难以企及的，为适应这一新的传播形态，新闻采集的方法手段也必将随之产生变化。以下我们拟从网络信息采集来源的广泛性、形式的多样性、采写的即时性以及容量的无限性等方面探析网络新闻信息采集的特点。

1. 来源的广泛性

新闻采访活动是一项为了社会公众去搜集、传播新闻信息的工作，而新闻信息不仅蕴藏于自然界，更蕴藏于人类社会生活的方方面面。这就需要记者与社会广泛接触，与社会上各色各样的人打交道，以便从中发现、挖掘新闻信息。可以说，网络新闻采访的对象是无所不包、无处不在的。目前，网上新闻的来源极为广泛，通过 WWW 浏览、电子邮件列表以及网络新闻组等国际互联网服务资源，提供给上网者政治、经济、娱乐、社会等等方方面面的信息。其信息源之丰富远非传统媒体可比。

从新闻采访的服务对象看，新闻采访的出发点和归宿都是为了满足社会需要，社会需要的主体是社会公众的需要，这决定了采访活动的结果要面对广泛的、对传播要求十分繁杂的社会公众。传统的报纸、广播、电视等大众媒体，由于技术的制约或渠道上的限制多是区域性发布，而以互联网为传播载体的网络媒体具有天然的“全球发布”的特性。发布范围的扩大必然会大大拓展网络媒体记者活动的空间。

此外，传统媒体的新闻采集工作主要由记者完成，当然也需要借助记者自己的“耳目”或编辑部热线提供信息，但大多数是作为线索的提供者隐藏在消息的背后，采集报道工作由记者完成；而网络的交互性以及传播的广泛性极大地调动了网民的参与性，使其有可能由被动的消息提供者变为主动的消息采集者。

1999 年 4 月 15 日，韩国一架货机在上海虹桥机场附近坠毁，最先发布这一新闻的是署名“tiu”的上海网民，该网民称下午四点许，一架飞机坠落在离其家 1.5 公里处，并简要描述了他所目击到的事故现场的情况。这条新闻最初发布的地方是新浪网的“谈天说地”论坛，但此后不到 15 分钟，新浪网就以快讯形式在“国内新闻”栏目中予以报道，并特别表示“感谢网友 tiu 的现场报道”。新浪随后针对此次事件的数次报道也主要引用“tiu”提供的信息。此例表明，网民利用网络，可以成为网络媒体新闻传播活动的直接参与者。然而，据《互联网站从事登载新闻业务管理暂行规定》第七条规定，商业网站登载这类来源的新闻，是受到禁止的，这是为了保证互联网新闻的真实性、准确性和合法性。

2．形式的多样性

形式的多样性主要指采集形式的多样性、采集工具的多样性以及信息表现形式的多样性。有位网络版记者曾经讲过：我会用所有我能够使用的方法去采集新闻。的确，网络新闻来源于大千世界，自然、社会方方面面都可能涉及到，这就要求网络新闻的采访、采集方式也是多种多样的，应根据不同的采访任务、采访对象选择相应的采访方法。网络记者熟悉互联网特性，掌握网络基本应用技能，可以使用相应的网络工具在互联网上采访、收集资料。但应注意，不能依赖于这种单一的采访方法。传统的新闻采访方法，如口头采访、观察采访、体验式采访等依然是不可替代的，在时效等外部条件允许的前提下，还是提倡到现场去采访，与采访对象进行面对面的交流。

采集工具的多样性指采访所需的物质手段的多样。从纸媒体、电子媒体到网络媒体，传播科技的迅猛发展，推动了媒体的发展演变，记者手中的采集工具也经历了从单一到复合，从简单到复杂的过程。报社记者的采访工具是纸和笔，或者还有录音机（音频并不能作为新闻内容播出，只作为辅助采写的工具），广播电台记者通常需要音频采录设备（采录的音频可作为节目内容播出），电视台的记者多以音视频报道新闻，摄像机自然必不可少。目前传统媒体记者的采访工具主要包括三类：一般采访工具，如笔、笔记本和必要的资料、工具书；专用工具，如广播记者的话筒、录音机，电视记者的摄像器材，摄影记者的摄影器材；辅助工具，如车辆等。网络媒体由于整合了传统媒体的新闻发布优势，上述提到的几种工具都将是重要的信息采集工具。

形式多样性的第三个含义是指所采集的信息表现形式的多样性。文字和图片是报纸主要的信息发布方式，因此，报社记者主要采写的是文字和图片新闻。包括音响和有声语言在内的声音符号，是电台赖以传播信息的方式，音频的采集自然就成为广播记者采访工作的重要内容。集声、光、画于一身的电视媒体相对报纸、广播具有更多的传播优势，音视频的采集也就成为电视记者采访过程中的首要任务。网络作为新出现的媒介传输手段，将前面三种媒体的信息表现形式整合在一起，文字、音频等可以单独存在。比如，现在网上的“电子报纸”和“广播网站”主要就是通过文字和声音符号发布新闻。此外，针对不同的使用情况，也可以将各种表现形式的信息通过超链接的方式相互关联，互为补充。

3. 采写的即时性

新闻是瞬息万变的客观事实的及时记录，这就决定采访有着强烈的时限性。所谓时限，是构成新闻事实传播价值的时间限度，也就是新闻事实的发生与报道之间的时间差。采访往往要在严格的时间限度内，限时限刻争分夺秒地完成，即使是非事件性新闻也要抓住时机，尽可能快地把新闻报道出去。

网络媒体的新闻发布没有时间的限制，新闻采写后可随时上网，实现真正意义上的滚动播出；而传统媒体无法做到这一点。报纸要分期出，有截稿时间；广播电视也不是全天 24 小时播出，而且新闻播报一般放在整点，个别重大新闻可以临时插播，但广播电视的节目毕竟是有一定计划安排的，不能随意地插播，尤其是一般性的新闻。

网络媒体及时发布的特性，使得网络记者发回编辑部的稿件可做到随到随发。另一方面互联网是发布新闻的媒体，同时也是传输数据的通道，因而记者传送稿件包括音视频文件都十分便利。事实上，排除某些技术性因素(如数据传输速度慢)，网络新闻的发布主要取决于新闻记者采访的时效性，时效性越强，新闻发布的时间就越能够提前，新闻的价值也就越大。这是网络媒体与传统媒体竞争的需要，也是充分发挥网络媒体特性的要求。

4. 容量的无限性

传统媒体在信息的传播容量上始终受到限制。作为空间媒体，报纸尽管可以扩版或增加每天的印数，但版面、印数终究不能无限制的扩增，目前国内外有很多报纸的版面已达到上百版，给读者带来极大的选择空间的同时，也给有目标地浏览、阅读带来很大不便。广播电视是线性媒体，每天的播出时间和频率资源也是有限的，而且，所有新闻过耳（眼）即逝，无法重复接收。

网络新闻的传播依托的是“海量存储”的国际互联网，与传统媒体相比，容量第一次不再成为一种限制因素。这种“容量”的解放可以从空间和时间两个方面理解，即从空间上讲，网络是“海量”的，从时间上讲网络是“无终”的。基于这样的特性，新闻记者采访时，可以捕捉数量更大、内容更丰富的新闻事实；可以多角度、多侧面充分报道某一事件或某一类事件；可以最大限度地取得有关新闻事实的背景资料，而不必像传统媒体那样担心版面或时段不够。

当然，一味追求海量信息的发布，有时也会造成信息庞杂、缺乏条理。例如：每当有重大事件发生，一些商业网站和传统媒体的网络版往往设立专题，将过去关于这一事件的报道全部收集在一起，这为上网者提供了一扇全面、详细了解有关新闻事件的窗口。但由于编辑人数或编辑水平的限制，对专题内的信息多数不加整理，只是作简单的堆砌。而这些专题所含新闻信息少则几十条多则几百条，而且由于是即时更新发布，多是针对某一事件的一个切面，必须阅读一定的条目才可能了解事件全貌，这就给读者阅读、理解带来一定困难。而传统媒体由于版面、时段有限，为了在有限的时（时段）空（版面）提供给读者最有价值的新闻，记者在采访时就不得不考虑选择那些新闻价值高，受众最需要的新闻，而不是“拣到篮里都是菜”，不作取舍。

因此，网络媒体海量存储的特性是一柄双刃剑，处理不好可能会带来过犹不及的后果，使上网者陷入无所适从的境地。

5. 过程的交互性

交互性在这里有特定的含义，用来描述在信息的生产者与消费者之间日益增长的交互性关系，也就是与信息反馈有关。严格地说，在网络世界中没有固定的传受方向，只要某个人或某个团体机构有信息要发布并通过网络发布出去，他就可以成为网上的信息传播者。传受双方始终处在互动情景当中。网络媒体与其受众也不例外，通过网络，受众可以很方便地与编辑记者进行交流。与记者的沟通，在传统媒体往往要通过编辑转达，记者很少与受众直接沟通，记者发来的稿件也要经过编辑的剪裁、改动后才能与受众见面。而网络由于天然整合了人际交流与大众传播的功能，网络本身既是新闻发布工具也是便捷的通讯工具，身处现场的记者因而可以与上网者方便地沟通，直接听取他们的反馈意见，甚至可以由这些上网者为记者的采访活动点题或出谋划策。这就极大增强了采访过程中新闻记者和受众之间的互动性，提高了采访质量。

1999年5月至7月，《人民日报》华东分社和《人民日报》网络版联合推出了一次“行走黄河”网上跟踪全程式采访活动。采访活动期间，网络版编辑部时刻与前方记者保持热线联系，并及时将最新消息送上网，每日在第一时间与广大网友见面。在此次采访过程中，上网者还可以通过E－mail随时给前方记者点题，并通过BBS和记者进行实时互动交流。充分发挥了网络媒体即时交互的特性——网络本身既是媒体的载体，也是即时通讯的工具，使远方的记者不再是独自一个人凭借个体的智慧和经验完成充满艰险与挑战的采访任务，最大限度地保证网民对相关新闻内容的知晓与把握。

此外，网络媒体的编辑人员可以就当前热点问题在互联网上进行受众调查或民意测验，充分利用互联网既是新闻发布工具又是新闻采集工具的特性，及时获取受众的反馈，具体方式可以设立论坛或直接进行网上调查。

第二节　网络新闻采访的基本原理

新闻采访从本质上看是一种认识过程，有其内在的基本规律，这些规律每一名新闻记者都必须严格遵循。只有这样记者才可能在纷繁复杂的客观世界中发掘出真正有价值的新闻事实，并进而写出好的新闻作品。网络记者为新兴的网络媒体服务，在采访过程中，必须依据这种媒体的特性选择适当的方式方法，以体现和发扬网络传播优势，完成采访任务。需要注意的是在这一过程中，网络记者同报纸、广播和电视等传统媒体的记者一样，也必须认识和运用新闻采访的基本规律和原则来指导采访实践活动。

一、网络新闻采访应遵循新闻采访的基本规律

1. 坚持实事求是的基本原则

新闻是事实的报道，是主观对客观的认识过程。根据物质第一性、意识第二性的马克思主义认识论的基本观点，事实是第一性的，对事实的认识是第二性的，这就要求新闻工作者在新闻采访的实践活动中坚持实事求是、一切从实际出发的认识路线，如实报道、反映客观实际。也就是说，记者必须按照客观事物的本来面目及其内在的规律去认识它、反映它，而不能做任何主观的歪曲、猜想和臆断。

在采访活动中，记者应坚持到实践中去，了解情况，力求全面、系统、

深入地认识事物，并在这一认识过程中产生观点，从而把感性认识上升为理性认识。可以说，没有感性认识的第一步，也就不会有理性认识的第二步。那些违背这一认识过程，事先定下一个框框，带着观点找材料的采访，走的是主观唯心的认识路线，在实际采访中往往导致失实。

下面就是一位“先入为主”的记者的采访录像，被采访者是上海焦化厂原副厂长黄奇帆。

采访者：“你一定经常加班加点，忘记了休息？”

黄奇帆摇了摇头：“不，我一般不加班加点，我对每天的工作要求在规定的时间内完成。休息时间我要用来看书。”

采访者迟疑了：“那么，你有没有生病不休息，把病假单塞在口袋里？”

他笑了：“不，现代社会要求讲究效率，拼身体不是个好办法。”

有点失望的采访者把希望寄托在第三个问题上：“听说你爱人原在新疆工作，你探亲时，是不是还惦念着工作，未等假期满，就提前赶了回来？”

他再次表示了遗憾，并逗趣地说：“我还嫌假期短了呐。她是搞计算机的，有的革新项目我还可以和她在那里商量呢！”①

这就是在采访之前，记者主观上已经有了一个结论，采访的过程不过是走走形式，为结论找佐证，如果找到了就满意而归，找不到就会失望，不高兴。这种采访作风是极不可取的，因为它从根本上违背了一切从实际出发的采访原则。

坚持实事求是的基本原则，还要注意保证新闻事实本身的绝对真实。真实是新闻的生命，失真的新闻报道哪怕只在某个细节上出现误差，都会使受众对整篇新闻的真实性产生怀疑。具体讲，新闻真实主要包括以下三个层次：

第一、新闻报道的具体事实必须真实。也就是说新闻报道的时间、地点、人物、事件原因、过程、结果，以及人物的思想、语言、行动、事实数据和各种细节描写，都必须与客观实际相符合。

第二、新闻报道事实的概括必须真实。新闻报道中有具体的事实，也有概括的事实。具体事实要真，概括的事实也要符合实际，能准确地概括事实的全貌，不能以点代面，以偏概全。

---

① 刘海贵：《当代新闻采访》第15页，复旦大学出版社1997年版。

第三、新闻报道的事实和这类事实的总体要一致。不只是每条新闻报道的事实都要真实，而且这些新闻报道的事实要和整体实际相符合，注意和善于从总体上、本质上以及发展趋势上把握事实的真实性。

网络媒体尚处在刚刚发展起步的阶段，编辑记者队伍相对薄弱，有关的法律法规也很不完善，而网络又是一个完全开放的信息平台，在新闻实践中就更应该注意新闻事实的绝对真实。这是媒体应负的责任，也是在新闻竞争中树立品牌，争取受众的需要。

最后还要注意的是，坚持实事求是的基本原则，要注意同西方“新闻和意见分开”、“只报道事实，不报道意见”的所谓“客观主义”区别开来。“客观主义”强调新闻与客观、新闻与事实之间的联系，有其正确的一面，但它要求记者在采访过程中，对新闻事实作“纯客观”的记录，而否认事实和认识主体即新闻工作者主观的联系，把主客观对立、割裂开来。这在实际的采访工作中是根本行不通的。

2. 坚持正确的采访路线

我国社会主义新闻事业的性质和新闻工作任务，决定了记者的工作必须在党的领导下进行，必须深入到群众中去。这是我国记者区别于西方记者的一个根本标志，也是做好新闻采访工作的一个重要保证。在日常的工作中，记者要多注意学习中央的指示精神，及时了解全局的情况和工作重点，从整体上把握特定时期的宣传口径和报道方针，使工作时头脑更清醒，心中更有数。在实际的采访活动中，要加强和各级党委、政府部门的联系，在得到必要的帮助和指导的同时，还可以从中发现好的新闻线索，丰富报道内容。

在紧密依靠各级党委和政府部门的同时，还要注意深入到群众中去。群众是历史的创造者，是物质财富和精神财富的创造者，深入群众就是深入实际、深入生活。如果脱离了群众，脱离了社会生活，新闻报道就丧失了源泉，新闻就成为无源之水，无本之木。著名记者穆青讲过：“作为一个记者，最重要的是一天也不要脱离实际，脱离群众。脱离了实际，脱离了群众，等于脱离了生活。脱离了生活的源泉，记者工作的生命就要终止。”

深入到群众中去，要求记者积极主动地到基层去，到社会生活的第一线去，并在此基础上做扎扎实实的深入的调查研究工作；和群众打成一片，建立广泛的“消息来源网”。在这方面，新闻界的老前辈有许多值得汲取的经验。例如，著名报人林放，曾坚持在复刊后的《新民晚报》上发表文章，有时每天多达三四篇。他的经验就是深入群众、深入生活。他长期住在上海溧阳路一条里弄的老房子里。50年代上海市领导同志动员他搬家，他执意不肯。后来政府又多次劝他搬进条件较好的楼房，他还是不肯。原来，每天早上，他从住所的后门出来，泡上一碗茶，同街坊群众聊天，什么都看得到，什么都听得到。他说，如果搬进高楼大厦，可就没有这种“享受”了。可见，林放正是由于通过聊天的方式，和群众保持了紧密联系，使他在新闻采写的过程中“耳聪目明”，“思如泉涌”。

总之，新闻记者要牢固树立“深入群众，就是深入到新闻源泉中去”的观念，在实际的新闻采访活动中，利用各种场合，通过各种渠道，倾听群众的呼声、愿望和要求，了解群众的思想感情，为新闻报道获取必要的新闻线索和新闻事实。

二、网络记者应有更高的新闻素质

1. 新闻价值

新闻是由新近发生或正在发生的事实信息构成的。自然界和人类社会处在不断的变化和运动之中，随时随地都有新的事实信息发生，什么样的事实信息才可能或有必要被当作新闻传播出去呢？这就需要用新闻价值来衡量。一般情况下，事实信息所含新闻价值越高就越有可能成为大新闻，越容易引起受众的关注。

那么，什么是新闻价值呢？按照唯物论的本源观，新闻之所以能够满足受传者的需求，实现自身的价值，不是由新闻本身而是由新闻所报道的事实具有这种能够满足需求、实现新闻社会价值的素质。因此，所谓新闻价值是指新闻事实满足社会需求的特殊要素的总和。

新闻价值带有新闻本体意义，无论在网络媒体还是报纸、广播、电视等传统媒体，新闻的采集都离不开对新闻的一些基本概念和规律的认识，尤其是网络媒体还处在刚刚起步的发展初期，从业人员是不是能够从本质上把握新闻的基本规律，掌握判断新闻事实的依据和方法对这一新型媒体发挥媒介优势、更好地满足受众需要和其自身的良性发展都具有十分重要的意义。

通常认为，新闻价值的要素包含以下五个方面：

时新性。包括时间新和内容新两个方面。美国《纽约时报》前副总编辑罗伯特·莱斯特曾说过：“最没有生命的事物莫过于几小时以前发生的新闻。”

一般情况下，新闻时效性越强，新闻价值越大；新闻事实发生时间距公开传播时间的时差大小，同新闻价值的大小成反比。网络媒体可以做到即时更新，滚动播出，新闻报道的内容总是处在动态流动之中，这就对新闻采集的时效性提出了更高的要求。内容新是指，一件事情，如果是人们司空见惯的，没有多少新意，就不会有人感兴趣。因此，新闻事实必须提供给人富有新意的信息。

重要性。重要性是指新闻事实对社会生活或受众切身利益的影响程度，某一事实的重要性同它发生作用的范围是大是小、产生影响的程度是深是浅成正比。重要性是决定新闻价值大小和有无的关键因素。

接近性。即新闻事实与新闻受众内在的相关性。中国早期的新闻学者徐宝璜曾说过："新闻价值与读者的距离成反比例。"这里的距离本义是指地理上的距离，但实际上也可以将其涵义延伸到心理、职业及共同经历等方面。距离越近，对特定的受众而言，新闻价值越大。

显著性。是指人物、事件等在社会生活中地位越突出，或者对社会产生的作用越大，其新闻价值越大。显著性也是判断新闻价值重要性的主要依据之一。

趣味性。趣味性是指新闻事实所具有的能使人感到愉快、引起兴趣的特性。妙趣横生的事情总是能够引起人们的注意，因而往往具有一定的新闻价值。但是新闻记者在采集新闻的时候，又不能一味猎奇，追求新奇、刺激的报道效果，而是要注重培养、引导受众健康、高尚的情操和志趣，开阔人们的眼界，丰富人们的文化生活。

需要注意的是，不同的传媒面对着不同的受众群，这些在文化素养、生活环境等方面存在差异的受众群，对上述新闻价值要素中的趣味性、重要性、接近性的需求也不尽相同。因此，在新闻实践中要注意灵活把握这些可变的因素。

新闻价值包含的五要素，在一个新闻事件中有时包含其中的一两个，有时全部包括。一般而言，所含要素越丰富、特征越突出，新闻价值越大。新闻记者的职责就是依据新闻价值标准识别、判断和捕捉新闻事实，然后尽可能广泛、充分、及时地进行报道。但是在新闻采访的实践过程中，又该怎样判断一条新闻事实是重要还是不重要，是新鲜还是不新鲜呢？这就需要新闻记者具备一定的新闻敏感。

2．新闻敏感

新闻敏感是记者的一种重要的新闻专业素质。一般认为，新闻敏感是新闻记者政治水平和业务水平的集中表现，是新闻记者发现和判断客观事实是否具有新闻价值的能力。有时也称为新闻嗅觉或新闻鼻。美国新闻学者卡斯柏·约斯特在《新闻学原理》一书中指出："一个不善于辨别色彩的人，不能成为一个画家。一个不懂得和谐的人，不能成为一个音乐家。一个没有新闻敏感的人，也不能成为一个新闻记者。"由此可以看出新闻敏感对于新闻工作的重要性。

新闻敏感是一种职业敏感，它的核心是政治敏感。也就是在采访中迅速而准确地判断某一事实的政治意义。新闻敏感不但包含政治因素，而且政治因素往往起决定作用。记者的采访活动总是会在不同程度上表现出一定的倾向性。这是由于记者本身的立场、观点以及思想方法的不同造成的，是一种客观存在。江泽民总书记 1996 年 1 月 2 日在接见《解放军报》社师以上干部的讲话中谈到："新闻作为一种意识形态，作为宣传、教育、动员人民群众的一种舆论形式，总是直接或间接地反映我们党和国家的政治立场、政治主张和政治观点。""报社的同志，必须讲政治，必须具有良好的政治素质，具有很强的政治鉴别力和政治敏感性，必须树立高度的政治责任感。"这就要求新闻记者保持清醒的政治头脑，善于从政治上发现并把握新闻事件的政治意义。

新闻敏感很抽象，看不见也摸不着，但却十分重要。没有新闻敏感的记者就是整天忙于采访也不会发现真正有价值的新闻。西方记者认为："新闻记者对新闻的嗅觉，应当像猫儿对老鼠那样灵敏。"这就是强调新闻记者要有敏锐的新闻洞察力，在采访中善于捕捉一闪而过的思维火花，创造性地选择切入事实的角度，发掘出新闻事实的真正价值。一般而言，新闻敏感主要表现为以下几个方面：

1）及时判断某一事件是否能引起受众的普遍关注和共同兴趣；

2）及时判断某一事实是否新鲜，是否会对全局产生积极作用和影响；

3）善于从同一事物中鉴别出最为重要的事实，并从中选择最佳报道角度；

4）善于从纷纭复杂的事实中看出事物发展、变化的趋势，增强采访工作的计划性和新闻报道的预见性。

新闻敏感是记者宝贵的素质，它的得来不是靠天生的聪明，也不能仅凭一时的灵感，而是应在平时注重学习、潜心钻研，在实践中不断地培养锻炼。网络新闻传播具有时效性强、信息量大的特性，这就要求网络记者必须有较强的新闻敏感，能够从不断变动的自然界和社会生活中发现、发掘大量的新闻事实并及时充分地报道出去。为提高自身的新闻敏感，网络记者要不断提高自身的政治理论水平；增强责任感、事业心；深入实际，抓住受众普遍关心的问题；学会比较、分析的思考方法；通过各种方式和途径扩大自己的知识面。只有这样，才能够养成嗅觉灵敏的“新闻鼻”，发挥网络媒体传播优势，为受众提供丰富的新闻信息。

三、运用一切方式为网络传播采访

新闻采访的样式是丰富多彩的，不管通过何种途径，使用何种方式，记者的采访活动都是以获取新闻素材为直接目标。由于采访对象不同，采访场合不同，采访条件不同，服务的媒体机构不同，记者个人的主观条件和风格习惯也各不相同，再加之客观事物瞬息万变，因此新闻采访固然有一定的章法，但也会依具体的主客观条件表现出不同的风格样式。

网络新闻采访是将网络作为最终的发布媒体进行的采访活动，其采访的方式方法由于网络媒体的特性具有一定的特殊性，但从目前的新闻采访实践来看，传统的新闻采访方式方法依然是不可或缺的。

1999 年 12 月澳门回归是一件举世瞩目的大事，吸引了全世界各大媒体关注的目光。据报道，约有 3000 余名记者报名采访澳门回归盛典。广播、电视、报纸记者争先恐后参与到对这一事件的采访报道中去，新兴的网络媒体同样不甘落后，纷纷加大报道力度。《人民日报》网络版更是派出了记者罗华、王淑军参与了《人民日报》社对“澳门回归”的报道，这是第一次有网络记者直接参与党和国家重大宣传报道活动，极具历史意义。

在采访过程中，王淑军、罗华有意识地对文字、图片、音频、视频等多种报道形式进行了尝试，先后发回文字、图片 240 篇（幅），音视频报道 10 条。其中音视频新闻主要包括：专访澳门教科文中心主任吴志良（音频报道）；澳门演员 9 日起陆续赴京参加首都庆祝澳门回归演出（视频报道）；澳门特区政府土地基金“两委会”举行回归前最后一次会议（音频新闻）；参加中葡土地小组召开的新闻发布会；新华通讯社澳门分社社长王启人接见

《人民日报》澳门回归先遣小组记者（视频报道）等。

网络媒体具有的这种多媒体的新闻发布特点，使网络记者在采写大量文字信息的同时采集音视频新闻，前者可以揭示大量丰富的信息，而后者可以给予受众直观形象的感受。不仅如此，网络记者还可以根据实际情况，灵活选择使用报道形式，这又是传统媒体记者无法比拟的。在他们的采访日记中就描述了在这方面的考虑：

下午，中葡土地小组举行最后一次会议。会后，中葡双方代表召开了新闻发布会，小小的发布会现场有五台摄像机持续的摄录。发布会的讲台上，随着双方不同代表回答问题，记者们便不厌其烦地把话筒移来移去。……考虑到把中葡土地小组会议新闻发布会的内容做视频新闻，画面可能比较单一，我们决定做一条音频新闻，尽量保留发布会上双方代表回答记者提问的全过程，再另配一些现场照片弥补缺少画面的不足。做好之后，感觉还不错，这样，我们的多媒体报道又多了一种音频形式。

但是由于目前技术设备和网络环境的制约，网络记者在采访过程中还是会受到限制。王淑军和罗华在报道澳门回归期间利用自带的 Betacam 摄像机、非线性编辑机、编辑录像机等设备采集制作了 10 条音视频新闻。在采访日记中他们记载了制作的过程以及传输数据时遇到的困难。

我们把用专业 Betacam 摄像机摄录下的素材带看了几遍，选出准备采用的片段，再把素材采集进大洋 DY3000 非线性编辑系统的高速硬盘里，加以剪辑，然后再配上解说，在电脑里合成一个文件，并转成网络音视频通用的 real 格式。到这一步，视频新闻算是做成了，下一步还涉及往回传输的问题。由于在我们住的房间无法上网，需要把做成的视频文件数据从非线性编辑系统的硬盘上转到笔记本电脑的硬盘上，以便拿着笔记本电脑到提供传输服务的地方把数据传回北京。在这整个过程中时不时蹦出来一些不大不小的问题，等一个个地琢磨出是怎么回事时，时间也一分一秒地过去了。一条一分四十来秒的新闻，竟从晚上 9 时一直折腾到第二天凌晨 2 时。

从日记中的记载可以看出，记者使用的是模拟摄像机，这样采集回来的视频素材，还必须由视频采集卡进行数模转换，才可以进行后期的非线性编辑和网上数据传输，很不方便。另外，宽带网络的普及和推广程度大小，也直接影响网络记者采访活动质量的高低；过慢的网络传输速率，必然会影响网络记者采集、发布新闻的时效性。

虽然网络记者采访方法有自己独特的一面，但在实际采访过程中依然以面对面采访、现场观察、开座谈会以及体会感受等基本方法为主，这是由新闻采访活动性质、对象和内在的规律性决定的。下面引用的是王淑军、罗华在澳门采写的一篇现场报道。

记者目击特区政府上班第一天①

今天是澳门回归后第一个上班日，一大早我们来到特区政府临时办公大楼。楼前高耸的旗杆上，早已升起的中华人民共和国国旗和澳门特区区旗在劲风中猎猎飘扬，门前严肃的值勤警察和上方悬挂的中华人民共和国国徽，使办公大楼正门显得庄严、肃穆。不少记者早已等候在那儿。

特区政府正式上班时间为上午9点，记者在现场看到，从8点半起前来上班的工作人员陆续来到。8:45，门口出现社会文化司司长崔世安，立刻被记者围起，他说："这是我们第一天来上班，我很高兴。"8:50，特区行政长官办公室主任何永安在门前下车，又引来记者的围堵，在回答记者提问时，他说："今天特区政府的工作很多，等一会要开几个会，包括一个特区政府政务会议，对工作做一个大概的安排。"

9点多，有工人来送当日的报刊，有6大捆。报纸放到大厅的服务柜台上，工作人员随即做了分类，并整齐地摆放好。这时记者发现，放在最前面一叠报刊的最上面正是当日的《人民日报》海外版，且只有一份，工作人员说，这是专门给何特首的。10:30左右，正当记者们等得着急时，特区政府行政法务司司长陈丽敏笑容可掬地出现在大厅。有记者问她今天心情如何？她说，"很兴奋！今天一起床，我就在心里祝福：祝福我们特区政府工作顺顺利利，祝福澳门明天变得更加美好。"

一直到下午5点半，特区政府将在这儿度过他们的第一个工作日。

当我们走出特区政府大楼时，但见今天的澳门天空晴朗，而且比前几日温暖了许多。这是一个好的开始。我们也同样地祝愿特区政府、祝愿澳门。

（《人民日报》网络版澳门12月23日14时10分电）

网络新闻采访也同样重视现场采访，提倡记者在有条件的情况下到现场去，到能够获取第一手材料的地方去。这篇报道以特区政府上班第一天这一

① 引自网址：http：//www. peopledaily. com. cn/item/aomen/index. html。

特定的时间段为主线，串起记者在特区政府办公楼现场看到的、听到的和感受到的新环境、新气象，令读者读来倍感真实、亲切，有身临其境的现场感。如果不是记者亲自到现场，用自己的脑、眼、耳、口进行采访，而是道听途说，或干脆到网上东抄西抄，剪剪贴贴，根本不可能写出这样真实、生动、丰满的新闻报道。

第三节　在线获取新闻线索

狭义的网络新闻采访是指利用互联网，在互联网上进行的采访，是近年来随着互联网的发展而出现的一种新的采访方法。它的出现和普及，正在改变传统新闻从业人员的工作方式。1998 年 7 月在伦敦举行的“网络传媒”大会公布了英、美两国有关新闻记者使用互联网情况的调查报告。其中，美国的调查共涉及全美 6000 名报纸、杂志和广播电视新闻工作者。调查显示，高达 93％的调查对象在实际工作中已开始采用互联网作为调研和报道工具。由英国“联网市场”公司开展的调查共问询了 500 名报纸、周刊及月刊杂志和广播电视新闻工作者。其结果显示，55％的调查对象在新闻报道中借助过互联网。新闻记者利用互联网内容有二，一是获取线索，二是直接采访。本节主要讲如何从网上获得新闻信息的线索，扩大记者的信息源。

一、新闻线索及其意义

新闻线索是指已经发生、正在发生或即将发生的新闻事实的一种信号或征兆。它是记者从事新闻采访活动起步的一个重要向导，使记者有可能在自然界和社会生活的“海洋”中找到采访目标，从而确定采访选题。

新闻线索存在于客观世界，表现形式千姿百态。它可以是一个反映问题的电话，可以是新闻发布会上的某一句话；可以是人们聊天时的几句闲话；可以是街头发生的怪事；也可以是广播电视新闻中的一段报道等等，只要是某件新近发生的事实的讯息，都可以成为新闻线索。

美国新闻学家麦尔文·曼切尔在《新闻报道与写作》一书中写道：“消息来源是记者生命的血液。没有通过信息来源得来的情况，记者就无法活动。”日本一位记者出身的著名作家井上靖也说过：“当新闻记者的人，不能听不到消息。记者一旦与消息隔绝，‘悲剧’也随着发生了。”那么，作为新闻记者，怎样才能使自己成为新闻信息的灵通人士呢？归纳起来主要有这么六个方面：

1．从各级领导部门得来。这包括党的文件（包括中央和各级党组织的指示、决议等）；党和国家领导人、各级领导干部有重要意义的活动、讲话、报告；领导机关的工作总结、简报、通知、通报等；

2．从各种会议中来。如会议的通知、决议等议程性文件；会议参加者的名单及其简介和他们在会议中的活动情况；

3．从编辑部门、通讯员、读者的来稿来信中来；

4．从各种报纸、简报、书刊及其他社会活动信息中来。如各单位的工作简报、工作总结和其他文件；大专院校有影响的墙报、壁报；各种广告、新演出的电影戏剧；各界先进人士、知名人士的活动；

5．从广播和电视中了解新闻信息。记者在收听收看广播电视节目的时候，不应把自己混同于一般的受众，应善于从别人的报道中发掘、引出新闻线索；

6．从记者的日常生活和社会交往中来。

上述信息来源的线索有人形象地称之为来自“物”的信息来源、“会”的信息来源、“电”的信息来源以及来自“交往”的信息来源，而当互联网日渐普及之后，来自“网”的信息来源由于其覆盖面广、内容无所不包的特性，已越来越受到记者的青睐。

在亚特兰大奥运会期间，新华社记者熊蕾从国际互联网上不断读到旅美中国学生和学者给独家向全球报道百年奥运盛况的 NBC（电视台）的抗议信和批评文章。当她从一份网上电子杂志上获知，旅美华人抗议 NBC 的广告已于 8 月 14 日在《华盛顿邮报》的要闻版登出，NBC 负责体育新闻的副总裁正急于同抗议者代表谈判解决问题时，熊蕾为这场抗议活动的规模和持久感到震惊。于是，她按照这条消息提供的一个电子信箱地址，同这场抗议活动的志愿者取得了联系。这位志愿者姓梁，在宾夕法尼亚州大学读书。

借助于互联网，与熊蕾素不相识的小梁给她传送了大量的背景资料。原来，在报道奥运会开幕式以及报道运动员成绩时，NBC 对中国进行了不公正的报道。例如，当美国选手范·戴肯在女子 100 米蝶泳中赢得金牌后，NBC 报道说：“戴肯击败了有使用兴奋剂的严重嫌疑的中国运动员，夺得金牌……”事实是，中国运动员经过多次药检都没有任何问题。这类报道比比皆是，引起了在美7万中国人的签名抗议活动，签名长达100多页，并在网络上募捐1万1千美元，用于在《华盛顿邮报》上刊登抗议广告。熊蕾不断阅读着来自国际互联网的最新消息，并对留学生进行了采访，最终将这些活动向中国的读者进行了报道。

新闻工作者常将新闻比作“活鱼”，线索比作“鱼儿”泛起的“波纹”、“浪花”。那么在这条新闻的采集过程中，“波纹”和“浪花”就是国际互联网上不断出现的抗议信和批评文章，它触发了记者的新闻敏感，并进一步促使记者按迹寻踪，最终捉到了“活鱼”。

二、从互联网上获取新闻线索

互联网上可以找到丰富的商业、经济、政府机构等方面的信息，数量庞大的WWW浏览、BBS、Usenet等互联网服务提供了取之不尽的免费资源。有互联网专家预测，未来十年内上网者就可以得到人类每个方面的知识。新闻记者要想在激烈的媒体竞争中立于不败之地，互联网无疑是挖掘新闻线索，拓展信息来源的有利武器。

1. 通过WWW浏览获得

在互联网上收集新闻线索，拓展消息来源可利用的方式很多，WWW浏览就是最重要的方式之一。WWW是互联网提供的一种高级浏览服务，可以把超媒体的概念从单机延伸到计算机网络中，几乎任何文档，不管是文字、图片，还是声音、录像全都可以通过这种服务传送。

WWW浏览主要依靠超文本（Hypertext）、HTML语言、Java技术等几项关键技术。

1）Hypertext

Hypertext，又译“超文本”，它也是一种文本。只不过在这种文本中，如果上网者需要更多有关某一个主题的信息，那么他就可以很快地通过鼠标单击，来取得额外详细的信息。一般而言，这种文本很可能会连结到其他完全不同作者的文本，就像注解一样，但是读者可以很快地找到要参考的地方。

2）HTML

World Wide Web上面的文件是用简单的标识语言（Markup language）写的，通常叫它HTML，也就是Hyper Text Markup Language的缩写。

HTML有许多版本，目前比较新的版本是4.0。在Hypertext文件经过HTML的描述后，不但文字内容本身有特 殊的排版效果，更重要的是，它改变以往平面文档的浏览方式，文档上的每一点、每一张图片都可以指向另外一个地方，即存在链接功能。

3）浏览器（Browser）

要使用WWW，使用者可以执行浏览器程序。浏览器可以用来阅读这些Hypertext的HTML文件，并以最方便、最适当的方式呈现在使用者面前。此外，浏览器还可以通过FTP、NNTP（Net new Transfer Protocol）、Gopher等许多方式来获取信息，它的功能可以说是全面的，用同一个界面统一管理了许许多多的网络资源。

4）Homepage

Homepage本来指的是使用浏览器时第一个显示出来的Hypertext文档，这份文档可以说是个“精心设计编排的菜单”，用户可以从这一份文档中连到各个地方。不过，在一般人的认识里，通常把Homepage想象成某一个单位或个人的第一个显示出来的HTML文档，甚至也有人认为单纯一份HTML文档也可以叫做Homepage。总之，名称并不是一成不变的，只要大家都懂得对方在讲什么就可以了。

5）HTTP通信协议

使用者（用户端，Client）与服务器（服务端，Server）的沟通是通过HTTP（Hyper Text Transfer Protocol）这种通信协议来进行的，使用者的浏览器通过这种协议来向服务器索取资料，服务器也遵循此种协议向浏览器回送资料。HTTP也有版本区别，最初的版本是0．9，目前通用的版本是1．0。HTTPl．0主要是增强了HTTP0．9这个版本对信息的处理功能，并确保传输的可靠性。一般来说，使用者并不需要详细了解HTTP通讯协议，因为它比较复杂。

6）URL与Hyper Link

URL全名是Universal Resource Locator，是一个通用的描述各种网络资源的表示法。几乎所有的网络上可以获取到的资源都可以用URL来表示。在HTML文件中加入URL，就形成了一个Hyperlink（超链接）的文件。Hyperlink的功用是能把所有的资源统一管理，让使用者仅利用WWW就能取得各种网络资源。

7）Java

Java是由SUN公司开发的一种汇编语言，它能使程序员编写可在任意平台上运行的应用程序。Java的发明让WWW浏览方式更加灵活，具有更强的多媒体功能，提供动画效果的页面。

早期的国际互联网主要用于学术研究，在那个时期几乎所有连上国际互联网的都是工作站级以上的电脑，极少有个人电脑存在。网络用户要想用国际互联网上的资源必须分门别类使用不同的工具程序。比如：使用者要上网首先要懂得使用Telnet；如果要发E-mail就必须使用Mail专用程序；如果要传输文件就要使用FTP，即使是宣称能统一管理各项资源的Gopher，如果要观赏网络某一处的一张图片，也要经过一串复杂的步骤。而且使用者必须记得各个位置的网络地址。因此，电脑网络的使用就常常被局限在一定的范围之内，无法真正让初学者很容易地入门。

可以说WWW的出现几乎统一了国际互联网所有的服务资源，甚至已成为国际互联网的代名词。大大小小的WWW节点纷纷出现，并且仍在以惊人的速度蔓延。国际互联网上绝大部分信息都可以通过WWW的超文本链接方式找到，全球各地的网络用户均可共享彼此的图、文、影、声等数据。

最基本的WWW结构是由一个浏览器和一个服务器组成，两者分别架设在网络的某一端。使用者所下达的指令通过浏览器分析后，将连往服务器，并将使用者的要求传送给服务器。当服务器接受到使用者的要求之后，就会把储存在服务器上的HTML文件传回给用户端，然后再由浏览器显示到屏幕上。当然使用者的浏览器不但可连接本地区网络的WWW服务器，同时也可以通过国际互联网连接到远端的WWW服务器。

国际互联网上提供新闻服务的站点，主要包括传统媒体网络版、国际互联网服务商以及某些商业网站，他们每日提供的新闻数量巨大。在很好地解决真实性以及版权问题的前提下，这将是新闻采编人员取之不尽的宝库。在互联网上，记者可以调阅《新闻周刊》等美国大报刊，也可调阅英国《泰晤士报》、《每日电讯报》、《卫报》等，还可调阅到新华社和路透社的电讯稿以及英国BBC等的广播电视新闻。

在亚特兰大奥运会期间，我国《江南晚报》的采编人员在互联网上看到亚特兰大奥林匹克公园爆炸的文字和图片，立即将这一消息翻译成中文，抢发在当日晚报上，成为我国第一家报道此事的报纸。在我国发行量较大的报纸《参考消息》也正式将互联网上的信息作为新闻来源。在亚洲收视率较高的香港凤凰卫视在节目中也经常播发来自网上的消息。

近年来非媒体新闻网站的崛起已引起了人们关注。一些专业机构或政府机构开始直接在网上发布与自身相关的信息，并日渐成为一股不可忽视的力量。专业机构一般在某一方面有一定的权威性，所以它们发布的信息就显得更有分量。1998 年 9 月 2 日，瑞士航空公司 111 航班发生空难事故。瑞航从 3 日起就在互联网上设立了一个专门的网址，为这次造成 229 人丧生的空难事故提供最新情况。瑞航的一位发言人说，互联网是死难者家属、新闻媒体和社会各界获得有关这次空难最新和准确情况最为便捷的渠道。网址用英、德、法、意四种文字提供了迄今瑞航发布的 7 条正式通报，此外还有死难者的姓名、与瑞航联系的电话及传真号码、瑞航给死难者家属赔偿的详细条款等。如果能够很好地利用这类网上资源，记者不仅可以将采访的触角伸向世界各地，而且可以在最快的时间内获取有关新闻事件的第一手资料。

这里再提供一个最为典型的实例：1999 年 5 月 8 日，美国在用导弹袭击中国大使馆后，一再变换说法企图摆脱或减轻罪责。其中之一便是“旧地图说”。美国国防部长科恩在记者会上提出这一说法作为“误炸”的原由后，成为美国官方的“标准版本”，西方新闻媒体立刻全盘接受并广泛传播。然北约方面一再强调事件是因为失误造成，但国际资深记者却展出北约蓄意轰炸该大使馆的证据。香港《亚洲周刊》第 22 期（6 月 6 日出版）以独家报道揭露了这一谎言。为此做出贡献的是日本记者岛津洋一。记者除了以逻辑的分析加以质疑外，还需要发现事实。也就是说，在新闻的处理上，只有事实才最有力量。日本记者岛津洋一（后成为香港大学新闻传媒研究中心编辑）从事件发生的第一天，便通过国际互联网展开了“全球式”的调查，最后终于发现最具说服力的证据——网上出现的美国国家地图局的反驳声明。这家向美国军方提供地图服务的机构显然不甘背黑锅，在自己的网站上表达了“最近有关国家地图局的地图准确度的新闻报道，是不正确及片面的”重要信息。也就是说，美国军方倚仗的国家地图局的地图并没有出现任何错误。声明强调“使用我们产品的人员，不管是国务院官员、情报分析家、陆军、陆战队、海军或空军，都可以信赖国家地图局全力以赴的及时性、准确性及关切”。岛津洋一表示，巨大的军事机密隐藏在国际互联网的信息汪洋大海中，弹指之间或许就会赫然出现在眼前。“一切从网上开始”，正是他从事调查报道不断获得成功的重要经验之一①。

近年来，政府上网发展速度很快，通过互联网，代表官方的网站可以直接发布政令、决议，并与上网者在网上对话。通过这些网站，新闻记者可以方便地得到有关政府文件、法规依据等背景资料甚至是极有价值的新闻线索。

2. 从新闻组及电子公告牌系统获得

利用 Usenet 新闻组以及 BBS 电子公告牌系统也可以挖掘到新闻线索。

Usenet 是一个全球范围的交互式电子论坛，它由众多的讨论区组成，每个讨论区都有一个特定的主题，在同一讨论区中用户围绕主题进行讨论。在 Usenet 中讨论区被称为新闻组（News Group）。世界各地有无数个大大小小的新闻服务器，它们遵循相同的协议——NNTP（网络新闻传输协议）互相传递数据。参与新闻组的用户只要按自己的意愿和具体的网络环境选择一个（或多个）新闻服务器，就可以阅读新闻组里面的文章，或在新闻组发表自己的文章，参与讨论。

新闻组最大的特点就是自由，一般情况下无需登记或注册就可以使用相应的服务。用户在这里，可以分享共同的爱好、兴趣和有益的经验，也可以展开辩论，沟通思想。正是由于 Usenet 的这种开放性和公共性，使其具有鲜活的生命力，最终发展成为互联网上应用最广泛的工具之一。

Usenet 新闻组的数量非常庞大。目前已有数万个之多，并且仍然在迅速增长。为便于分类和使用，国外对新闻组有统一的、严格的分类，一般使用层次性的分类结构来设置和组织新闻讨论组的范畴。“顶层”体系包含七种主要的范畴，称为“Big Seven”：

1）comp　与计算机有关的专题

2）news　关于 Usenet 网络本身和 news 系统的新闻小组

3）rec　娱乐性的专题，如音乐、艺术、业余爱好等

4）sci　科学和工程讨论

5）soc　社交小组和关于社会的讨论

6）talk　比较随便的讨论

---

① 闵大洪：《假若明天来临——写给在校的新闻专业学生》，http：//www. cjr. com. cn。

7）misc　各种杂乱的专题

顶层体系之外，有大量辅助性的范畴，如最大的新闻组 Alt 等。范畴之下设有分组，分组之下又有子组，将各级范畴名以小数点分隔开即形成新闻组名，例如：rec. music. artists. mariah－carey，就是关于“娱乐类－音乐－艺术家－玛丽亚·凯丽”的新闻组。

每一个加入新闻组的用户只要根据上述分类都可以在其中找到自己感兴趣的内容。如：想找到一些关于足球方面的讨论话题，可以首先进入 rec（娱乐活动类）组，然后在进入 Sports（体育）分类，最后再找到 Soccer（足球）主题的小组，于是就可进行足球话题的讨论。除了根据分组目录进入新闻组参与讨论，还可利用搜索引擎对新闻组以及新闻讨论组中的文档进行搜索，这类搜索引擎中，最知名的是 Deja News（http：//www. deja. com）。

为了获取新闻线索，记者可以经常到新闻组这个“大千世界”中“转一转”，寻找能引起自己兴趣的话题。当然也可以根据自己的采访选题加入某一新闻组，搜集新闻线索、采访不特定人群。具体讲可以采用如下方式：

1）根据自己采访的选题加入某一话题的讨论，适时提出问题以获取在线成员发表的观点和意见。

2）选定相应讨论组后，自己在其中单独挑起一个话题，使用这种方式的关键是挑起的话题要具有一定的吸引力，必要时可以自己或联合一些人发表各种不同的观点，营造一种氛围以吸引更多的网友加入讨论。

新闻组在国外发展很快，一般的新闻服务器上的讨论组都在 3000 个以上，其分类之细，名目之多，内容之繁杂，令人叹为观止。而在国内，提供新闻组服务的站点不少，但真正办得好的却极少。主要原因是绝大多数新闻组的主题是英文的，而且新闻组服务本身又是一项很难给提供者带来收益的公益类服务，因而限制了新闻组在国内的发展。大多数新闻组时开时停，经常关闭。目前，一般情况下国内可以连通的大概有 20 多家，其中人气最旺的是“济南万千”，它是国内最先汉化的新闻组，总共有 40 多个汉化标题组。它的网址是：webking. online. jn. sd. cn。可以使用 Outlook Express 访问“万千网络”新闻组。

值得一提的是，Usenet 上的“新闻”与新闻学中的“新闻”概念是完全不同的。一个新闻讨论组为一群特定的用户提供一个论坛，论坛中的“新闻”实际上是参与新闻组讨论的用户发表的文章，文章内容随意、可长可短，很少具备新闻学中“新闻”的特性。

3. 从 BBS 上获得

与新闻组相比，BBS 是一个区域性的电子论坛系统。

BBS 登陆用户可以通过网络以文字的方式与别人聊天、发表文章、阅读信息、讨论某一主题或在网络内通讯等等。在 BBS 上总会有人为大家总结在其他媒体上找不到的信息。BBS 中宽松、自由的讨论气氛，吸引了众多的爱好者到这里参加，每天都有成千上万的网友们聚集在一起讨论感兴趣的任何问题。BBS 上往往有很多讨论区，如体育、艺术、社会信息等，包括了丰富的内容。

图 2－1　“水木清华”BBS 站点

例如：在清华大学“水木清华”（如图 2－1）的分类讨论区中就有包括“电脑技术、体育健身、社会信息、文化人士、休闲娱乐”等十大类供讨论选择的分类信息选项。用户在 BBS 站内发表的各类文章、观点和信息都被分类保存在讨论区内。新闻采编人员如果想得到有关商业、企业的信息和新闻线索，就可以到“社会信息”选项当中去查找。“社会信息”版内提供了八种不同的细致分类的讨论区，前三种是社会类，后面全部是信息类。在信息类中有关于商业、就业、旧货交易等内容的选项。其中的“商海纵横”就是一个商业栏目，登载着各种各样的商务信息，里面说不定就可以找到有价值的新闻线索。

互联网上能够提供新闻线索的服务不止上述几种，事实上像电子邮件列表也可以提供丰富的新闻信息和新闻线索，像美国总统克林顿性丑闻案，就是个人新闻网站的经营者德拉吉通过他的电子邮件列表最先发布出去的，一些美国大报的记者正是在看了邮件之后跟进报道了这一轰动美国乃至世界的新闻事件的。

互联网上的服务多种多样，信息资源和新闻线索也可能无处不在。这就要求新闻记者不仅能够熟练掌握互联网上包括 WWW 浏览、新闻组、BBS 讨论组以及电子邮件列表等各种服务的使用技巧，更要熟悉新闻价值的构成要素，平时注意养成迅速发现和判断新闻的感知能力。否则，就是整天“泡”在网上，穿梭于各个网站、论坛、讨论组之间，好的信息资源和新闻线索也会失之交臂。

三、网络信息检索的特点及其使用工具

1998 年 10 月 12 日，诺贝尔物理奖揭晓，华裔物理学家崔琦成为三名获奖者之一，新华社驻斯德哥尔摩分社的记者将消息传回后，总社国际部的值班人员一面立即编辑前方的稿件，一面迅速组织力量在互联网上“走访”了崔琦所在的美国普林斯顿大学的在线主页，搜集有关他的资料，并利用网上得到的线索向崔琦办公室发去电子邮件，查询他的个人资料和研究课题；很快得到对方的答复，从而在较短的时间内编发出有关这位诺贝尔奖得主的人物特写。由于这条新闻时效性强，内容翔实丰富，很多报纸予以全文刊登。很显然这条新闻稿能够在短时间采写完成并发布出去，关键就在于采编人员有效地使用互联网上丰富的信息资源。

互联网被称为世界上最大的信息宝库，它已成为全球范围内传播和交流科研信息、教育信息、商业和社会信息的最主要的渠道。据统计，Internet 上每月传递 1．5 亿包数据，可供公共检索的文件达 2100 万件，分别存储在 1000 多个地方；这些文件大约有 14700－16800 种格式的文本文件，其中包括科学论文、小说、新闻、诗歌、政府信息、统计资料、通讯、指南、目录、索引等。世界上任何地方的 Internet 用户都可以利用 Internet 的服务资源去获取他想得到的信息资源。这些资源涉及人类面对和从事的各个领域、行业及社会公用服务领域。概括起来大概可分为八个大类。1．商业贸易和金融信息；2．政府信息；3．科学技术信息；4．图书馆目录；5．参考工具

书和书目期刊索引；6. 世界各大商业性数据库；7. 世界各国概况信息；8. 联合国世界组织信息。此外，支持 Internet 的各种软件、硬件以及由它们组成的各种系统为 Internet 用户提供了各种各样的服务资源。

"我们被信息淹没，但却渴求着知识"，《大趋势》作者约翰·奈斯比特当年的这一预言正在成为现实。互联网的迅猛发展使其所含的信息数量激增，在这样一个无限、无序、浩瀚无边的信息空间里，快速查找并获取所需要的信息已成为人们最迫切的需求。为了帮助人们从网络信息的汪洋大海之中将对自己有价值的部分搜寻、挑选出来，有关科研人员已加强对网络信息检索技术的研究与开发。

（一）网络信息检索的特点

1. 检索范围更广

网络信息检索可以检索到互联网上的各类资源，检索空间与传统的情报检索相比范围更广。并且，检索者不必预先知道某种资源的具体地址，就可以轻松地访问和获取广泛分布在世界各地的、成千上万台服务器和主机上的海量信息。这一优势是任何其他信息检索方式所不具备的。

2. 交互式查询

网络信息检索工具具有交互查询的特点，用户发出指令后，检索工具会即时响应并执行相应操作。在检索过程中，用户可以灵活地调整检索策略以获得较好的检索结果；遇到问题用户还可以获得在线帮助和指导。

3. 操作方便

网络信息检索工具的界面友好，便于操作。它屏蔽了各局部网络间的物理差异，如各主机的硬件平台、操作系统等软件上的差异；客户程序和服务版本上的差异；信息的存贮方式以及各种不同的网络通信协议的差异等。检索者可以使用自己熟悉的检索界面和命令方式实现对各种异构系统数据库的访问和检索。而商用联机检索系统一般具有复杂的检索指令和检索规则，普通用户必须通过专门的学习或借助专业人士的帮助才能使用。

（二）网络信息检索的主要工具

1. WWW 搜索工具：专门用于浏览、搜索 WWW 网页之用。

2. Archie 文件搜索：用来搜索 Anonymous FTP 文件的搜索工具，利用 Archie Server 可有效地搜索所需文件（或软件）的所在。

3. Veronica：用来搜索 Gopher 数据库的相关文章。

4. BBS/News 搜索引擎：利用关键字进行 BBS/News 文章的全文检索。

5. 其他资源的搜索：有些搜索站点，特别提供其他种类的资源搜索，如 E-mail Address 查询、电话查询、地图查询、旅游信息导游等。

(三) WWW 检索工具的主要类型

1. 目录型检索工具

是由专业人员在广泛搜集网络资源，并进行加工整理的基础上，按照某种主题分类体系编制的一种可供检索的等级结构式目录。在每个目录类及子类下提供相应的网络资源站点地址，并给以简单地描述。使用户能通过浏览该目录，在目录体系的导引下，发现、检索到有关的信息。如用户想查找关于搜索引擎的网络信息，在 Yahoo 上的检索路径是：Computer and Internet → Internet → World Wide Web → www Search English。

目录型检索工具的优点在于其经过信息管理专业人员、分类专家的人工设计和编制，所收录的网络资源经过专业人员的鉴别、选择和组织，在信息的收集、编排、导引及注释标引等方面花费了大量的人力和时间，保证了检索的质量，使返回不切题检索结果的可能性降低了，亦即提高了检索的准确性。但它也有一定的局限性，主要是：

1）数据库规模相对较小，在某些主题下收录范围不够全面，使检索到的信息数量有限；

2）受人工更新、维护的制约，可能会产生一些“死链接（dead link）；

3）如果用户不熟悉分类的体系，也会影响检索的效果。

目录型检索工具比较适合于查找综合性、概括性的主题概念，或对检索准确度要求较高的课题。目前最著名的目录检索工具是 Yahoo!

2. 搜索引擎

搜索引擎使用自动索引软件来发现、收集并标引网页，建立数据库；以 Web 的形式提供给用户一个检索界面，供用户输入检索关键词、词组或短语等检索项；代替用户在数据库中查找出与提问匹配的记录，按相关度排序后返回结果。搜索引擎突出的是检索功能，而非主题指南那样的导引、浏览，一般可称为互联网资源的关键词索引。

使用搜索引擎的步骤包括：1）根据 URL 地址或某些网页上设定的超链接，进入要选用的查询工具主页；2）在屏幕上的信息检索输入框中，键入关键词或查询短语。要注意的是不同检索工具提供的按关键词搜索的功能是不同的；3）查询提交，通常是由用户点按搜索按钮，搜索过程将由计算机自动完成；4）显示搜索结果，搜索结果一般以 Web 页面方式提供给用户，这样的页面通常包含一系列资源标题和相应的资源描述，以及指向这些资源的链接，通过资源标题或资源的 URL 地址，可以进一步搜索希望查询的信息。

搜索引擎的优势主要在于由自动索引软件生成数据库，因而收录、加工的信息范围广、速度快，能及时地向用户提供新增信息。而且，检索时直接输入关键词或词组、短语，无需判断类目归属，比较方便。

但是，搜索引擎的劣势也是同样突出的，这主要是由于其标引过程（搜索 Web 页面并标注的过程）缺乏人工干预，准确性较差，加之检索软件的智能化程度又不很高，使得检索误差较大或检索输出的结果虚假信息、重复信息较多。因此，搜索引擎适合于检索那些具体的并且类属不明确的特定信息，并且要求使用者对所选搜索引擎的检索条件有一定了解。比较有代表性的搜索引擎有 Alta Vista、Excite 等。

值得注意的是，目前单纯提供搜索引擎和索引目录检索的站点已少之又少，大多数流行的网络检索工具可以同时提供这两种检索方式。也就是说它们不仅可以按关键字查询，还可以按目录进行分类查询。这种发展趋势使得搜索引擎的涵义逐渐扩大，甚至已成为网络信息检索工具的代名词。

（四）搜索引擎应用实例

Yahoo 是一个以分类目录、网站检索为主，附带网页全文检索的搜索引擎，是目前互联网上最受欢迎的搜索站点之一。它于 1994 年 4 月被正式推出，其创办人是当时斯坦福大学的博士研究生杨致远（Jerry Yang）和 David Filo。Yahoo 一词源于《格列佛游记》，指的是一种未开化、纯朴、平庸的生物。此外，Yahoo 还代表 Yet Another Hierachical Oracle（一种分层数据库）。Yahoo 提供了两种风格的查找方式：列表式目录链接和关键词查询。

当连接到 Yahoo 主页后，可以看见在 Yahoo! 标题下方是一个文字输入框，如果用户清楚自己要找的网站主题，就可以在检索栏位内键入想要找的关键字串（Keyword），并按 Search 键，Yahoo! 搜寻引擎会搜寻 Yahoo! 分类类目和资料库中的网站资讯。

页面其他部分的所有文字几乎都是以链接方式出现，顶部是一些常用链接，如黄页、寻人、城市地图等。底部是 Yahoo 自身的一些常用链接，中

图 2-2　Yahoo! 检索站点主页

部是主体，按内容分为文化艺术、商业经济、计算机与 Internet 、教育、娱乐、政府、医疗卫生、新闻媒体、体育、参考资料、国家与地区、自然科学、社会科学、社会文化十四个部分。

目录链列表按树型结构组织，用户可以从点击根链开始，不断深入，最终达到所需的 Web 页、新闻组、FTP 站和其他的由 Web 访问的资源。这种列表式分层搜索易于控制，适合浏览性的查找，但因层次内容太多会感到速度太慢，为此 Yahoo 提供了另一种选择，那就是利用关键词匹配查询。

在 Yahoo 的主页或任一个查询结果返回顶部和底部，你都会看见一个输入框。当你在此填入指定的关键词，单击右侧的 Search 按钮后，Yahoo 就会从它四个方面的数据库中找出相匹配的记录。他们是：Yahoo 目录、Yahoo 网点、Yahoo 网上事件和谈话、最新新闻。查询结果返回的是一页与关键词匹配的记录列表，最前面的是 Yahoo 目录链，其后是 Yahoo 网点，网点记录通常由标题（以链接形式出现）和简介组成。

如果在 Yahoo 目录和网点中都没有相匹配的内容，Yahoo 则自动利用 Alta Vista 查询机进行整个 Web 范围的文档查找。如想获得与关键词匹配的最新新闻和网上事件的列表，可以单击该页上部的目录条上的相应链接：Categories－Sites－Alta Vista Web Pages Headlines－Net Events。在上述查询方式中，如果只输入单独的、用空格分开的关键词，Yahoo 则使用所谓的智能方式进行查找，处理时忽略单复数形式、自动猜测词义等。

如想自己控制查询，可以用 Yahoo 自定义的修饰法对关键词加以限定，如：

1）禁止或出现某词：在单词前加+，要求匹配记录一定含有该词；在单词前加-，禁止匹配记录含有该词。

2）限制单词出现位置：在单词前加 t:，限定该词只能位于记录标题上；在单词前加 u:，限定该词只能位于 URL 地址名中。

3）词组：将一系列单词用双引号“”包含，则引号内单词组作为一个整体查询。

4）通配符：在单词右边加“*”号，将返回含有启始字母为该单词的记录，这与 DOS 通配符类似。

5）组合查询：上述四种可以按上述顺序组合使用，如+t：football-American 将返回在标题中含有 football 而不含 American 的记录。

Yahoo! 搜寻引擎会根据分类类目及网站资讯与关键字串的相关程度来排列出相关的 Yahoo! 类目和网站。影响相关程度的因素有：(1）和关键字串相同的字串多寡。相同愈多，相关程度愈高；（2）和关键字串完全符合（Exact Match），相关程度高于部分符合；(3）和关键字串符合的字串位置。网站名称符合关键字串的相关程度高于网址符合关键字串的网站。

第四节　在线新闻采访

互联网上提供的众多服务如 E-mail、ICQ、BBS 等正越来越多地被新闻记者用来进行采访活动。实践证明，有选择地使用此类网上服务项目可以有效地提高采访效率，缩短采访周期。使用互联网进行在线采访已成为网络时代记者必要的手段之一。

一、使用 E-mail 采集新闻信息

随着科技进步，鸿雁传书的时代成为人类美好而远去的回忆，电话、传真的出现，使信息的传递几乎实现同步，而电脑网络的出现，更揭开了人类信息传递的新篇章。电子邮件（Electronic mail）是互联网上最早使用的信息传递方式，也是互联网上使用最广泛的一项服务。所谓电子邮件就是利用计算机网络交换电子媒体信件。它是随计算机网络而出现的，依靠网络的通信手段实现普通邮件信息的传输。

（一）电子邮件采访的优势

1．信息传递快捷高效。通常一个跨洋跨洲的电子邮件短则几秒钟，长则几个小时就可以发送到对方的电子邮件信箱。同时电子邮件具有的“抄送”功能，可以使发信人将邮件同时寄给世界各地各个角落的人们，从而节省时间和费用。

2．所需费用低廉。使用电子邮件不需支付昂贵的电话费和邮资。

3．保证信件送达。如果邮件暂时未到达目的地，互联网上的“邮局”会每隔一段时间自动重发邮件，直到受到对方计算机发来的确认信息才停止发送。否则“邮局”会自动通知邮件发送者并退还邮件。

4．电子邮件是一种非交互性的通信，允许收信人自由决定察看信件的时间以及是否回复，与打电话采访相比，接电话是被动的而看电子邮件是主动的，这就给予了被采访者更多的自由与尊重。

5．电子邮件可以用来传送文本、图像或音频信息。这给电台或电视台的记者进行采访带来很大方便。

作为新一代通讯工具，电子邮件最主要的优点在于它打破了时空界限，使用户能够主动地接受信息。在国外，记者早已开始利用电子邮件进行采访，美国《新闻周刊》1995 年就公布了其网上地址，鼓励用户通过电子邮件评论杂志并提供新闻线索；《财富》杂志则开始使用电子邮件进行专访。近年来随着互联网的发展，国内记者也纷纷开始尝试使用电子邮件进行采访。上文提到的新华社记者熊蕾就曾经利用电子邮件采访了来自美国、加拿大、日本、英国、澳大利亚以及瑞士的 10 位科学家。她首先根据采访意图拟定了一个采访提纲，然后到中科院去查询被采访人的电子邮件地址，将采访提纲传给他们。熊蕾说，这是一种新式的采访，可以在同一时段采访到很多人的见解，而且有利于科学家们充分地发表意见，新闻稿因此会更有说服力。熊蕾的这篇报道最终发表在美国《科学》杂志上。

（二）电子邮件采访的实例

1999 年 9 月 23 日上海东方广播电台早新闻节目播出了一则题为《要想争雄世界，必先逐鹿中国——网上采访跨国集团总裁》的长消息。该报道抢在《财富》全球论坛上海年会召开之前播出，让广大听众了解到瓦格纳、戴尔等国际企业界巨子逐鹿中国市场的雄心，并进而指出在经济全球化的今天，不断开放的市场将给中国企业带来的巨大挑战。由于报道内容起点高、时效性强，播出后在听众中引起了较大反响。其新颖的网上采访方式也引起了其他媒体记者的关注。《中国广播》杂志的记者吕晓红为此专门采访了采写这篇报道的东广记者。值得一提的是，这次采访是记者有意安排通过网上进行的。以下摘录的是记者采访手记以及东广记者回答的部分问题，相信对认识和理解通过 E－mail 进行采访会有很大帮助。

利用 E－mail（电子邮件）进行采访在国外并不新鲜，但国内各种媒体尤其是广播电视还很少使用。通过有关报道我们了解到，在’99《财富》论坛上海年会召开前夕，上海东方广播电台记者通过因特网成功地采访了美国通用汽车公司总裁瓦格纳、戴尔电脑公司总裁戴尔等出席会议的企业巨头。这一做法，引起了我们的浓厚兴趣。

为了解详情，我们决定对东广进行一次采访。这个想法提出后，接着就想到，何不照葫芦画瓢，我们的采访也通过网络进行？经与东广新闻部陶秋石和徐威同志联系得到赞同，我们用 E－mail 发出采访问题。两周之后，得到了回复，以下刊登的就是这次采访内容。为方便读者阅读，我们把它整理成问答方式。

问：这个创意是如何提出来的？

答：这次网络采访是被逼而生。

今年 9 月上旬，《财富》全球论坛上海年会召开的日期临近，面对全国各种媒体“狂轰滥炸”般的会前报道，如何在前期采访中做出有分量的报道，难度不小。我们在商量时认为，如果能采访到与会的全球著名企业的首席执行官（CEO），赶在论坛召开前播出，影响一定不小。但采访难度显而易见。主要有两个：一是空间上的，采访对象很难约，似乎想不出什么办法可以直接见到这些在全球满天飞的被采访对象；二是时间上的，即便通过这些国际大公司的公关部门一层一层把采访意图传达过去，等有了回音，论坛也早就开始了。要突破时间和空间上的限制，于是就很自然地想到了因特网。

其实，在这之前，我们东广新闻部就曾用电子邮件对“雷龙号”赴北极科考队进行了采访，当时我们通过电子邮件和参加科考的探险家李乐诗、科考团首席科学家陈立奇联系，不过当时网络采访这层窗户纸还没有捅破，电子邮件的运用仅限于互相沟通一下，确定一下电话采访的时间，主要的采访还是通过录音电话来完成。

这次《财富》论坛报道的紧张形势逼得我们捅破了这层窗户纸。似乎是灵光一现，我们决定直接向CEO们发去采访问题单，通过电子邮件进行采访。如果可能甚至还可以向他们索要采访的录音实况，请其做成声音文件通过电子邮件传过来。这样声音和文字兼有，网络采访也就功德圆满了。

问：看报道说，你们的这次尝试效果不错。请谈一谈具体做法，在运作过程中遇到什么困难吗?

答：点子有了，但要付诸实施并不容易。寻找CEO们的电子信箱地址最让人头痛，因为私人电子信箱地址一般不公开，何况是这些CEO的呢?我们只好退而求其次，寻找500强企业公关部门的邮件地址，请他们代为转交。但在500强企业的网站中，只有一部分列出了公关部门的联系方法。所以，我们的电子邮件最后主要发向了两个地方，即500强企业的公关部门主管和500强网站的网管，请其马上转交CEO。至此，我们只有寄希望于500强企业的工作效率了。

要强调的是，电子邮件发送的具体操作上有几点需要注意：

1. 邮件一开始的主题一定要醒目，甚至要有点“触目惊心”，如标上SOS等符号。这样对方一打开信箱就能注意到我们的邮件。

2. 邮件的正文开始之前，我们加了一段简短但精彩的东方广播电台自我介绍，让对方了解，接受东广的采访将能使数百万听众听到他们的声音，非同小可。

3. 电子邮件尽可能多发，我们做好了广种薄收的思想准备。

我们在“多”的前提下注意采访对象的代表性。例如在汽车业中选择了通用、伏特和丰田，电脑信息业中选择了戴尔和雅虎，电信业选择了AT&T、诺基亚和爱立信，娱乐业选择了时代华纳、CNN和《财富》，饮食业选择了可口可乐和百事，家庭日用品业选择了联合利华和宝洁，家电业选择了SONY、三星和LG……总共有二十多家企业。

采访问题当然是要用英文提出。内容主要涉及其企业自身情况，以及同中国、上海、《财富》论坛之间的联系等。为引起对方重视，我们有意提出了一些比较尖锐的问题。比如，对通用汽车公司总裁瓦格纳，我们直接问：“通用汽车公司这个全球最大的企业，利润近年来却在不断下滑，作何解释?”对“可口可乐”的问题中，我们则不断提到“百事”对其强有力的挑战，尤其是在上海。①

（三）电子邮件采访的局限

电子邮件传递信息虽然具有快捷、个性化和超时空的特性，但其缺点和不足也是显而易见的。

首先，利用电子邮件采访互动性较弱，双方都有充分的时间设计问题以及回答问题，沟通中理性思维占上风，缺乏面对面交谈时的即时互动；而有时候一个人的真实想法在“白纸黑字”上无法或不愿表达，只有在直接的沟通中才能从他的面部表情、眼神、甚至是某个动作当中表达出来。因此，从这个意义上讲，电子邮件永远也不可能替代传统的面对面的直接访谈。

其次，电子邮件的安全性一直是使用者的隐忧。芬兰的研究人员就曾发现，在现今流行的 Microsoft 与 Netscape 公司的电子邮件程序中存在安全漏洞，它可能破坏接收邮件的应用程序，或被黑客利用。美国《芝加哥论坛报》专栏作家玛丽施米克的专栏文章就曾在通过电子邮件发送时被人偷换成一位小说家的演讲稿，上了报纸对外发送后才被发现。面对冰冷的电脑屏幕和毫无特征的文字符号，记者究竟采访的是谁，有时真的让人难以确定。

第三，使用电子邮件首先要对电脑有一定了解并掌握基本的发送邮件的方法。以目前国内电脑的普及程度看，即使记者全部掌握了使用电子邮件的方法并付诸实践，被采访对象也极有可能不会使用，甚至根本没有电子邮件地址。据 CNNIC 2000 年 7 月统计显示国内用户 1690 万，申请的 E－mail 帐号总数不过 6510 万。② 看来，极低的电脑网络普及程度将在很大程度上限制电子邮件在采访活动中的广泛应用。

二、ICQ 及其采访应用

1999 年 12 月一架印度航班遭劫持，机上一名来自孟买的青年人利用笔记本电脑和手机通过国际互联网发出了求救信息，收到这条信息的中国天津三名公司职员与印度大使馆取得联系，将这名印度青年所提供的机上情况及时做了通报。他们使用的网上交流工具就是 ICQ，近 2 个小时的 ICQ 对话内容成为印度政府掌握这次危机事件情况的第一个重要信息源。媒体对此事

① 《广播发展的新课题——上海东广陶秋石、徐威就网络采访答问》，《中国广播》1999 年 12 期。

② 《中国互联网络发展状况统计报告》（2000/7），中国互联网络信息中心。

作了大量报道，使更多的人知道了 ICQ，并感受到了网络传播的威力与魅力。

那么 ICQ 是做什么用的呢？ICQ 是 I seek you 的连音缩写，中文名称大都称之为“网际呼机”或“网络呼叫器”，它的主要功能包括：(1) 在线提醒功能：可以实时地检查你的朋友是否在网上；(2) 网上闲聊：内置支持多用户的网上会议聊天室；(3) 发送消息：ICQ 会直接把消息发送给在线的用户。如果该用户不在线，ICQ 会保存该消息；(4) UIN 号码：当在 ICQ 服务器注册成功后，你会得到一个 UIN 号码（全球互联网号码），这个号码是惟一的。一个号码标识了一个用户；如果愿意还可以把它印在名片上，这样又多了一种通信的手段。

ICQ 互动性高于 BBS 和电子邮件，只要将亲朋好友的呼号列在联络人列表上，就可以知道对方在连线或离线状态，又可以随时对谈，现场感很强。

正是由于 ICQ 的诸多优势，使其成为国际互联网上发展最快的一项服务，据其拥有者美国在线 1999 年底称，ICQ 使用者已达 5000 万，其中超过三分之二的使用者居住在美国本土以外的世界各地。

到目前为止，ICQ 主要还是被用于娱乐，如：线上寻友、即时聊天，但已有越来越多的记者开始关注 ICQ，并尝试将其用于在线采访。1999 年 5 月中国驻南联盟大使馆遭野蛮轰炸后，为了了解南联盟民众对此事的反响，《电脑报》的三名记者王怡舟、傅军、张晓明利用 ICQ 采访了被困炮火中的一名南联盟大学生。由于客观条件的限制，此次采访颇费周折，下面就是他们采访手记中的记录：

中国驻南联盟大使馆遭到以美国为首的北约的野蛮轰炸，我们开始在网上找一些南斯拉夫朋友，听听他们对这次野蛮轰炸事件的看法。用什么方法呢？我们想到了 Internet 上使用非常广泛的联络工具——ICQ。

我们在 ICQ 的白页（Whitepage）里输入国家——南斯拉夫，年龄——18 到 22 岁，职业——大学生，然后开始搜寻。在硝烟笼罩下的南斯拉夫，会有这样一位大学生在网上吗？

结果很快出来了：有八个这样的青年大学生在网上！真是炸不断的 Internet！我们选了其中一位名叫 Goga 的大学生。

“嗨，你好，很高兴在网上与你相识！”

很快，来自Goga的黄色图标开始闪动。

“嗨，你好，中国朋友!”

“我们是中国发行量最大的计算机普及报——《电脑报》的记者，我们可以与你谈谈北约对中国大使馆的袭击事件吗?”

“好的！我很愿意跟你谈谈北约这次罪恶而愚蠢的轰炸。”

就这样，我们的采访开始了。在采访过程中，我们的线路受到了战争的干扰。北约轰炸使线路时常中断，几次采访都被空袭和停电打断。最后，我们约定在晚上9点，当地时间下午3点——空袭可能性最小的时间开始采访。

到采访的时间，我们不约而同地提前了一个小时上网，并很快取得联系，然而，刚刚开始的谈话再次被轰炸打断——今天的空袭肆无忌惮地在白天进行。

直到9点，空袭结束，我们才能继续谈话。糟糕的线路，还是使我们的笔谈不时被打断，Goga不断掉线，她的信息往往要重复发好几次，我们才能收到。不到2000字的采访，我们进行了将近3个小时。在时断时续的交谈中，我们仿佛听到Goga身后的隆隆炮火声。[①]

值得一提的是，ICQ是英文软件，而且它的服务器设在国外，使用起来不是很方便。因此，近年来由ICQ衍生出了中文ICQ，如CICQ、PICQ、OICQ等。其中OICQ超越了传统ICQ的范畴，不仅是互联网虚拟寻呼机，更增添了“贴身跟踪”的功能，可以同传统的BP机、GSM移动电话实现短信息联通，将寻呼机、手机、电子邮件等多种通信形式集于一身，具有很强的“一体化”通信功能。使用起来实用性及易用性都较突出。

三、IRC的采访应用

与ICQ相比，IRC为上网者提供了一个公共聊天的服务系统，有时也称为“网上会谈”。IRC是“Internet Relay Chat”的缩写，意思是国际互联网中继传输聊天。其功能强大，是多用户、多频道的聊天系统，来自世界各地的人们只要连接到IRC服务器上，就可以进入一个被称为“Channel”（频道）的地方就某一话题进行实时的交流对话。

---

① 《电脑报》1999年第19期，作者：王怡舟、傅军、张晓明。

进入 IRC 需要使用一种客户端（client）工具，与某一服务器（server）连接，服务器传送用户的信息。每个连接到 IRC 的参加者根据计算机屏幕上的提示列表，选择一个自己感兴趣的内容通道，就可以加入会谈。这时计算机屏幕上通常出现一个动态列表窗口，每个参加者一行，显示着他们发送出的信息。用户在通常位于屏幕底端的文本编辑栏中输入信息，按 Enter 键就可以把信息发送出去。

有些 IRC 站点提供了 WWW 网址，这样用户就可以通过浏览器聊天了。但由于这种办法刷新速度慢，功能少，所以并不是最佳的选择。目前流行的 IRC 聊天软件有三种：MSCHAT、PIRCH、mIRC，其中 mIRC 有强大的命令功能，是最流行的 IRC 软件。(如图 2－3)

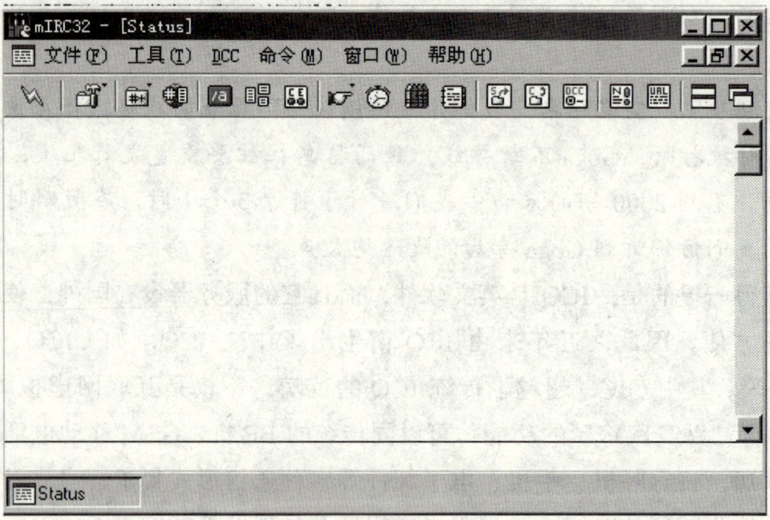

图 2－3 mIRC 聊天界面

ICQ 和 IRC 都可以算作文字同步传输系统，采访者能通过文字信息与被采访者进行差不多是同步的交流，比如采访人在屏幕上键入“hello!”，对方屏幕即将显示“hello!”。对这类采访的要求是采访者与被采访者同时在线，并且都运行同一类型软件。

虽然使用 ICQ 和 IRC 比 E－mail 有更强的互动性，但依然无法替代面对面的访谈。人际传播的符号包括语言符号和非语言符号两大类。其中非语言符号可以是面部表情、身体姿态、语言表情（如说话的语气、语调等）、个人空间等多种。但在网上访谈过程中，从目前的技术水平看，实际上非语言符号是无法施展的。为了弥补这一缺憾，人们发明了一些用以代表自己的表情或感情色彩的文字符号，如：

：－）笑脸，开玩笑的意思，或表示微笑

：－（ 心情不好

：0 目瞪口呆

(0－ － < 面无表情，目光呆滞

：－ 抱歉，这是秘密，我答应人家不说的。

：－P 吐舌头

虽然这种发明极具创造性，但这与人们下意识中表露出来的体态与表情是不同的。当非语言符号被语言符号所代表时，人们可能会有意识强化或掩盖自己的一些态度，这就容易使采访由于双方的交流不够充分而产生误差。所以这类实时交谈工具虽然方便，也要根据采访的具体条件和要求适当选择而不可滥用。

四、利用 NetMeeting 等进行远程视频采访

NetMeeting 是内置在 Internet Explorer 中的重要通信部件，为国际互联网会议系统提供了一套完整的解决方案。通过 NetMeeting，不仅可以在 Internet/Intranet 上进行点到点的音频和视频通信，还可以通过“聊天”、“白板”、“应用程序共享”进行多点通信，实现远程协同工作，召开电话会议。它的主要功能和特点包括：

1. Internet 可视电话：NetMeeting 可以进行点到点的语音和视频传输。只要用户拥有声卡和麦克风就可以通过 Internet 进行语音交谈，此时配上任何一种与 Windows 兼容的视频设备，就可以伴随用户的声音发送实时的视频图像。如果对方同时拥有数字视频捕捉设备，那么在通话时彼此就可以看到对方。

2. 交谈区：用户可以发送文本信息，这些文本信息可以被每一个参加交流的人看到。

3. 一块共享的白板：NetMeeting 传输的不仅是文字或语音，还可以使交流的人共享一块白板，每个人都可以在白板上工作，而其他人可以看到相应的结果。

4．应用程序共享：利用 NetMeeting，参加会议的任何人都可以与其他与会者共享应用程序，用户可以启动任何 Windows 程序并将它指定为共享，使每一个人都可以看到它。当采用“协作”方式共享时，其他人可以看到并使用这个应用程序。

5．文件传输：在会议召开的过程中，可以向其他的参加者发送文件，就像在实际的会议中分发资料一样。不仅可以向所有的参加者同时发送指定的文件，还可以只向其中的某一个或几个用户发送。

6．多点间通信：通过白板、交谈区、应用程序共享，您可以与三个或更多的人交流，协同工作，但大多数 Internet 电话标准只支持点对点即两个人之间的通信。

目前新闻界已有记者开始尝试使用远程视频系统进行采访。如“两会”期间上海电视台记者就曾经利用远程可视系统通过国际互联网采访了远在北京开会的上海市市长徐匡迪。但是由于国际互联网传输带宽的限制，目前在网上进行实时的语音及可视采访效果还不理想。

通过远程可视系统采访，可以看到被采访人的表情，听到他的声音，这就比上面讲到的通过 E－mail 和 ICQ/IRC 进行采访直观得多，甚至可以制造出虚拟现场采访的效果。但由于采访者与被采访者不在同一空间，交流时依然不如面对面交谈那样容易产生共鸣。由 Randy Reddick 和 Elliot King 合著的《Online Journalist》一书讲到：在线资源只是记者箭袋中的一支箭罢了，它不可能替代记者的一些传统的采访手段，尤其是与采访对象的面对面访谈。因为只有通过面对面交流，才能让采访对象把他的故事讲得活灵活现。换句话说，国际互联网像笔、照相机、电话等采访工具一样，是记者进行采访活动的好帮手，使用它不是要放弃深入生活、放弃现场采访，而是在必要时为深入现场采访提供更好的工具。

第五节　邮件列表发布新闻

本书对网络新闻传播的研究对象主要定位在正规的新闻网站或商业网站的新闻传播。然而，在互联网上，还有一种重要的信息传播方式不容忽略，即利用邮件列表发布新闻、传递信息。从某种意义上说，互联网所提供的这种工具，更具有网络的个性化传播特点，也是我们应当注意的。

一、什么是邮件列表

邮件列表也叫 Mailing List，起源可以追溯到 1975 年，是互联网上最早的社区形式之一，也是互联网上的一种重要工具。利用这种工具，可以向互联网上数十万个用户迅速传递消息，用于各种群体之间的信息交流和信息发布，影响力巨大。

掌握 Mailing List 将大幅度提升自己的知名度。让我们先来分析一个例子。如果您的站点是某个专题的新闻发布机构，您希望关心这些新闻的用户都能在第一时间看到这些新闻，办法之一是利用您的站点，但用户只有到了您的站点上才能看到这些消息。另一种办法是从多条途径找到对您的信息有浓厚兴趣的人的姓名和电子邮件地址，然后通过互联网上的 E－mail 工具和它互相通信，发送信息。这个办法的缺点，一是名单很难找全，二是太费时间。有没有更好的办法呢？假设把所有希望收到这些信息的人员组织起来，设定一个公共地址；如果向公共地址发出邮件，就等于向这组人中每一个人发出了电子邮件，这个问题就解决了。这种方式就称为“电子邮件列表”。

邮件列表完全以电子邮件形式进行。早期的邮件列表是某个小组成员通过电子邮件讨论某一特定话题，一般通称为讨论组，由于早期联网的计算机数量很少，讨论组的参与者也很少。现在，互联网上有数以十万计的讨论组，讨论组很快就发展演变出另一种形式，即有管理者管制的讨论组——也就是现在通常所说的邮件列表，或者叫狭义的邮件列表。讨论组和邮件列表都是在一组人之间对某一话题通过电子邮件共享信息，但二者之间有一个根本的区别：讨论组中的每个成员都可以向其他成员同时发送邮件，而通常所说的邮件列表，是由管理者发送信息，一般用户只能接收信息。

新闻组和邮件列表的区别也表现在加入的形式不同上。加入新闻组，必须登录提供该服务的网站，并从各种信息中挑选自己感兴趣的内容，而作为邮件列表的成员，信息直接发送到列表中每个成员的电子信箱中。邮件列表比新闻组更容易制止垃圾邮件的影响（但是如果利用同一个邮箱加入许多邮件列表，大量的信息仍然会造成电子邮件的阻塞，可能影响正常的通信邮件，因此，应当使用不同的邮件地址来订阅各种邮件列表）。

二、邮件列表的特点与优势

邮件列表的特点：

1．传播范围广：可以向互联网上数十万个用户迅速传递消息，传递的方式可以是你自己主持发言，也可以是自由讨论和授权发言人发言等方式。

2．使用简单方便：只要能够使用 E－mail，就可以使用邮件列表。

3．提供讨论：普通用户订阅邮件列表，就成为信息的接收者。如果邮件列表允许讨论，订阅了邮件列表，则可以通过 E－mail 参加讨论了。方式是通过 E－mail 接受 BBS 和新闻服务器的信件，参加 BBS 和新闻组的讨论，而不用长时间连接 BBS 和新闻服务器邮件列表的发信。组织公开的、多角参与的电子讨论组，订户不仅能够订阅，同时还可以参与讨论，讨论内容将发送到所有订阅者的信箱；管理权在于注册者手里。

4．使用范围广：国内外免费邮件列表服务商可以提供免费留言簿、访客计数器、投票机、记事本和免费游戏，提供主页和免费的个人讨论空间、搜索引擎登录服务、免费域名、论坛邮件列表等多项免费服务，有的服务商提供花样繁多的邮寄窗体、贺卡、投票、广告交换等免费服务。一般来说，邮件列表可以运用在：(1) 企业应用，如新产品发布、与客户保持联系、产品的技术支持、信息反馈；(2) Web 站点，如主页更新、信息反馈；(3) 组织俱乐部，如吸引新用户的加入、提供成员之间交流的工具；(4) 人际沟通，如在同学和亲友间保持快速、方便的联系；(5) 技术讨论，如邮购业务；(6) 股票信息；(7) 电子杂志；(8) 新闻发布。

利用邮件列表编辑和建立电子杂志、发布新闻，是应当引以注意的使用功能。邮件列表系统在网络中完成传统邮政的报刊订阅和发行职能，即完成电子邮局的功能。任何个人或企业都可以建立自己的电子杂志，通过邮件列表的方式，向数十万用户同时发送，而这只需要几分钟。好的刊物，不受时间和空间的限制，在短时间内用户数就可以猛增。同时，通过邮件列表系统可以将国际新闻、国内新闻、社会新闻、体育新闻、财经新闻、娱乐新闻、科学新闻、IT 新闻等等，一次性送到数万用户的手中，用户要做的只是花费几分钟去订阅一下，大大节省了上网浏览时间和费用。这是传统的刊物所不能比拟的。如希网网络由 Top 用户创建的邮件列表，设计了“情感一族”、“新闻媒体”、“生活居家”、“投资金融”、“娱乐体育”、“游戏天堂”、

“艺术人文”、“其他类别”、“计算机网络”、“教育园地”、“健康天地”、“自然科技”等丰富多彩的门类，俨然一本丰富的杂志。

由此可以看出，邮件列表在新闻信息传播中具有巨大的优势：

1．邮件列表通过互联网在线订阅，方便快捷。

2．发送方式简单迅速：邮件列表组管理员只需向组内的某一个特定成员发送一封信件，则全组成员都可以收到，大大减轻了发送人的负担。

3．邮件列表是提供信息传播个性化服务的主要手段。用户申请邮件列表，成为某个邮件列表的管理者，向其他用户提供邮件列表服务；这类用户管理相应的邮件列表并发布信息或管理邮件列表。用邮件列表建立个人化的邮件新闻中心，发送邮件给你的订户，及时传递你个人站点最新的消息和精彩信息。对于网络用户来说，不可能每天花费大量时间到各类网站收集相关信息，但通过加入与自己有关的邮件列表，只需检查电子邮箱就可以了解各类信息，如网站的更新消息、行业新闻、产品信息等。与滥发邮件不同，邮件列表是基于用户自愿加入的原则，通过为用户提供有价值的信息，获取用户的信任，从而实现信息推广和许可营销的目的。

4．邮件列表是个人网站站长的福音。个人网站站长们辛辛苦苦，通宵达旦制作出来的精彩内容却常常由于无法传递、无法吸引人而苦恼；另一个方面，浏览者也无法第一时间获得站点最新更新情况。邮件列表正好解决了这两方面的疑难——站长把每次更新的内容简介通过邮件列表得以第一时间发送到他站点的热心网民手中。有的邮件列表服务商的服务条款明确说明为个人网站提供免费的系统服务。

三、邮件列表的类型

邮件列表一般分三种类型：

1．公开型。任何人都可以在列表里发表信件，如公开的讨论组、论坛。比如，任何人向地址 test@list．cn99．com 发信，该邮件列表的订阅者都会收到这个人发出的信件，这样，订阅者之间就可以互相交流了；

2．封闭型。只有邮件列表里的成员才能发表信件，如“同学通讯”、“技术讨论”，只有该邮件列表的订户才能够发表信件；

3．管制型。只有经过邮件列表管理者批准的信件才能发表，如“产品信息发布”，“电子杂志”等。

邮件列表的类型可以在创建邮件列表的时候设置，也可以在任何时候通过管理中心修改邮件列表的属性来设置。

四、利用邮件列表服务商

如果不是申请者，不是每个用户都可以直接通过邮件发布信息，只有邮件列表服务器租用者才能向邮件组信箱发信来发布信息。网上查询到的国内免费邮件列表服务商有几十家，如通易电子发行系统（http：//www. exp. com. cn/)、索易（http：//www. soim. com)、博大邮件列表（http：//www. bodachina. com/)、希网邮件列表（http：//www. cn99. com）等。“索易网络杂志”可能是中国最早、也是最大的网络杂志，据该网站广告显示的数字，已经有100万的不重复用户数（2000年8月中旬)，目前拥有8大类别近40个分类的电子杂志。

电子邮件列表经营者根据订户的阅读需求，及时向读者提供为他所关心的内容，推荐刊物。一般可以提供以下基本服务：(1) 用户申请邮件列表，成为某个邮件列表的管理者，向其他用户提供邮件列表服务；这类用户管理相应的邮件列表并发布信息或管理邮件列表；(2) 普通用户订阅邮件列表，成为信息的接收者。提供免费邮件列表服务、免费论坛、免费友情链接、免费记数器等，还有免费网站。有的除了提供免费主页外，还提供免费留言版等服务。通过这些免费服务，创建自己的电子杂志，建立免费的电子报或邮件列表。

希网网络邮件列表系统是目前国内技术先进、系统稳定、订户众多的邮件列表系统，该系统现有用户数已达2万个，订户数已达603余万，总发信数为2亿6628万多，有一大批知名的电子杂志通过希网系统发行。如《中国报道周刊》、《橄榄树》汉语文学月刊 、《走进中关村》计算机商情网站的邮件列表、《中国金融在线》投资参考、《美丽生活周刊》综合性周刊、《大视野》免费科普刊物等。《中国报道周刊》（http：//chinanewsletter. go. 163. com）邮件杂志，创刊于1999年12月1日，主要内容有新闻媒体分析、时事追踪报道、最新信息指南、政治分析评论，全面追踪报道国内外热点新闻，关注焦点事件的发展。初期只有几十个用户，如第2期只有90个订户，第3期137个订户，第4期179个订户，每期以几十个到上百个用户稳步上升。因其丰富的内容，多方位的分析报道，在2000年1月份被希网网络在首页推荐，时至 3 月 24 日的第 27 期，订户数已达到 8037 个，而到 10 月 24 日的第 116 期，订户数已达 38773 个，并且每期还以上千个订户数稳步增加。

五、如何创建电子杂志

对于大部分用户来说，也许无须了解邮件列表的工作原理，通常在邮件列表目录（如通易、索易、网易等）或者提供此服务的网站，选择自己感兴趣的邮件列表，输入电子邮件地址，点击“订阅”按钮，通常就可以完成订阅。为了保证用户资料的正确性以及避免被他人冒名订阅的情况，有时需要订户发送确认信息，系统收到确认信息后才会正式将该用户加入列表（如通易电子发行系统就属于这种情况）。在各种提供邮件列表的网站，一般都有建立邮件列表的帮助信息。

要特别说明的是，如果你希望创建的组是邮件列表性质（如电子杂志或新闻邮件），“发送方式”一项应该选择“经你批准后才能发送”，否则，如果选择“注册用户可自由发送”就成了讨论组了。

电子杂志由于是“管制”类型，只有经过邮件列表管理者批准的信件才能发表。创建电子杂志，要在建立邮件列表时，选择如下属性：

邮件列表类型：管制

是否公开：是

或者在建立邮件列表以后将邮件列表属性改成如上所述。

获得邮件列表管理者批准邮件的方法是，在邮件的主题（Subject）里，加入“［＃xxxx＃］”的字样，其中 xxxx 为邮件列表的“管理者密码”，是创建邮件列表或修改邮件列表配置时需输入的。如果您没有授权其他人管理邮件列表，则该密码与您在邮件列表服务商（如希网）申请帐号时的密码相同。如：From：yours@domain．com

To：moderate@list．cn99．com

Subject：这是测试信！［＃password＃］

测试是否成功？其中的 password 使用相应的值。

本章思考与练习

1．网络新闻采访与传统新闻采访有何异同？谈谈你对网络新闻采访特点的认识。

2．如何理解在网络新闻采访中灵活运用各种方式方法？

3．与传统的新闻采访方式相比，在互联网上获取新闻线索有哪些优势和不足？

4．通过练习，熟练使用 IE 等浏览器、熟悉在 usenet 新闻组、BBS 系统中上传和阅读文章的方法与技巧。

5．网络信息检索有何特点？搜索引擎和目录性检索工具相比有哪些优势和不足？

6．通过 E－mail 进行一次采访练习，谈谈你对利用 E－mail 进行采访的优势与不足的认识。

7．熟练使用 ICQ 及常见的 IRC 软件。

8．为什么说利用邮件列表发布新闻是具有网络特点的个性化新闻传播活动？

第三章　网络新闻编辑

施拉姆在《传播学概论》中对大众传播媒介渠道和人际传播渠道进行比较，指出在以下八个方面两者各具优势：它们所刺激的感官、反馈的机会、速度的控制、讯息代码、增殖的力量、保存信息的力量、克服弃取的力量、满足专门需要的力量。[①]

如果以此来比较网络媒介、大众媒介和人际媒介会发现，从某种程度上说，网络媒介兼具人际媒介和大众媒介的优势。虽然我们不同意媒介决定论，但不可否认网络媒介的个性特点将直接影响到网络媒体新闻报道和编辑。本章将探讨网络新闻编辑方针和相关的编辑业务。

第一节　网络新闻编辑方针

随着传播手段日新月异的变革与世界范围内媒介竞争的加剧，有专家说现在是没有独家新闻的时代，因而形成独特的编辑方针对新闻媒介变得越来越重要。

编辑方针是根据办报方针和现实情况对报纸内容、形式所作的相对固定的整体设计，是编辑、记者进行采编活动必须遵守的基本原则。从搜集材料到写作稿件，从稿件的选择与修改到版面的编排，都要以编辑方针为指导。这种设计包括：确定媒体的受众对象、报道的范围和重点、报纸的水准以及报纸的风格等。

编辑方针具有两个特点：一贯性和一致性。一贯性，是指媒体的立场、

① ［美］威尔伯·施拉姆：《传播学概论》第123页，新华出版社1984年9月第1版。

观点、意向、风格是长期稳定的；一致性指媒体中所有报道的观点和意向应是一致的，不能相互矛盾。一些著名的媒介往往用最简洁的话概括出自己的编辑方针。如《大公报》的“兼容并蓄、勇于发表”；《纽约时报》的“本报的基本任务，不在供火车乘客消遣浏览，而在对50年后的历史学者负责。本报与其他报业不同，本报刊载重要原始资料，我们决不许在历史过程中注入毒素”；《泰晤士报》的“宁可让一条可疑的新闻延缓24小时刊载”。从这些报纸的实践来看，其编辑方针体现了各自受众的要求和报纸风格。

网络新闻媒体独特的技术要求和受众特点需要编辑更新观念，探讨相应的编辑手段、方法和内容。需要指出的是由于互联网络正处于不断发展变革时期，任何相关的技术进步、政策变动都会影响到网络整体结构的变化，因而相应的网络新闻编辑方针在保持一贯性的前提下，也要不断进行具体调整。

本节从受众特点、报道内容、媒体的水准和风格几个方面探讨网络新闻的编辑方针。

一、网络新闻用户定位

互联网的出现使“受众”在传播活动中的作用发生了革命性的变革。网络媒体中的“受众”不再是被动的“一对多的传播活动的对象或受传者”①“推送（PUSH）比特给人们的过程将一变而为允许大家（或他们的电脑）拉出（PULL）想要的比特的过程”。② 他们既是信息的接受者，也可能是信息的发布者；他们可以主动决定在何种时间、以何种形式获取何种信息。我们称他们为网络用户或者网民。

任何拥有使用互联网络的硬件条件并且曾经或正在使用互联网的人都是网络媒体的用户。因此从理论上说，每一个新闻网站的用户都可以遍布全世界。但事实上同某电视台的目标观众不可能是拥有电视机的所有人、某电台的目标听众不可能是有接收装置的所有人一样，每个具体的新闻网站必须有明确的网络用户定位。网络用户根据不同性别、年龄、职业、文化、民族、居住地、爱好，可以分为不同的网上群体。新闻网站创办之前，编辑就要对

① 郭庆光：《传播学教程》，第167页，中国人民大学出版社1999年11月第1版。
② ［美］尼葛洛庞帝：《数字化生存》，第103页，海南出版社1997年2月版。

其进行研究，进而决定其编辑对策。

虽然网络用户千差万别，但从总体上看，有这样几个共性问题值得探讨：到底什么人在使用新闻网站，他们具有哪些特点？他们对新闻网站有什么要求？他们在网络上浏览信息的状态是怎样的？网络用户的未来发展趋势是怎样的？

从以上几个问题入手，我们认为现阶段我国新闻网站用户定位需注意以下几个因素：

1．注意传统媒体受众和新闻网站用户差异。传统媒体网站依托于传统媒体，其网站内容或多或少受到母体内容的影响，进而其潜在用户也与母体受众有一定交叉，但是总体上看还是有很大区别的。从全世界来看，网络媒体正处于起步阶段，网络用户具有男性网民偏多、年纪较轻、计算机相关领域网络用户较多等特点。

GVU（Graphic，Visualization．＆Usability center’s）1998 年 10 月—12 月对全球 5000 名网络用户抽样调查发现：男性网民约占网络用户总数的 66．4%，女性约占 33．6%；网络用户年龄 21－35 岁居多（如图 3－1）。

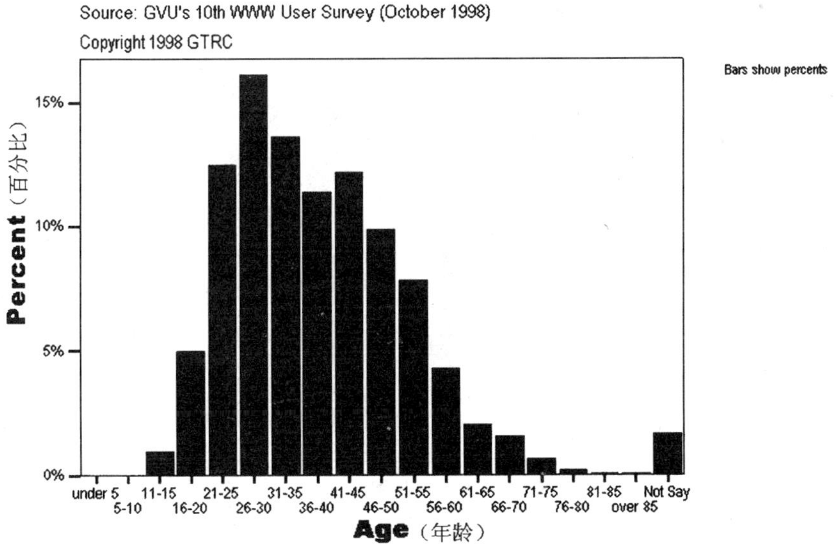

图 3－1

可见新闻网站用户与传统媒体受众有较大差别。媒体网站不能根据“母版”的目标受众范围来确定网站的用户。

以我国为例，根据中国互联网络信息中心 1997 年至 2000 年的报告分析显示：网络用户男性占大多数（详见图 3－2）；以青年为主，至 2000 年 1 月，18 岁至 24 岁的网络用户占总用户的 42．8％，25 岁至 30 岁的占 32．8％（详见图 3－3）；从学例构成看，至 2000 年 1 月，2/3 以上的人具有大专以上学历，高中（中专）以下学历仅占 3％（详见图 3－4）。

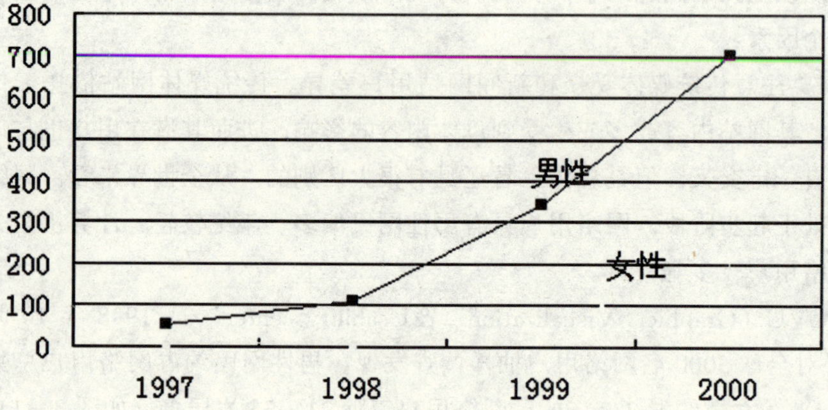

图 3－2

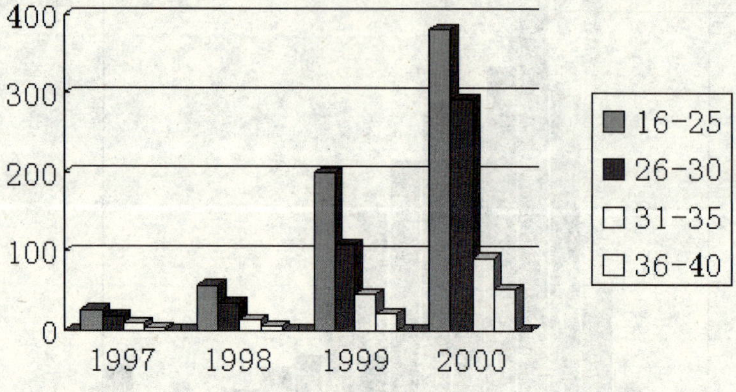

图 3－3

我国网络用户同我国传统媒体受众情况差别较大：

我国广播电视受众以初中及初中以下学历为主。我国电视观众 11 亿人，

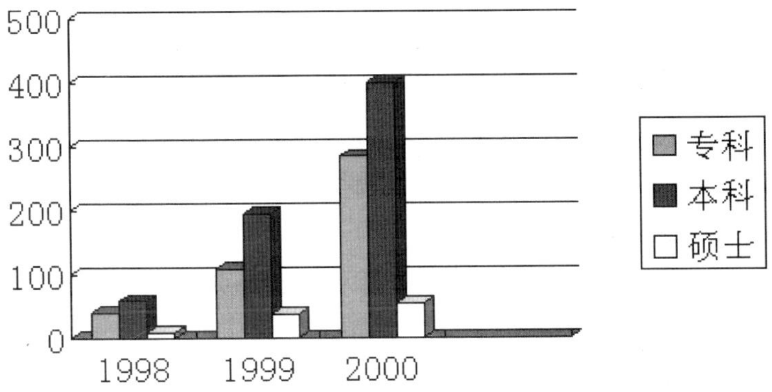

图 3－4

电视普及率达 86. 2%,[①] 而这 11 亿人有 8 亿农民。

报纸读者以 26－45 岁为主，占读者总数的 75. 4%；学历以高中至大专为主，占读者总数的 54. 7%。[②]

从网络用户构成看，我国网络用户相对于传统媒介受众，其独立思考判断能力更强，主动性更强，其对新闻信息的需求层次不完全等同于传统媒体。

以《人民日报》为例，《人民日报》纸质媒介的读者是各级领导和机关干部。而《人民日报》网络版的主要受众是“国内对时事政治感兴趣的中青年人和海外留学生、华人华侨为主的知识分子群体，也包括欧美和其他一些国家的学者、对华政策制订者。”其中“从未阅读和平时很少阅读《人民日报》的占 1/4。”[③]

媒体网站用户与媒体原有的受众存在差异，要求媒体网站有原创性内容，不能照搬“母版”内容。哥伦比亚大学新闻研究所教授罗斯 1999 年提出的一项报告显示，美国约有 58%的报刊拥有专门的网站，这些网站中有 31%的网站的新闻内容一半以上不是来自原有媒体，而是特别配合网站制作

① 时统宇：《电视影响评析》，第 44 页，新华出版社 1999 年 1 月版。

② 《中国报业：面对结构性转换——1995 年全国报纸读者调查总体分析报告》第 29 页，《中国报业总量结构效益调查》，新华出版社 1996 年 4 月。

③ 《坚持正确舆论导向，向世界更好介绍中国》，《〈人民日报〉网络版工作汇报》，2000 年 1 月 14 日。

的报道，这个数值与1996年类似的调查相比，增长幅度超过四倍。[①]

2．网络用户如何使用新闻网站。网络用户在网络上浏览新闻信息的状态是什么样的？他们在新闻站点停留多长时间？他们对哪类信息更感兴趣？他们对新闻网站还有什么要求？这些具体问题对网络媒体用户研究至关重要，有关的研究也正在开展。其中斯坦福大学利用眼球跟踪器（eye tracker）历时四年的一项研究颇有参考价值：

◆ 同纸质媒介相反，当网络用户进入一个网页时，简讯和标题更能吸引他们的注意力。他们通常会先看文本信息，而不是先看图表或图片。这同文字出现在网页上的速度比图表快有很大关系。

◆ 网络用户阅读大量的内容浅显的报道，同时有选择地对一些感兴趣的内容深入阅读。

◆能够提供链接功能的站点受到网络用户的欢迎，他们喜欢在网站间跳来跳去。

◆30岁左右的网络用户对地方新闻感兴趣，20岁左右的用户对科技、体育新闻感兴趣，几乎所有的人都对健康方面的新闻感兴趣。

◆网络用户不仅对个人信息感兴趣，对综合信息也很感兴趣。

◆ 58％的新闻摘要被阅读，阅读新闻摘要后97％的用户会阅读全文。

3．我国新闻网站的受众分层。我国传统媒体除了中国国际广播电台、《中国日报》等外宣机构，绝大多数的报道对象是国内受众。而网络媒体打破了地域、国家的限制，任何一个网络媒体的潜在用户都是全球范围的。我国新闻网站的潜在用户包括三个层次：中国地区网络用户、世界华人网络用户、全球范围（非中文）网络用户。这就要求媒体网站根据自身的实力和优势，以国际视野来确定其基本的用户层次。如《人民日报》网络版设有英文版、日文版、法文版，目的在于增加其在非中文网络用户中的影响力，向世界更好地介绍中国；中国国际广播电台依靠其43种语言广播的实力，目前设有汉语普通话、广州话、英、德、西班牙、俄、日、法七种语言的在线站点，目标是要成为外向型、权威性的中国信息发布网站。

但是目前我国还没有形成以世界华人网络用户为对象的知名站点。比较而言，新加坡的《联合早报》电子版在这方面做得比较出色。其与华人相关

① 许榕生主编：《网络媒体》第23页，五洲传播出版社1999年11月版。

的内容设置有：

（1）世界华文新闻资讯中心：每日新闻凌晨开始更新，提供18小时即时新闻；提供来自海外80多家华文报刊的新闻；提供改革版财经、旅游、影艺明星和画廊网站；即时发布新加坡股票交易所行情；

（2）世界华人论坛：BBS；世界华人时事论坛；

（3）华人联系网：提供有关东南亚，北美，澳洲等华人社区的新闻资讯；提供三万多华人企业组织的资讯；

（4）全面网上服务：东南亚华文网站指南；世界各地天气预报，每日运程；免费电邮；个人主页；即时股票行情；分类广告；网上拍卖和求职。

通过这些内容，《联合早报》电子版逐渐吸引全球华人尤其是东亚华人的注意，正在形成全球华人的网上社区。

4．网络新闻用户是不断变化的。互联网传播正处于起步阶段，网络用户组成将会不断发展变化。现阶段网络用户的年龄、性别、学历等特征在未来网络传播中也许并不适用。这就需要网络传播从业者不断跟踪网络用户的变迁，适应网络媒体传播对象的要求，适当调整编辑方针。

二、网络新闻内容设置应注意的问题

（一）我国传统媒体网站现状分析

从1995年中国内地第一家报纸走上互联网，至1999年6月中国上网内地报纸总数为273种，国内传统报纸七分之一已经进入互联网。其中，全国性报纸56种，地区性和地方性报纸213种，经济类报纸41家，占全国报纸上网总数的14.8%。①

从1996年12月15日，珠江经济广播电台在网上进行实时广播到2000年5月底，据笔者通过搜索引擎统计，共有68个广播电台、14个节目在网上建立了拥有独立域名的网站。电视媒介方面，至2000年5月全国共有60家电视台、25家有线电视台、10家卫视台（以上统计不包括派生的频道网站数）已经上网。

有专家评论我国传统媒体网站已经从最初的原始阶段进入了战国时代，正处于分化和整合的关键时期。基本情况分析如下：

---

① 据唐绪军：《中国大陆网上报纸现状及发展思路》，http：//www．zjonline．com．cn。

1. 我国传统媒体网站按内容分主要有以下几种形式

(1) 将传统媒体内容搬上网络。这类网站内容往往只是对传统媒体内容的复制。比较有代表性的是网上实时在线广播。这类广播电视网站除了一般性质的节（栏）目介绍、主持人介绍、留言板等内容外，主要提供网上直播，没有节目内容的文字稿，也没有链接、检索等服务功能。

(2) 将传统媒体部分内容或全部内容加入网站，加入一些信息服务功能，如提供一些相关网站的链接，有互动内容，有数据库，能够进行一定范围的信息检索。通常能够做到一天几次更新。但是报纸网站的新闻报道有文字稿，没有音频、视频服务，以文字信息为主；广播电视网站以音频或者视频为主，没有或很少有文字稿。这类站点较多，质量参差不齐。质量较高的有《光明日报》、《中国青年报》、《科技日报》等网站。

(3) 以传统媒体报道为基础，体现网络多媒体符号特色。随着宽带的日益完善，网站"应该为客户提供一种近乎电视，而不是电脑的体验"[①]。这说明，网络的音频、视频包括动画、图像功能将被强化。但是迄今媒体网站能够同时提供音频、视频、文本信息的很少。现阶段初具多媒体符号特点的只有《人民日报》网络版、上海人民广播电台网站以及由多家新闻单位组成的千龙网和东方网等少数网站。这说明两个问题：一是我国传统媒体网站的传播观念还没有完全摆脱旧有观念的束缚；二是单一传统媒体经营多媒体信息实力不足。

(4) 跨媒体综合新闻信息平台。传统媒体的内容只是这类网站中的一小部分，网站内容以新闻信息为主包括了各类信息服务。最具代表性的是《人民日报》网络版。

《人民日报》网络版包括三部分内容：

《人民日报》所有报系内容，及时更新的《人民日报》下属六报六刊：海外版、华东新闻、华南新闻、市场报、讽刺与幽默、环球时报、新闻战线、中国质量万里行、大地、时代潮、人民论坛、上市公司等；

每日15次更新的网上独立新闻发布：每日整点新闻、新闻专题站点、常设网上期刊（网络文摘、人民书城、电子出版世界、IT新闻、商品市场动态、网上幽默）；

---

① Daniel Roth：《怪哉！Yahoo宽带化》，《传媒透视》电子版，2000年5月。

信息服务：中国地方新闻联报网、资料查询服务、导航服务、全国各地的上网媒体；“知名站点”、特色服务、“实用信息导航”。《人民日报》网站信息服务包罗万象，如“实用信息导航”又分为“天气预报”、“金融信息”、“旅游服务”、“宾馆饭店”、“留学服务”、“电视节目预告”、“人才择业”、“医疗服务”、“中外地图”、“航班火车”等类别。

2．我国传统媒体网站存在的问题

(1) 媒体网站总体水平落差较大。很多媒体网站目前停留在网上占位，并没有能从跨行业、跨地区的全球竞争的战略高度考虑网站的发展建设。一些媒体网站内容没有超越母版范围，相当一部分在质量、数量、深度上还不如母版，没能充分发挥网络媒体海量信息优势。媒体网站质量差别悬殊，既有新华社这种每天更新数据量达到1000万字以上、资料性信息达到2000万字左右的综合新闻站点，也有大量信息量少、内容更新慢、没有服务意识的站点。有的媒体网站一天只提供五六条新闻，有的网站已经几个月没有更新内容。据调查，我国媒体网站只有9%的网站信息更新快于原媒体的更新速度。总体上看，中央级新闻单位以及北京、上海、广东等地的新闻媒体网站质量稍高些。

(2) 网站新闻个性不鲜明，内容差别不大。多数网站内容设置大同小异，定位不明确。仅以发布综合新闻的网站为例，《人民日报》网络版、新华社网站、千龙网、东方网都要成为综合新闻信息权威网站，再加上新浪网这类雄心勃勃的商业网站，竞争日益激烈。很难预料谁会最终赢得胜利，但可以肯定实力不够雄厚、个性不鲜明的网站难以在21世纪的媒介市场立足。

(3) 新闻信息服务意识不浓。新闻媒体的服务功能在网络上已经被大大强化。但现阶段多数媒体网站局限于传统媒体的新闻报道，服务意识不够。

(4) 网络新闻报道的优势，如互动性、检索性、多媒体、超链接等特点没能充分发挥。

(5) 相当部分网站缺乏长远规划、整体设想。有很多盲目模仿、一哄而上的现象。

今后新闻网站内容设置上应尽量避免重复问题出现。

(二) 网络新闻内容设置原则

传媒内容设置受媒介目的、宗旨、媒介特色、传播对象影响，很难有统一的答案。网络新闻编辑内容选择亦如此，不同新闻网站内容选择是千差万别的。但新闻网站内容选择也有一些共性特点需要注意。

1. 适应网络媒体跨国传播的要求

20 世纪 90 年代以来，新闻界兼并之风席卷世界，继维亚康与哥伦比亚公司合并，时代－华纳和美国在线合并，2000 年 6 月 AT&T 公司并购 MediaOne 成为拥有 1600 万客户的美国最大的有线电视公司。Yahoo! 宣布要收编 MP3．COM! 我们处于这样一个时代："每个人、每个集团都在寻找自己的方向。各个公司和各种科技都在整合，准备形成一种新产业，向每样东西都招手，从探索频道（Discovery）纪录片到掌上电脑，它都一网打尽，要创造出人类取得咨询和娱乐的新方式。"①

未来的媒介竞争将超越国界、超越行业，愈演愈烈。在这种态势下，"大而全"或"小而专"是媒体网站生存发展的必由之路。从理论上讲，任何人都可以在网上生产和发布信息。但是当成千上万个发言人在网络上喧嚷的时候（据尼葛洛庞帝称，将有 5000 个电视台供选择），网民们恐怕不会花费大量时间寻找与自己关系不大的站点或者名不见经传的小站点，而是本着低投入、高产出的原则，寻找最适合自己的站点。若要在网上生存就要战胜数千个网站，使自己被众多站点链接，为广大网民知晓。在竞争中没有形成特色的、弱小的机构必然是没有生命力的。"大而全"、"小而精"是两个发展方向：

（1）综合新闻信息平台。大型媒介应力争成为权威综合新闻信息平台。只有实力雄厚的传统媒体网站才具有成为权威综合信息平台的条件。网络媒介容纳信息的无限性决定了谁能够提供网络所需的内容——信息丰富的数据库，谁就占有绝对优势。而拥有大量受众需要的、丰富并且权威的信息正是大型传统媒介的优势。另一方面，网上运作需要雄厚的资金、可靠的技术支持做后盾，这些往往是中小媒体力不从心的。当投资方为网络长期投入不见效益而纷纷撤资时，只有实力雄厚的集团或媒体才能在竞争中坚持下来。可见大型传统媒体具有成为网上重要信息源的天然优势。如《人民日报》网络版之所以能够成为国内媒体网站点击率最高的站点，胜在内容，其"报刊导航"、"资料库"、"专题报道"、1995 年后的资料的全文索引、动态链接、音频视频信息以及每天早 4 点到晚 9 点每小时一次的内容更新，为受众提供了

① 凯文·曼尼：《大媒体潮》，时报出版公司，1996 年版。

极大的方便。仅该报两会报道的专题就有1千万字。而《人民日报》网络版之所以能够提供这些服务，根本原因在于其资金、技术、人才、信息优势。

但是值得注意的是，《人民日报》、新华社、中国国际广播电台这类在中国国内称得上“大型”的新闻媒体，与国际著名媒体甚至我国的一些商业网站相比，尚难以占有绝对优势。2000年1月的中国互联网络信息中心调查，优秀网站推荐这项中，《人民日报》网站排在第50名。而新浪网得到两项第一：用户的浏览器首页人数第一、优秀网站第一名。商业网站新浪网号称当今世界上访问量最大的中文资讯网站。

在这种跨国界、跨行业的竞争背景下，传统媒体在网上单打一力图做到“小而全”是不可能的。只有通过跨媒介甚至跨行业的强强联合，形成具有世界竞争力的综合新闻网站才能立于不败之地。

（2）专业化、地域性、个体化特色鲜明。从某种程度上说，个性是竞争的产物。从“两报一刊”到2000多种公开发行报纸、1000多座综合电台、近3000座电视台，媒介市场一再细分，没有个性的媒介已经没有生存和发展的空间了。

适应分众需要，具有地方性、专业化、个体化特色，是新闻网站中采制信息能力相对薄弱的小型站点成功的关键。这些网站在综合新闻信息的深度和广度上无法与世界著名新闻媒体竞争，如《纽约时报》的国际新闻，《华尔街日报》的财经报道，都以拥有品牌优势、人才优势、信息资源优势的世界知名媒体为背景的。中小媒体为了求得一席之地，只能在大媒体分割的市场中寻找生存空间，力求以较小投入获得最大收益。为了更好地与大媒体竞争，应该对象更明确、更集中，培养固定的网上社区，为目标用户提供服务，尽可能形成良性互动的网上社区。

网上有很多成功的例子，如始建于1992的气象网站AccuWeather（www. accuweather. com)。该网站创建人是一位前宾州大学教授兼气象学家。如今，在网络气象站点提供的精确交互化服务面前，人们对天气预报可靠性的要求更高了，比如 洪水何时能够退却？游艇何时可以出海驰骋？未来数小时的天气适宜做冲浪运动吗？该站点除发布气象消息外，还向1.5万多家新闻机构提供气象数据；同时它还在其主页上链接了近千个站点。

在美国阿尔巴里（Albany）地区发行的只有四个人经营的Times Union报的电子版（www. timesunion. com)，作为中等规模（发行量在75,000—

150,000份之间）的报纸的代表，赢得了NAA的新媒体联盟（Newspaper Association of America New Media Federation）所颁发的“数字边缘奖”（Digital Edge Awards）最佳网络报纸的称号。Times Union获奖的重要原因之一是其新闻信息在接近性上堪称典范，具有鲜明的地方特色。其网站虽然有国内新闻、国际新闻，但深度和广度都不如本地新闻。①

尼葛洛庞帝对于网络时代曾有过一个著名的论断：“在后信息时代中，大众传播的受众往往只是单独一人。所有的商品都可以定购，信息变得极端个人化。”虽然关于“个人化”会到什么程度一直是有争论的，但不可否认的是，为网络用户提供更具个性化的信息在网络时代至关重要，如新闻网站中的个人定制新闻正是这种个人化的初步体现。

2. 适应新媒体传播特点

（1）致力于发展多种信息服务。盖茨在2000年5月24日微软第三届企业高峰会上说，因特网正在迅速进入第三个阶段，即从连接和简单的交易转向通过各种手段提供网上服务。

媒体上网为了生存和发展，也必须致力于提供目标对象所需要的信息——从新闻报道到生活服务。在这样的门户站点中网民们应能够得到基本满足，新闻、网民论坛、聊天室、购物甚至服务、娱乐性内容都可以在网站内出现。东方网宣称要建成“播发权威信息、全方位开发网络信息服务并拓展相关领域电子商务”网站。表明中国网站开始从单一新闻供应到全方位信息服务的尝试。

（2）调动网络新闻传播的优势。网络新闻报道相对于大众传播媒介中的新闻报道（主要指广播、电视、报纸）具有以下特点，在应用中要尽量扬长避短：

▲ 信息总汇

报纸受版面、广播电视受播出时间的制约，其新闻报道数量、长度是有限的。从技术上说，网络媒体的存储空间是无限的。只要有内容，任何一个媒体网站的信息量都可以超过新华社、美联社这样的世界级通讯社。

北京广播学院新闻系在1995年曾对中央六大新闻媒介（《人民日报》、

① 彭兰：《放眼世界　胸怀地方——Times Union网络版的启示》，http：//www.zjonline.com.cn。

《光明日报》、《经济日报》、《工人日报》、中央人民广播电台、中央电视台）新闻信息量进行调查分析，发现：六大媒介中《人民日报》新闻报道数量最大，平均每天刊登新闻 95.7 条；中央人民广播电台《新闻和报纸摘要》、《各地人民广播电台联播》节目平均每天播出新闻 82.7 条；中央电视台的《新闻 30'》、《新闻联播》节目平均每天播出 51.6 条新闻。

虽然三大传媒一直为增加信息量而不懈努力，但与网络媒体相比差距明显。“扬独家之优势，汇天下之精华”是新闻媒体的追求，现在网络媒体在这方面似乎拥有得天独厚的优势。

2000 年 3 月 5 日九届全国人大三次会议开幕，《人民日报》网络版的中国人大新闻站点的新闻条数就超过了 100 条。刚刚成立的东方网每天更新的新闻条数 1200 余条。搜狐新闻宣称是当日新闻和当日图片最多的中文网站，每日新闻报道数量经常可达 1 万条左右，图片 5000 条左右。

当然信息海量固然是网络媒体的优势，但是如果处理不好信息数量无限和网络用户接受能力有限之间的关系，也不会取得理想的传播效果。

▲ 信息即时滚动发布。

新闻是易碎品，“现在的新闻现在报”一直是传统媒体孜孜以求的理想境界。为此，三大传媒在技术、人力上不惜投入，力求发扬（弥补）时效性长处（不足）。虽然近年来新闻报道的时效性在不断提高，但还有很多不尽如人意的地方。根据《中央六大新闻媒介新闻信息量调查分析报告》显示，中央六大新闻媒介中，中央电视台新闻时效性最强，三日内新闻占 77.9%，而其中实效性最差的媒介三日内新闻只有 17. 9%。新闻报道中存在大量的“最近”、“日前”、“近日”等模糊的时间概念。虽然造成传统媒体三日内新闻比率低，有很多人为因素如新闻工作者重视不够，会议新闻、经验新闻，总结性报道过多等。但媒介自身的限制也不容忽视，如报纸的截稿时间、广播电视新闻节目构架，电视现场直播节目制作中的技术限制等等。相对来说网络媒体可以轻易地实现文本信息即时滚动发布。因此网络新闻一经出现就在时效性上优于传统媒体。

现阶段网络新闻的新闻更新方式主要有两种，一种是即时更新，如新浪网，每 5 分钟自动刷新一次；另一种是整点更新，如《人民日报》网络版每天更新 14 次。整点式新闻更新方式是电视新闻和非新闻定位的电台的新闻编排方式，这种新闻更新方式在传统媒体网站中比较常见。显然即时更新更适应网络媒体特点。

▲ 多媒体符号特征

网络媒体符号融合了文本、图形、图像、声音、数据等多种表现形式。历史再次印证了麦克卢汉的话："媒介的影响之所以强烈，恰恰是因为另一种媒介成了它的内容。"[①] 三大媒介优势被网络兼收并蓄。网上的世界不同于传统媒介泾渭分明，报纸网络版可以有音频、视频报道，广播电视媒体网站同样也包括丰富的文字信息。严格说来，上网后的媒体已经不是传统意义上的广播、电视、报纸了。

尼葛洛庞帝说："思考多媒体的时候，下面这些观念是必不可少的，即：它必须能从一种媒介流动到另一种媒介；它必须能以不同的方式述说同一件事情；它必须能触动各种不同的人类感官经验。"因此有人预言未来的新闻是这样的，浏览消息时你将面对如下选择：[②]

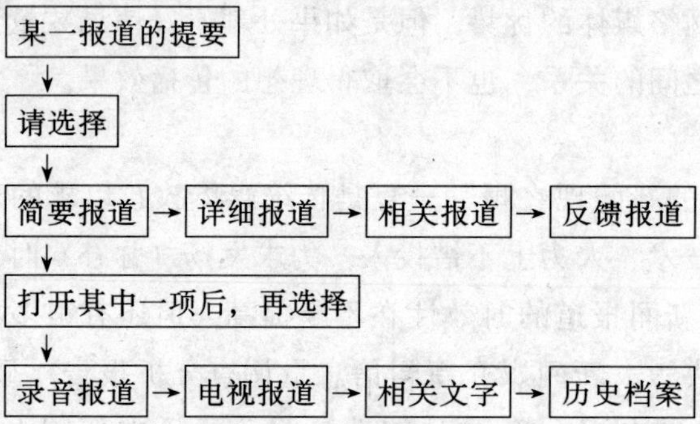

相信随着宽带问题逐渐解决、网络新闻发展日趋成熟，网络用户自由选择报道形式的一天终将到来。2000 年 1 月 20 日，美国两大传媒巨头美国广播公司（ABC）与《纽约时报》宣布结成新闻联盟，携手制作一个长 15 分钟的名为《政治观点》的新闻节目将在两家机构的网站同时播出。有专家评论"尽管 ABC 与《纽约时报》的上述合作还是有限的，但这件事的意义在于，任何一方均很难在互联网新闻领域上独自称雄，因为电视媒体和印刷媒体均有自己的传播劣势。"[③] 看来，通过强强联合、跨媒体联合形成合力，提供真正的多媒体新闻报道是新闻网站的必由之路。

① ［加］马歇尔·麦克卢汉：《人的延伸——媒介通论》，四川人民出版社 1992 年 1 月版。

② 汪良、王秋：《敢问路在何方》第 85 页，北京广播学院出版社 1999 年 9 月版。

③ 闵大洪：《点评网络媒体新动态》，http: //www. zjonline. com. cn。

▲ 互动性

网络媒体的互动性有三层含义：一是用户可以选择获取信息的顺序；二是信息传播者和网络用户可以进行各种形式的互动；三是网络用户之间可以进行互动。

网络媒体三个层面的互动对新闻报道的影响是多方面的。如，用户对选择信息主动性增强，要求新闻适应非线性的思维和报道方式；“信息生产者和消费者之间日益增长的交互性关系”①，尤其是即时反馈广泛应用，有助于信息流通处于良性循环状态；网络用户之间的互动对于形成网络社区，增强网站凝聚力有很大帮助。网络编辑要为网络用户提供信息反馈的空间，并要意识到真正的交互性并不仅仅在于设立几个电子信箱，而是要与网络用户形成良好的互动关系

▲ 超链接

网络媒体的超链接功能打破了传统媒体线性的、顺序的新闻报道方式，新闻报道中的“热区”可以带领网络用户进入其感兴趣的任何网页或相关内容。这种跳跃的、发散的阅读方式更接近人们的日常思维方式，能更好地满足人们对于信息深度和广度的要求。但是如果超链接运用不当，也会有负面影响。我们几乎都有这样的经验：一个链接又一个链接点击进入最后再也找不到来时的路，甚至忘记了自己浏览的最初目的。

▲ 提供资料检索

数字压缩技术、纠正错误功能使信息共享、存储、检索功能进入全新时代。新闻网站不但能够提供当日新闻，还能检索到往日新闻以及大量相关信息。

今年初香港电台网络广播改版，利用网络信息储存海量的优势，克服了电子媒介保存性差的问题。该台六个网上直播的频道，由早上6时至凌晨2时的节目都会储存在网上，连同电视节目，每周共有超过840小时的电台节目及每周5小时电视节目存放在广播站——浏览者只需按节目名称，便可搜寻由4月18日起新网站启播后在网上播放的节目。改版后的香港电台网站访问量大增。②

---

① Elliot king：《网上媒体的交互性》，彭兰译，http：//www. zjonline. com. cn。

② 梁惠诗：《香港电台网上广播站大变身》，《传媒透视》电子版，2000年5期。

现阶段新闻网站的查询功能越来越强。仅以《北京晚报》网站为例，其往日新闻查询就包括：联想查询、包含查询、关键字查询等多种方式。

当然应当注意的是新闻网站的信息检索功能不应仅仅停留在本站新闻信息的查询，应根据网络用户的需要提供全面的信息查询服务。

三、风格和水准

传媒的风格，一般指传媒在一个时期内形成的思想倾向、内容选择、编排方式、谋篇布局、遣词造句等相对稳定的特色。媒体的风格可分为严肃的、活泼的、幽默的、含蓄的等多种类型。我国传统新闻媒体一贯以权威、严谨著称，保持着党、政府和人民喉舌的面貌。

不同的办（网）站方针和网络用户需要决定了网站特有的风格。如新华社网站开办初期就提出，要高起点，面向全球，建成具有中国特色的世界性通讯社的新闻信息网站，建成中国对外宣传的一个重要阵地。《光明日报》网站要成为提供中国教科、文、卫领域最新最全的信息及服务的特色网站。这些媒体网站高起点、高质量，保持了权威性、真实性、高品质的特点。

传媒的水准层次也要有明确定位。一个媒体的内容可以较通俗，也可以较专业；可以侧重普及，也可侧重提高。我国媒体网站大多沿袭了传统媒体水准较高的特点。但由于网站管理不规范，一些商业网站、媒体网站中也存在了盲目炒作、内容有媚俗、娱乐化倾向、虚假新闻等问题，格调不高。

保持中国新闻媒体固有的严肃、准确的风格、高品位水准，拒绝庸俗化倾向是需要新闻网站认真对待的问题。

第二节　稿件选择

网络新闻编辑工作最主要的任务是对新闻报道的内容和形式进行总体设计，具体落实到编辑业务流程中，主要有四项任务：选择稿件、修改稿件、制作标题或提要、组织与设计页面。

网络新闻报道滚动播出、即时更新、信息量大等特点对编辑工作提出了更高要求。网络新闻编辑必须在最短的时间内判断稿件是否适用、新闻价值大小，确定报道角度，检查出报道中的缺失。

本节主要探讨网络新闻稿件的选择。

一、网络新闻稿件来源分析

据《互联网站从事登载新闻业务管理暂行规定》第七条规定：非新闻单位依法建立的综合性互联网站（简称综合性非新闻单位网站），经批准可以从事登载中央新闻单位、中央国家机关各部门新闻单位以及省、自治区、直辖市直属新闻单位发布的新闻的业务，但不得登载自行采写的新闻和其他来源的新闻。非新闻单位依法建立的其他互联网站，不得从事登载新闻业务。第十四条规定：互联网站链接境外新闻网站，登载境外新闻媒体和互联网站发布的新闻，必须另报国务院新闻办公室批准。

按照这一规定，各类网站中新闻稿件主要来自以下渠道：

1. 通讯社通稿。通讯社稿件数量多、速度快、内容针对性强，具有权威性、可信性，是新闻网站重要稿件来源。

2. 中央新闻单位、中央国家机关各部门新闻单位以及省、自治区、直辖市直属新闻单位发布的新闻信息。这类新闻信息适用于新闻单位网站和非新闻单位依法建立的互联网站。

3. 新闻单位网站可以使用传统媒体提供的稿源。传统媒体稿件是媒体网站的最主要稿件源。如中央电视台网站、中青在线、中国国际广播电台网站等媒体网站的内容多是传统媒体的编辑、记者的报道。这类稿件中会有独家报道，真实性较高。需要注意的是，传统媒体稿件的内容、风格适应传统媒体的要求，不一定完全适合网络媒体要求，因此选择这类稿件要注意网络媒体用户的需求。

4. 社会自流来稿。网站中一些稿件是网络用户提供。这类稿件有几个优点：时效性强、内容有针对性、问题新鲜、语言通俗易懂、写法不拘一格。这类稿件除了可以采用外，还可以作为新闻线索。但应注意，只有新闻单位的编辑才有使用这类稿件的权利。使用这类稿件要注意核实，确保真实性。

二、选择稿件的基础——坚持新闻真实性原则

新闻的本源是事实，事实是第一性的，新闻是第二性的。新闻稿件内容必须严格以事实为根据。不但情节、细节要完全准确，而且新闻报道要体现事件的本质真实。要注意分辨稿件中是否有向壁虚构、合理想象、张冠李

戴、夸张、片面偏颇、回避、导演等问题。

网络新闻编辑工作要注意确保新闻报道真实性。网络新闻报道对新闻时效性要求较高，一些新闻网站为了在第一时间发布消息，往往抢发一些未经核实的消息，严重影响新闻报道的真实性。针对当前新闻网站缺乏管理，网上信息海量、信息质量参差不齐现象，网络新闻编辑应注意分辨稿件来源，选择权威性、可信性强的机构发出的信息。网络新闻真实准确程度的高低，直接关系到新闻网站能否获得网络用户的信任、提高竞争力，得以生存和发展。

三、选择稿件的标准

新闻稿件选择标准有两个方面：新闻评价标准和社会评价标准。

1. 新闻评价标准

新闻之所以能够满足受众（网络用户）的需求，不是由于新闻本身而是由于新闻所报道的事实具有这种能够满足其需求、实现新闻社会价值的素质。所谓新闻价值是指新闻事实满足社会需求的特殊要素的总和，是新闻质的规定性。新闻价值的有无决定新闻能否成立，新闻价值的大小决定新闻意义的大小。

新闻价值带有新闻本体意义，无论在网络媒体还是传统媒体，新闻报道都离不开对新闻的一些基本概念和规律的认识，尤其是网络媒体还处在刚刚起步的发展时期，从业人员是不是能够从本质上把握新闻的基本规律，掌握判断新闻事实的依据和方法对这一新兴媒体更好地发挥自身优势具有十分重要的意义。

新闻价值构成因素的分类多种多样，其中新闻界最常用的分类如下：

(1) 及时性。包括时间新和内容新两个方面。新闻事实发生时间距公开传播时间的时差大小，同新闻价值的大小成反比。一般情况下，新闻时效性越强，新闻价值越大。网络媒体新闻报道的内容总处在动态流动之中，这就对新闻的时效性提出了更高的要求。新闻内容新是指，新闻要具有新意，不是人们司空见惯的事物。

(2) 重要性。指新闻事实对社会生活和公众切身利益的影响程度，某一事实的重要性同它发生作用的范围大小、产生影响的程度深浅成正比。重要性是构成新闻价值的最重要因素。

(3) 接近性。新闻事实与受众（网络用户）的内在关联性。中国早期的新闻学者徐宝璜曾说过：“新闻价值与读者的距离成反比例。”这里的距离本意是指地理上的距离，但实际上也可以延伸到心理。同一事件对不同报道对象，价值大小是不同的。接近性是新闻价值构成要素中的变动因素。

(4) 显著性。新闻报道涉及的人物、事件、地点等在社会生活中地位越突出，越为受众（网络用户）所关注，新闻价值越大。

(5) 趣味性。这是新闻本身具备的特性，指新闻事实所具有的能够使人感到愉快、好奇、引起兴趣的特征。新闻趣味性的大小，也受到受众的个人爱好、兴趣的影响，呈现相对性。

一般而言，一则报道中包含的新闻五要素越丰富、特征越突出，新闻价值越大。需要注意的是，对于不同的媒体、不同的受众（网络用户），新闻价值是可变的。因此在新闻实践中要注意灵活把握这些可变因素。

2. 社会评价标准。社会评价是对新闻可能产生的社会效果的好坏、利弊的评价。对新闻报道的社会评价包括政治、经济、军事、法律和文化、道德等各方面的社会效果评价。

其中，政治评价占最重要的地位。我国的媒介宗旨是：为人民的根本利益服务。凡是有利于坚持和贯彻党的路线、方针、政策的报道都是正面效果的新闻，提倡选用；反之，具有负面效果的报道要避免。稿件的内容还必须符合国家的法律、法规的要求，具有煽动、诽谤、侮辱、泄密、造谣、教唆性质的稿件一律不能采用；稿件内容应符合新闻道德：不做自然主义描述、保护被报道对象的正当权益、不侵犯他人隐私等。

新闻报道的社会效果是极其复杂的，要求编辑要估计到新闻可能产生的社会效果的方方面面，正确判断和选择稿件。

四、选择稿件注意事项

网络新闻报道特点和要求对网络新闻选稿提出了一些特殊要求。

1. 符合国家相关法律法规要求。由于互联网信息传播的特殊性，《互联网站从事登载新闻业务管理暂行规定》规范了其新闻稿件选择标准。其中，第十三条规定，互联网站登载的新闻不得含有下列内容：(一) 违反宪法所确定的基本原则；(二) 危害国家安全，泄露国家秘密，煽动颠覆国家政权，破坏国家统一；(三) 损害国家的荣誉和利益；(四) 煽动民族仇恨、民族歧视，破坏民族团结；（五）破坏国家宗教政策，宣扬邪教，宣扬封建迷信；（六）散布谣言，编造和传播假新闻，扰乱社会秩序，破坏社会稳定；（七）散布淫秽、色情、赌博、暴力、恐怖或者教唆犯罪；（八）侮辱或者诽谤他人，侵害他人合法权益；（九）法律、法规禁止的其他内容。第十四条规定：互联网站链接境外新闻网站，登载境外新闻媒体和互联网站发布的新闻，必须另行报国务院新闻办公室批准。网络媒体新闻信息选择必须严格遵循这些要求。

2．网络新闻即时发布，要求稿件的时效性特别强。动态消息通常是24小时内的新闻事件。以《人民日报》网络版一日报道为例，该网络版要闻专栏从6月14日01：00到23：00，共刊登消息48篇，其中事件新闻38条，非事件新闻10条。6月14日当日新闻19条，6月13日新闻15条，共占事件新闻总数的81%左右。总体上看，网络版新闻时效比该报纸质媒介早一天左右。

3．网络新闻具有多媒体符号特征，要求编辑选择稿件的时候注意选择不同的符号，如音频、视频新闻、图片、图表等等，根据具体需要、稿件特点选择报道形式。

4．调整报道方式。新闻改革20年来一项重要的成绩是对新闻媒介多元功能达成共识。“多年来新闻实践界一直努力：改变过去单项传播模式，代之以双向交流、上下沟通的新模式；改变过去说教式的宣传方式，代之以对话、交谈的平等方式；改变过去封闭僵化的传播秩序，代之以开放、灵活的新秩序，增加新闻的公开性和透明度。”① 但总体上看还是存在这样那样的说教式、强扭角度类的报道。这种状况无法适应网络新闻传播要求。网络新闻用户信息选择范围广、主动性强，更容易主动回避引起他们反感的内容。另一方面网络传播是面向全球的，可以说任何一个新闻网站都是一个国际台（站点）、都是一份《China Daily》，代表中国与世界沟通。如果新闻报道中还存在拿着结论找例子、宣传味过浓等问题，不但会影响新闻网站的点击率，甚至会影响我国的国家形象。

新闻网站报道方式要尽量借鉴对外报道中的成功经验。因此有人提出媒体网站要从宣传主导型转向报道主导型，要减少宣传味，增加新闻性和信息

---

① 童兵等著：《新闻传播学原理》，第12页，中央广播电视大学出版社，1999年5月版。

量。

新闻媒介遵循的宣传方式如以正面宣传为主、典型宣传等是我国新闻宣传工作多年的宝贵经验，但在运用中要注意对象和时机，否则会引起负面效果。对于重大敏感问题应力争以第一时间详细报道。

5. 提倡客观平衡的报道手法。有人这样描述网民在网络上的阅读状态①："他们会先阅读传统媒介网站的新闻，因为不用如翻报纸般要掀来掀去，所以阅完一则之后能速速跳到第二个网站同一则的新闻，比较后要和新闻组或其他 forum 的对比，甚至发表意见继续辩证。网民们的意见不再被传统媒介主导，而传媒提供的只是一个题目和事件发生的片面情况。假如要了解整个情况，便必须真的把所有的消息来源阅一遍，才可以有比较明确的轮廓。"虽然这种说法还需要学术研究的确认，也不论网民是否"必须真的把所有的消息来源阅一遍"，但至少提醒我们一个重要问题：互联网使网民可以很容易看到关于同一新闻的所有媒介的报道和各种"小道消息"（通过论坛或个人网站等途径）。

这就要求新闻的报道一定要避免片面性、主观性，尽量运用客观报道手法，维护新闻媒介的权威性、可信性。

第三节　修改稿件

一、修改稿件常用方法

修改稿件是选择稿件的继续，即对每篇经过选择的新闻原稿进行加工处理，使之能够体现编辑方针、服务网络用户、适合网页组织要求。传统媒体新闻稿件修改包括推敲主题、矫正差错、修改辞章，这些要求同样适用于网络媒体：

1. 矫正差错。首先要消除稿件中思想政治方面的差错：稿件中是否有违反、模糊、歪曲党和国家路线、方针、政策的内容，是否有涉及党和国家机密的内容。

2. 推敲主题。主题是记者在稿件中要说明和表达的主要问题。编辑要

---

① 利国栋：《传统媒体不足　万维网发挥效应》，《传媒透视》电子版，2000 年 5 期。

对事实进行深入分析，提炼出鲜明、深刻、集中的主题，在此基础上确定报道角度、选择材料。

3. 辞章修饰。常用的方法有：矫正、压缩、增补、改写。

二、网络新闻写稿、改稿应注意的问题

1. 注明消息来源。各类网站中登载的新闻注明消息来源，表明这篇报道是摘自哪个媒体、作者是谁。这是对稿件作者及其所在的媒体的知识产权的尊重，也是向网络用户表明谁该为这篇报道的真实准确性负责。因此消息来源标明得越详细越好。现在新闻网站有一种现象，明明是改编其他媒体的报道，仅在正文中简单提及：据某某报报道，标题下却署上本网站编辑的名字。这是不符合新闻报道要求的。尤其是非新闻类综合站点更要注意这一问题，《互联网站从事登载新闻业务管理暂行规定》要求：综合性非新闻单位网站登载中央新闻单位、中央国家机关各部门新闻单位以及省、自治区、直辖市直属新闻单位发布的新闻，应当注明新闻来源和日期。

新闻网站标明新闻来源常用以下两种方式：一是如图 3－5 搜狐新闻，在新闻标题后面标注来源，正文中不再提及，这种方式有助于网络用户根据消息来源判断消息的真实性和重要性，帮助作出“阅读”选择；一是如图 3－6《北京日报》新闻，在新闻报道正文前面或者后面标注来源。

2. 动态新闻应尽量简短。现代新闻报道中，消息尤其是动态消息节奏越来越快，篇幅越来越短，网络动态新闻尤其要求篇幅短小。由于网络阅读注意力比较集中，容易造成视觉疲劳等原因，网络用户在新闻区域停留的时间不长，有调查表明网络用户在新闻区停留的时间只有 10 分钟。① 为了在最短的时间内获得尽可能多的信息，网络用户喜欢阅读大量短消息。斯坦福大学的调查表明：简讯被点击的数量是长文章的 3 倍。② 因此有专家建议：消息长度不应超过一屏。③

从图 3－7 中可看出，不超过一屏的新闻字数应在 300 字以内。通常报纸动态新闻是 300—500 字左右，广播新闻长度是 1 分 30 秒左右（约 400 字

---

① 许榕生主编：《网络媒体》，五洲传播出版社 1999 年 11 月版。

② http：//www. poynter. com. cn。

③ Jerry Lanson，＜news in new century＞，1999 年 10 月。

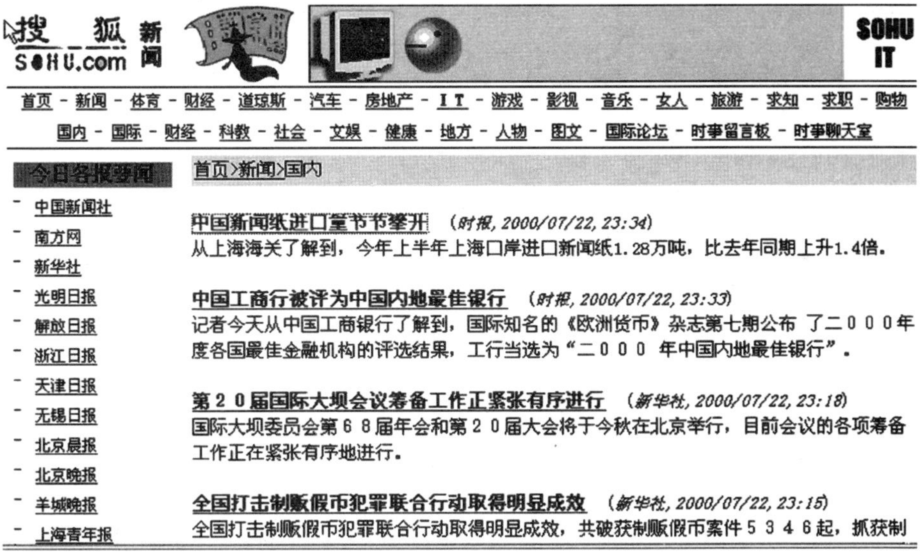

搜狐新闻 SOHU.com SOHU IT

首页 - 新闻 - 体育 - 财经 - 道琼斯 - 汽车 - 房地产 - I T - 游戏 - 影视 - 音乐 - 女人 - 旅游 - 求知 - 求职 - 购物

国内 - 国际 - 财经 - 科教 - 社会 - 文娱 - 健康 - 地方 - 人物 - 图文 - 国际论坛 - 时事留言板 - 时事聊天室

今日各报要闻

- 中国新闻社
- 南方网
- 新华社
- 光明日报
- 解放日报
- 浙江日报
- 天津日报
- 无锡日报
- 北京晨报
- 北京晚报
- 羊城晚报
- 上海青年报

首页>新闻>国内

中国新闻纸进口量节节攀升 （时报，2000/07/22，23:34）
从上海海关了解到，今年上半年上海口岸进口新闻纸1.28万吨，比去年同期上升1.4倍。

中国工商行被评为中国内地最佳银行 （时报，2000/07/22，23:33）
记者今天从中国工商银行了解到，国际知名的《欧洲货币》杂志第七期公布 了二０００年度各国最佳金融机构的评选结果，工行当选为“二０００ 年中国内地最佳银行”。

第２０届国际大坝会议筹备工作正紧张有序进行 （新华社，2000/07/22，23:18）
国际大坝委员会第６８届年会和第２０届大会将于今秋在北京举行，目前会议的各项筹备工作正在紧张有序地进行。

全国打击制贩假币犯罪联合行动取得明显成效 （新华社，2000/07/22，23:15）
全国打击制贩假币犯罪联合行动取得明显成效，共破获制贩假币案件５３４６起，抓获制

图 3－5

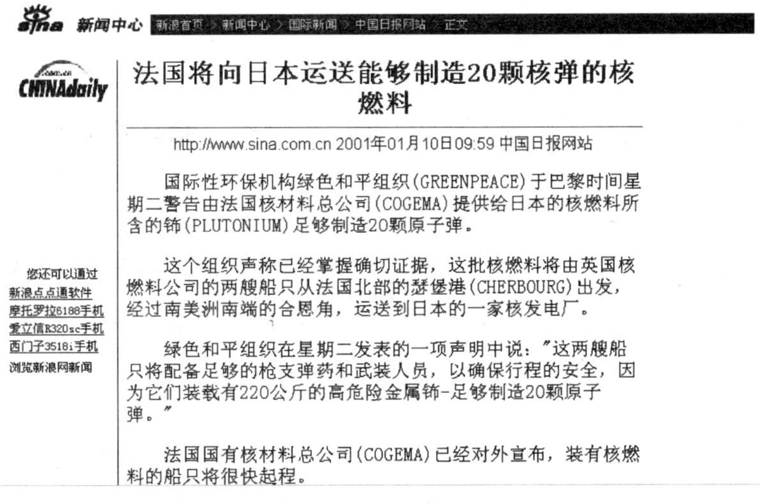

sina 新闻中心 新浪首页 > 新闻中心 > 国际新闻 > 中国日报网站 > 正文

CHINAdaily

法国将向日本运送能够制造20颗核弹的核燃料

http://www.sina.com.cn 2001年01月10日09:59 中国日报网站

国际性环保机构绿色和平组织(GREENPEACE)于巴黎时间星期二警告由法国核材料总公司(COGEMA)提供给日本的核燃料所含的钚(PLUTONIUM)足够制造20颗原子弹。

这个组织声称已经掌握确切证据，这批核燃料将由英国核燃料公司的两艘船只从法国北部的瑟堡港(CHERBOURG)出发，经过南美洲南端的合恩角，运送到日本的一家核发电厂。

绿色和平组织在星期二发表的一项声明中说：”这两艘船只将配备足够的枪支弹药和武装人员，以确保行程的安全，因为它们装载有220公斤的高危险金属钚-足够制造20颗原子弹。”

法国国有核材料总公司(COGEMA)已经对外宣布，装有核燃料的船只将很快起程。

您还可以通过
新浪点点通软件
摩托罗拉6188手机
爱立信R320sc手机
西门子3518i手机
浏览新浪网新闻

图 3－6

以内）。看来网络动态新闻对字数的限制更为严格。

编辑在删改动态消息时要注意：一条消息应只有一个主题，包含一个核心信息；选材要围绕主题，以一当十；文字简练。一则简练的动态新闻应该是这样的：“文中没有多余的段，段中没有多余的句，句中没有多余的字，正如机器中没有多余的零件，画中没有多余的笔墨。这不是要求作者把每一

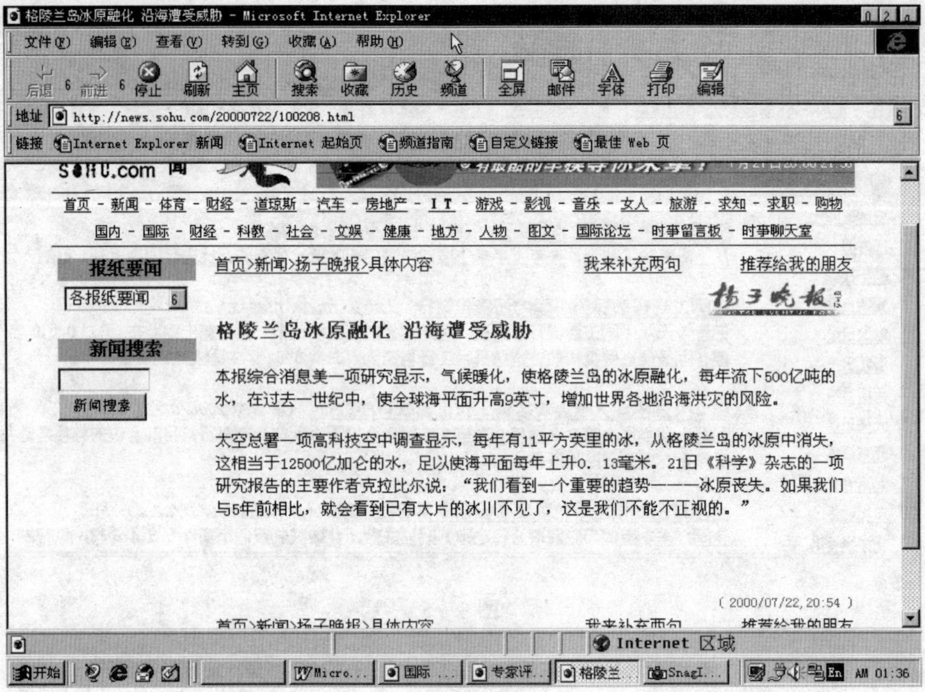

图 3－7

句话都写得很短，或者只是概述主题而不描写细节，而是要求所写的每个字都有实实在在的含义。"①

3．对于一段时期的热点、难点问题应有相应的深度报道。深度报道起源于 20 世纪 30 年代西方的解释性报道。解释性报道的产生有其深刻的社会背景：一战后国际政治复杂多变，经济危机席卷整个资本主义社会。当时的受众不但要知道正在发生什么事，更迫切地想知道"为什么"和"怎么样"。通过大量的背景材料解释新闻事件的前因后果、来龙去脉，进而揭示出新闻事件未来的发展方向的解释性报道应运而生。因此有专家将解释性报道定义为：将今天的事情置于昨天的背景下以揭示出它对于明天的含义。随着社会生活越来越复杂多变，受众对于新闻报道的深度要求也越来越高，解释性报道的内涵和外延也逐渐扩大。我们把"能够完整反映重要新闻事件和社会问题、追踪其来龙去脉、揭示其实质意义的一种高层次的报道方式"② 通称为

① 多萝西·鲍尔斯：《现代媒体编辑技巧》，新华出版社 1999 年 1 月第 1 版。
② 周胜林：《高级新闻写作》第 80 页，复旦大学出版社，1997 年 10 月第 3 版。

深度报道（In depth report）。狭义的深度报道与解释性报道相似；从广义的角度理解，深度报道有集合式深度报道的含义，即将多篇报道集合在一起以增加报道的力度和深度。如连续报道、系列报道、组合报道等等。

新闻网站的报道是否应该包含深度报道？答案是不言而喻的。因为一是网络新闻用户对自己感兴趣的内容是有深入阅读的愿望的（参见第二节网络新闻编辑方针）。二是，正像有关学者指出的，网络新闻不存在独家之说，只存在一个时间差，时间差也很短，所以要拚同一个主题的深度。佛罗里达大学网络新闻学首席教授 Mindy McAdams 说："我认为人们必须在每 15 分钟更新一次的新闻和他们真正感兴趣的事情之间进行选择。"① 什么样的深度报道是网络新闻用户需要的呢？显然不是现在一些新闻网站上以报道组合的形式堆积起来的所谓"新闻专题"。如某网站关于民航机票打折的专题：

民航机票打折

* 这里的机票怎么如此优惠（2000/06/23 11：46）
* 七月一日起师生乘坐民航机票打折（2000/06/20 09：06）
* 四家航空公司违规打折受处罚（2000/06/16 14：19）
* 民航透露航线联营政策将会长期继续（2000/06/16 10：27）
* 深圳街头一片打折机票叫卖声（2000/06/09 13：52）
* 深圳机票随街叫卖 票价一律九折（2000/06/07 04：53）
* 深圳打折机票随街叫卖 票面一律九折（2000/06/06 17：28）
* 民航华东管理局打出规范票价与航线联营两张"牌"（2000/06/05 14：46）
* 组建国内最大支线机队"海航"欲引发"航线战"（2000/06/05 05：12）
* 民航酝酿新举措：70 座以下支线飞机可自主定价（2000/06/04 09：37）
* "七一"后成都各航空公司机票统一（2000/06/02 10：07）
* 机票打折有望"扩军"（2000/05/31 05：16）
* 分析：民航联营带来了什么（2000/05/28 10：57）

① Jerry Lanson，<newspaper should set web standards>，OJR。

* 美国一公司欲推月球旅行 千人订购航天飞机票（2000/05/25 14：29）

* 中国民航航线联营初见成效（2000/05/23 17：14）

* 中国空军将把26条航路移交民航管制（2000/05/23 09：45）

* 机票打折三天客座率无明显变化（2000/05/18 16：00）

* 据传国内民航票价将在6—7月间整体下调20%（2000/05/17 11：43）

* 有关人士认为民航票价打折暂时不会向全国推广（2000/05/17 11：04）

* 淡季机票打折 南京是否在列?（2000/05/16 15：52）

* 微软官司与民航“联营”（2000/05/16 10：08）

* 机票打折面向团队 散客难买打折票（2000/05/16 03：41）

* 机票“禁折令”松动反应平静（2000/05/15 17：16）

*“五一”节期间民航航班平均客座率达七成多（2000/05/08 22：29）

* 有机票上不了飞机 一对新人从青岛打的回合肥（2000/05/08 13：49）

* 航班延误：民航旅客都有一肚苦水（2000/05/04 15：06）

* 五一假日旅游太热 铁路民航出现票荒（2000/05/02 11：45）

* 空军向湖北民航移交五条航路（2000/04/30 14：52）

*“五一”机票打折没戏（2000/04/29 05：16）

* 民航禁折铁路窃喜 广州火车旅游热过飞机（2000/04/28 10：07）

* 民航部分国内航线票价将适当降低（2000/04/26 02：34）

* 机票价格大幅上涨 广东人还是飞出去过节（2000/04/24 16：42）

* 成都未受机票价格影响 五一出游挤爆航班（2000/04/24 10：03）

* 经济学家胡鞍纲称机票高价无异“自杀”（2000/04/18 16：44）

* 中国民航将废止手写机票（2000/04/14 21：22）

* 机票不打折 成都旅行社纷纷弃飞就陆（2000/04/13 10：12）

* 济南至烟台机票大降470元调至180元（2000/04/07 20：35）

* 分析：机票打折该不该禁（2000/04/05 19：31）

* 机票打折相互观望 航线联营蓉城按兵不动（2000/04/02 15：35）

* 机票禁折令面临挑战（2000/03/30 07：14）

* 民航人士："三折机票"其实很平常（2000/03/28 11：42）

* 成都机票打折事件续闻：西南航称自己是大赢家（2000/03/27 10：06）

* 三折机票惊爆蓉城 西南航今日"洗冤"（2000/03/26 17：35）

* 三折机票掀起恶性竞争浪潮（2000/03/26 15：24）

* 成都机票代理三折出售引发大地震（2000/03/25 21：45）

* 广州机票重刮打折风（2000/03/20 10：50）

* 成都仍有人违令卖机票"跳楼"价（2000/03/13 11：06）

*"机票不准打折"政策事实上在广州已瓦解（2000/02/22 17：46）

* 民航、专家、乘客、外国公司谈中国机票价格（2000/01/28 11：07）

* 天津春运东南西南机票最紧（2000/01/28 10：48）

* 机票难搞"假日旅游"正成气候（2000/01/26 01：22）

* 民航总局强调严禁卖机票随意打折（2000/01/23 16：34）

* 春节出国游"走后门"都弄不到机票（2000/01/11 15：53）

* 烟台规定出国机票统一购买（2000/01/11 04：00）

* 春运期间火车票上浮飞机票优惠（2000/01/09 17：23）

* 民航总局：师生机票优惠 散客仍不打折（2000/01/09 13：09）

* 民航总局重申机票不打折（2000/01/08 15：06）

* 中国民航网上订购飞机票系统开发成功（2000/01/07 10：01）

这58篇报道是该网站2000年1月7日至6月23日与民航机票有关的全部报道，按时间顺序排列，稿件间没有逻辑联系。这样的专题不能看作深度报道中的组合报道。组合报道是编者围绕同一主题，将不同时间、单位和不同内容的新闻编排在一起，使受众通过事实间的联系、对比，得到启示，对新闻事件有更深刻、更全面的了解。而这种堆积新闻的方式只能造成信息泛滥，带来负效果。

新闻网站的深度报道应把注意力集中在对关系群众切身利益的社会热点问题、重大事件的大量素材的深度加工、思辨性分析预测上，这才是网络用户真正需要的。正如尼葛洛庞帝所说，未来社会需要的是"关于信息的信息"，是精加工的信息产品，而不是浅层次的素材堆砌。

4．处理长消息和专稿的三种方法。非事件消息和线索较多的事件消息以及专稿往往篇幅较长，不符合网络新闻用户"扫描式"阅读状态要求。编辑必须对这类稿件进一步加工。常见处理办法有三种：

一是在报道中增加小标题或关键词，使网络用户能迅速了解全文的主要内容、快速读完整篇报道，或者选择自己感兴趣的部分详细阅读。如：

“霸州枪杀案”追踪报道
新专案组推翻原调查组结论
霸州杜书贵终以故意杀人罪被起诉

本报讯（记者纪从周）震惊全国的“霸州枪杀案”引起社会各界的密切关注。昨天“霸州枪杀案”的新专案组本着“从严从重从快”的上级指示精神，对犯罪嫌疑人杜书贵开枪杀人一案调查核实后，已由河北省廊坊市人民检察院分别以“故意杀人罪”、“包庇罪”，对杜书贵、童建华、杜辉等3人向廊坊中级法院提起公诉。

自本月13日开始，本报连续跟踪报道，此案终于开始明朗。现在，让我们回眸一下“霸州枪杀案”的波澜起伏。

廊坊市检察院对杜书贵一家三口提起公诉

昨天，经河北省廊坊市检察院依法审查表明，6月4日上午，杜书贵和其妻童建华，乘坐其子杜辉驾驶的红色华丽牌面包车从霸州市区出发前往霸州市信安镇办私事。8时30分许，该车在上国道并线过程中，与在国道上自西向东正常行驶的霸州市供电局电力工程车险些发生剐蹭。杜书贵、童建华、杜辉不满工程车不减速为其让路，驱车超越电力工程车并将车强行斜插在电力工程车左前方，迫使电力工程车停下，童建华、杜辉、杜书贵先后下车。童建华、杜辉上前辱骂电力工程车司机牛亚军及同车的供电局职工穆涛、王涛、郭润良、田军良、阎刚、李焕厅等人，进而进行厮打。杜书贵亦上前，穆涛见状，拦住杜书贵，劝他别生气，杜书贵推开穆涛，边辱骂边掏出随身携带的六四式手枪，将子弹上膛，朝距自己两米左右的牛亚军开枪，子弹击中牛亚军头部，致其颅脑损伤死亡。

枪击后，杜书贵不顾现场人员的阻拦，驾车带童建华、杜辉强行离开现场。在途中三人订立攻守同盟，密谋编造了对方夺枪引起击发的虚假事实，并制造抢枪的痕迹假象。之后杜书贵驾车到霸州市公安局，按事先编造的假事实投案。

廊坊市检察院认为,杜书贵和他妻子、儿子的上述犯罪事实清楚,证据确实、充分,足以认定。由此,向廊坊市中级人民法院提起公诉,请依法严惩。

据悉,昨天上午,河北省委政法委召开案件通报会,通报了杜书贵枪杀无辜群众的案件的查处情况。同时,廊坊市、霸州市两级纪检监察部门,对负有领导责任的霸州市公安局局长、政委,对负有分管领导责任的康仙庄派出所所长、指导员,正在按照有关规定和程序追究责任。

据悉,廊坊市中级法院将于近日开庭审理杜书贵故意杀人一案,北京市金石律师事务所高燕昌律师将作为原告代理人出庭。

市委书记曾如是说

6月15日早晨,本报记者及其他新闻单位闻讯赶赴霸州市。在记者们的强烈要求下,霸州市市委书记李士祥终于出面了。

面对本报记者和诸多中央新闻单位的记者,李士祥振振有词地如是说:"经初步调查,案件经过如下:2000年6月4日上午8时10分,杜书贵和其妻童建华乘坐由其子杜辉驾驶的个人红色华丽牌面包车去信安镇走亲。行至112国道霸州收费站西300米处,与同向行驶的市供电局工程车险些发生剐蹭。童建华和杜辉与工程车上的穆涛等人发生口角,进而厮打,杜用言语制止未果,情急之中拔出随身携带的六四式手枪,将子弹上膛欲鸣枪示警,慌乱举枪过程中枪支击发,子弹击中牛亚军头部致其死亡。8时30分,杜书贵携枪与童建华、杜辉开车到市公安局投案。"

新调查推翻原结论

霸州市委书记李士祥的答记者问,经本报及其他新闻媒介披露后,如石破天惊,在全国引起巨大反响。

那么真相到底是怎样呢?

当时案发现场除了杜书贵和他的妻子、儿子3人之外,还有受害人牛亚军单位的穆涛、王涛、郭润良、田军亮、阎刚、李焕厅等6人。穆涛等6人气愤地说,杜书贵就是故意开枪杀人!根本不是"鸣枪示警"。穆涛叙说了其中一个细节:当时他看见杜书贵从车的另一边绕过来,害怕出事儿,就赶紧迎上前说:"有什么事好商量,我们是供电局的。"没想到,杜书贵气汹汹地一把推开他说："我就不相信在霸州还有比我牛的！"话音未落，他就开枪了。牛亚军就是这样被他打死的。

李士祥宣读的专案组的调查结论，不但群众通不过，而且也被上级领导否认了。对这一起严重的刑事犯罪案件，河北省以及廊坊市公检法部门在河北省委政法委的组织下，很快成立了新的专案组，并撤销了原专案组及原专案组的调查结果。

这篇报道长达1500多字，开篇倒叙后按照霸州枪击案从发生到发现杜书贵开枪真相的时间顺序叙述。为了便于网络用户迅速掌握稿件重要内容，编辑加入了关键词：霸州杜书贵终以故意杀人罪被起诉；廊坊市检察院对杜书贵一家三口提起公诉；市委书记曾如是说；新调查推翻了原结论；那么真相到底是怎样呢？这些关键词作为文中小插题起到了提醒网络用户注意的作用，并且勾勒出了事件的大致轮廓。

下面这篇稿件通过使用小标题帮助用户阅读。

吴艳艳：我要上诉
游泳中心：证据确凿上诉无用

本报讯（记者　张健）因兴奋剂问题遭到处罚的吴艳艳在接到处罚后表示将就这一处罚上诉，但中国游泳中心官员认为，吴艳艳服用兴奋剂的证据确凿，即便上诉也没什么用。

7月17日在中国游泳协会公布了对游泳运动员吴艳艳及其教练吴纪才的处罚决定后，18日记者欲与吴艳艳取得联系，但一整天她的手机都没有打开，随后有消息说吴艳艳要上诉并要将中国游泳协会告上法庭，就此问题记者19日询问了游泳中心的有关官员。游泳中心官员兰京告诉记者：检测尿样A、B瓶都有问题，证据确凿，吴艳艳再怎样上诉也没用。

兰京说，吴艳艳的有关上诉材料游泳中心还没有接到。有关说法他们同大家一样也都是从网上看到的，但是处理结果已经出来了，就不会更改。当年上海的几名被禁赛的运动员也向国际泳联提出上诉，但都没有什么结果。至于有人说游泳中心对吴艳艳的处罚太重，兰京说，游泳中心处罚只是4年，并没有终身禁赛。而关于其他广西游泳运动员被遣回广西的原因，兰京解释说既然他们的教练吴纪才被处罚了，并且离开了国家游泳队，现在广西运动员没有了教练，当然只能回原队，传言她们也因被查出服禁药而被遣返，根本就是无稽之谈。

处罚吴艳艳的根据

吴艳艳在2000年6月举行的全国游泳冠军赛暨奥运会达标赛的兴奋剂检查中呈19－去甲雄酮阳性（大于5mg/ml）。根据《国际业余游泳联合会反兴奋剂检查规则》、国家体育总局令第一号及中国游泳协会反兴奋剂实施细则，中国游泳协会对此事进行了听证调查工作。根据调查结果，7月17日作出处罚决定：取消吴艳艳2000年全国游泳冠军赛暨奥运会达标赛比赛成绩，停赛4年并罚款8000元；吴艳艳的主管教练员吴纪才停赛1年并罚款4000元；对广西游泳协会进行警告和负担追加20例兴奋剂检查费用的处罚。而在处罚出台之前，吴艳艳和教练吴纪才已回广西，同时国家队中的两位广西籍队员覃彩妮和余睿也和他们一起回到广西。

看法

处罚出台后，国家游泳队主教练赵戈表示，此次对吴艳艳的处罚表明中国游泳协会的主管官员对于杜绝此类事件再次发生的态度非常明确。赵戈说："这一处罚肯定要产生一定影响，我们希望这种事情不要再发生在其他运动员身上，我们的态度很清楚，服用兴奋剂将受到严厉禁止。"一直紧盯着中国游泳队的澳大利亚游泳协会主席盖瑟克尔说，中国游泳协会将最有名的游泳运动员吴艳艳抓出是中国反兴奋剂的重大突破。

个人意见

据报道，吴艳艳在得知处罚结果后说"我是冤枉的，我根本没吃药"。她说："我拿了那么多世界冠军也是世界纪录保持者，我有什么必要在这么个比赛中吃药？我没有服药的动机，完全没道理。这是个很不公正的处罚。我明天就要见律师，以个人名义将中国游泳协会告上法庭。"

这篇报道通过小标题清晰标志出各部分的内容，符合网络新闻用户的阅读特点。

二是采用分层报道方式，给较长稿件写一个摘要，并加入链接；网络用户可以随时进入自己感兴趣的内容。如某网站关于河北省霸州枪击案的报道所做的新闻摘要：

6月4日，霸州市公安局康仙庄派出所副所长杜书贵一家三口驾车外出，在112国道霸州市境内与该市供电局职工牛亚军等人所驾电力工程车发生摩擦。杜书贵竟然开枪将对方的司机牛亚军当场打死，行为令人发指……

>>详情请进

“霸州枪杀案”被媒体曝光后，在全国激起了极大的民愤。在枪杀事件的背后是杜书贵一家三口长期横行乡里的累累罪行。人们不由要问：杜书贵，你为什么这么霸道？>>详情请进

6月30日晚8时左右，河北省廊坊市中级人民法院经过一天审理对此案作出判决：杜书贵被判死刑，剥夺政治权利终身，其妻其子也分别被判处有期徒刑。杀人凶手终于受到了法律的惩处。>>详情请进

三是提供简讯和详细报道两种形式，网络用户通过阅读简讯以决定是否继续阅读全文报道。第一级页面是标题或标题加摘要，网络用户如果感兴趣可以进入二级页面看到简单的报道，如果还想知道细节和详情继续点击，进入三级页面。如2000年7月11日《今日美国》关于克林顿的一则报道：

标题：克林顿面临取消律师资格的起诉

讨论：推荐克林顿取消律师资格

小石城——阿肯色州最高法院一个委员会周五起诉克林顿总统，要撤销他的律师执照。这是史无前例的对在任总统的起诉。该诉状控告克林顿“多种渎职行为”，要求法官确认，克林顿已经违反阿肯色州最高法院采用的职业行为规范。克林顿有30天的时间做出反应。法庭职业委员会5月19日投票通过，起诉克林顿在保拉·琼斯性骚扰案中的“严重不当行为”。委员会说，克林顿就他和白宫见习生莫尼卡·莱文斯基的关系所做的宣誓证词中，进行了错误引导。>>详细报道

全文报道如下：

小石城——州立最高法院委员会采取了一项史无前例的行动—严厉指控总统克林顿因不诚实和欺骗而不适合在法律界供职。

一个专门对在该州取得律师执照的律师听讼的职业行为委员会在周五宣布，因其在保拉·琼斯性骚扰案的宣证词中就其与前白宫见习生莫尼卡·莱文斯基的关系给出误导性回答，克林顿不再适合执法。

该委员会在其厚达五页的指控书中说：“克林顿先生的行为旨在保护自己免受尴尬。”

总统有30天时间做出反应。这个案件在其1月离开白宫前不会见分晓。克林顿的律师周五表示他将对这些指控进行反击。

白宫官员大卫·坎戴尔在声明中指出：“我们对这一指控坚决反对。”

克林顿曾表示他不会以个人身份介入这个案子，他声明，委员会对他过于严厉，他决不肯失去他的执照。他在得知诉讼案后不久安排了一场晚间高尔夫球赛，以开始7月4日的国情假日活动。

5月22日委员会曾以缓和口吻宣布这个诉讼案，而此次周五的文件则严厉攻击克林顿，并声明克林顿的行为严重损害了法律界的同仁形象。

该小组指控总统有“严重不当行为”，并说明“不当”指“不诚实、欺骗和与事实不符的陈述”。诉讼还说总统在琼斯一案中的行为“损害了法律业，并表明他不具备拥有执法执照的资格”。

讼案附件中包括了几十页的法庭证据，其中有琼斯一案中克林顿宣誓证词中的一部分。最初制定的法官约翰·沃德立即被否决。而周五法院休庭前尚无法决定替代人选。克林顿在阿肯色州任州长时，沃德出任民主党代表，克林顿于1989年指定沃德为法官。一旦法官确定，这一案件将进入常规的繁复的法律程序。可以预见这也将是使该州最紧张的案子。地区法院的任何决定都将被上诉到最高法院。

委员会提出的控诉原告是一位联邦法官和亚特兰大一家律师事务所——东南法律基金。“如果错误仅仅来自总统的误解或口误，而不是有意为之，则是另一回事，只会引起其强烈谴责。”亚特兰大方面的总裁麦克·克来温说。

联邦法官苏珊·韦伯怀特判定总统在1999年4月12日琼斯听政词中公然藐视法庭。周五她不在办公室，未对此事发表评论。

琼斯，原阿肯色州工人，在1994年控告克林顿，说他三年前在小石城一家旅馆非礼她。琼斯的律师把莱文斯基扯进来，以证明克林顿有不当性行为的倾向。该案后来由独立检察官斯塔尔受理，并引发了众议院对克林顿的弹劾，尽管他后来被参议院定为无罪。

1998年1月，克林顿在他的宣誓词中说：“我从未与莱文斯基有过性行为。”

8月7日，他对联邦大陪审团说，他与莱文斯基有过不正当关系，他仍说他与莱文斯基的关系不符合最初听证会上的性行为定义。

怀特判定克林顿公然藐视法庭罪，罚款9万美元。琼斯案以85万美元庭外和解，克林顿不必承担罪名。委员会说因为克林顿没有对藐视法庭的判决表示异议——他付清了罚款，既没有要求听证、也没有申诉——他们只好提出严厉的制裁。

克林顿自1973年9月7日成为合法律师，1977年至1979年任阿肯色州首席检察官，并曾在阿肯色大学法学院授课。自 80 年初担任州长后就没有再从事法律活动。

这是有史以来第一次对现任总统的诉讼。纽约市曾经吊销过尼克松的执照，但那是在 1974 年 8 月 9 日他因水门事件引咎辞职以后。

这篇报道的简讯只是讲清了新闻事实的基本五要素，在详细报道部分则为对这件事感兴趣的网络用户追述了新闻事件的前因后果，包括主要细节。

5. 不要有文中链接。文中链接会打乱网络用户的阅读思路，使文章支离破碎，不符合人们的思维和阅读习惯。而且通常新闻稿件中难懂的名词、术语、人名、地名的解释工作可由背景材料去完成。

6. 新闻报道相关链接的选择。新闻报道的相关链接应避免出现这样的问题：新闻网站提供的相关链接与新闻报道内容关联性不大，而且链接的相关报道多是自己网站的报道。如图 3－8。

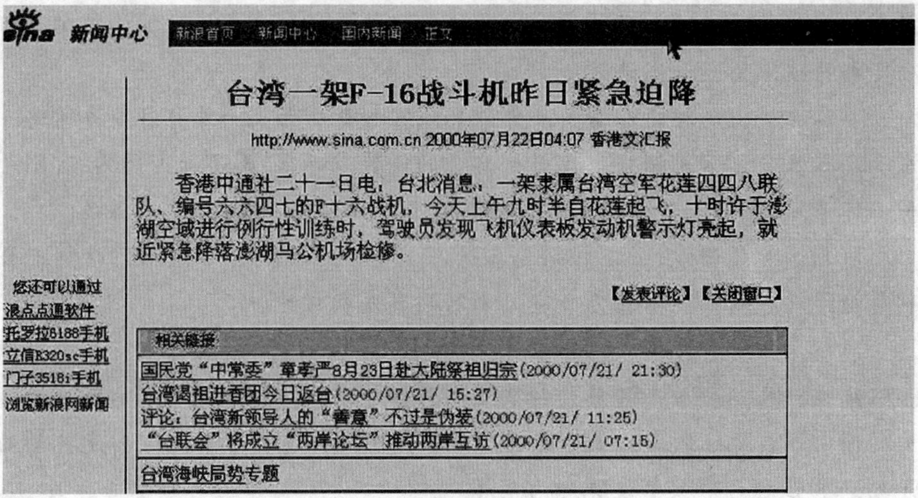

图 3－8

这则报道是关于一架台湾飞机紧急迫降的事件新闻，网站提供的相关链接却是关于两岸关系的大量报道。而且这四篇相关报道都是该网站的近日新闻。这类链接实际意义不大。

比较而言，雅虎的新闻链接方式值得推广。如图 3－9。

雅虎为这篇关于 8 国首脑会谈的报道提供的链接分别是关于此次高峰会的日程安排介绍、评论文章《联合国会免除穷国的债务吗》和分析文章《八国首脑会取得预期效果吗?》。这三篇文章是对八国首脑会谈报道的补充和深

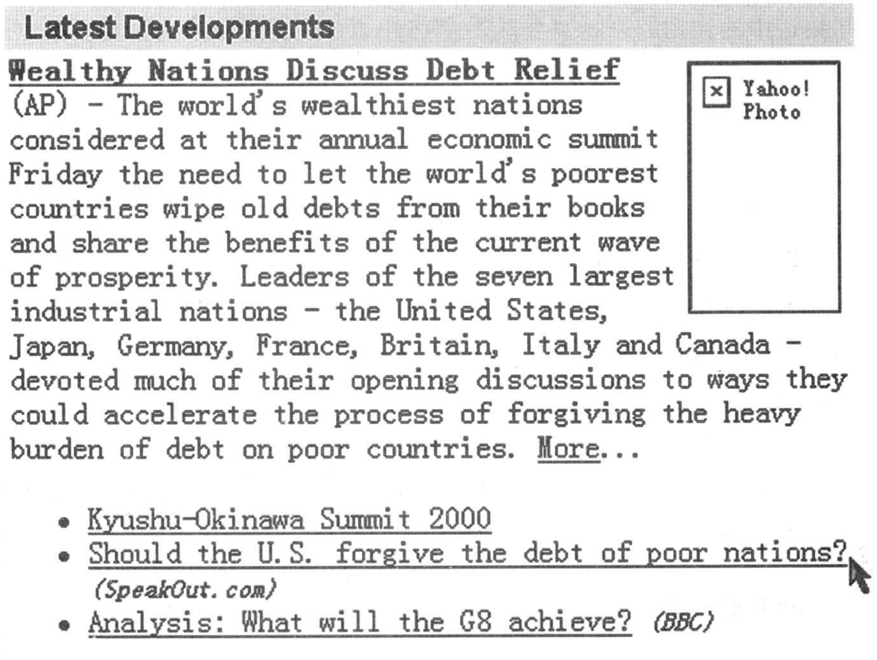
Latest Developments

Wealthy Nations Discuss Debt Relief

Yahoo! Photo

(AP) - The world's wealthiest nations considered at their annual economic summit Friday the need to let the world's poorest countries wipe old debts from their books and share the benefits of the current wave of prosperity. Leaders of the seven largest industrial nations - the United States, Japan, Germany, France, Britain, Italy and Canada - devoted much of their opening discussions to ways they could accelerate the process of forgiving the heavy burden of debt on poor countries. More...

- Kyushu-Okinawa Summit 2000
- Should the U.S. forgive the debt of poor nations? (SpeakOut.com)
- Analysis: What will the G8 achieve? (BBC)

图 3-9

化。而且这三篇报道来自不同国家的不同站点，其内容、观点都很有代表性。

7．适应多媒体报道要求。理论上说，同一题材的稿件在网络媒体中应有不同形式供用户选择：文字稿、录音报道、录像报道。现阶段由于带宽限制，很难也没必要做到每一个事件的报道都有这三种形式，可以根据事件特点有选择地使用一种或几种形式。如一则关于火灾的报道，可能文字部分是火灾损失情况介绍，旁边有火灾现场图片或者能够造成视觉冲击的一段电视图像，有关于今年火灾情况的图表可供选择，点击声音还可以听到现场采访相关人士的录音等等。当然如果某篇报道不具备多媒体特征，就没有必要做成包含音频、视频、图表、图片的报道，只需选择最适用的符号即可。

第四节 网络新闻标题的制作

新闻标题是在新闻之前对新闻内容加以概括或评介的简短的文字，常被称为新闻的“眼睛”。随着生活节奏加快、新闻信息量不断增加，新闻标题在新闻报道中的作用越来越重要。受众往往通过浏览标题来决定是否要读这则消息。1990年出版的波因特媒介研究所和盖洛普“追踪眼”研究所的一项联合调查证明了这一现象，参与调查的读者们读过56%的标题，相比之下，调查对象只读过25%的新闻报道正文。

在不同的新闻媒介中，新闻标题的基本作用是相同的，但由于报纸、广播、电视媒介各自信息传播形态和传播符号的不同，三大媒介新闻标题的制作各有其个性特点。报纸新闻强调主题、引题、副题的配合，并要起到美化版面的作用；广播新闻通常没有标题，即使有个提要也是在新闻节目的开头，离新闻的主体还有一段距离，因此广播新闻标题的任务通常由导语兼顾；电视新闻标题配合画面或者播音员的口播，讲求简洁明了、言简意赅。那么，网络新闻标题在完成新闻标题基本任务的前提下，必须符合网络媒介传播的特殊要求。

一、网络新闻标题特点

网络新闻标题与新闻正文处于不同的页面，当网络用户对某条消息感兴趣时，只有点击标题才能进入相应的新闻正文。相对于传统新闻标题，网络新闻标题有如下特点：

1. 网络新闻标题形态与纸质媒介不同。纸质新闻标题往往由主题、引题、副题组成，可以通过字号、颜色来吸引读者注意力。网络新闻标题通常是一行题，并且为了看起来整齐、清楚，各标题的字号、颜色基本相同。请比较下面图3－10和图3－11：

显然图3－11的标题看起来更清楚明了。

同传统新闻标题相比，网络新闻单行可容纳的字数相对长一些，大约20个字左右。传统新闻标题由于版面的限制，通常10个字左右，这就使得网络新闻单行标题可以传达出更多的新闻事实。但从总体上看，纸质媒介的复式标题传递的信息量更丰富。

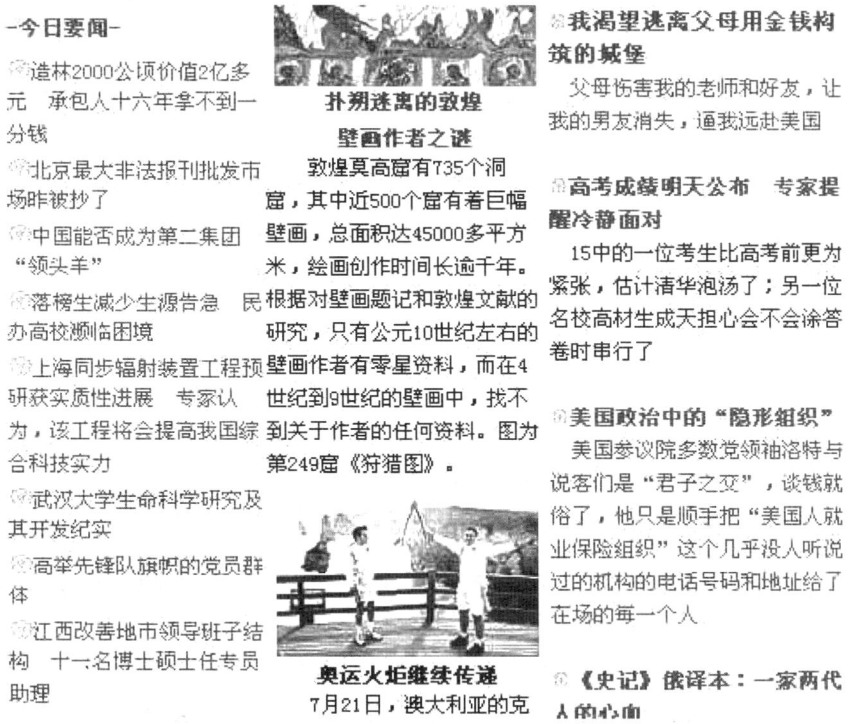

-今日要闻-

造林2000公顷价值2亿多元　承包人十六年拿不到一分钱

北京最大非法报刊批发市场昨被抄了

中国能否成为第二集团"领头羊"

落榜生减少生源告急　民办高校濒临困境

上海同步辐射装置工程预研获实质性进展　专家认为，该工程将会提高我国综合科技实力

武汉大学生命科学研究及其开发纪实

高举先锋队旗帜的党员群体

江西改善地市领导班子结构　十一名博士硕士任专员助理

扑朔迷离的敦煌壁画作者之谜

敦煌莫高窟有735个洞窟，其中近500个窟有着巨幅壁画，总面积达45000多平方米，绘画创作时间长逾千年。根据对壁画题记和敦煌文献的研究，只有公元10世纪左右的壁画作者有零星资料，而在4世纪到9世纪的壁画中，找不到关于作者的任何资料。图为第249窟《狩猎图》。

奥运火炬继续传递

7月21日，澳大利亚的克

我渴望逃离父母用金钱构筑的城堡

父母伤害我的老师和好友，让我的男友消失，逼我远赴美国

高考成绩明天公布　专家提醒冷静面对

15中的一位考生比高考前更为紧张，估计清华泡汤了；另一位名校高材生成天担心会不会涂答卷时串行了

美国政治中的"隐形组织"

美国参议院多数党领袖洛特与说客们是"君子之交"，谈钱就俗了，他只是顺手把"美国人就业保险组织"这个几乎没人听说过的机构的电话号码和地址给了在场的每一个人

《史记》俄译本：一家两代人的心血

图 3－10

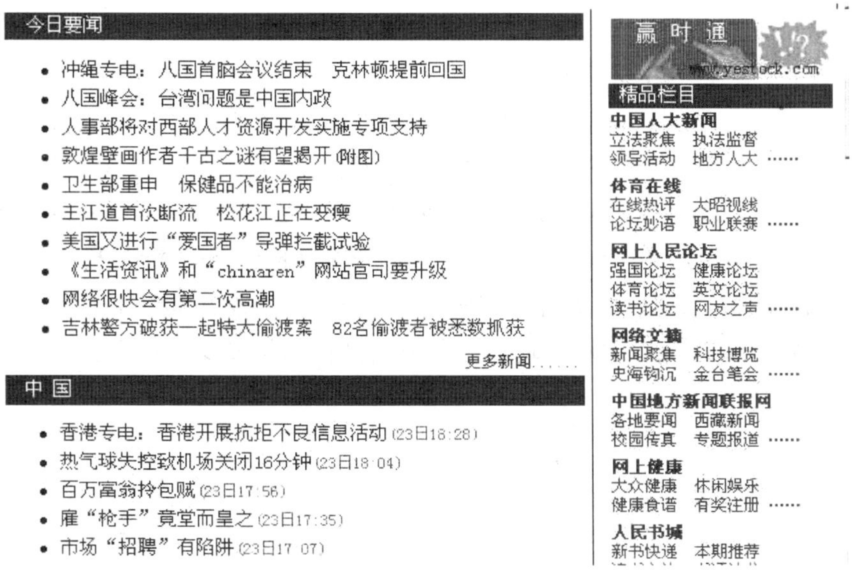

今日要闻

- 冲绳专电：八国首脑会议结束　克林顿提前回国
- 八国峰会：台湾问题是中国内政
- 人事部将对西部人才资源开发实施专项支持
- 敦煌壁画作者千古之谜有望揭开（附图）
- 卫生部重申　保健品不能治病
- 主江道首次断流　松花江正在变瘦
- 美国又进行"爱国者"导弹拦截试验
- 《生活资讯》和"chinaren"网站官司要升级
- 网络很快会有第二次高潮
- 吉林警方破获一起特大偷渡案　82名偷渡者被悉数抓获

更多新闻……

中　国

- 香港专电：香港开展抗拒不良信息活动（23日18:28）
- 热气球失控致机场关闭16分钟（23日18:04）
- 百万富翁拎包贼（23日17:56）
- 雇"枪手"竟堂而皇之（23日17:35）
- 市场"招聘"有陷阱（23日17:07）

赢时通　www.yestock.com

精品栏目

中国人大新闻
立法聚焦　执法监督
领导活动　地方人大……

体育在线
在线热评　大昭视线
论坛妙语　职业联赛……

网上人民论坛
强国论坛　健康论坛
体育论坛　英文论坛
读书论坛　网友之声……

网络文摘
新闻聚焦　科技博览
史海钩沉　金台笔会……

中国地方新闻联报网
各地要闻　西藏新闻
校园传真　专题报道……

网上健康
大众健康　休闲娱乐
健康食谱　有奖注册……

人民书城
新书快递　本期推荐

图 3－11

如同样是关于“21世纪论坛”开幕的报道，《人民日报》纸质版的标题是：

“21世纪论坛”2000年会议开幕
朱镕基出席并讲话　李瑞环主持
20多个国家的著名政治家和知名人士出席

《人民日报》网络版的标题是：

“21世纪论坛”2000年会议开幕

网络版的标题只是报道了主要事实；报纸标题不但说明了主要新闻事实，还通过对于参加论坛的政要的介绍向读者表明此次论坛的重要性，传达的信息更为丰富。

2. 网络新闻标题与正文处于不同的页面，标题在报道中的作用大大增强。

在纸质媒介中，读者往往通过新闻在版面的位置、标题的字号、字体和特殊的形式表达来判断其重要程度，通过标题和导语的内容了解新闻的主要内容，进而决定是否阅读全文。而在新闻网页中，各条新闻标题字体、颜色通常是一样的，而导语只能在二级页面中才能看到，传统媒介中版面位置、标题、导语三者的作用都要由标题完成。

3. 网络媒体用户阅读状态与传统媒体大不相同。受众在看电视、报纸新闻，听广播新闻时往往处于比较随意的状态，而网络用户在搜索新闻时需要集中精力判断是否阅读该新闻。网络新闻用户的这种阅读状态往往使他们缺乏耐心，其对新闻的点击率会大大少于其对传统媒介新闻报道的收听(看)的数量。如何让网络用户在最短时间内迅速理解新闻主要内容，并引起他们的阅读兴趣，对网络新闻标题制作提出了更高要求。

二、网络新闻标题的作用

报纸新闻标题的作用是揭示新闻内容、评价新闻内容、吸引读者阅读、美化版面并构建报纸风格、表现编排意图。网络新闻标题自身特点决定了其主要起到以下四种作用：

1. 揭示新闻内容。新闻标题要用最简练的文字概括出新闻最重要的、最有吸引力的内容。网民在标题的帮助下迅速判断自己是否需要阅读该标题，起到导读作用，这是网络新闻标题最主要的作用。

2. 评价新闻内容。标题还可以评价新闻内容，引导网民更准确地把握新闻的意义。标题通常用以下两种方法表明态度：一是通过对新闻事实的选择、措辞来不动声色地评论事实；二是直接评价新闻事实。

3. 吸引网民阅读。标题制作中注意突出报道中较具反常性、显著性、趣味性的内容，用词尽可能生动、活泼以吸引网民的注意力。

4. 说明新闻报道形态。网络新闻报道可以以各种形式出现，文本形式、录音新闻、图片新闻、图表新闻、录像新闻。如果一则报道中包含图片或者其他非文本形式内容，应当在标题中表明。

三、网络新闻标题常见形态

1. 一句话标题。国内新闻网站多采用这种标题，即用一句话概括出报道的主要内容。受众如果感兴趣就可以点击进入这条新闻的详细报道页面。如：

《人民日报》社论：开创思想政治工作的新局面

新修订的《中华人民共和国会计法》今天起施行

朱镕基总理与施罗德总理会谈（附图）

聚焦德国汉诺威

走出禁毒误区——56名中国戒毒研究专家的呼吁

克林顿以电子方式签署电子签名法案

四川省政府就合江“6·22”特大事故提出要求

联合国维和士兵在塞拉利昂遭伏击

江门专电：目击江门爆炸现场

2. 首页新闻往往采用标题加摘要形式。一些新闻网站在新闻标题下面有简短的提要对标题进行补充说明。如：

金光集团先种树后造纸

国家开发行贷款11亿元支持造林

陕西省级机构将实施会计委派制

集中管理 统一开户 分审核算

雨过天晴又一程

——回归三周年的香港经济

人类基因研究——世界为你喝彩

解答“人是什么”，科学又迈出了一大步。对人类自身认识的深化，将为医学和生物制药等行业注入巨大能量，其潜在的商业价值正在催生一个个产业……

3. 以新闻提要代替标题。新闻提要是广播电视新闻节目对重点新闻的概括性介绍文字。如图 3－12。

上海在医疗机构药品采购中实行集中招标采购，三种大宗药品首期开标；
上海同步辐射装置工程预研工作取得实质性进展；
申城气温居高不下，昨天最高温度又达３８度，气象台人士说，下周酷暑当头；
上海口岸加大反偷渡力度，上半年查获偷渡案件２４５起，共４００百人；
上海市消防局采取措施，关闭全市所有烟花爆竹生产企业；
８００台只售１８８８元的金星２９英寸超平彩电在北京一抢而空，上海广电有关人士声明，此举纯属商家促销手段，金星不支持低价销售；
山东组建新山东大学；３７岁的展涛出任校长；
我兵器科学与技术博士后欧阳光耀攻克困扰国际火炮学术界近百年的世界性难题；
“九五”我国有四个核电站开工建设，并将于“十五”期间投入运营；
详细内容<<<

图 3－12

以上三种形式各有优缺点。第一种只列单行标题，大大增加了网页新闻尤其是首页新闻标题的数量。而标题出现在主页上的新闻，其被点击的机率大大高于二级、三级页面的内容。但是相应地单行标题对于标题制作的要求大大提高，处理不当会降低新闻吸引力。第二种形式使网络用户对重要新闻的详细内容有所了解，但是由于每条新闻所占用的空间较大，使首页或网页的新闻信息量大大减少；另一方面网络用户对于第二、第三页面大量的消息一无所知，往往不愿再浪费时间继续查找。第三种形式的优点是每条新闻的提要基本上都包括了新闻五要素，看过提要后基本上掌握了该报道的最重要信息。缺点是每条新闻的提要都较长，不利于节省空间；新闻主要内容已经出现在提要中，没有任何悬念，网络用户点击进入的可能性降低了。网络新闻编辑在应用中究竟应该采取哪种形式，应根据具体情况选择。

四、网络新闻标题制作注意事项

新闻标题不是对新闻内容的简单推介，而是对新闻报道中有新闻价值的内容的提炼和概括。编辑善于选择稿件内容制作适当的标题，可以体现出编辑的新闻业务水平，显现出编辑对于新闻事件内涵的把握程度。制作新闻标题的原则通常是：找出新闻中最新鲜、最重要、独具特色并能代表新闻事件本质意义的内容，并将其准确、简洁、生动地概括出来。在此基础上还有以下几个问题值得注意：

1. 多用实题。传统媒介的新闻标题内容可以直截了当、也可以比较含蓄；可以具体也可以相对模糊；可以是实题也可以是虚题。标题的结构可以是单一型也可以是复合型。网络新闻标题只能是实题，即清楚明了地概括出新闻事实，不能是务虚的感慨或空泛的议论，否则就会造成网民判断、选择新闻的困难。如下面几条标题：

1）流星般的速度

2）赤裸的真实：脱衣（附图）

3）家庭暴力　不容忽视的社会问题

4）聚焦德国汉诺威

看了这些标题网民很难明了这篇报道在讲什么，更不要说主要内容是什么了。如果这是一条报纸新闻标题，读者可以根据导语内容迅速了解“流星般的速度”是对时尚潮流变迁迅速的描述，知晓“赤裸的真实”到底是关于什么的报道。但是在新闻网站上，网民需要进入下一级页面才能知道这则报道的具体内容。这样的标题在网络上无法起到导读的作用。网络新闻标题越具体明确越好，一切模糊不清的内容都要去掉，否则不利于网民迅速判断新闻价值。如第三个标题“家庭暴力　不容忽视的社会问题”更像一篇专稿的标题，不适合新闻。第四个标题只说明了这篇报道与汉诺威有关，至于具体内容就不得而知了。

如何用最简洁的语言直接讲出最主要的新闻事实？这里提供几点思路供大家参考：

* 关注新闻五要素中的“何人”、“何事”。网络新闻多数是动态消息，时效性强、内容简短，新闻以“何事”为中心。制作标题时为避免

含混、冗长而去掉一切琐碎细节和附属事实，应紧紧围绕何人何事展开，通常交待清楚何人、何事即可。

* 多用名词、动词，少用形容词、副词。新闻报道讲求简洁明了、传真传神，标题制作亦如此。形容词和副词在说明事件的发展、变化、进程方面的作用不大，比较空泛、抽象，而动词善于描摹动态、表情达意，如用之于具体事实会使人印象更为深刻。
* 改编报纸标题时，注意分辨原报道中的主题、副题、引题作用。报纸新闻的复合型标题由虚题和实题共同组成，虚题依据实题而存在，实题依托虚题得到升华。通常，主题用来说明最主要的事实或观点，可以是实题也可以是虚题；引题在主题之上，主要从一个侧面对主题进行引导、说明、烘托或渲染；副题是置于主题之后的次要标题，字号最小，它主要起补充、注释作用。熟悉掌握主题、副题、引题在标题中的作用和任务，仔细分辨出哪个是实题、哪个是虚题，有助于网络新闻编辑制作新闻标题。
* 改编报纸新闻标题时，特别注意以下几种标题：(1) 为了减少标题字数，有的报纸新闻标题会去掉主语，在改写过程中要加上；(2) 对于使用修辞手法的标题如拟人式、对联式等，在改写中要注意不要造成歧义。

2. 增强标题吸引力。在清楚、明了的基础上，要注意尽可能增加标题的吸引力。除了从遣词、语法、修辞、风格等方面下功夫外，更重要的是善于处理好标题的虚实关系。标题完全是虚题，网民看不明白；标题过实、过细，又会使网民失去继续阅读的兴趣。如何做到既概括了消息的核心内容，又能调起网民的阅读兴趣，是标题制作中应当研究的问题。

3. 为了节省空间，网站首页新闻标题尽可能用简短的单行题，但二级、三级页面中的新闻标题可以更详细些，借鉴报纸新闻标题的特点制作复式标题或采用新闻加提要形式。三级页面的标题可以比二级页面更详细。这种标题节省首页空间又能够在二级页面中显示较详细的内容，缺点是如果要看消息正文还得继续点击，会使用户感到不便（见图 3-13)。

综上所述，网络新闻传播方兴未艾。网络技术的每一次进步都会直接影响到网络传播的内容和形式。随着互联网的逐渐普及，网络用户主体会逐渐改变，这将直接影响网络新闻内容定位；随着宽带实现，网络新闻传播形态

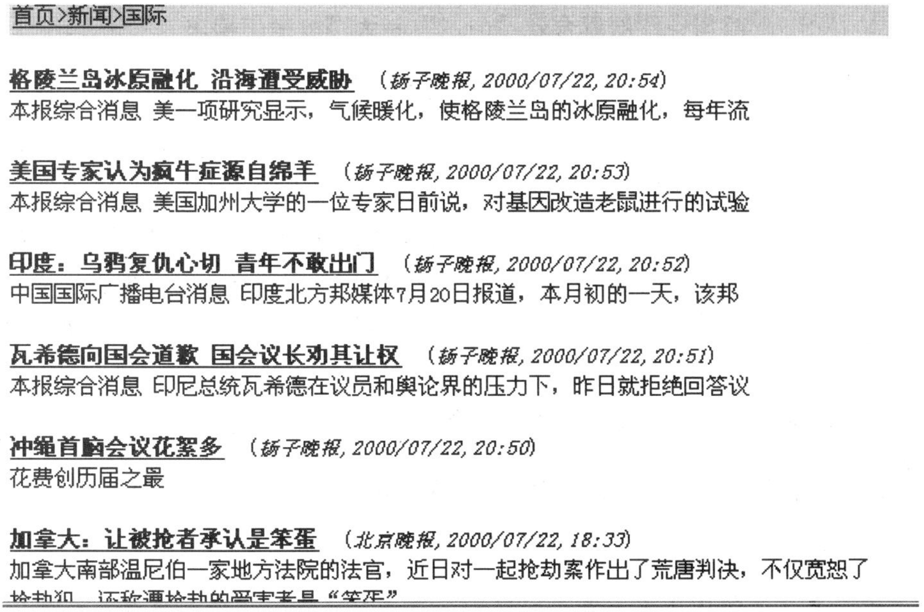
首页>新闻>国际

格陵兰岛冰原融化 沿海遭受威胁 （扬子晚报, 2000/07/22, 20:54）
本报综合消息 美一项研究显示，气候暖化，使格陵兰岛的冰原融化，每年流

美国专家认为疯牛症源自绵羊 （扬子晚报, 2000/07/22, 20:53）
本报综合消息 美国加州大学的一位专家日前说，对基因改造老鼠进行的试验

印度：乌鸦复仇心切 青年不敢出门 （扬子晚报, 2000/07/22, 20:52）
中国国际广播电台消息 印度北方邦媒体7月20日报道，本月初的一天，该邦

瓦希德向国会道歉 国会议长劝其让权 （扬子晚报, 2000/07/22, 20:51）
本报综合消息 印尼总统瓦希德在议员和舆论界的压力下，昨日就拒绝回答议

冲绳首脑会议花絮多 （扬子晚报, 2000/07/22, 20:50）
花费创历届之最

加拿大：让被抢者承认是笨蛋 （北京晚报, 2000/07/22, 18:33）
加拿大南部温尼伯一家地方法院的法官，近日对一起抢劫案作出了荒唐判决，不仅宽恕了
抢劫犯，还称遭抢劫的受害者是“笨蛋”

图 3－13

也许会发生惊人的变化。正如罗杰·菲德勒所说：“大众传播媒介始终充满不确定因素，其中变革则是惟一确定因素。”[①] 在变革的时代从事着需要不断变革的职业，新闻人必须更新媒介观念，跟上时代的步伐。

未来的新闻网站应该是什么样的？未来的网络新闻又会是怎样的形态？目前我们还无法明确地回答这个问题。但是毋庸置疑的是，网络新闻编辑研究必须立足于符合新闻传播的基本规律、基本原理，发扬网络媒体的优势，充分了解网络用户的需求这一基础之上。以最快的速度传递最新鲜、最重要的信息，永远是新闻报道的最高境界。

本章思考与练习：

1．选取某一新闻网站分析其编辑方针。

2．根据下面所给的材料，制作网络新闻标题。

---

① ［美］罗杰·菲德勒：《媒介形态变化》，华夏出版社 2000 年 1 月版。

四川省政府就合江“6·22”特大事故提出要求
依法做好事故调查和善后处理工作

6月30日，省政府召集省安办、省监察厅、省交通厅、省公安厅、泸州市政府有关领导，召开合江“6·22”特大事故调查领导小组会议。在听取事故调查、善后处理最新进展情况后，副省长王金祥代表省政府明确要求：对事故调查、理赔、处理、善后等一系列工作都必须按照国家、省里出台的有关法律法规进行，同时对事故原因分析、事故责任调查等都要做到实事求是，认真查处。

3. 改编下面所给的资料，使之符合网络新闻报道要求。

聚焦德国汉诺威

骆荣辉　才华煜

6月1日，德国历史上首次举办的世界博览会在汉诺威隆重开幕。德国总统约翰内斯·劳专程前往，为世博会剪彩。7月朱镕基总理出访西欧六国，将在德国汉诺威参观2000年世博会的盛况。

此次世博会为期5个月，共有173个国家和世界组织的众多企业参展，参展国家数量创历史纪录。世博会场地为长、宽各1．2公里的正方形，整个展区占地160公顷。分为26个展厅和50个具有参展国特色的展位。预计参观人数将达4000万，平均每天25万。

上个世纪，各国在举办世博会时，多把重点放在工业、文化、社会与生态等问题上。此次，德国人则希望有所突破。他们将此次世博会的主题定为“人类、自然与技术产生一个新的世界”，旨在向人们提供全球化与信息化的时代解决“文明社会的问题”的答案。用德国总统的话说，此次世博会为人们探求新世纪中的机遇提供了难能可贵的条件。

为了方便游客领略博览会全貌，德方举办者在整个展区内修建了号称欧洲之最的空中缆车。缆车离地30米，共有136个小车箱，每小时可运载12000名乘客。人们只要花上5马克，就可以将展区尽收眼底。

参展各国在展区设计上也颇费心机，他们的展厅多是用纸、木头和其他自然材料搭建而成，这本身就体现了现代无污染建筑技术的优势。西班牙的展厅虽然为钢制建材，但这些钢管既没有采用焊接，也不是铆合，而是一根根插接在一起。尼泊尔的展厅则是双寺庙式结构，一边为圆形的佛教、另一边为方形的印度教寺庙。更令人叹为观止的是，整个建筑在外观上精雕细琢，所有的花纹与图案是800个尼泊尔家庭花了4年的时间才完成的。

在参展各国中，最具特色的当属荷兰的展厅。该展厅为四层建筑，高40米，主题是“荷兰创造空间”。到这个展厅，人们须从上而下地参观，展厅的设置也有一种从海面步入水底的感觉。设计者的用心，就是让参观者了解生活在海平面下的荷兰人世代围海造田，向大海要土地的创造性精神。荷兰除了“风情多媒体介绍”和“花草园艺展”等，还展示了当今荷兰在公路、水运、通信方面的先进技术。荷兰的展厅被公认为设计水平最高、最能体现本次世博会主题的，是“吸引参观者的磁石”。本次世博会的重头戏是拥有5个展厅，占地10万平方米，比13个足球场还大的“主题园区”。“主题园区”的建造共花费3．5亿马克，其内容定位于1992年里约热内卢环保会议所制定的行动纲领。德国世博会主办者有意将主题园区建为“观察未来的望远镜”，让企业、科学家与非政府组织展示“未来可能出现的全球性问题及具体的解决方案”。主办者认为：“未来不是科幻小说，而是由人们将想法付诸实践后所创造的现实。”整个主题园区被分为“幻想之星”、“人类”、“环境”与“21世纪”等11个部分。在这里，人们可以在逼真的巨型人脑中漫步，还能欣赏倒挂于顶棚的天堂图景。在环保部分，荷兰的一家公司还推出了含硫和重金属成分水质的回收技术。世博会期间，德国人还将邀请全世界权威科学家与最具革新性的思想家在主题园区进行“全球对话”，给他们提供畅想未来的论坛，这也开创了世博会一个新的先例。

世博会首次在德国举行，规模创历史纪录。对此，德国人无不自豪。他们说：“世博会将整个世界浓缩到160公顷的土地上，人们在一天之内便可以从冰岛行至瓦努阿图，游历沙漠和森林，冰川与大海。”

为了扩大世博会的吸引力，增加其知名度，德国主办者还筹资1.07亿马克，在世博会期间举办各类文化活动，邀请世界各地的艺术家前来助兴。整个文化活动的主题定为“世界在此聚会”。据统计，世博会153天内共有1万多场文化活动，平均每天有70至80场音乐会、戏剧表演和体育赛事，有望成为新千年之际欧洲最大的文化节。6月14日至9月9日，还将举办世博会电影节，邀请众多好莱坞影星出席。为此，德国的主办者特意制作了一个长14米、宽32米，号称世界最大的活动荧幕。

自1851年首次世博会在英国举办以来，已经有13个国家举办了61次世博会。以往，举办世博会的城市往往要兴建某个能充分代表这一盛事的典型建筑，如法国巴黎的埃菲尔铁塔，比利时布鲁塞尔的原子球。事实证明，这些建筑物不仅可以增加历次世博会的名气，甚至还成为世博会举办地和举办国的象征，在人们的脑海中留下不可磨灭的印象。

此次，轮到德国举行新千年第一次世博会，汉诺威市和世博会举办者却没有推出什么具有代表性的建筑作品。究其原因，恐怕主要是出于财政上的考虑。汉诺威世博会的反对者认为，在信息化和全球化的今天，人类的最新文明成果可以通过网络等媒体进行传播，已没有必要再耗巨资举办专门的展览会了。对这种反对意见，举办者虽然不能认同，但在花钱上必然也会小心从事，以免落下“劳民伤财，华而不实”的话柄。

鲜为人知的是，如此盛大的世博会竟然是由一位63岁，已经成为祖母的布劳伊尔女士组织策划的。

世博会总干事长布劳伊尔女士1937年出生于汉堡市一个私人银行家家庭，曾在汉堡、牛津和日内瓦等地攻读政治学。她的职业生涯阅历丰富：曾在汉堡市任基民盟党团经济发言人；曾任职下萨克森州经济、财政部长；1990年出任托管局董事；1991年4月任托管局局长。

此次负责世博会的筹组工作，布劳伊尔女士全力以赴，每日早出晚归，第一个到办公室，工作至深夜。她说：我每天必须把办公桌上堆积如山的文件处理完。虽然是工作狂，但她对下属却很有人情味。她的办公室总是敞开着大门，“底下人”随时都能进来反映情况。年轻的工作人员称她甚至有一种“慈母的特征”。

布劳伊尔女士办公桌最下面的一个抽屉里放着一个小牌子，上面铭刻着：“我知道怎么不行。”在世博会筹组期间，每当同僚们在困难面前裹足不前时，布劳伊尔都会举起这块牌子，告诉他们：“我知道问题所在，我需要的不是无谓的讨论，而是答案与解决的办法。”

对一个年近七旬的妇女来说，事业达到顶峰也就意味着离功成身退不远了。对于退休后的生活，布劳伊尔早已做好了充分准备。她在汉堡市有一所漂亮的房子和一个花园，园艺工作让她痴迷。只要时间允许，她都会脱下鞋子，光着脚种花除草。她经常说“生活中再没有比用双手在土地上劳作更为美好的事情了”。相信布劳伊尔女士退休后的生活会充实而快乐。

中国的博览会事业刚刚起步，作为国际大都市的北京、上海、广州等地，都有很大的潜力和广阔的市场发展博览会经济。日前在北京举办的国际汽车展，每天吸引10万余参观者，就是一个成功的例证。有“博览会之城”美称的汉诺威、莱比锡、科隆等德国城市，积累了百余年举办博览会的经验，有相当完备的组织和策划系统。相信此次2000年世博会一定会为我国提供更多的借鉴和思路，成为朱总理出访中愉快的一站。

4．以下稿件是中央人民广播电台《新闻纵横》节目的广播稿，《北京晚报》网站改编了这篇稿件。请比较两篇稿件的异同，并指出改编稿的优缺点。

其一：《新闻纵横》节目稿

提要：各位听众，欢迎收听新闻纵横，我是记者某某某。今年1月19号，浙江省临安市林业局女工叶玲爱雇用四名打手将自己丈夫在家中杀害，而事情的起因是丈夫长期对她进行暴力殴打。叶玲爱被一审判处死刑。宣判的这天正是三八国际妇女节。今日观察请听中央台记者李宇飞、王权的报道：家庭暴力的悲剧。在权威论坛栏目中，我们请法律专家和您一起探讨家庭暴力问题。

正文：

(出录音 审判长宣布开庭)

6月26号，浙江省高级人民法院刑事审判庭。临安市女工叶玲爱雇人杀害丈夫章友谊一案，在这里进行二审。被告人叶玲爱，女，42岁，临安市林业局木材公司的职工。今年1月19号，叶玲爱雇用的两名打手按事先约定的计划来到她家中，藏在卧室里，伺机行凶。晚上11点，叶玲爱的丈夫章友谊回到家中。

(出音响 铁管落地声)

这是两根直径四厘米，长80厘米的铁管。拿在手里，很有些分量。当晚12点，夜深人静，两名打手抡起铁管，朝正在床上熟睡的章友谊头部猛击10多下，又用毛巾捂上章友谊的嘴，把他捆绑起来。这个时候，叶玲爱把客厅里的电视机调到最大音量，以免被人发觉。而后，两名打手收取了酬金，逃离现场。20号早晨，人们发现了死在床上的章友谊，和正准备上吊自杀的叶玲爱。

被害人章友谊，43岁，与叶玲爱结婚20年，也在临安市林业局工作，因工作成绩突出而被授予“全国优秀”的荣誉称号。在记者采访的过程中，几乎所有人都说章友谊工作踏实肯干、为人态度谦和，口碑很好。在为他送葬的那天，很多人自发地赶来，越聚越多，超过了一千人。那天，花圈挽联堆成了山。

3月8号，正当全世界妇女欢度这个属于她们自己节日的时候，叶玲爱，被杭州市中级人民法院以故意杀人罪一审判处死刑。

是什么原因，使一位妻子要雇人杀害自己结发20年的丈夫呢？在浙江省高院对这一案件进行二审期间，记者采访了叶玲爱。她显得很瘦弱，有些驼背，目光呆滞，说话声音很小。

(出录音 铁门碰撞)

叶爱玲：我丈夫打我，我的肾坏了，血液里有四个加号。

叶玲爱说她很后悔，她没想杀死丈夫，只想雇几个人教训他一顿。而教训丈夫的原因是章友谊经常在家里暴力殴打妻子。

章友谊、叶玲爱的女儿章莉，也在法庭上对父亲殴打母亲的情况作了证明。

(出录音)

章莉：我爸爸打我妈妈，把我妈妈的头往墙上撞，把我从睡梦中惊醒了。

在浙江省妇联，记者看到一封印满几百个手指印的来信，上面写着：我们这些了解叶玲爱家庭内幕的姐妹们，一致认为是因丈夫虐待而使她走上违法之路的。近年来，她们夫妻矛盾日益加深，章友谊经常对妻子拳打脚踢，叶玲爱多次被丈夫打伤。缺乏法律意识的叶玲爱被逼走上以违法手段反抗家庭暴力的道路。

种种证据表明，在单位人人交口称赞的章友谊，在家里的另一面却是残暴虐待妻子的丈夫。

叶玲爱、章友谊曾经有一个幸福的家庭。两人在1981年结为夫妻，一年后有了一个可爱的女儿。当时，章友谊还是一名看林员，在外地工作，他每周都会赶回临安家里，看望妻女，洗衣做饭，夫妻非常恩爱。叶玲爱无限怀念那段幸福的时光。回忆起来，她总对人说：那个时候，他是对我好的，他是对我好的。

后来章友谊调回临安工作，又过几年因为工作成绩突出当上了领导，事情开始有了变化。二人开始发生争吵，渐渐地争吵越来越多，章友谊开始殴打妻子，又发展成把打骂妻子当成家常便饭。

叶玲爱不堪忍受丈夫的虐待，曾经想到了死。

后来叶玲爱放弃了自杀的打算，她离不开这个生活了20年的家，更离不开自己的女儿。她决定要教训丈夫一顿，让他知道自己的利害。从1998年下半年开始，叶玲爱产生了雇人报复丈夫的想法。终于在1999年底，她联系到四个在临安打工的湖北籍民工，并商定酬金为3000元。

就在案发前一周，刘正梅医生见到了神情恍惚的叶玲爱，这时她已下定了报复丈夫的决心。

今年1月19号深夜，一名优秀的林业工作者被自己的妻子雇人杀害在家中，这位饱受丈夫殴打的妻子也面临走向刑场的厄运。由于叶玲爱雇凶杀夫一案，案情重大，一审判决后社会反响强烈，浙江省高级人民法院至今没有作出二审判决。庭审结束后，叶玲爱被压赴看守所。(出警车音响)

空荡荡的家里，只剩下女儿一个人。章莉，18岁，正是花季岁月，还在读高中二年级。再过两天就要考试了，而她一点看书的心思也没有。记者采访了章莉。她带着眼镜，很文弱的样子，总是低着头。采访过程中，她没有表现出悲伤的样子，甚至时常要露出一点笑的样子，但不难感受到她的脆弱和敏感。

章莉说曾劝过母亲找妇联、上法院，去控告丈夫对她的虐待，而叶玲爱却没有这样做。

记者在采访叶玲爱时，问她为什么不去法院告丈夫，她反复说：哪有老婆告老公的事呢？法律意识的淡薄可以说是导致悲剧的直接原因。更令人深思的是直到现在，叶玲爱仍然不知道该如何处理家庭暴力问题。(出录音)

记者：您现在知不知道怎么处理家庭暴力？

叶：我不知道，我只知道我自己错了。

各位听众，究竟该如何通过法律手段解决家庭暴力问题？怎样防范家庭暴力的发生？为什么近年来家庭暴力案件发生较多？稍后的权威论坛，我们请法律专家与您一起探讨。

其二：《北京晚报》网络版改编稿

《家庭暴力　不容忽视的社会问题》

本报讯　浙江省临安市发生一起因妻子不堪忍受丈夫的长期虐待而雇用杀手将丈夫杀死的恶性案件，在当地引起不小的反响。特别是浙江省高级人民法院于6月26日二审判决后，反响更加强烈，至今尚未做出最后判决。

据中央人民广播电台《新闻纵横》今晨报道，雇凶杀夫的叶玲爱，是临安市林业局木材公司的职工，42岁。今年1月19日案发当天，两名凶手按约定的计划先藏在叶的卧室里，晚11时，叶的丈夫章某回到家中。一个小时后，凶手抡起长80厘米、粗4厘米的铁管向正在熟睡的章某头部猛击10多下，又用毛巾捂住他的嘴，将他捆绑起来。此时，叶玲爱把客厅中的电视机音量调到最大，以免被别人发觉。而后，两名凶手收取酬金后逃离现场。次日，人们发现了已死的章某和正准备自杀的叶玲爱。

3月8日，叶玲爱被杭州市中级人民法院以故意杀人罪一审判处死刑。

被害人章某，今年43岁，也是临安市林业局的职工，曾被授予过全国优秀职工的荣誉称号，与叶玲爱结婚已经20年了。是什么原因促使妻子向结发20年的丈夫下如此毒手呢？在浙江省高级人民法院二审此案时，记者采访了叶玲爱，据叶的交待，她并未想杀死丈夫，只想雇人“教训”他一下。而“教训”的原因，是章某自1994年以来经常在家中以残暴的手段殴打妻子，竟将叶打得小便尿血。他们的女儿也在法庭上为此作证。叶和章共同的同学、临安市妇幼保健所的刘医生对叶遭章的毒打有很深的印象。

在浙江省妇联，记者看到一封印满几百个手印的群众来信，上面写着，我们这些了解叶玲爱家庭内幕的姐妹们一致认为，是丈夫虐待而使她走上违法之路。近年来，他们夫妻矛盾日益加深，章经常对妻子拳打脚踢，叶多次被打伤。缺乏法律意识的叶玲爱被逼上了以违法手段反抗家庭暴力的道路……

种种证据表明，在单位人人交口称赞的章某，在家庭的另一面却是个虐待狂。

1981年叶和章结婚时，两人感情很好，那时的章是护林员，每周都要从外地赶回来与妻子团聚。后来由于章的工作突出，被提拔为领导，情况就有了变化，两人开始争吵，吵来吵去，章便动手打，后来竟成了家常便饭。叶不堪如此虐待，曾经想到了死，而且照好了单人的标准相和婚纱照。后来她又放弃了自杀的打算，她离不开这个生活了20年的家，更离不开女儿。于是从1998年下半年开始，她决定要“教训”丈夫一顿，要他知道自己的厉害。终于在1998年年底，她找到两个湖北籍的打工者，商定酬金为3000元……

记者在采访中曾问过叶玲爱为何不到法院控告丈夫的虐待，叶居然说哪有老婆告老公的事？法律意识的淡薄是导致悲剧的直接原因，更令人深思的是，直到现在，叶玲爱仍然“不知道”该如何处理家庭暴力问题。

第四章　网站规划与网页内容编排

随着网络技术的成熟及人们对网络传播认识的不断深入，报刊、广播、电视、通讯社等传统媒体的网络版不断开发信息的广度和深度，“像 ICP (Internet Content Provider， Internet 内容提供商) 一样，成为一个综合性的信息服务者，并在此基础上发展商业、娱乐、网上社区等其他产业或者服务手段”①。新闻网站从创建到形成特色和规模，应当始终按照网络传播的自身规律去发展，从服务于国家信息化和社会信息化进程的需要出发去发展。不论是规划和建设一家独立的网站，还是设计网站的具体页面，探索规律，寻求创新，应当是新闻网站生存的必由之路。

第一节　基础知识

本节将从探索网络媒体的内在规律入手，分析互联网新闻信息服务的特点，讲解新闻网站的几种发展模式，并阐释本章涉及的基本技术术语。

一、ICP 新闻信息服务的特点

大多数 ICP 提供新闻信息服务；一些著名的门户站点（Portal Site），诸如新浪网（www. sina. com. cn）、搜狐（www. sohu. com）等开始全方位经营新闻信息服务。与传统新闻媒体的网络版相比较，ICP 新闻信息服务

① 彭兰：《网络报纸中编辑手段的运用》，http：//www. cjr. com. cn/personal/pl/01. htm。

具有以下特点[①]：

1）信息源丰富。ICP资金充足，有实力购买世界权威新闻机构的新闻资源，并对多家新闻媒体提供的信息进行组合。对于同一个新闻或同一专题的新闻，可以让读者看到来自不同角度的报道和分析，从而使读者在索取新闻时有一种“事半功倍”的感觉。

2）即时更新。一些商业ICP已经真正做到了“即时更新”，不管有无重大新闻出现，都在网站上实行即时新闻滚动。

3）注重新闻数据库的建设。ICP掌握先进的网络技术，具有完备的新闻数据库，方便网上读者对新闻的历史检索，使得新闻的时空维度得到极大程度的伸展，增加新闻报道深度，从而对读者形成新的吸引力。

4）注重用户需求。针对网络读者的特点和需要，经营各种为他们所喜闻乐见的信息服务。这些综合性信息服务与新闻信息实行“配送”，从而起到增大新闻传播影响力的作用。更重要的是在实施“配送”信息服务的过程中，建立起与网上读者的感情联系。

与此同时，从事网络新闻信息服务的社团、组织和个人日益增多，它们不求大而全，而是以特色取胜，从而在浩如烟海的网站中挣得一席之地。

二、新闻网站简析

网络新闻媒体正朝着实时性、资料性、多媒体化、交互化和对象分众化发展，未来网络新闻媒体可能存在以下几种模式[②]：

A. 门户型网站。它是用户进入Internet的第一个站点。它提供全面的信息导航和各项服务，同时又拥有自己独特的信息内容[③]。

B. 特色型网站。针对网络传播的“分众化”特性，为某一领域的人群提供个性化信息服务。

C. 点播型网站。主要由广播、电视等媒体经营，读者可以自由地选取点播音、视频信息。

D. 新闻型站点。以新闻发布为特色，每天24小时随时播发新闻。

---

① 高钢：《中国网络新闻传媒面对的竞争压力》，http://www.media-china.com/zynr/cmzt/mtwl/2000/fylw/hsgg03.htm，2000年6月。

② 刘学红：《到因特网上去冲浪——中国网上新闻媒体面面观》第18页，《新闻记者》。

③ 彭兰：《网络报纸中编辑手段的运用》，http://www.cjr.com.cn/personal/pl/01.htm。

针对我国网络新闻传播的现状，我们选取《人民日报》网络版（www. peopledaily. com. cn）、千龙新闻网（www. 21dnn. com）、新浪网（www. sina. com. cn）、浙江在线（www. zjonline. com. cn）、《华声报》电子版（www. hsm. com. cn）、中国新闻传播学评论（www. cjr. sina. com. cn）作为本章评讲的案例，分析新闻站点的网页设计和内容配置。

人民日报网络版，1997 年 1 月上网，2000 年 1 月最高访问量为 410 万 hits，56 万 pageviews。2000 年 8 月改名为人民网。它依托《人民日报》的权威性和强大的采编能力，是“了解中国发生的各种大事、洞察中国政局变化、了解中国政府在重大事件上的态度等方面一个十分有用的窗口”①。

千龙新闻网，2000 年 5 月 9 日开通，由北京日报、北京晚报、北京人民广播电台、北京电视台、北京有线广播电视台、北京青年报、北京晨报等九家新闻媒体共同创办的大型综合性网络新闻媒体，千龙新闻网新闻的品位概括为十个字：权威、即时、全面、互动、独家。②

北京新浪网，前身为四通利方中文网站“利方在线”（http：//www. srsnet. com），1996 年 4 月启动，1999 年 4 月改版。在中国互联网信息中心（CNNIC）2000 年 1 月的《中国 Internet 发展状况统计报告》中，新浪网名列“用户推荐的优秀网站”的首位。“为全球华人提供全功能的网上生活社区”是新浪网所确立的网站的方针。

《华声报》电子版，1997 年 5 月创办，是海外华人了解中国的窗口，为知名的中国新闻站点。它“面向全球华人，每天发布中国与世界重要新闻的网络新闻媒体，坚持‘把真实的中国报道给世界’的原则”③。

浙江在线，由《浙江日报》社主办，立足浙江地方新闻报道，提供地区信息服务，并向其他地区的人介绍浙江。立意于“新”（“新媒体观察”、“新经济观察”、“新美术观察”等），吸引先锋派读者。

中国新闻传播学评论，以新闻传播从业人员和研究者为对象，提供与之相关的媒体动态、前沿研究、学术论文等信息服务。

---

① 彭兰：《网络报纸中编辑手段的运用》，http：//www. cjr. com. cn/personal/pl/01. htm。

② http：//www. 21dnn. com/show/show. htm。

③ 高钢：《迎接新媒体挑战——华声报电子版网上运行的实践与思考》，'99 全国新闻媒体网络传播研讨会，1999 年 6 月。

三、相关概念

1．WWW

根据CNNIC第五次调查统计，截止到2000年12月31日，我国WWW站点数约为15153个；而CNNIC的第四次调查显示，截止到1999年6月30日，我国的WWW站点数大约只有9906个。WWW以超文本（Hypertext）方式进行信息的存储和传递，WWW文件采用超级文本格式，含有许多相关文件的接口，只要选中文件中的链接，便可以得到与之相关的信息，无论该信息是存储在本地机上还是在其他任何机器上。WWW不但提供文本信息和链接，而且还有图像、声音、视频等信息，是一个遍布全球的超媒体（Hypermedia）信息网。

2．超文本

超文本是一种信息管理技术，允许用户在浏览时从一段信息跳转到另一段相关的信息。在超文本文件中存在某些显示方式独特的文句，例如带下划线、加亮显示、粗体或者色彩特殊，表示该处内容存在链接，称为超文本链接（Hypertext Link），如图4－1所示，点击它们，便可获得相关的信息。

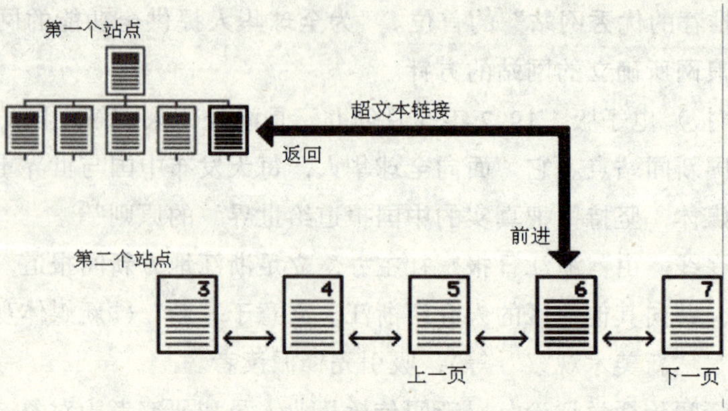

图4－1

超媒体是在超文本的基础上发展起来的。超媒体在以下两个方面强化了超文本的功能：

1）将多媒体信息结合到超文本中；

2）允许图像、声音、视频等元素亦作为指向其他文本或者多媒体信息的链接。

我们通常所说的网站或网页，由一个或多个超文本/超媒体组成。进入网站时，首先看到的那一页称首页或主页（HomePage）。网页的出色之处在于能够把超链接（Hyperlink）嵌入网页中，使用户能够从一个网页方便地跳转到另外一个相关的网页。

3. HTML

网页是 WWW 的基本文档，采用 HTML（Hypertext Markup Language 超文本标志语言）编写。HTML 是一种“标志”语言，通过＜＞之间的标志字符串来控制文本、图像等信息的显示方式及加在上面的动作。HTML 不是所见即所得（What you see is what you get，WYSIWYG）的文本标志语言，它只标记一个文档应该如何显示，格式代码的编译、页面的显示工作都留给了浏览器。所以，HTML 文档的显示外观与浏览器有关。

4. 客户机/服务器

WWW 系统采用客户机/服务器（Client/Server）模式，一般 Web 的客户程序为浏览器，如 IE、Netscape、Mosaic；服务器端程序称为 WWW 或者 HTTP 服务器；服务器与客户之间的数据传输及远程操作通过 HTTP（Hypertext Transfer Protocol，超文本传输协议）协议来完成。

5. 协议

协议（Protocol）是关于信息格式及信息交换规则的正式描述。在信息技术中，协议就是一些特殊的规则集合，它被通信的接收方和发送方共同认可，接收到的信息和发送的信息均按这种规则加以解释。在网络的各层中存在着许多协议，定义通过网络进行通信的规则。接收方、发送方同层的协议必须一致，否则一方将无法识别另一方发出的信息。在 Internet 上，协议统一了人们在网上的交流方式。

HTTP 协议是在 Internet 上传送超文本的传送协议。WWW 服务器除了包括 HTML 文件以外，还有一个 HTTP 驻留程序，用于响应用户请求。浏览器是 HTTP 客户，向服务器发送请求。当在浏览器中输入一个开始文件或点击某个超级链接时，浏览器向服务器发送 HTTP 请求，此请求被送往由 IP 地址指定的 URL。驻留程序接收到请求，完成必要的操作后，回送所请求的文件。

6. IP 地址和域名

Internet 上的每台计算机、每个用户都有一个惟一的地址以区别于 Internet 上的其他计算机和用户。它有两种形式：IP 地址格式和域名格式。每个 IP 地址由四个小于 256 的整数组成，数字的中间用小圆点隔开，如 10. 2. 253. 253。域名格式用字符串标志计算机，由若干部分组成，中间用小圆点隔开，如 bbi. edu. cn。域名是为了让基于 IP 地址的计算机在通信时便于相互识别、地址相对容易记忆而制定的。

7. URL

URL（Uniform Resource Locator，统一资源定位器）统一标志 Internet 上的各项资源的位置，以便用户通过 Web 客户程序查询。URL 的一般格式为：

信息服务类型：//信息资源所在地址/文档路径

URL 的信息服务类型有：

http：// HTTP 服务，即 Web 上的超文本浏览信息检索；

telnet：// Telnet 服务，即远程终端访问

ftp：// Ftp 服务，即各种普通文件和二进制代码文件的传输服务

gopher：// Gopher 服务，即访问 Gopher 服务器的菜单检索服务

wais：// WAIS 服务，即访问 WAIS 服务器的关键字查询服务

news：// 网络新闻 USENET 服务

信息资源所在地址给出信息资源所在主机的地址和使用该信息服务的服务程序所使用的端口号，其格式一般为：计算机域名或者 IP 地址：端口号。

文档路径为可选项，是到达访问文件的路径及其访问的文件名。

四、HTML 语言简介

HTML 标记语言用来界定各种元素，如标题、段落、列表等。HTML 元素由三部分组成：起始标记、单元内容、结束标记。起始标记由“＜”和“＞”来界定，结束标记由“＜/”和“＞”来界定。元素名称和属性由起始标记给出，如：“< TITLE >国际新闻< /TITLE >”，“< TITLE >”和“< /TITLE >”是起始标记和结束标记，“国际新闻”是元素的基本内容。

（一）关于标记的有关约定

1. 超文本标记用尖括号“＜”和“＞”表示。

2. 超文本标记一般是成对出现，用带斜杠的元素表示结束，如：< html >和< /html >。但有些标记只有起始标记而没有结束标记，如：< BR >，它在网页中表示引入一个换行动作；还有些标记可以省略，如：段落的结束标记< /P >就可以省略。

3. 超文本标记忽略大小写，如：< HTML >和< html >是等效的，但其中实体内容的名称区分大小写，如“&NAME”和“&name”是表示不同的实体。

4. 一个标记元素可写在多行，参数位置不受限制。

(二) 主要标记的用法

HTML 文档一般分成两部分：文档首部（HEAD）和文档主体(BODY)，具体结构如下：

< HTML >

< HEAD >

.... 首部：首部元素、元素属性及基本内容。

< /HEAD >

< BODY >

.... 正文：主体元素、元素属性及基本内容。

< /BODY >

< /HTML >

浏览器不显示首部元素中的内容，首部用来收集有关页面的各种信息。我们在浏览器中看到的是< BOBY >和< /BOBY >之间的内容。

(三) HTML 文档的命名

当 Web 浏览器打开一个文件时，首先需要确定文件的类型，然后再确定打开的方式。文件的扩展名成为文件类型的标志，常见的扩展名有：

声音文件：. wav，. au，. snd，. aif，. aiff，. aifc

图形文件：. gif，. jpeg，. jpg，. tiff，. tif

文本文件：. html，. htm，. txt

压缩文件：. zip，. z，. gz，. bz

HTML 文档的扩展名. html，适用于 Unix、Macintosh 和 Windows 9X，

而DOS和Windows 3．X只支持三位扩展名，这时HTML文档的扩展名为.htm。

第二节 站点规划

站点规划是网站建设的第一步，它确定网站的总体布局，统一页面的整体风格，为网站提供一个框架。在规划站点时首先需要明确建立网站的目的，确立网站的主要内容，然后在此基础上统一网站的整体风格、划分栏目板块，并确定网站的逻辑结构。

一、确定主题

设计网站的第一步是确定网站的主题。详尽的计划和清晰的主题是建站成功的关键。在开始建站之前，我们必须：

1）确定终极目标

2）确定目标受众

3）粗略规划网站的内容

首先需要考虑的是，网站能够达到的经济目标和社会影响力、完成网站所需的时间，以及如何确保站点的成功。另外，维系Web站点是一项持续工程，亦不能忽略站点内容的编辑管理和技术保障。

接下来便是了解网站的潜在受众。他们可能是：

1）网上冲浪者

2）长期用户

3）国际用户

网上冲浪者是偶然访问你的网站的人群，需要用强烈的视觉冲撞和大胆的言词来吸引他们；长期用户有着明确的目标，期待从网站中快速地获取准确的信息，需要有站点导航图或者详尽的站点索引帮助他们迅速地找到所需信息。记住我们是在万维网上！国际用户也不可忽略，最好能够有英文（English）和繁体字（Big5）版本。

本节主要涉及新闻类网站的设计规划，网站的题材为网络新闻。对于网络新闻这个题材，可以进一步细分，不同新闻网站的侧重点有所不同。例如，《华声报》电子版定位全球华人，坚持“把真实的中国报道给世界”的原则，在新闻栏中，专门开辟“全球华人”、“台港澳信息”、“透视中国”等频道，并在栏目上设置“中国国情”、“华夏文明”等系统介绍中国发展现状和中华文化的特色栏目。又如浙江在线，它为《浙江日版》社创办的网站，具有鲜明的地方特色，提供“浙江新闻”、“市县新闻”、“市县特稿”等频道，并有“浙江概况”、“市县新志”等栏目。

题材的定位忌讳空泛，大而全不如小而精。一个包罗万象的站点，如果样样有但样样肤浅，那么它的诞生日便是它的消亡日。网络最大的特性便是快而新，要想在多如繁星的网站中留住读者的目光，必须突出网站的主题特色。

在明确网站主题后，下一步便是构思网站的总体设计方案，即定位网站的整体风格和特色，设计网站的栏目板块，并规划网站的组织结构。

二、设计 CI 形象

优秀的网站有着自己完整的形象风格，标志、色彩、字体、标语，是树立网站 CI（Corporate Identity）形象的关键。

1．Logo

Logo 作为某个网站的标志，代表网站的整体形象。标志的创意来源于网站的名称和内容，可以选择：

1）代表性的人物、动物、花草作为 Logo 的母本，加以卡通化和艺术化。例如搜狐的卡通狐狸。

2）本专业代表性标志。例如中国银行的铜板标志，奔驰汽车的方向盘标志。

3）网站的英文名称。采用不同的字体、字母的变形、字母的组合等制作网站的标志。

一般传统媒体的网络版沿用母体的标志，例如《人民日报》网络版、《华声报》电子版的 Logo 采用原来印刷体的报头。其优点在人的视觉心理上，网络版与母体保持一致，缺点是许多传统媒体标志的色彩和构图在网上显得过于简单、单薄，缺乏视觉冲击力。

2．标准色彩

标准色彩是代表网站整体形象的色彩，例如 IBM 的深蓝色。读者在访问网站时，对网站的印象首先来源于视觉冲击，不同的色彩搭配产生不同的效果，并可能影响到访问者的情绪。

一般来说，一个网站的标准色彩不宜超过 3 种，太多则让人眼花缭乱。标准色彩主要用于网站的标志、标题、主菜单和主色块；当然，也可以使用其他色彩，但是只能作为点缀和衬托，绝不能喧宾夺主。请注意保持网站色彩的整体协调统一。通常使用的网页标准色有蓝色、黄 / 橙色、黑 / 灰 / 白色三大系列。

3. 标准字体

和标准色彩一样，标准字体是指用于标志、标题、主菜单的字体。一般网页默认的字体为宋体，为了体现站点的风格，可以根据需要选择特殊字体。目前常见的中文字体有二三十种，常见的英文字体有近百种，网络上还有许多专用中英文艺术字体可供下载。

需要说明的是，在使用非默认字体时，请采用图片形式。很可能浏览者的计算机内没有安装您所使用的特殊字体。

4. 宣传标语

用一句话甚至一个词来高度概括网站的理念精神。例如：Intel 的标语“给你一个奔腾的心”，贴切、形象，富有内涵，让人回味无穷。

表 4－1 比较了《人民日报》网络版、新浪网、《华声报》电子版、浙江在线、中国新闻传播学评论五大站点的 CI 形象设计。

名称	Logo	标准色彩	标准字体
《人民日报》网络版	人民日报 网络版 People's Daily Online		宋体
新浪网	sina 新浪网		
华声报	華聲報 www.hsm.com.cn		
浙江在线	浙江在线 ZHEJIANG ONLINE		
中国新闻传播学评论	中国新闻传播学评论		

表 4－1　五大站点的 CI 形象设计

《人民日报》网络版采用母体的报头作为它的Logo标志，整个站点以蓝色为主色调，用灰色作补充，显得严肃、庄重，具有权威性，与其母体《人民日报》的风格一脉相承。新浪网用眼睛、新浪的中英文名称组合作为它的Logo标志，主色彩采用黄绿色，配上动感很强的红色，给人以健康、活力、轻快和时尚的感觉。《华声报》电子版的Logo标志亦为其母体《华声报》(已改为月刊)的报头，其主体色彩为浅灰蓝，并配以普蓝强调各个栏目的名称，整体上显得和睦、宁静和优雅。浙江在线则是一块小家碧玉，一抹灰蓝配上黑体名称，Logo标志既明快又深沉，主体色彩则采用灰蓝、浅绿和浅黄，整个网站的风格淡雅清新，如江南之烟雨。中国新闻传播学评论在CI形象上强调它的专业性，厚重庄严的Logo标志配以深深浅浅的豆绿，既严谨又平和，正是学者治学精神的体现。由于上表中的色彩在书中无法真实再现，读者如果要了解实物效果，可上该网站考察。

除了CI形象，还有其他众多因素影响一个网站的整体风格，其中很重要的一个因素便是网站栏目板块的设置。

三、确定栏目板块

栏目板块的划分体现了一个网站的主体结构，它实际上是该网站的框架。在制定栏目时，应该考虑以下几个方面的问题：

1．主题栏目

将网站主题分解成若干子主题作为网站的主体栏目板块，各个栏目在内容上相互独立，在版面形式上又相对统一。新闻网站的主题为新闻，对于新闻的分类不同的站点采用不同的分法。例如，《人民日报》网络版的一级导航为分类新闻栏目板块，分有中国、国际、财经、地方、体育、IT、文娱、健康、观点等频道，每个频道下分设若干子频道和子栏目。《华声报》电子版的一级导航亦为分类新闻栏目板块，分有中国要闻、国际要闻、全球华人、经济广角、文化现象、科教聚焦、社会万象、台港澳信息、民营经济、健康前沿、消费热点、华声人物、体坛掠影、透视中国、论坛精选、聚焦新经济等频道。

2．特色栏目

特色栏目体现某个新闻网站的特点，服务于特定的受众。例如：作为向海外华人宣传中国的站点，《华声报》电子版主要提供宣传中国现状和文化传统的栏目“中国国情、华夏文明”等。

浙江在线的特色栏目可分为以下几个方面：一是介绍浙江的浙江概况、县市新志、浙江网址诸栏目；二是宣扬新兴思想的中国新闻传播学评论、家庭教育、新媒体观察、IT专栏、新经济观察、新美术观察、文化交流等频道。

《人民日报》网络版正朝着门户型网站发展，提供的特色栏目有：（一）《人民日报》经营的所有报刊杂志的网络版，包括《人民日报》海外版、华东新闻、华南新闻、市场报、讽刺与幽默、环球时报、新闻战线、中国质量万里行、大地、时代潮、人民论坛、上市公司等七报六刊；（二）各种资料库，分人物、会议、图片、案件、领导人活动库、中国机构及领导人库、部委信息、地方领导人库、本报言论库、外交部发言人、邓小平文选、法律法规库、音频视频新闻等栏目。

3. 服务性栏目

针对网站读者群的特点和需要，经营各种喜闻乐见的信息服务。一般有以下几种服务类型：

1）信息查询

建立站内搜索引擎，对网站提供的信息进行全文检索。《人民日报》网络版提供强大的资料查询功能，通过该站点的“检索”系统可以查询到《人民日报》1995年1月1日以来报系所属七报六刊以及1998年10月1日以后某些重要专题的所有文章；通过站点的“回顾”栏目可以查询到1997年1月以来《人民日报》网络版原版的所有内容。

2）站点导航

结构复杂的网站应该设立“本站导航”（如《人民日报》网络版）、“网站地图”（如浙江在线）或者“帮助信息”（如新浪网）等帮助初访者了解网站结构，快速查找所需内容的网站导航系统。

3）个性化服务

个性化服务体现一个站点对用户需求的关怀，有利于增强与用户的维系能力，扩大潜在的读者群。

目前，《人民日报》网络版开通用户注册、新闻订阅和免费邮件服务。它的邮箱比较有特色，与新闻订阅捆绑在一起，用户在网络版订阅的电子杂志会自动地发送到《人民日报》网络版的免费邮箱中。而且免费邮箱提供注销账号的功能，如果用户不再需要该邮箱了，可以自行注销，而非像其他许多站点提供的免费邮箱，必须摒弃使用若干月后才由网站注销。

4）友情链接

提供相关站点的链接。

5）公共信息

通常网站上的公共信息有：标识、时间显示、股票指数、人民币汇率、天气预报、广告、招聘信息、站点简介、版权声明、E－mail 地址、电话号码、通讯地址等，可以选择性地放置这些公共信息。

4．交互功能

美国学者 Elliot King 认为"交互性"存在两个层面：一、用户可以控制获得信息的顺序；二、新闻生产者与消费者之间的信息反馈，而作为"反馈"的交互性有着两个层次的含义："一是指在原来单向发出的信息内容影响下进行的双向交流。另外一种，则是真正意义上的'交互式'交流，它指的是一个动态的交流系统，在其中，最终信息内容实际上取决于交流过程中双方共同发出的讯息。"① 网站"作为对内容进行控制的交互性"体现在"个人定制"上，即允许用户挑选自己最感兴趣的内容组成一个为自己"量体裁衣"的主页，典型的例子是《人民日报》网络版准备开通的"个人定制"栏目。

目前，新闻网站"作为反馈的交互性"停留在第一个层次上，即在单方面的行为影响下的行为交流，采取的形式有 E－mail、留言簿、邮件列表、网上调查等，少数网站设有网上论坛和聊天室。如果读者的反馈信息较多，可以单独开辟"读者来信"专栏，分类处理读者的来信，如《人民日报》网络版的"网友信箱"设有来稿选登、疑难征答、公开回函、意见建议、贵宾图录、来函统计等子栏目。

千龙新闻网作为一个完全面对网络的综合性新闻媒体，非常重视读者和媒体之间的互动，千龙网专门设置千龙互动栏目，下设天下论坛、海阔天空、新闻对话三个子栏目。天下论坛为千龙的网上论坛；海阔天空为聊天室，网友们可以在那儿自由地聊天；新闻对话为在线直播室，每天请嘉宾与网友们就某个热点问题进行对话。

网站的交互性越好，与读者的亲和力越强；交互性的栏目是吸引读者的

① ［美］Elliot King 撰，彭兰译：《关于网上媒体的交互性》，《国际新闻界》，1999 年第 4 期。

一个有力工具。

在设计栏目板块时，不必在网站中涉及以上所述的所有内容，可以根据网站的主题选择自己的栏目特色。

四、规划组织结构

简单有序、主次关系分明的网站组织结构将孤立的页面依照栏目板块的需要进行逻辑排列，可以帮助浏览者顺利地获取所需的信息。组织结构是网站的中枢神经系统。

（一）组织网站信息的步骤

组织网站信息的步骤是：将信息根据栏目板块的内容分解成若干逻辑单元；根据重要性和概括性将信息分层；利用分层构造信息块之间的组织结构；最后从美学和功能性两个方面分析评价系统。

1. 划分信息单元

Web用户偏爱短小的文章，没有人愿意花费大量的时间在计算机屏幕上阅读太长的文章；如果文章太长，他们宁愿将其保存下来或者打印出来。所以每个信息单元的信息量不要太多，当然信息的划分也不能太碎，要注意信息的完整性。一般而言，每个网页的长度为3页A4规格的打印纸即可。

2. 信息分层

大多数信息单元可以按照信息的重要程度排序，并根据单元之间的相互关系分层排列。通常，一个网站的信息层次关系如图4－2所示，最上层为网站的首页/主页，高度概括网站的整体内容；接下来从抽象到具体、从必

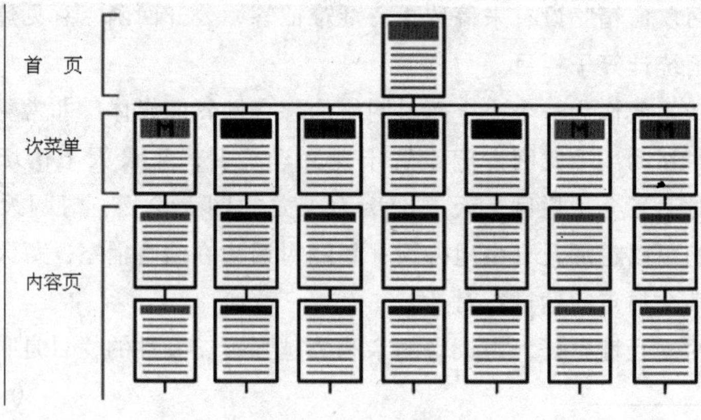

图4－2　信息层次

选项到可选项，依次为次菜单、内容页。

3．组织信息结构

关于信息的组织结构，我们将在本节后半部分“组织结构”中详述。

4．保持平衡

无论选择什么样的网站组织结构，其目的均是为了保持菜单和页面的层次结构的平衡，帮助用户浏览站点，获取所需的信息。

如果网站链接层次太浅，缺乏信息的合理分类，则造成大量的菜单页面集中在一个层次上，如图 4－3 所示。

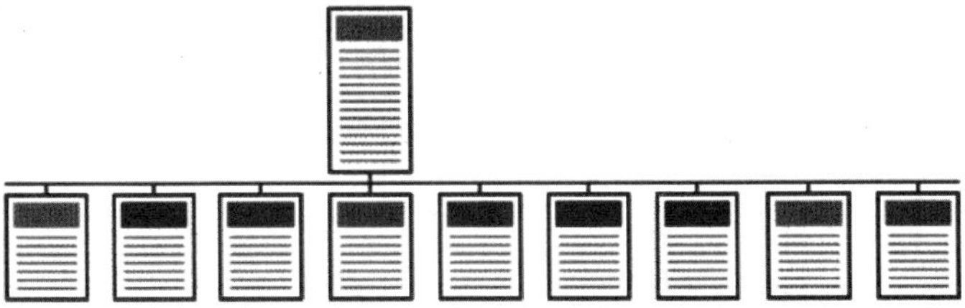

图 4－3　太浅的站点

如果网站链接层次太深，如图 4－4 所示，则信息被一层又一层的菜单淹没，用户只好在菜单的海洋中挣扎着寻找信息。

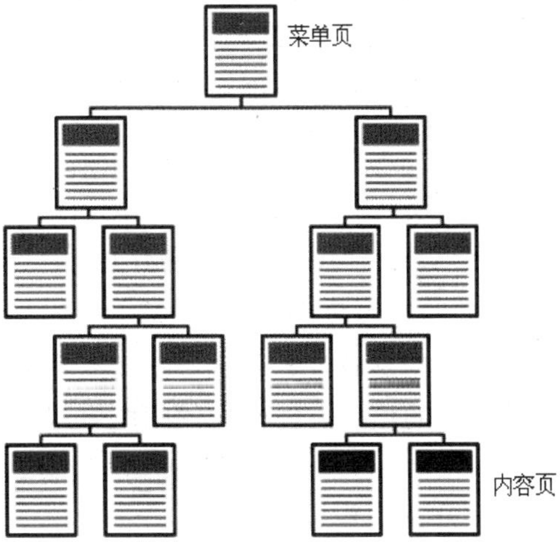

图 4－4　太深的站点

虽然信息越复杂、菜单的层次越深，但是谁会耐着性子长时间地等待信息出现？所以，我们的目标是选择一个合适的层次关系（如图 4－5），即能够快速地获取信息又能够有效地组织信息的平衡结构。

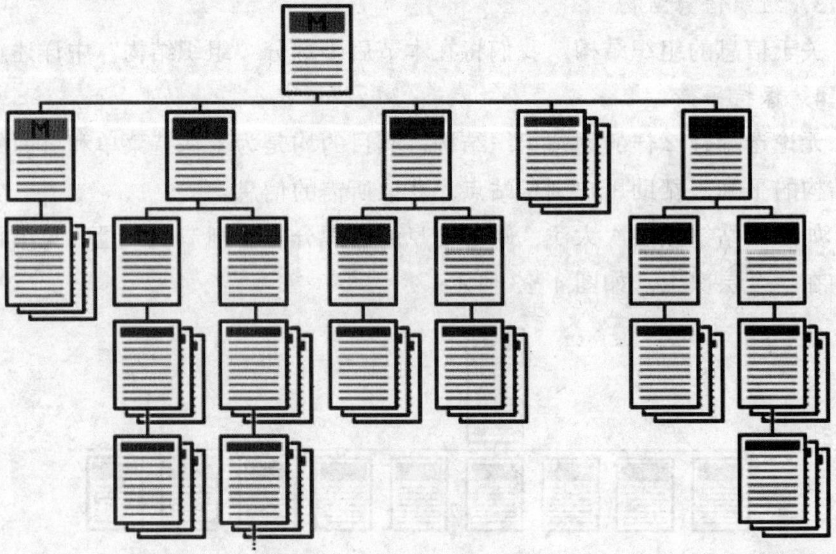

图 4-5　平衡的站点

（二）组织结构

信息在网站上的组织单位是网页，页面之间的逻辑关系构成网站的组织结构。网站的组织方式对 Web 用户（即网民）至关重要。我们该如何组织信息，为他们提供生动有趣而又容易查询和理解的信息呢？

网站的组织结构有四种基本模式：

1．线性结构

页面之间的关系为单线条，浏览时，可以在该线条上单向或者双向移动，如图 4-6 所示。线性结构是最简单的信息组织方式。可以按照时间顺序、逻辑关系（例如从抽象到具体）甚至字母顺序（例如在索引、百科全书和术语表中）组织线性结构的信息。线性化的组织方式多用于小型网站或者结构近似于索引的站点。一般地，我们不用线性结构设计网站的整体结构，而在网站的局部组织中使用它。

图 4-6　线性结构

2．表格结构

表格结构如图 4－7 所示，页面之间的关系为二维表格。

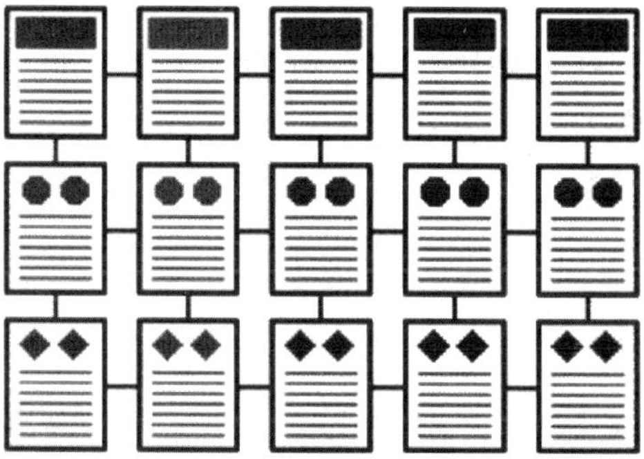

图 4－7　表格结构

许多操作手册、大学课程表或者医学案例的说明采用表格结构组织信息。表格结构要求各个主题或者副主题不存在重要性的差异，而且各主题信息高度结构化。例如，按时间线组织“技术”、“文化”等栏的历史信息，“技术”、“文化”是高度模块化的主题，从历史事件的重要性而言，也不存在层次上的差异。但如果用户不了解表格结构组织信息的线索，不知道历史信息是按时间线索排列的，就很难把握该表格的结构。

3．层次结构

即对页面分层，首页链接一级页面；一级页面链接二级页面，以此类推。层次结构如图 4－8 所示。层次结构是组织复杂信息的最好方式之一，它条理清晰，访问者明确知道自己的位置，不会“迷路”。但是浏览时，必须一层层进入，一层层退出。“层层深入”的访问方法存在两个缺点：一是

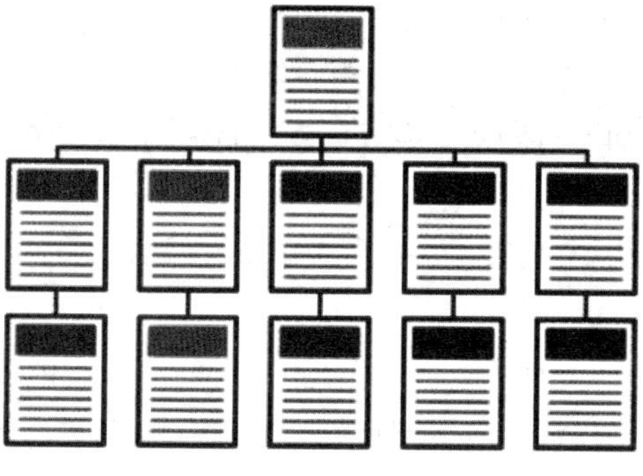

图 4－8　层次结构

浏览效率低，访问者将宝贵的时间花费在等待中；二是访问者如失去耐心，便会使得许多网页的内容失去被阅读机会。

4. 网状结构

每个页面之间都存在链接，其结构看起来像张网，如图 4－9 所示。这种结构的优点是浏览方便，访问者可以根据自己的想法，随时自由地浏览各个网页；它将 Web 的链接功能发挥到极致。但是具有讽刺意味的是，网状结构或许是最不适合建构 Web 站点的方式，它的链接太多，容易使访问者“迷路”，无法确定自己的位置和已经浏览的内容。

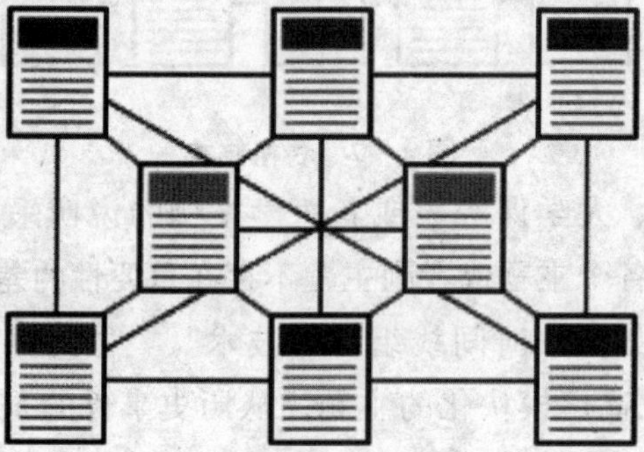

图 4－9　网状结构

在实际的网站设计中，很少单独使用某种组织结构，而是混合各种方式，设计网站的结构。我们希望访问者既能方便迅捷地访问所需的页面，又能明确自己的位置。所以，通常采用的方法是：首页和一级页面之间用网状结构，一级和二级页面之间用层次结构。

例如：一个新闻站点的页面结构如表 4－2：

```
--------------------------------------------------------------
              一级页面          二级页面
              国际新闻页   -- [ 国际新闻  1 ，  国际新闻  2...]
        /        |
  首页 --     国内新闻页   -- [ 国内新闻  1 ，  国内新闻  2...]
        \        |
              财经新闻页   -- [ 财经新闻  1 ，  财经新闻  2...]
--------------------------------------------------------------
```

表 4－2

其中在首页，中国新闻页、国际新闻页、财经新闻页之间采用网状链接，可以互相点击。而各个分类新闻页和它的子页面之间是层次链接，浏览国际新闻 1 后，你必须回到国际新闻页，才能浏览财经新闻 2。为了免去返回一级页面的麻烦，可以将二级页面用新开窗口（POP up windows）打开，浏览结束后关闭即可。

对于结构复杂的站点，需要在页面中使用导航栏，帮助访问者明确自己所在的位置。综合网站的组织结构，有两种形式的导航栏：纵深型导航和横向型导航。纵深型的导航顺着根节点告诉访问者当前所在的位置，例如："您所在的位置：首页 －＞ 国际 －＞时事论坛"。横向型的导航将某节点下同一层所有的节点并列列出，访问者可以在它们之间自由地跳转，例如：［中国］［国际］［财经］［地方］［体育］［IT］［娱乐］［健康］［观点］［回顾］。在实际操作时，这两种导航方式可相互交织使用。

讲到这里，我们可以帮助读者对站点规划的步骤归纳如下：

1．确定主题，包括：

* 确定终极目标
* 确定目标受众
* 粗略规划网站的内容

2．设计网站的 CI 形象

优秀的网站有着自己完整的形象风格，标志、色彩、字体、标语是树立网站 CI 形象的关键。

3．确定栏目板块

栏目板块的划分体现了一个网站的主体结构，它实际上是该网站的框架。在制定栏目时，应该考虑以下几个方面的问题：

* 主题栏目板块
* 辅助导航功能
* 交互功能
* 服务性栏目
* 公共信息

4．规划组织结构

简单有序、主次关系分明的网站组织结构将孤立的页面依照栏目板块的需要进行逻辑排列，帮助浏览者顺利地获取所需的信息。组织结构是网站的中枢神经系统。

组织网站信息的步骤是：将信息根据栏目板块的内容分解成若干逻辑单元；根据重要性和概括性将信息分层；利用层构造信息块之间的组织结构；最后从美学和功能性两个方面分析评价系统。

信息在网站上的组织单位是网页，页面之间的逻辑关系构成网站的组织结构。网站的组织结构有四种基本模式：线性、表格、层次和网状结构。

第三节　页面设计

与传统印刷报纸比较，Web 页面设计和它有许多相似之处，都要遵循平衡、对比、统一、节奏、动感的原则，不过由于承载信息的方式——Internet 和制作手段——基于 Web 的工具以及呈现介质——计算机的差异，Web 页面设计与印刷报纸大不相同。

在本节，我们将分析影响 Web 页面设计的因素，并据此给出 Web 页面设计的基本原则，同时总结常见的版面布局。我们还将说明如何在 Web 页面设计中合理地应用图片、色彩和字体。

一、影响 Web 页面设计的因素

（一）人的视觉特点

页面设计是一种视觉化的信息管理技术，利用版面布局、印刷格式、插图等工具强化重点信息，引导读者的视线。它的首要任务是规划视觉的层次关系。

读者在阅读时首先看到的是大面积的形状和色彩，这时在人眼中只有前景元素和背景的对比；然后开始识别详细的信息，首先是图像（如果存在），接下来依次是突出的文字信息、单独的字、词、句等等，人的视觉扫描特点如图 4－10 所示。

所以为了吸引读者的注意力，引导他们关注网站的主体内容，网页中视觉的层次关系至关重要。一个纯粹的文本页面，枯燥无味，在读者的眼睛中只是一大块毫无差别的灰色；但是，一个粗糙、充斥着低质量的图形或者字体的页面又将真正寻找内容的用户排斥在外。如何合理地利用视觉对比留住读者的目光是 Web 设计的一个重要内容。

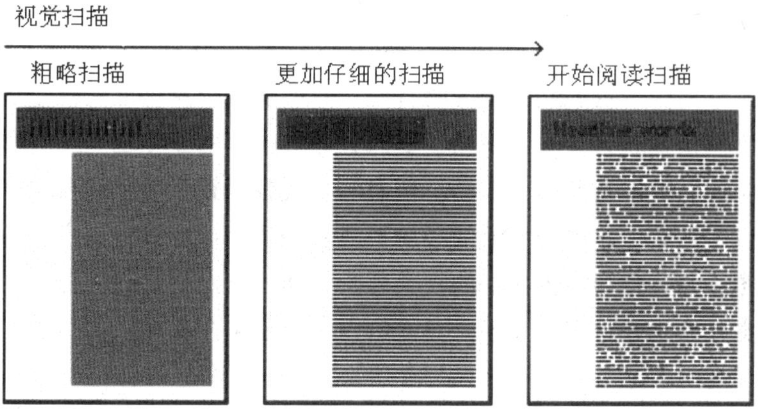

图 4－10　视觉扫描

（二）呈现信息的载体：计算机屏幕

Web 页的版面比传统报纸的版面小，分辨率比传统报纸低。大多数用户的计算机屏幕为 15 至 17 英寸，分辨率标准设置为 800×600，一次只能浏览页面的头 4 英寸长的范围内的信息，如图 4－11 所示。几乎无人能够一次性调阅一个典型页面的所有内容。

图 4－11　页面与屏幕的关系

Poynter 研究所的调查显示，只有 20%的读者在线完整地阅读一篇文章，而且即使读者宣称看完了整个文章，事实上亦只读了其中 75%的内容[①]。滚动的长页、尤其是横向的滚动在网上不受欢迎。如果文章长而有价值，读者趋向于将其保存起来或者打印出来供以后离线阅读。

事实上，我们所谈及的 Web 页面设计是计算机屏幕上的信息编排。计算机屏幕的大小和分辨率高低决定了 Web 页面设计人员无法将一页网页作

① Jakob Nielsen：Eyetracking Study of Web Readers，May 14，2000，http：//www．useit．com/alertbox/20000514．html。

为一个完整的设计单位，他们不得不考虑屏幕对页面的分解因素。因此，与其说是 Web 页面设计，不如说是屏幕信息呈现方式设计。

主页是访问者首先必须阅读的页面，它的头部（第一屏）价值最高，视觉冲击力应该强烈并且集中网站主要内容的导航，需要体现一个网站的视觉特点和功能。随着页面向下滚动，信息的重要性和视觉效果逐渐减弱。推而广之，位于网站信息结构高层的导航页或者主要页面应该提供高效的功能栏和导航图，并且强烈冲击我们的视觉感受；随着信息层次的降低，页面的功能和视觉效果越来越简单明了，页面的内容也越来越具体。主页、网站层次与信息深度的关系如图 4-12。

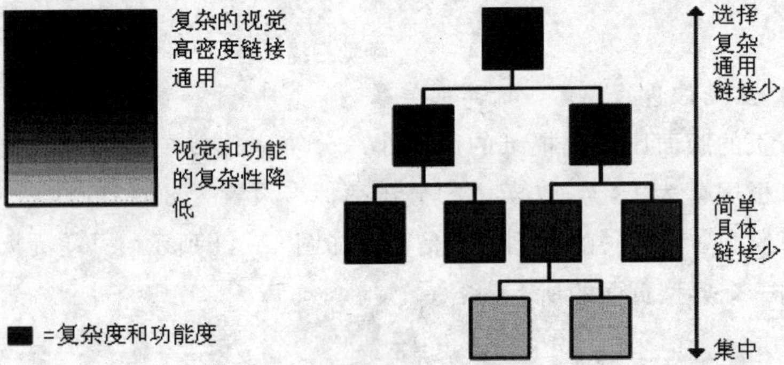

图 4-12　网站层次与信息深度的关系

Yale ITS-Med Computing Services 主页（www. its. med. yale. edu/computing _ services. html）是一个典型的例子，版面的复杂程度随着页面向下滚动而降低。整个页面的主体分为两个绝然不同的区域，高密度的菜单链接矩阵位于页面的顶部，提供各种服务的链接，是访问者浏览该站点时首先看到的区域；接下来是新闻板块，发布与学院有关的消息。位于页面上部的版面编排紧凑，色彩、图形丰富，有着较强的视觉冲击力；位于页面底部的版面编排稀疏，色彩简单，字号相对较小；最底部的版权页信息采用灰色，信息被弱化。

（三）传输信息的媒介：Internet

Internet 是 Web 站点信息的传输媒介，大多数 Internet 用户使用 28.8K 至 56K 的 Modem 拨号上网。受到 Internet 传输带宽的限制，网站的每一帧页面不能够太大，以免网页下载的速度太慢，访问者无法忍受。美国研究者 Vincent Flander 统计了 MediaMetrix 公司于 1999 年 8 月 26 日发布的 50 个顶级站点首页的尺寸，发现位于头 10 位的网站首页的平均大小为 34.4K，位于末 10 位首页的平均大小为 61.3K，50 个网站首页整体平均尺寸为 47.8K①。

鉴于此，Web 页面中的文字要简练，图像尺寸要尽可能地小，多媒体信息要谨慎使用。

（四）制作/浏览信息的工具：Web

传统的印刷版面设计是二维的，设计者可以在一个固定的版面上布置信息的格局；虽然印刷报纸读者可以自由地翻阅各个版面的信息，但是各版面之间的相互关系并不密切。Web 设计则不然，Web 信息不是在二维，而是在多维空间展开（参见第二节中的“规划组织结构”），信息文档采用超文本组织方式，不同读者或者同一读者在不同时间、不同地点点击不同的链接，获取的信息会有很大的差异。

Web 页面的二维版面布局固然重要，但是它对读者的引导作用没有印刷报纸的版面对读者的影响大。访问者在浏览网站时，往往不等某个页面完全打开，便开始点击链接，跳转到其他页面中去了。在 Web 设计中，整个网站信息的组织方式比单个页面内信息的呈现方式更为重要；超文本导航是 Web 设计的关键，在设计时需要考虑：

1. 超文本链接的结构。信息采用什么样的组织方式？是线性、表格、层次还是网状结构？或者几种结构的组合？

2. 链接的可视化。每个链接的外观如何可视化？用户的当前位置？如何说明用户可以到达的地方和链接指向的信息？是采用信息索引的方式或者导航地图的方式？

二、版面

无论是传统的印刷品还是 Web 页面，版面设计的目的均是为用户提供清晰、有序、值得信赖的信息资源。在 Web 页面中，利用图形和文本的空间组织方式增强视觉的冲击力，强化重点信息，从而引导读者的注意力，让 Web 站点更加有效率、交互性更好。

---

① Vincent Flander：How Big Can I make my page? http：//www. webpagesthatsuck. com。

(一) 版面设计原则

Web版面设计创建视觉逻辑，实现视觉与图形或者文本信息之间的优化平衡。没有形状、色彩和对比的视觉效果，没有精心安排的版面布局；Web页面则显得沉闷而难以阅读；没有文字的深度，高度图形化的页面只是“金玉其外，败絮其中”。版面设计需要遵循平衡、对比、统一和节奏的原则①。

1．平衡

Web页面的平衡主要体现为站点标志、导航区、图片/广告的大小和空间位置与文字之间的关系。它们色彩鲜明，占据较大的空间位置，与Web中的文字形成对比关系。例如，许多站点的版面布局采用“T”形方式，即网站标志放在页面的最上方，导航区位于左侧，图片在页面中上部，使整个版面显得稳固、平衡，强调秩序，达到安定、诚实和可信的效果。

2．对比

对比产生强烈的视觉冲击力。对比包括色彩对比、亮度对比、大小对比等等。在Web页面中，对比主要体现在文字与图像的对比——例如网站标志与页面其他部分的大小和色彩对比，不同层次级别的字符大小和色彩对比——例如栏目标题、文章标题、正文之间的对比等等。

3．统一

与传统的印刷报纸版面相似，高质量的Web站点依赖于网站的风格，我们需要为站点中所有的页面创建一个统一的版面风格。重复并不使整个网站显得沉闷，相反地，一致的图形标志可以强化某个网站在Internet空间的位置，使访问者更加容易地记住该站点；统一的版面编排和导航设计让读者迅速地熟悉该站点，从而能够快速定位信息以及预期超链接指向的地方。

4．节奏

节奏指同一现象的周期反复。在印刷报纸版面上，标题的位置对节奏感的形成起着重要作用。在Web页面中，受到计算机显示屏幕的限制，标题的位置被弱化；但是，可以将文本信息根据其重要程度分成不同等级，在不同页面调用，并且在视觉统一的基础上变化风格，从而实现视觉上的节奏变化与反复。事实上，在Web设计中，节奏是对比与统一结合后的产物。

---

① 参见彭兰：《网络报纸中编辑手段的运用》，http：//www. cjr. com. cn/personal/pl/01. htm。

(二) 常见的版面布局

Web版面布局形式多种多样，没有一个固定的标准适用于网站中的所有页面。不过在进行某个网站的Web设计时，仍然首先需要确定一个基本的版面布局形式，以便快速地为每一个新页面填充文本和图片，使网站显得协调统一。一个基本的版面布局需要考虑主要信息板块的呈现形式、标题、子标题、导航链接或者按钮的风格和位置等等因素。

常见的版面布局有：

1. “┬”形布局

所谓“┬”结构，指页面顶部为网站标志、广告条或者两者的组合，形成一条横幅，左侧为导航区，右侧显示页面的主体内容，其整体效果像“┬”，称之为“┬”形布局。例如，中国新闻传播学评论站点的首页即采用此种版面布局，如图4－13。

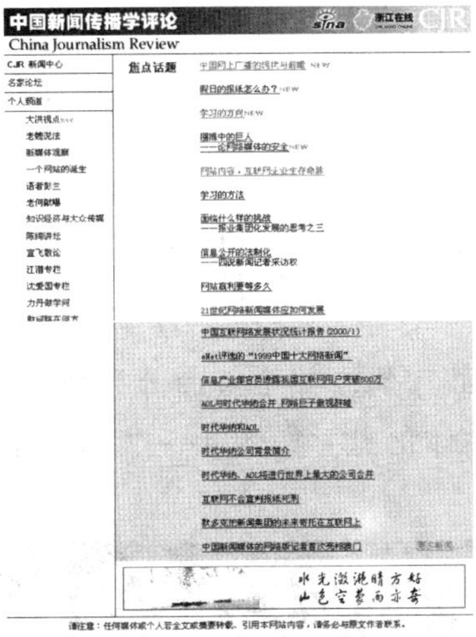

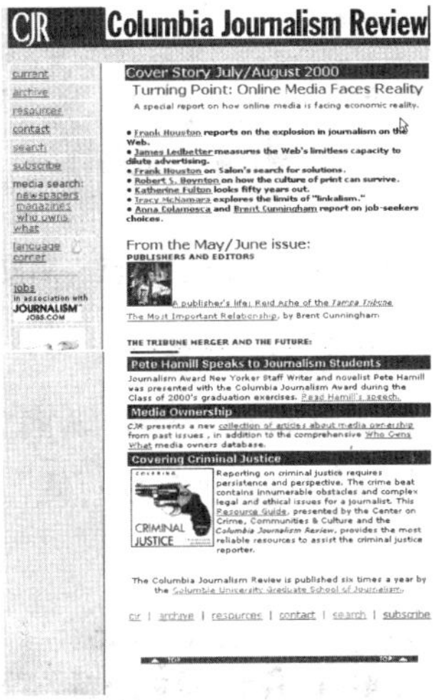

图4－13 CJR首页（局部） 图4－14 CJR（US）首页（局部）

另外一种与之相似的布局是“┌”，如图4－14所示。这种布局的优点是页面结构简单、清晰、严谨，缺点是样式呆板，稍不注意色彩搭配和细节处理，就会让人感到乏味。“┬”形布局既可以用于网站的首页，也可以用于信息内容页。

2. “口”形布局

“口”形布局有三种形式的变化：“匚”、“冂”或者“口”。这三种布局结构相似，中间为页面主体内容，网站标志、广告条、导航区位于页面四周或者某些侧面，如图 4－15 和图 4－16 显示的新浪网和《人民日报》网络版的首页布局。这类布局的优点是信息量大，版面得到充分利用；缺点是页面拥挤，不够灵活。我国新闻型站点和门户站点的首页多采用此类布局。

图 4－15　新浪首页（局部）

图 4－16　《人民日报》首页（局部）

3．“川”形布局

“川”形布局指的是纵向分栏的页面布局，整个页面分为两到三部分，导航区位于页面的左右两侧，中间为主体信息，如图 4－17 和图 4－18 所示。

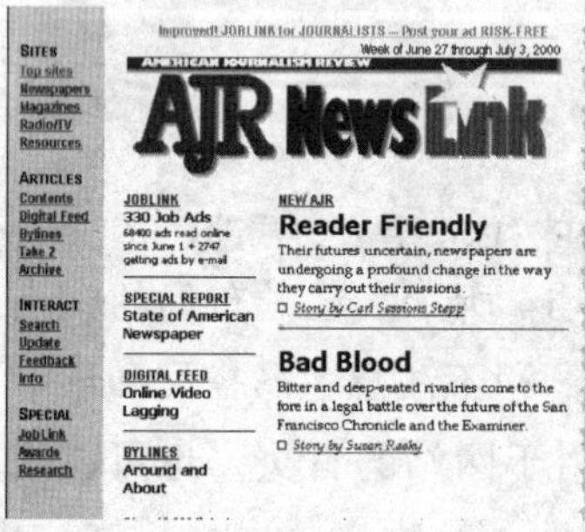

图 4－17　AJR 首页（局部）

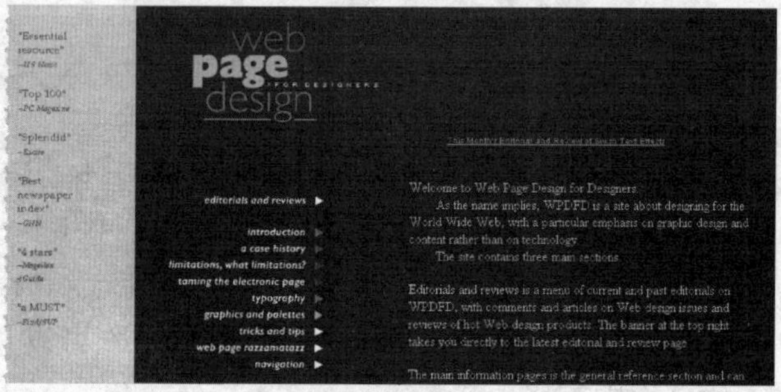

图 4－18

4．“三”形布局

“三”形布局的页面被横向分为若干部分（一般为两到三栏），站点标志、广告、导航区位于版面的上方或者下方，中间为主体信息。“三”形布局多用于信息内容页，当然有的网站亦采用这种布局设计首页，如图 4－19 所示。

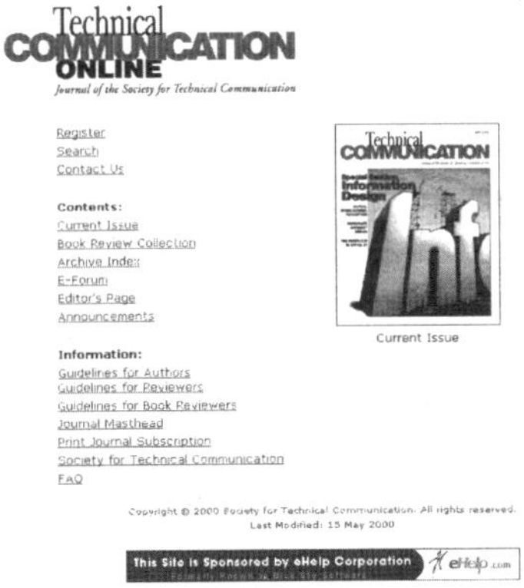

图 4－19

5．艺术化布局

这类布局比较强调个性化，在设计上不拘一格；版面中心为一张精美图片或者动画是最常见的版面形式。艺术化的布局只能作为一种版面设计的尝试，一般而言，这类站点的下载速度太慢，不具备实际推广的意义。

（三）表格

表格帮助 Web 设计者实现页面的版面编排，看不见的表格控制页面中的文本、图像及其他屏幕元素的位置。如果没有表格，则页面的布局完全依赖于用户的浏览器尺寸。假设在一个空白页面上放置一段文字，如果不使用表格，那么每一行文字的长度依赖于用户的浏览器窗口的大小，当他改变窗口大小时，文本自动重新排版，充满新空间。为了避免这种情况，我们可以将文字放在表格单元格中，利用表格单元定义文字在页面中的显示位置。

“<table>”和“</table>”是表格元素的开始和结尾标签，他们中间的代码描述一个表格。浏览器在读取完一个表格完整的 HTML 源代码后，才显示该表格，即从 < table> 标签开始，读到 < /table> 标签后，才将表格中的内容显示在屏幕上。而且显示也有优先级，先读到的先显示。如此一来，如果一个大表格中含有多个子表格，那么必须等大表格读完，才能显示子表格。因此为了加快表格的下载速度，应当做到：

（1）单一表格的结构要整齐；

（2）尽量不要将整个页面都套在一个表格中；

（3）表格的嵌套越少越好。

事实证明，表格越复杂，嵌套层次越多，表格下载的速度越慢。

三、图片

（一）Web页面图像特点和要求

用于Web页面的图像有以下两个特点：

（1）图像质量要求不高。一般Web页面图像在计算机显示器上显示，对图像质量的要求不高，分辨率72dpi（dot per inch）、色彩深度8位（256色）即可。我们知道，分辨率越高、色彩深度越深，图像文件就越大；而用带宽换来的高质量，用人的肉眼在计算机屏幕上很难辨别。

（2）文件尺寸小。Web页面图像受网络带宽的约制，文件尺寸越小越好。文件越小，下载速度越快。另外，Internet上的数据包传送机制也要求传输的数据越小越好，基于TCP/IP协议的Internet，一次传输数据的最大长度为65535字节，所以图像文件最好不要超过6KB。

基于Web页面图像的特点，为了加快图像下载速度，在制作网页时需要注意：

（1）网页中的图片尽量少

虽然图像为网页增添色彩，但是图像越多、服务器的负载越重，图像下载时间就越长，访问者浏览时的速度也就越慢。因此，每一页网页的图像越少越好。

（2）图像使用WIDTH和HEIGHT属性

如果事先对IMG元素设定WIDTH和HEIGHT参数，那么，浏览器在打开一个HTML文件后，会先下载字节流量较小的文字，同时预留相应大小的区域给图像；文字下载完毕后，再陆续下载图像。这样用户可以一边浏览文字一边等着图像下载，无形之间，加快了网页的下载速度。

（3）使用GIF和JPEG图像格式

Web浏览器普遍支持GIF和JPEG图像格式。

GIF（Graphics Interchange Format，图像互换格式）专门为联机图形设计开发。它支持：①交错处理——图像首先按低分辨率显示，随后陆续下载文件数据，实现高分辨显示的一种方式；②透明处理——将某种色彩定义为透明效果，图像透明后，其底层的背景显露出来；③动画显示——在单一文件中存储多帧图像，逐帧调用显示形成动画。

JPEG（Joint Photographic Experts Group，联合照相专家组），是当前压缩比率较高的一种图像格式。JPEG 采用有损压缩，每次对图像压缩后，会丢失一定的数据，所以最好一幅图像只用 JPEG 压缩一次。Web 浏览器在显示 JPEG 图像时，先将图像数据下载，然后才解压缩。因此，与文件大小相同的 GIF 图像比较，JPEG 图像文件显示会更慢。

请比较下面两个标志图片：

第一个图像采用透明的 GIF 格式，文件大小 2．1KB，色彩不超过 256 色。图像看起来有点锐利。第二个图像采用 JPEG 格式，文件大小 4．4KB，色彩 24 位，虽然文件比图 4－20 的文件还要大，但是由于 JPEG 是有损压缩，图像边界模糊，显得不清晰。

图 4－20

图 4－21

无论是在 8 位还是 24 位的显示屏上，GIF 图像没有任何变化，JPEG 则不然。如果计算机色彩没有设置为 24 位，那么 JPEG 格式在显示图像时会自动采用“抖动”技术，让图像尽量接近 256 色的效果，“抖动”后的图像质量不好。

GIF 文件格式适用于 256 色或者色彩更少的图像，例如素描作品、插图、卡通画和大块纯色的图形。虽然我们无法压缩 GIF 图像，但是可以减少彩色位深，即限制颜色数。颜色数越少，图像的字节数越少。

JPEG 图像格式压缩率高，色彩丰富（24 位），很适合连续色调作品、数字化相片和扫描图形，不过压缩成 JPEG 格式的图像会损失一些细节。

请观察下面三幅图片（图 4－22 至 24），第一幅图像采用 GIF 格式，文件 25．2KB，由于 GIF 格式最多为 256 色，所以图像色彩不够细致；第二

图 4－22　GIF 格式

图 4－23　JPEG 格式

图 4－24　极限压缩 JPEG

幅采用 JPEG 格式，文件 17KB，比 GIF 格式的小，而且相似颜色之间的渐变光滑，图像效果比 GIF 的要好；第三幅照片是被尽可能压缩的 JPEG 格式，它当然更小，为 5KB，不过图像质量也大打折扣。

（4）减小图像尺寸和色彩深度

在网页中尽量使用小图片，将页面的主要空间留给文字。过大的图片不但下载速度慢，而且使网页显得臃肿、笨拙。请切割掉无用的图像信息，并将图像缩小到适当的尺寸保存。

图像所用的颜色数目越少，图像文件越小。在对图像质量要求不高的情况下，可以减少色彩的深度，保证图像文件尽可能地小。

（二）新闻图片的选取

从新闻角度考虑，网页中的图像与印刷媒体中照片的作用相似，均要求尽量做到：

（1）能有效传播，能突出、醒目或恰当地陪衬信息；

（2）能吸引读者注意，引起他们阅读文章的兴趣；

（3）能加强文章其他方面的效果。

一般而言，印刷媒体中的新闻价值标准在网络中也适用，可以从冲击力、奇特性、显著性、动感、接近性、冲突性、及时、与电视画面不同、技术手段等方面选择新闻页面上的图片。高品质缘于高起点，要想最终得到优质的网页图像，所用的原始图像质量必须很好，例如 72dpi 分辨率，24 位色彩深度；若采用扫描的方式获取图像，则扫描的母图最好为照片，尽量不要使用印刷版的复制品。扫描时选择分辨率不低于 72dpi，色彩深度为 24 位。保存好扫描后的图像，选择适当的图像编辑软件，如 Photoshop；根据需要编辑图像，最后对图像进行“减肥”工作，减小图像的尺寸、分辨率和色彩深度，把图像存储为 GIF 或者 JPEG 格式。图像的加工工作就基本完成了。

四、字体

Web 浏览器默认的标准字体是中文宋体和英文 Times New Roman 字体，即如果不设置任何字体，网页上的文字将以这两种标准字体显示。同时，它们也可以在任何操作系统和浏览器中正确显示。而且，凡是 Windows 操作系统上的浏览器都可以正确显示 Windows 自带的所有字体，但是在其他操作系统如 Unix 中，则可能无法完全正确显示。为了让所有人看到页面的完整风格，在使用某些特殊的字体时，最好的办法是将文字做成图片保存。

与印刷媒体相比较，为了方便读者阅读和防止读者视觉疲劳，Web 页面中字体、字号和字符的排列方式相对简单。一般而言，一个页面内的字体为 2 到 3 种。而且为了最大程度地在一个版面内放置信息，字号一般不大，正文的中文字号多采用 9pt（磅）。整个网站的字体要求简单、统一，既方便读者浏览又能在有限的版面内提供大量的信息。当然标题的字体原则上应当较正文大，颜色也应有所区别。

五、色彩

网页的色彩以简单为宜，其标准色彩一般不超过 3 种，如果色彩过于繁缛，容易让读者产生视觉疲劳。通常的做法是，网页的主体文字用非彩色(黑色)，页面中的线条、边框、背景、图片则是彩色的。这样页面整体既不显得单调，又不会干扰读者的视线。请记住：网页最忌讳“五颜六色”!

网页色彩搭配的方式有：

(1) 用一种色彩。先选定一种色彩，然后调整其透明度或者饱和度，产生新的色彩用于网页制作。这样的页面看起来不但色彩统一，而且有层次感；

(2) 用两种色彩。先选定一种色彩，然后选择它的补色，例如：蓝色和黄色。这样的页面看起来色彩丰富但不花哨；

(3) 用一个色系；

(4) 用黑色和一种彩色。例如：黑色的背景配红色的字。这样的页面视觉冲击力很强，一般用于艺术化的站点。

Web 页面设计的根本目的是创建视觉逻辑，实现视觉与图形或者文本信息之间的优化平衡，为用户提供清晰、有序、值得信赖的信息资源。在Web页面中，利用图形和文本的空间组织方式增强视觉的冲击力，强化重点信息，从而引导读者的注意力，让Web站点更加有效率、交互性更好。形式服务于内容是Web版面设计的总体原则。

受到人眼视觉特点、人们在网上阅读习惯和计算机屏幕大小的影响，Web站点和每一帧页面信息的复杂性和重要性、信息导航功能和视觉效果随着页面的向下滚动而减弱。受到Internet带宽的限制，Web页面要求简单清晰，下载速度快。

与传统的平面设计相似，Web版面布局遵循平衡、对比、统一和节奏的原则。Web的布局形式多样，最常见的布局为“T”形和“口”形。表格是Web设计者自由地编排版面的有力工具。为了加快图像的下载速度，用于Web页面的图像质量要求不高，图像文件的尺寸小，Web中常用的图像格式为GIF和JPEG。GIF文件格式适用于256色或者色彩更少的图像，例如素描作品、插图、卡通画和大块纯色的图形；JPEG图像格式压缩率高，色彩丰富（24位），很适合连续色调作品、数字化相片和扫描图形，不过压缩成JPEG格式的图像会损失一些细节。Web页面的色彩和字体相对简单，为了防止读者长时间阅读计算机屏幕产生视觉疲劳，一般Web页面的色彩不超过3种，字体亦为2到3种，字体、字号和字符的排列方式也没有印刷媒体复杂。Web页面的色彩和字体更加强调和谐和统一。

第四节　内容编排

互联网媒体打破了现有传统媒体的传播方式，网络信息的传播在时间上表现出极强的时效性、持续性和回溯性；网络信息的组织在空间上延伸二维版面，呈现出多维网状的超文本形式；网络信息的表现方式不再单纯，文字、图形、图像、声音和视频信息等多媒体信息同时奉献给读者；网络信息的流动不再单向，网络技术为信息的制造者和消费者之间的实时互动提供了可能性。

在本节，我们将从网络信息的时间特性、空间特性、多媒体特性、交互特性和网民读者在网上的阅读习惯等方面考虑新闻网站页面的内容编排，并结合《人民日报》网络版关于“朝韩首脑会晤”的各类报道，综合分析页面内容编排的各项原则。

一、网络新闻信息的维度

（一）时间维度

与其他媒体相比较，网络信息传播的中间环节少，制作方式简单。理论上，任何联网计算机在任何地点、任何时间均能发布信息。网络上的新闻信息具有很强的及时性。例如，2000 年 5 月 19 日 18：20 中国和欧盟签定入世协议，18：21 千龙新闻网上便出现了报道：

签了!!!（2000．05．19 18:21:29）

经过 5 天漫长而艰苦的谈判，中国与欧盟终于就中国加入世界贸易组织达成协议。北京时间 18：20 分，中国外经贸部部长石广生和欧盟贸易代表拉米在外经贸部谈判大厅签署了正式协议。这项协议的签署，标志着中国向入世又迈入了关键的一步。

网络新闻信息的传播特性不仅体现在时间点上的及时性，而且表现为时间线上的持续性和回溯性。网络传播超越时间点（报纸）和时间段（广播电视）的限制，自由穿梭于现在和过去之间。时间线上的持续性有两个方面的含义：

1）单个题材采用连续报道或者系列报道的方式，通过时间的延展来强化主题。例如，关于“朝韩首脑会晤”，《人民日报》网络版从 4 月 10 日至 6 月 20 日共发布 140 条新闻，每个月发布的数目分布如图 4－25 所示。随着朝韩首脑会晤的临近，与之相关的新闻报道越来越频繁；6 月 13 日韩国首脑金大中抵达平壤，《人民日报》网络版共发布 20 条新闻，到达日发布数目的最高峰，如图 4－26 所示。增加新闻报道频度亦可以强化该事件的重要性。

2）增加重要新闻在网上存在的时间。《人民日报》网络版于 4 月 11 日开办“朝韩首脑会晤”专题，将网络版从 4 月 10 日起发布的与之相关的所有报道归入其中，并不断滚动更新、充实其内容。并于 4 月 11 日至 19 日、6 月 12 日至 21 日将其放在“特别推荐”栏目中。这便是通过延长新闻在网上存在的时间，强调该新闻的重要性。

网络新闻信息传播的回溯性指在新的报道中保留前续报道的内容链接，让访问者对新闻事件的前因后果有一个完整的了解，加深新闻报道的深度。

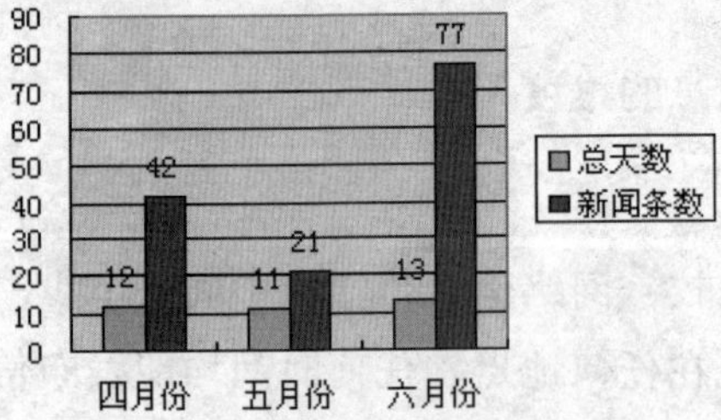

图 4－25　“朝韩会晤”分布图

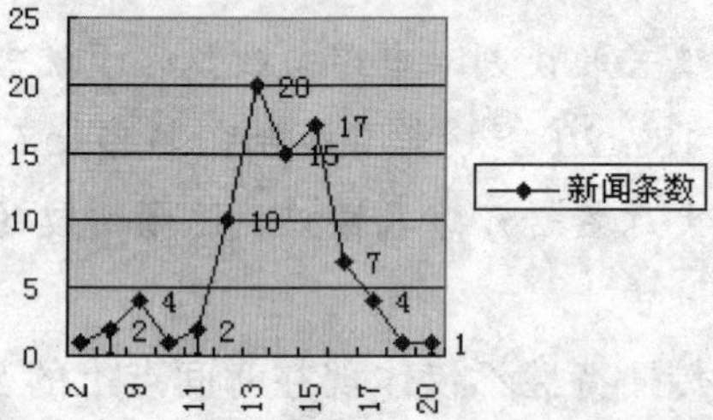

图 4－26　六月份“朝韩会晤”分布图

在 6 月 15 日《人民日报》网络版公告栏－〉今日焦点“成品油涨价会影响你我的生活吗?”中，链接了从 6 月 7 日至 14 日与之相关的前续相关新闻，它们是：

* 成品油价格将每月一调（2000 年 06 月 14 日 13:44）
* 燃油再次涨价“的哥”忧心忡忡（2000 年 06 月 14 日 10:40）
* 有关部门说法：油价为啥连着涨（2000 年 06 月 14 日 09:15）
* 专家解说油价“变脸”（2000 年 06 月 12 日 12:42）
* 油价上涨着急的不只是“的哥”（附图）（2000 年 06 月 12 日 10:01）
* 成品油价还会上调吗（2000 年 06 月 11 日 17:28）
* 油价为何一涨再涨（2000 年 06 月 10 日 10:12）
* 与国际市场价格接轨 成品油价再次上调（2000 年 06 月 08 日 05:47）
* 新闻分析：油价提高影响几何（2000 年 06 月 07 日 11:18）
* 如何看油价再涨（2000 年 06 月 07 日 10:00）

仅从相关新闻的标题中，我们判断可以获取的信息有成品油涨价的背景(与国际市场接轨)、影响的人群（对“的哥”影响最深)、专家的态度、政府的说法、涨价的方式（每月一调）等等，基本上对成品油价格上调有一个全面印象。

通过以上分析，我们看到网络新闻信息的传播在时间维具有以下特性：

1）时效性。网络传播具有很强的及时性，对于重要的新闻，基本上可以做到与新闻事件同步报道。

2）持续性。网络传播打破时间对新闻报道的约束，利用持续报道来加深新闻深度，利用增加新闻在网上的报道频度和存在时间来增强新闻的强度。

3）回溯性。在新报道中链接前续报道，为读者提供完整的新闻事件背景，使得读者对新闻事件有着完整的印象。

（二）空间维度

让我们回顾一下在第二节《规划组织结构》中讲述的网站结构形式。与印刷媒体不同，网站各页面之间的联系表现在它们之间的逻辑关系，而非物理关系上。一个页面可以和多个页面相链接，访问者在浏览页面时，可以根据自己的需要选择性地阅读。同时，页面文档的组织采用超文本形式（关于超文本，请参阅第一节中的“相关概念”），允许访问者从一段信息跳转到另外一段相关的信息中浏览。网络信息的组织在空间上延伸二维版面，呈现出多维网状的超文本形式。

下面我们将分析信息空间的基本元素。

1．点：页面上的某个物理空间位置

页面上方的信息首先呈现给浏览者（关于信息在计算机屏幕上的显示特性，请参阅第三节中的“影响 Web 页面设计的因素”），具有较大的强势。但是由于大多数页面大小超过计算机屏幕（按分辨率 800×600 像素、计算机屏幕 15 英寸考虑），页面信息无法整屏显示，在读者的眼中各条信息的相对位置模糊，所以不能简单地按照信息在页面上的空间位置判断其重要程度。例如，《人民日报》网络版首页上方的版面编排如下：

左方	中间	右方
独家报道	图片新闻＋“头条新闻”	公告栏

表 4－3

《人民日报》网络版仍然考虑了版面空间位置的强势因素，首页的左上方为该报的“独家报道”栏目；中间靠左为图片新闻，点击它可以得到完整的文字报道，一般图片新闻为当时发生的重要新闻；中间靠右为社论或者最为重要的新闻的摘要；点击“详细报道”亦可看到相关的文字报道。这部分新闻具有“头条新闻”的性质。右方为公告栏，预告网站重要活动，提示读者关注重要专题、重要新闻，公布“今日焦点”等等。

2．线：点与点之间的线性关系

线性关系的确立可以按时间顺序、逻辑关系、字母顺序等等因素进行。受到 Web 信息组织方式影响和计算机屏幕大小的制约，我们很难简单地根据网络信息的排列次序来判断其重要程度。《人民日报》网络版在组织新闻稿件时，重视时间的及时性，利用时间来强调新闻的重要性，新闻稿件基本上按报道时间降序排列。2000 年 6 月 15 日 22 点 28 分首页“今日要闻”中的新闻摘要有：

* 谢尔盖耶夫重申俄反对北约东扩（15 日 22:48）
* 挪威议长会见韩杼滨（15 日 22:46）
* 中国生产力高新技术展览会在香港举行（15 日 21:58）
* 普京施罗德举行首轮会谈（附图）（15 日 21:54）
* 香港恒生指数重上 16000 点（15 日 21:54）
* 胡锦涛会见喀麦隆对外关系国务部长（15 日 21:12）
* 陕西高校邓小平理论信息资料库揭牌（15 日 21:11）
* 戴相龙在“21 世纪论坛”午餐会上发表演讲（15 日 21:10）
* 中国互联网即将提速 8 倍（15 日 20:57）
* 学生赴美签证无限额（15 日 20:37）

将新闻稿件完全按时间排序带来一个问题是，读者在阅读网上新闻时感受到的是信息堆砌，陷入到信息的包围中，却无法得知哪些是最重要的信息，从而将对新闻信息的判断完全交付给读者自己。针对新闻稿件完全按时间排序的弊端，千龙新闻网在首页的显著位置设有“首席新闻”栏目，将重要新闻归于此栏目。2000 年 7 月 16 日上午 9 点 15 分左右首页中“首席新闻”的内容有：

* 专家说对太阳风暴影响勿过于紧张
* 中俄外长在京会谈
* 贾庆林表示：大运会明年最精彩

* 因突逢云雨：北京躲过一次强辐射
* 上海建“中国古代人骨基因库”
* 中国电信调价计划：每分钟０．１元
* （图文）千龙 IT 茶坊网友大会召开
* 二季度服务类投诉问题突出
* 美一陪审团裁定政府不负责任
* 联合国驻塞部队解救 233 名遭围困维和人员
* 约旦：歹徒行凶 婚礼变悲剧
* 夏季旋风袭扰加拿大艾伯塔省

千龙新闻网同时设“新闻时刻”，在此栏目中 24 小时滚动新闻。“新闻时刻”中的所有新闻按时间降序排列，突出网络新闻的时效性。7 月 16 日上午 9 点 15 分左右首页中“新闻时刻”的内容有：

* （图文）巴林公主：香水结下旷世奇缘 07－16 09:13
* 德国田协自扇耳光“牙膏事件”终翻案 07－16 09:03
* 意前总理“天价”诱惑贝克汉姆 07－16 08:59
* 澳大利亚打入戴维斯杯决赛 07－16 08:51
* 温网点击率是欧锦赛两倍 07－16 08:48
* 中国男篮到美国“打仗”07－16 08:44
* 临汾地区公开选拔县（市）长 07－16 08:26
* 史泰龙再度出山 07－16 08:18
* 武汉查获最严重客车超载案 07－16 08:13
* 今晚北京将看不到月全食 07－16 08:00
* 西安球迷不满裁判 07－16 07:56
* 北京市百家国企年内破产 07－16 07:54
* “三九”主流药降价 可能引发药品价格战 07－16 07:51
* 一场游戏一场梦——写在国力 VS 五牛赛后 07－16 03:21
* 美国拳手颜面尽失——中国功夫 VS 美国拳击 07－16 03:13

《人民日报》网络版也意识到新闻稿件按时间降序排列的弊端，从 2000 年 6 月起，改变“今日要闻”中新闻稿件的编排方针，稿件不再按时间降序排列，而是按照新闻的重要程度排序，其他新闻分类栏仍然按时间降序排列。

另外，访问者在浏览网页时，首先映入眼帘的是一系列的标题或者内容摘要（如上文），他们往往先根据标题的吸引力来取舍信息，然后再阅读详细的内容。所以，新闻标题具有信息强势。关于新闻标题的问题，我们将在后面“读者在网上的阅读习惯”那一部分详述。

3．面：信息在页面上的空间大小

多个页面按照一定层次结构组成 Web 站点，一般而言，信息的调用至少经历索引页和信息内容页两个层次。新闻站点的索引页为新闻标题或者内容摘要的集合，信息内容页显示每一条新闻的具体内容。在索引页中，一条新闻标题占据一到两行的空间，在编排新闻标题时，考虑更多的是信息的页面空间位置和信息与信息之间的排列方式，即点与线的关系，而非面的关系。在信息内容页中，每一页信息页为一篇新闻报道，信息在页面上的空间大小表现为一个网页的尺寸。以显示器的分辨率为 800×600 考虑，原则上，页面纵向滚屏不要超过 3 屏，横向则不应该滚屏。网页的尺寸（特别是宽度）必须加以控制，否则既无法适应计算机屏幕的大小，也不便于读者阅读。对于长文章，应该提供打印版本，以便读者下载阅读。

4．体：信息的空间组织方式

网站是由多个页面按照一定层次结构组成，访问者根据网页之间的链接关系选择性地浏览信息，有的页面先调阅，有的页面后调阅，有的则根本不会访问。所以，页面之间的逻辑关系直接影响到网络读者对信息的取舍。在编排网上新闻时，要注意将新闻信息分层，让不同层次的新闻在不同层次的页面上调用。新闻的调用层次体现了该新闻的重要程度。

首页是访问者必须首先浏览的页面，它集中体现该站点的风格特色，是网站内容的目录。首页具有信息强势，一般而言，新闻网站的首页主体内容有：重大新闻、图片新闻、分类新闻、各类新闻专题等；而重要新闻类似于报纸的头条新闻，其摘要占据主页的显著位置；一般性新闻摘要则位于各分类新闻栏中，供访问者查阅。各类新闻的调用层次为：

1）对于重要新闻经过两个层次的调用：标题或者内容摘要 -〉正文；

2）对于一般新闻经过三个层次的调用：栏目标题 -〉新闻标题 -〉正文；

切忌新闻的调用层次过深！谁会为了一条新闻，耐着性子等待七八个页面?!

网页的文档采用超文本形式，对文章中的某些信息加载超链接，允许浏览者从当前页面跳转到其他页面甚至其他站点中去，获取相关或者更加深入的信息。在网上新闻报道中，超链接为读者提供丰富的背景资料，加深了新闻报道。但是，如果使用不当，超链接将会引发以下问题：

1）信息过载。提供过量的信息，超出读者的承受能力，使得他们面对大量的信息无所适从。

2）信息干扰。提供与当前信息无关的链接，干扰读者正常地阅读视线。

3）迷路。缺乏良好的信息导航，读者在超链接中跳来跳去，无法回到当前信息中，从而偏离阅读目标。

4）浪费时间。读者花费大量的时间漫游于阅读目标之外。

页面中的超链接是为了强化信息之间的联系，增加信息的使用效率，但是往往事与愿违，超链接使得当前信息成为 Internet 空间的又一个信息垃圾。如果信息的超链接复杂，请强化信息导航（关于信息导航，我们已在第二节的“规划组织结构”部分有详述）。

《人民日报》网络版对超链接信息采用“在新窗口打开”的方式，即单独打开一个新页面呈现超链接信息，访问者浏览完毕后，关闭新窗口，回到当前页面，从而避免了“迷路”问题。

综上所述，网络新闻信息的组织在空间维有以下特性：

1）点。页面上方的信息首先呈现给浏览者，具有较大的强势，但是受到计算机屏幕限制，不能够简单地按照信息的空间位置判断信息的重要程度。

2）线。网络新闻信息的线性排列有两种主要形式：按时间排列和按新闻事件的重要性排列。但是同样受到计算机屏幕的影响，新闻信息的位序与新闻的重要性之间不一定存在必然联系。

3）面。每一篇网络新闻的报道长度不宜过长，原则上，页面纵向滚屏不要超过 3 屏，横向则不应该滚屏。对于长文章，应该提供打印版本，以便读者下载阅读。

4）体。新闻网站由位于不同层次的网页组成，其中首页时浏览者必须首先访问的网页，具有信息强势。注意将新闻信息按重要程度分级，并置于不同调用层次的页面上。

5）超链接。超链接为读者提供丰富的背景材料，加深了新闻报道。但是如果使用不当，超链接将引发信息过载、信息干扰、迷路、浪费时间等问题，反而降低当前信息的使用效率。

二、多媒体信息

多媒体功能是 Internet 提供的资源优势之一。图像、声音、视频等多媒体信息可以丰富新闻报道的内容，提高新闻的真实性和可信度，增加 Web 页面的视觉冲击力。利用多媒体手段进行网上新闻报道，是一个新兴的领域。但由于网络带宽的限制，在使用多媒体形式表现网页的内容时必须考虑客户端的传输速度，用户能够承受的下载多媒体信息的时间不可忽略。

图 4－27 说明了多媒体信息带宽和视觉效果之间的关系，横坐标代表带宽，纵坐标代表视觉效果。从 HTML 文本和 GIF 动画到复杂的 Shockwave 或 QuickTime 文件，带宽要求越来越高，视觉效果也越来越好。

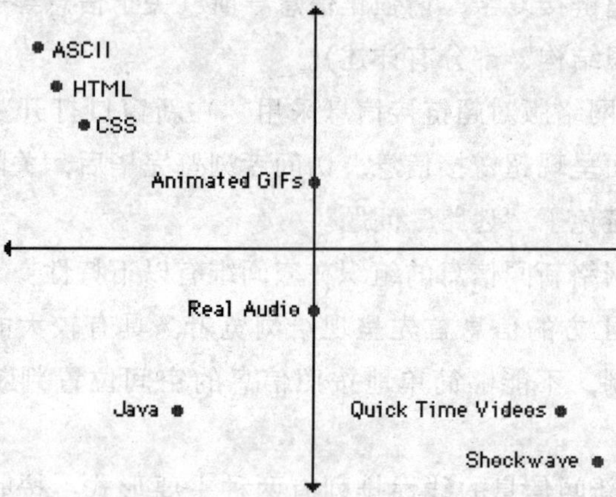

图 4－27　带宽与视觉效果的关系[①]

限制网上使用多媒体的另外一个因素是多媒体信息在客户端的运行方式。我们无法确定用户是否在客户端安装特定程序或子程序来显示特定的多媒体信息。例如，用户必须安装 Netscape 插件才能显示多媒体信息吗？用户的浏览器自动安装了 Microsoft ActiveX 组件吗？等等都是我们需要考虑的问题。

多媒体新闻信息是千龙新闻网的一大特色，每天及时提供音频新闻、视

---

① 引自 http：//it. sohu. com/webcourse/webmonkey/design/site_optimization/day1_3. html。

频新闻、图片新闻、卡通新闻等多媒体信息。每一种多媒体信息又按时政新闻、今日世界、大众财经、科技卫生、教育时空、文化娱乐、军事天地、社会法制、港澳台特快、体育看台、千龙视野等分类，同时提供节目检索，方便读者查阅，并且提供 Flash 插件和 Real 插件下载，便于用户浏览多媒体信息。多媒体功能在 Web 站点中的使用受到客户端硬件和软件环境的制约，在利用多媒体信息丰富网页的表现力，提高新闻报道的说服力时，必须了解它是以速度和通用性为代价的，信息需要的带宽越高，可能的读者群就越少。

三、交互式信息

交互性是网络媒体重要的特色，可以实现受众和媒体之间的互动。目前新闻网站常见的交互性手段有网上论坛、E-mail、聊天室和网上调查等方面。

由于聊天室有着明显的“无主题”倾向，国内大多数新闻网站没有采用这种互动方式。千龙新闻网在新闻站点开设聊天室方面做了有益的尝试。千龙的聊天室分为两个：海阔天空和新闻对话。海阔天空为网友提供自由交流的场所；新闻对话为在线访谈直播室，每日邀请若干嘉宾，在嘉宾到来后正式开始；在访谈结束后，会整理出访谈内容供用户查阅。千龙网力图既避免聊天室的盲目性，增加交流的深度，引导舆论导向，又为人们提供一个畅所欲言、表达民意的场所。

目前国内网上调查的随意性较强，没有严格的调查程序和科学的调查分析方法，什么样的主题适合网上调查、如何保证网上调查样本的合理性等等，都是需要进一步研究的问题。常见的网上调查涉及的主要内容有：针对某一个热点问题，采用网上问卷的方式，调查读者的观点和态度；建立常规性的读者问卷，了解近期读者对该网站的意见、建议和需求。

有关网上调查的内容，请读者参阅本书第八章。下面，我们主要介绍网上论坛和 E-mail 这两种交互方式。

（一）网上论坛

网上论坛是 Internet 提供给网络使用者表达观点、交流意见的一种特殊功能，最为值得新闻媒体网站重视。一般而言，网上论坛按照讨论的主题进行分类，例如《人民日报》网络版的“网上人民论坛”分为强国、健康、体育、英文、读书和网友之声等论坛。每个论坛有一个当值版主负责管理和组织网上讨论。同时网上论坛应该组织读者就当时的时政热点或者老百姓关心的问题展开讨论，必要时邀请嘉宾与网友共同探讨热点问题。网上论坛是持各种意见的人表达观点的有效途径，是新闻媒体正确引导民意到主流渠道，迅速形成舆论导向的捷径。

由于网上论坛采用匿名方式登录，用户可以在网上畅所欲言，当然也可以毫无顾忌地发泄。网上论坛很可能由于缺乏适当的组织管理而沦为人们情感宣泄的场所，论坛上的观点的完整性、真实性和可靠性将受到质疑。

每一个设有论坛的网站都有一套管理原则，声明读者的言论不代表本站立场、读者对自己的言论负法律责任，网站保留选载和编辑读者稿件的权力。同时要求网友遵守国家的法律、法规，不得发布诽谤、虚假、色情、暴力、迷信、破坏民族团结、危害国家安全、泄露国家秘密的言论等等。

论坛版主的主要任务是如何规划、组织和引导网友的讨论话题，引导民意，形成正确的舆论导向，同时提供自由地与他人交流、表达自己观点的场所。

本书将在第六章进一步研究网上论坛，这里从略。

（二）E－mail

E－mail是传统的读者来信在网上的延伸。一般的新闻站点均提供“网友信箱”、“网友之声”等类似的栏目，刊登读者来信及编辑的回复；E－mail是读者和媒体之间最常见的互动形式。

《人民日报》网络版对读者的E－mail编排具有代表性，它的“网友信箱”包括：

来稿选登：选择性地刊登读者来信；

疑难征答：招贴编辑从读者E－mail中整理出来一些问题，向广大网友征求答案；

公开回函：针对读者具有代表性的问题，公开回答；

意见建议：选择性刊登读者对网络版的建议或者意见；

贵宾图录：刊登网上人民论坛嘉宾的照片；

来函统计：刊登网络版接受读者来信的Info信箱的收件和处理统计数据，例如第29期“网友信箱”的来函统计数据如下：

日期									
6月20日至7月5日	收到	投稿	询问	意见建议	反映情况	求助投诉	合作推荐	杂志新闻	总计（封）
		230	99	39	206	64	72	600	1310
	处理	504							

表 4－4

网友回顾：刊登编辑致网友的公开信。

可以看到，《人民日报》网络版对读者 E－mail 来信尽量做到合理分类、及时回应和适量公布。但是网友信箱的更新速度慢，每半个月更新一次，处理的信息量不够大。第 29 期来稿选登读者来信 5 篇、公开回函 1 篇、疑难征答 15 条、意见建议 6 条，共计公布网友的来信 27 封，占整体来函的五分之一弱，而且疑难征答还包括上一期网友的问题。

面对数量日益增多的读者来信，网络编辑如何应对，如何处理和利用来自网民的大量信息是所有网络媒体急需解决的问题。

四、读者在网上的阅读习惯

（一）“扫描”页面

根据 John Markes 和 Jakob Nielsen 对读者在网上的阅读习惯的追踪调查（1994－1997 年）及 Poynter 研究所 2000 年 5 月的调查，读者不是在网上阅读（Read），而是在扫描（Scan）页面①。人们在网上阅读时很少逐字逐句地看，而是快速扫描，从中挑选某些单词和语句获取所需的信息。换而言之，读者在网上最普遍的行为是猎取信息，并且无情地忽略细节。为了适应读者的“扫描”习惯，在网页内容编写时，需要注意：

1．标题明确

大量地使用标题。标题概括文章的内容，并且在长文章中，子标题提供上下文的线索。主标题和子标题将信息有机地连贯起来，使得读者在网上“扫描”阅读时能够迅速地了解将要看到的内容。

① John Morkes and Jakob Nielsen, Concise, Scannable, and Objective: How to Write for the Web, www. nielsenmedia. com /alertbox; Jakob Nielsen: Users Read on the Web, www. nielsenmedia. com /alertbox; Jakob Nielsen: Eyetracking Study of Web Readers, May 14, 2000, http: //www. useit. com/alertbox/20000514. html。

标题要直指主题。人们浏览标题是为了抓住页面的主要内容，因此标题应该明确，能够精炼地概括主要内容。不要在标题上要弄小聪明，那些莫测高深、蛊惑人心、藏头露尾、诗情画意、尖酸刻薄、哗众取宠的标题统统是在浪费页面，读者在网上没有时间和心情欣赏你的表演。

关于标题，在本书第三章亦有详述，请参照相关的章节。另外，与标题相似，超文本中的链接词也应该直指主题，让读者立即抓住浏览超链接页面的主要内容。

超链接分散读者的注意力，一定要避免在文章中布满各种各样的超链接。只在文章中放置最为重要的超链接，将其他次要的、描述性的、说明性的或者注脚性质的超链接放在文章的末尾或者侧面，供读者查阅。

Web页面标题是Web设计者需要考虑的一类特殊的标题，它由HTML文档首部“TITLE”标签定义（请参见本章第一节中的“HTML语言简介”）。Web页面标题通常是读者首先看到的内容，对于网络速度慢的用户尤其如此；而且，当读者将某个页面添加到收藏夹时，Web页面的标题成为这个页面的书签。所以，Web页面标题至关重要，它应该做到：（1）与Web站点的名称协调一致；（2）语言精练、平实，高度概括页面的内容，让读者迅速地了解页面的主体内容。

2．语言简练

Niesen的调查显示，网上读者喜爱短小精干、一针见血的文章，文章的长度不宜过长，滚动的长页并不受欢迎。读者在网上的首要目的是获取信息，他们没有时间欣赏华丽的矫情文字。在行文风格上，读者更容易接受中立客观的语言，而非夸张、宣传性的言词。

3．结构清晰

页面内容或者文章的组织结构要清晰，便于读者快速扫描。网络新闻报道中常用的文章结构有以下两种形式：

（1）列表格式

列表格式便于“扫描”浏览，非常适合网页内容的编排。每个列表的条目要简明扼要、含义准确。列表的条目不要太多，对于过长的列表，可以将几个条目合而为一，或者将长列表按照内容的内在逻辑关系重新分类组合，拆成若干个段列表。

（2）“倒金字塔”结构

“倒金字塔”（Inverted Pyramid）的新闻写作方式，即将新闻、摘要和结论放在篇首，细节和背景信息放在后面。这种方式节约读者的时间，使网页更加便于浏览，是一种行之有效的网页写作方法。

在 Internet 上，读者一次只能浏览一个页面，或许就两三个段落；而他们如果没能从段首的几个字词中抓住中心思想，便会跳转到其他页面中去。所以段落的组织结构要求非常严密，做到一个段落一个主题，每个段落都是一个独立表达某一观点的“倒金字塔”。

（二）浅层阅读与选择性地深度阅读相结合

同时，Poynter 的研究表明，网上阅读是浅层阅读与选择性地深度阅读相结合。部分读者一旦在网上猎取到感兴趣的信息，便会沉入其中，深度挖掘其内涵，所以，网页的内容应该支持信息访问的两个层次：“搜寻”和“消费”。网页的文本不但要便于扫描，而且能够提供读者寻求的答案；网上新闻报道不但要广泛，而且能够提供适度的背景材料和深度报道。

（三）归纳与例析

综上所述，根据读者在网上的阅读习惯，在编排网络新闻时应该注意：

1) 标题明确。大量地使用标题和子标题，同时标题要简单明确、直指主题。并且将超文本中的链接词作为一种特殊的标题；

2) 语言简练。文章要短小精干、一针见血，滚动的长页并不受欢迎。文章的语言要客观、平实；

3) 结构清晰。将新闻、摘要和结论放在篇首，做到一个段落一个主题。网络文章常用的组织形式有列表格式和“倒金字塔”结构；

4) 丰富的信息和深度报道相结合。满足读者“搜寻”和“消费”——网上信息访问的两个层次。

下面我们再以《人民日报》网络版的报道《成品油涨价会影响你我的生活吗?》为例，分析如何根据读者在网上的阅读习惯进行网页内容的写作。该稿件的详细内容见附录一，其摘要如下：

标题名称	网络版特稿：成品油涨价会影响你我的生活吗?
作者名称	网络版记者　董盟君
开篇	按照国家计委的通知，从今年 6 月 1 日起，国内成品油价格再次上调
前三个段落的首句，交待	据了解，我国已于今年 2 月份、5 月份先后两次提高了成品

新闻事件和结论。	油价格
	成品油作为基础产品，其价格的变动在国民经济中非常敏感
子标题	与国际市场价格接轨
说明原因及后果	鼓励石化企业发展
	燃油税开征受影响
	不会引发物价上涨
	出租车行业受冲击
超链接	相关新闻
提供相关报道和背景信息	

它是一篇典型的网络版文章，采用“倒金字塔”结构组织文稿，新闻“国内成品价格再次上调”和其结论“其价格的变动在国民经济中非常敏感”放在篇首，细节和背景材料——价格上调的原因和影响的人群等随后展开。每个段落的首句为中心句，概括了该段落的主要内容；若干个小段落构成一个主题，在该段落群的前面有一个子标题概括它的主要内容。各个子标题言简意赅，贯穿全文。它们将整篇文章有机地结合起来，高度概括了该文的主要内容。无需阅读全文，通过扫描子标题，我们便能够了解该新闻事件的全貌。并且子标题和主标题遥相辉映，将子标题提供的信息整合起来便是主标题《成品油涨价会影响你我的生活吗?》的答案。

成品油涨价会影响你我的生活吗?

网络版记者　董盟君

按照国家计委的通知，从今年6月1日起，国内成品油价格再次上调，据了解，我国已于今年2月份、5月份先后两次提高了成品油价格，成品油作为基础产品，其价格的变动在国民经济中非常敏感。成品油在短时间内多次涨价，是为了与国际市场价格接轨，鼓励石化企业发展。油价上涨使得燃油税开征受影响，但并不会引发物价上涨。油价上涨让出租车行业受冲击。有关“国内成品油价格再次上调”的相关报道和背景资料请参照“相关新闻”。

文章的末尾提供“相关新闻”栏目，超链接与之相关的各类报道和背景资料，满足有兴趣进一步了解该新闻事件的读者的需求（在“相关新闻”中的超链接的详细内容和分析见本节“网络新闻信息的维度”)。

该新闻报道既便于读者快速扫描、掌握主题内容，又有一定的信息含量供读者深度挖掘，从而实现在“搜索”和“消费”两个不同层次上的信息访问。美中不足的是，《人民日报》网络版只是将“相关新闻”按时间降序排列，没有做更加深入的分析，报道在整体上仍然缺乏深度。

五、案例分析：“朝韩首脑会晤”在《人民日报》网络版上的编排

从2000年4月10日9：33悍“朝韩最高领导人将在平壤举行会晤”至2000年6月20日10：54“朝韩求同存异、峰会影响深远”，《人民日报》网络版采用各种稿件形式、利用多个栏目对朝韩首脑会晤进行广泛深入地报道。对朝韩首脑会晤的报道与编排集中体现了《人民日报》网络版的新闻报道和编排能力。我们将以此为例，结合本节的内容，综合分析新闻网站该如何进行页面内容的编排。作为个案分析的该专题详细内容见本章附录二。

（一）稿件特点

《人民日报》网络版“朝韩首脑会晤”的新闻稿件具有以下特点：

1．稿件形式多样

“朝韩首脑会晤”几乎调动了网络新闻稿件的所有形式，它采用的形式有快讯、简讯、详讯、新闻综述、新闻评论、新闻特写、网上论坛、网友来信(E－mail)等。

2．信息丰富

信息丰富的含义有两层：第一，信息来源丰富，“朝韩首脑会晤”的信息源不但有传统媒体和母体，而且大量的报道来自网络版专电；第二，信息量大。关于“朝韩首脑会晤”网络版共发布140条新闻，除了关于新闻事件本身的追踪报道、评论和综述，还提供新闻背景（“朝韩会谈历程”、“朝鲜半岛南北关系大事记”、“朝韩发展历史回顾”、“朝鲜半岛大事记”）、新闻人物（“韩国总统金大中”、“朝鲜劳动党总书记金正日”）、嘉宾访谈、网友感言等信息，从政治、经济、文化、外交等多个角度全面报道政府、企业、专家和普通百姓对朝韩首脑会晤的态度和观点。

3．涉及栏目众多

“朝韩首脑会晤”的新闻稿件出现在“独家报道”、“特别推荐”中的“今日焦点”和“朝韩首脑会晤”专题栏目、图片新闻栏、“今日要闻”、“公告栏”、“观点”、“强国论坛”等栏目中。

（二）编排特点

1．强调新闻的时效性

《人民日报》网络版一向注重新闻的时效性，每天从凌晨4点到晚上21

点网络版发布24次新闻，并且随时更新重要新闻，保证重大新闻事件能够立即上网。对于“朝韩首脑会晤”，网络版采用不定时更新、随时滚动新闻的方式报道。例如在2000年6月13日金大中抵达平壤的时刻，网络版分别于10:10、10:13和10:16连续发布三条新闻，每条新闻间隔仅3分钟。该天网络版共发布20条新闻，每条新闻的时间间隔如图4－28所示。

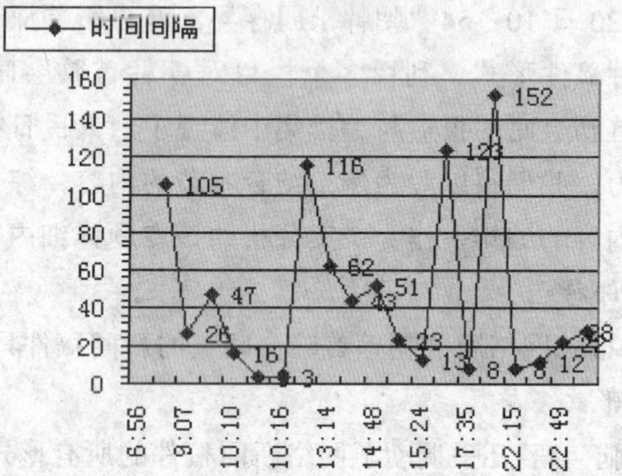

图4－28

从图中我们看到“韩国总统金大中抵达平壤”（10:13）、嘉宾访谈（17:27、17:35）、“金永南举行晚宴欢迎金大中”（22:15）是该天朝韩首脑会晤报道的热点；在这样三个时间段内，发布新闻的时间间隔缩短，新闻报道的频率加大。这正是《人民日报》网络版新闻编排的又一个特点，就是通过增加新闻报道频率来强化新闻的重要性。

2．增加报道频率，强化新闻的重要性

《人民日报》网络版增加报道频率的方式有两种：

1）增加单位时间内新闻报道量。

关于“朝韩首脑会晤”的稿件共140篇，从月稿件分布情况看（图4－29）：四月份42篇、五月份21篇、六月份77篇。六月份为稿件集中区，它正是朝韩首脑在平壤会晤的月份。从日稿件分布情况看，有两个高峰段：4月10日（9篇）、11日（11篇）和12日（6篇）以及6月12日（10篇）、13日（20篇）、14日（15篇）、15日（17篇）和16日（7篇）。4月10日朝韩宣布将举行首脑会晤，所以在这个时间点周围有大量的新闻报道；6月13－15日为朝韩首脑会晤期，这期间的新闻报道明显增多。由此可以看出，

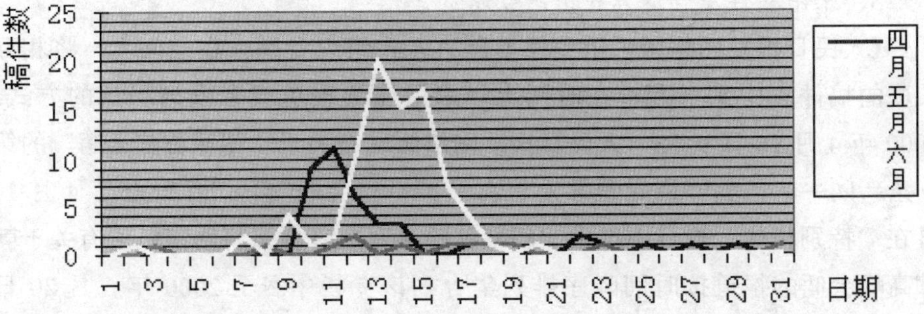

图 4－29　“朝韩首脑会晤”稿件日分布图

《人民日报》网络版利用单位时间内新闻报道量来强调新闻事件的重要程度。

2）增加新闻首页的报道量。

《人民日报》网络版首页第一屏的版面结构（屏幕分辨率 800×600）大体如表 4－5：

独家报道	图片新闻|头条新闻	公告栏
特别推荐	分类新闻栏	精品栏目

表 4－5

从左至右依次为：独家报道、图片新闻/头条新闻、公告栏；下方与它们相对应的栏目分别为特别推荐、分类新闻栏和精品栏目的部分内容。网站首页的第一屏是访问者必须首先浏览的页面，具有信息强势，从某种程度上看，它与报纸头版相当。在朝韩高峰会谈期间，该版面上的众多栏目参与报道，每日具体的稿件分布如表 4－6（一个√代表一篇稿件）：

日期	独家报道	图片新闻/头条新闻	公告栏	特别推荐	分类新闻栏—国际
6.12，23:52	√√	√	√	√	√
6.13，					
6.14，23:52	√√√	√	√	√	√√
6.15，22:28	√		√	√	√√√
6.16，23:18	√√		√	√	√√
6.17，23:15	√√		√	√	√√

表 4－6

3．采用稿件集合的方式组织专题

《人民日报》网络版采用稿件集合的方式组织专题：在空间上，将相互关联的稿件集中到一起；在时间上，采用连续报道或者系列报道的方式。2000年4月10日9:33《人民日报》网络版发布关于“朝韩首脑会晤”的第一条新闻——“朝韩最高领导人将在平壤举行会晤”，并于2000年4月11日在“特别报道”栏目中推出“朝韩首脑会晤”专栏，将网络版所有关于朝韩高峰会晤的报道按时间降序排列集合到该专栏中。至2000年6月20日10:54“朝韩求同存异，峰会影响深远”，供搜集稿件140篇，有关于新闻事件本身的追踪报道、评论和综述、新闻背景分析、新闻人物、嘉宾访谈、网友感言等信息。报道采用的形式有快讯、简讯、详讯、新闻综述、新闻评论、新闻特写、网上论坛、网友来信等。这组专题报道让读者从不同角度、不同侧面、多层次、全方位地了解这一新闻事件。

4．采用图片强调重要新闻

《人民日报》网络版在组织朝韩首脑会晤的报道时，还利用图片来强化新闻事件的重要性。在140篇稿件中，有26篇附有图片说明，其分布如图4-30所示，图片新闻集中在6月13日（4篇）、6月14日（5篇）和6月15日（4篇），而这三天正是朝韩首脑在平壤举行高峰会谈时期。事实上，它们亦是新闻发布的高峰，日稿件量分别为20篇、15篇和17篇。《人民日报》网络版正是通过图片来加强视觉冲击力，强化重要新闻的传播效果。

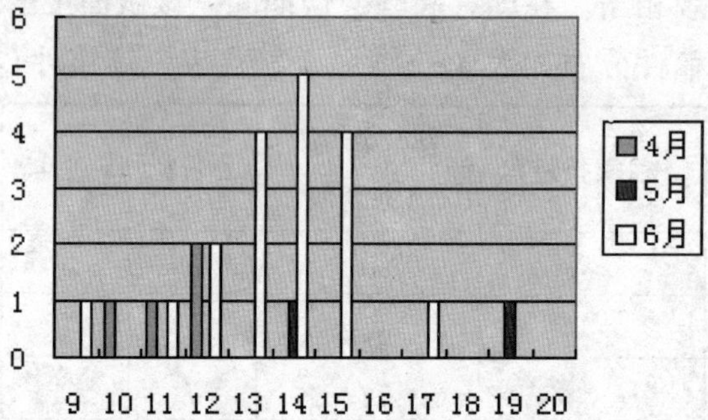

图4-30　图片分布

受到网络带宽的限制，《人民日报》网络版的新闻图片的尺寸较小，一般大小为5-10KB，最大不超过15KB；图像的高度为100-150像素，宽度为180像素或者200像素。

5．网上论坛

《人民日报》网络版的网上论坛注重时事政治，针对热门话题及时邀请有关专家做客与网友共同探讨，从而从侧面引导舆论导向，弘扬主旋律，并且增加媒体与受众之间的亲和力。6月13日强国论坛邀请中国社会科学院亚太所朴键一博士和韩镇涉研究员就朝韩首脑会晤事件与网友们进行在线座谈，回答网友们的问题，将网上论坛的讨论引向深入。

（三）存在的问题

《人民日报》网络版"朝韩首脑会晤"专题虽然信息量大，报道形式多样，层次丰富，但是缺乏对信息的二次加工。从页面的编排形式来看，整个专题的编排缺乏层次，只是将4月10日至6月20日的所有新闻稿件标题按时间降序分三页组合到一个专题中，没有对信息进行进一步的整理、分类和说明，不符合网上读者快速扫描、浅层阅读和深层阅读相结合的习惯。读者在阅读时感受到的是信息堆砌；他们陷入到信息的包围中，却无法得知哪些是最重要的信息，编辑将对新闻信息的"判断权"完全交付给了读者自己。

比较一下千龙新闻网的"朝韩会谈：半个世纪后的握手"专题报道，虽然只有58篇稿件，信息量远不及《人民日报》网络版，但是千龙新闻网的稿件编排则较为合理，更符合网上读者的阅读习惯。整个专题报道分为：

专题导读：简单介绍朝韩会晤的时间、地点和意义；

千龙快报：千龙新闻网记者的追踪报道；

媒体扫描：其他媒体的相关报道；

专家评述：千龙新闻网特稿，深度分析朝韩会晤；

背景资料：两国首脑的简介、汉城新闻会议中心简介、朝鲜半岛南北关系大事记、韩朝首脑会谈协议等背景材料；

相关事件回顾：各国政府、各种国际机构对待朝韩首脑会晤的态度等；

网友评说：网友对该事件的观点和态度。

根据Poynter研究所2000年5月份对网上读者阅读行为的调查，用户在浏览站点时采用交织方式，即首先在一个窗口阅读一些东西，然后会切换到另外一个窗口，访问另外一个站点；接下来又回到第一个窗口，在第一个站点阅读更多的信息。如果必要，他们可能会再次切换到第二个窗口。这种交织的阅读方式，导致网上读者可能会在同一时刻比较不同站点对于同一新闻事件的报道，所以信息的易读性非常重要，是吸引网站访问者的首要条件。

《人民日报》网络版继承其母体新闻报道的权威性，注重新闻质量，利用网络信息传播的时效性、网络信息源的多媒体性、网络信息流动的双向性和网络的海量存储能力，充分扩展新闻报道的广度和深度。但是，《人民日报》网络版没有充分考虑到网上读者的阅读习惯，在内容编排上缺乏与读者的亲和力。网络传播“以人为本”应该是所有新闻网站的基本指导思想，《人民日报》网络版亦不能例外。

本章思考与练习

1. 选择一个站点，分析它的IC设计和栏目组合方式。

2. 规划你的个人主页，阐述其IC形象、栏目板块的构思，绘制其逻辑结构图。

3. 根据本节阐述的原则，设计自己个人主页中首页的版面。

4. 选择一个新闻站点，评述该站点新闻信息的编排特点。

本章附录一

网络版特稿：成品油涨价会影响你我的生活吗？（今日焦点）

网络版记者　董盟君

按照国家计委的通知，从今年6月1日起，国内成品油价格再次上调，汽油出厂价格每吨提高300元，提价幅度达11%；柴油出厂价格每吨提高100元，提价幅度为4．3%。各地市场零售中准价相应等额提高。

据了解，我国已于今年2月份、5月份先后两次提高了成品油价格。这次也是自去年11月以来，7个月内成品油的第四次价格上调。

成品油作为基础产品，其价格的变动在国民经济中非常敏感。成品油在短时间内多次涨价，到底什么原因？油价上涨对消费者、企业等各方面有何影响？

与国际市场价格接轨

来自国家计委的说法：继续提高成品油价格是为了进一步贯彻落实国务院关于加快国内石油价格与国际市场接轨步伐、建立与国际市场相适应的价格形成机制的决定。

近年来，我国石油工业发展一直滞后于国民经济的发展，自1993年开始，我国已成为石油净进口国，且进口量逐年增加，1999年进口量已占国内原油加工量的20%左右。国际石油价格对国内石油工业的影响愈来愈大，我国石油市场已不可能独立于国际市场之外。实现与国际市场价格接轨，可以促进企业充分利用国际国内两种资源、两个市场，保证国民经济发展需要。改革石油价格形成机制也有利于促进石油企业加快建立现代企业制度，提高参与国际市场竞争能力。

近来国内成品油价格连续提高的直接原因，是国际市场油价出现了急剧变化。1999年4月国际市场原油价格一改持续低迷的状态开始大幅度上扬，并且在今年3月创下海湾战争以来的最高点，国际原油价格累计上涨了130%。截至目前，国际市场石油价格仍在高价位运行。我国成品油价格的提价幅度和调整频率都要小于国际市场的变化，与国际价格水平仍有一定差距，但考虑到社会承受能力和国际油价的变动趋势，国内成品油价与国际市场接轨将分步到位。

鼓励石化企业发展

来自石化部门的说法：我国成品油价格是一直由国家统一控制的，但是原油价格早已与国外接轨，这样就有如两条腿走两条不同的路。如果国家成品油定价与国外持平，还没有什么问题；一旦成品油定价高于或低于国际成品油价格，我国的石化部门就会受到很大影响。近期国际原油价格一路飙升，我国的成品油价格又一直偏低，结果造成我国大部分炼油企业亏损，使国民经济受到重大损失。这几次成品油价格上调就是为了与国际市场接轨作努力，对整个石化行业来说也是好事，会鼓励石化企业的发展。我国成品油价格的不断变化实际上反映了我国石化行业正逐步由计划走向市场，这将对国内的石化企业产生重要影响。

加入世贸组织以后，我国要3年放开零售，即国外企业可以到中国来办加油站，5年放开批发，即5年之后可以从国外批发石油，这将对中国石化造成巨大冲击，因而我国成品油价格应尽快与国际接轨，为加入世贸组织做准备。

燃油税开征受影响

来自国家税务总局的说法：油价上涨与燃油税的征收息息相关，国家在制定燃油税方案时会非常慎重地考虑这一因素。燃油税是肯定要征的，只是时间问题。油价上涨将直接影响燃油税方案的制定，因为不管将来是按照“定率”还是“定额”征收燃油税，油价都是要被考虑在内的一个重要因素。油价上涨必然给用户带来成本的增加，在这种情况下，税负理应被控制在合理的范围之内，所以，燃油税的征收必须考虑各种情况，兼顾各方利益。

另有专家认为，根据目前油价上涨的大趋势，国家近期可能不会开征燃油税。因为这样做会在一定程度上增加纳税人的负担。

不会引发物价上涨

来自专家的说法：目前乃至今后影响国内成品油市场价格变化的主要因素有：一是中国石油、石化两大集团公司对国内市场供求的调控力度；二是国际市场的价格变化；三是国家有关的政策。

石油上下游的产业链很长，对以工业化为基础的经济作用非常大，往往起到市场动态指标性作用。世界各国都在进行结构调整，各发达国家高耗能的产业正在衰退，而网络经济的增长对能源的消耗很有限，因此经济增长与能源消耗不能成正比。典型的是美国依然在高油价下保持旺盛的经济增长。同时，世界各国对油价波动的承受力大大增强，这也是有人预言的“第四次石油危机”迟迟不来的原因。可以肯定的是，在政府监控之下，国内成品油价格无论如何波动，都不可能成为通胀的导火索。

国内成品油调价两周后，有关部门对各地市场调查发现，成品油涨价没有引发下游经济环节的涨价连锁反应。

出租车行业受冲击

来自市场的反应：成品油涨价受影响最突出的是出租车行业。

在沈阳，全市的出租车价格是采取“一刀切”的办法，即无论什么车型都是起价 7 元，4 公里以后，每公里 1．5 元。显然，这次燃油价格在短时间里的不断提价，使得沈阳出租车行业多少有些挺不住了，出租车的运营成本明显增加，司机收入极少。调高出租车价格，消费者又持反对意见。

北京一些出租车司机对油价上涨的看法是：涨得太频繁了。93＃汽油从2．32元到2．92元，几乎隔几天一涨。司机每天工作12小时，需要20升油，涨价之后，一天多出12块钱，一个月至少多花360元，而公司并没有因为油价上涨对“份儿钱”进行下调，所以，油价上涨意味着司机的成本增加，收入减少。

针对调价给出租车行业带来的问题，有媒体呼吁政府该“调控”的也该站出来勇于“调控”，确保国家、车主及消费者的利益。

从全国的情况来看，成品调价以来，市场总体反应平稳。从7月份起，国家计委将根据国际市场价格制定成品油基准价，每月调整一次。有专家说，随着今后我国加入WTO，国内的油价将会与国际市场的油价同步，承受油价波动的心理准备是必要的。

相 关 新 闻

* 成品油价格将每月一调（2000年06月14日 13:44）
* 燃油再次涨价“的哥”忧心忡忡（2000年06月14日 10:40）
* 有关部门说法：油价为啥连着涨（2000年06月14日 09:15）
* 专家解说油价“变脸”（2000年06月12日 12:42）
* 油价上涨着急的不只是“的哥”（附图）（2000年06月12日 10:01）
* 成品油价还会上调吗（2000年06月11日 17:28）
* 油价为何一涨再涨（2000年06月10日 10:12）
* 与国际市场价格接轨 成品油价再次上调（2000年06月08日 05:47）
* 新闻分析：油价提高影响几何（2000年06月07日 11:18）
* 如何看油价再涨（2000年06月07日 10:00）

到BBS交流　　　写信谈感想

本章附录二

《人民日报》网络版朝韩首脑会晤专题

1．朝韩求同存异 峰会影响深远（2000年06月20日 10:54）
2．汉城专电：金大中访北归来之后（2000年06月18日 06:32）

3. 安南等发表声明谈话欢迎朝韩峰会取得成果(2000年06月17日 20:56)

4. 近15万韩国人申请与北方亲人团聚 (2000年06月17日 20:40)

5. 迟到半个世纪南北兄弟握手 (附图) (2000年06月17日 10:52)

6. 安南和一些国家欢迎朝韩首脑会晤取得成果(2000年06月17日 01:29)

7. 汉城专电：韩朝停止相互诽谤性广播 (2000年06月16日 17:19)

8. 两金握手引来无限商机

韩国企业大举抢滩朝鲜 (2000年06月16日 17:18)

9. 江泽民主席就朝韩首脑会晤取得成功

分别致函金正日总书记和金大中总统 (2000年06月16日 17:15)

10. 朝鲜半岛统一进程加速

——北京专家谈朝鲜南北首脑会晤的成果 (2000年06月16日 13:47)

11. 日本：期待与担心 (2000年06月16日 06:17)

12. 企盼统一 殷殷情深 (附图) (2000年06月16日 06:07)

13. 汉城专电：走向和解与和平的一步 (今日焦点) (附图) (2000年06月16日 03:41)

14. 韩国总统金大中返抵汉城 (2000年06月15日 19:23)

15. 述评：重要的会晤 积极的成果 (2000年06月15日 18:41)

16. 就朝韩首脑会晤 中国外交部发表声明 (2000年06月15日 16:55)

17. 俄积极评价朝韩首脑会晤 (2000年06月15日 16:54)

18. 平壤专电：金大中结束访问离开平壤

金正日到机场送行 (2000年06月15日 16:33)

19. 金大中夫人忙坏了 (附图) (2000年06月15日 15:17)

20. 美国对朝韩签署共同宣言表示欢迎 (2000年06月15日 14:36)

21. 韩国舆论欢迎签署南北共同宣言 (2000年06月15日 14:30)

22. 华盛顿专电：美国关注朝韩首脑会晤 (2000年06月15日 13:18)

23. 东京专电：日本积极评价朝韩共同宣言(2000年06月15日 11:28)

24. 汉城市民关注朝韩首脑会谈 (附图) (2000年06月15日 09:35)

25. 金大中夫妇参观平壤万景台学生少年宫 (附图) (2000年06月15日 09:34)

26. 朝韩峰会令美军忧心忡忡（2000 年 06 月 15 日 09:32）

27. 背景资料：朝鲜半岛大事记（2000 年 06 月 15 日 09:18）

28. 朝韩首脑会晤近镜头（2000 年 06 月 15 日 03:14）

29. 汉城专电:韩朝首脑签署共同宣言(附图)(2000年06月15日 01:09)

30. 简讯：朝韩首脑签署北南共同宣言（2000 年 06 月 15 日 01:01）

31. 快讯：朝韩签署原则性协议（2000 年 06 月 14 日 21:58）

32. 汉城专电:金大中举行答谢宴会(附图)(2000年06月14日 20:57)

33. 汉城专电：金大中金正日第二次会谈结束(2000年06月14日 19:54)

34. 汉城专电：金正日与金大中再次举行会晤（附图）（2000 年 06 月 14 日 15:59）

35. "二金"真诚对话录（2000 年 06 月 14 日 15:22）

36. 朝韩会谈重视经济合作及多方交流（2000 年 06 月 14 日 15:07）

37. 详讯:朝韩领导人举行大范围会谈(附图)(2000年06月14日 14:58)

38. 民心向统一 峰会促信任（2000 年 06 月 14 日 14:18）

39. 金正日与金大中一起检阅朝鲜人民军三军仪仗队（附图）（2000 年 06 月 14 日 14:09）

40. 金永南阐述朝鲜关于统一问题的基本立场(2000年06月14日 13:56)

41. 朝韩讨论彼此设立代表处（2000 年 06 月 14 日 11:24）

42. 韩朝首脑会谈花絮（2000 年 06 月 14 日 11:20）

43. 简讯:金永南与金大中举行大范围会谈(2000年06月14日 10:52)

44. 金正日与金大中举行会晤（附图）（2000 年 06 月 14 日 09:16）

45. 全世界目光聚焦在平壤（2000 年 06 月 14 日 02:34）

46. 平壤盛情迎嘉宾（2000 年 06 月 13 日 23:17）

47. 汉城专电：金大中的平壤之行（附图）（2000 年 06 月 13 日 22:49）

48. 金永南举行晚宴欢迎金大中（2000 年 06 月 13 日 22:27）

49. 东京专电:日本重视朝鲜南北首脑会谈(2000年06月13日 22:15)

50. 金正日与金大中举行会晤（2000 年 06 月 13 日 20:07）

51. 嘉宾访谈：朝韩首脑会晤

中国社科院亚太所朴键一博士（2000 年 06 月 13 日 17:35）

52. 嘉宾访谈：朝韩首脑会晤

中国社科院亚太所韩镇涉研究员（2000 年 06 月 13 日 17:27）

53．汉城专电：南北首脑举行首次会谈（2000年06月13日 15:24）

54．网友感言：希望上网好信息（2000年06月13日 15:11）

55．朝韩峰会延迟内幕（2000年06月13日 14:48）

56．韩国报纸祝愿南北首脑会晤取得成功（2000年06月13日 13:57）

57．平壤专电：金大中抵达平壤 金正日前往迎接（详讯）（附图）（2000年06月13日 13:14）

58．汉城专电：金大中离开汉城前往平壤（详讯）（附图）（2000年06月13日 12:12）

59．汉城专电：金大中抵平壤访问 金正日前往迎接（快讯）（2000年06月13日 10:16）

60．韩国总统金大中抵达平壤（附图）（2000年06月13日 10:13）

61．朝韩首脑会晤花絮（2000年06月13日 10:10）

62．平壤专电：金大中抵达平壤（快讯）（2000年06月13日 09:54）

63．汉城专电：金大中离开汉城前往平壤（快讯）（2000年06月13日 09:07）

64．朝韩首脑今日聚首平壤（2000年06月13日 08:41）

65．朝鲜平静迎峰会（2000年06月13日 06:56）

66．新闻人物：韩国总统金大中（2000年06月12日 19:33）

67．新闻人物：朝鲜劳动党总书记金正日（2000年06月12日 19:31）

68．国际资料：朝鲜半岛南北关系大事记（2000年06月12日 19:28）

69．汉城专电：会谈在即 金大中表明立场（2000年06月12日 15:04）

70．汉城专电：祈愿南北首脑会谈成功

——汉城街头即景（附图）（2000年06月12日 15:02）

71．综述：大势所趋 人心所向

——写在韩朝首脑会晤之际（2000年06月12日 11:26）

72．峰会推迟原因 确保安保周密（2000年06月12日 10:39）

73．世界媒体聚集汉城（2000年06月12日 09:49）

74．特别关注：朝鲜半岛南北关系的新起点（2000年06月12日 09:39）

75．汉城集会促南北统一（附图）（2000年06月12日 02:38）

76．汉城专电：南北首脑会谈延期（2000年06月11日 10:38）

77．汉城专电 朝鲜半岛：新的期待（今日焦点）（附图）（2000年06月

11 日 08:47)

78. 朝韩峰会：议题不受任何限制（2000 年 06 月 10 日 09:17）

79. 金大中说南北首脑会晤意义重大（2000 年 06 月 09 日 21:00）

80. 韩国国会和经济界支持南北首脑会晤（2000 年 06 月 09 日 20:57）

81. 金大中将送猎犬给金正日（2000 年 06 月 09 日 16:15）

82. 汉城出现金正日画像（附图）（2000 年 06 月 09 日 03:51）

83. 汉城专电："设想"中的南北首脑会晤（2000 年 06 月 07 日 16:18）

84. 首脑会谈在即 南北积极筹备（2000 年 06 月 07 日 09:01）

85. 韩先遣队抵达平壤（2000 年 06 月 02 日 06:16）

86. 峰会在即 朝韩预热（2000 年 05 月 31 日 17:04）

87. 韩国 朝鲜 音乐取代攻击（2000 年 05 月 31 日 10:59）

88. 汉城专电:南北首脑会谈先遣队赴平壤(2000年05月31日 00:47)

89. 韩国和朝鲜的民间交流日趋活跃（2000 年 05 月 23 日 14:53）

90. 汉城专电:韩朝首脑会谈程序协议(附图)(2000年05月19日 02:11)

91. 汉城专电：韩朝首脑会谈第 5 次预备会议结束

双方就首脑会晤程序问题达成协议（2000 年 05 月 18 日 15:32）

92. 韩朝结束为首脑会谈作准备的工作接触(2000年05月17日 15:51)

93. 网络版汉城专电：

韩朝就峰会的礼宾和警卫举行工作接触（2000 年 05 月 16 日 17:17）

94. 韩朝就首脑会晤举行工作接触（附图）（2000 年 05 月 14 日 03:54）

95. 金大中希望南北首脑会晤成为结束对抗的起点（2000 年 05 月 12 日 22:12）

96. 韩朝达成举行工作接触的协议（2000 年 05 月 12 日 17:26）

97. 谈论"核威胁"干扰南北方 美国想插手韩朝峰会（2000 年 05 月 12 日 10:06）

98. 韩朝就南北首脑会晤的大部分程序达成一致（2000 年 05 月 11 日 23:16）

99. 网络版汉诚专电：韩朝举行首脑会谈第 4 次预备会议（2000 年 05 月 08 日 18:37）

100. 韩朝举行首脑会谈第 3 次预备会议（2000 年 05 月 03 日 18:31）

101. 朝鲜韩国：跨越"三八线"（2000 年 04 月 29 日 14:13）

102. 网络版汉城专电：韩朝举行第2次预备会议（2000年04月27日15:46）

103. 韩朝野两党协力促南北峰会成功（2000年04月25日10:36）

104. 朝韩首次预备性会谈结束（2000年04月23日09:11）

105. 网络版汉城专电：
南北首脑会谈首次预备会议在板门店举行（2000年04月22日17:43）

106. 为朝鲜半岛最高级会谈作准备
朝韩今日接触（2000年04月22日15:58）

107. 网络版汉城专电：韩建议南北22日进行副部长级接触（2000年04月18日18:19）

108. 金大中表示将谋求南北方首脑会谈的实际成果（2000年04月17日15:00）

109. 朝韩特使：不辱使命（2000年04月14日16:54）

110. 朝韩峰会令美不安（2000年04月14日10:42）

111. 朝韩发展历史回顾（2000年04月14日09:55）

112. 朴智元谈朝韩秘密接触（2000年04月13日08:49）

113. 金大中如何跨过“三八线”（2000年04月13日08:47）

114. 朝韩首脑会晤协议的幕后（2000年04月13日08:43）

115. 安南欢迎朝韩首脑会晤（2000年04月12日10:50）

116.“二金会晤”计划出台幕后（附图）（2000年04月12日09:49）

117. 韩朝首脑会谈意义深远（2000年04月12日09:12）

118. 值得欢迎的会晤（国际论坛）（2000年04月12日05:02）

119. 韩国称力争使南北首脑会谈成功
朝鲜各界欢迎北南举行首脑会谈（2000年04月12日05:00）

120. 一项双赢的决定（附图）（2000年04月12日00:50）

121. 朝鲜半岛南北关系大事记（2000年04月11日17:09）

122. 网络版汉城专电：遵循南北共同声明 实践柏林宣言事项（2000年04月11日16:45）

123. 网络版华盛顿专电：克林顿欢迎朝韩元首会晤（2000年04月11日11:19）

124. 英对朝韩将举行首脑会晤表示欢迎（2000年04月11日10:36）

125. 美国政府欢迎朝韩首脑会晤（2000 年 04 月 11 日 10:34）

126. 新闻背景:朝韩会谈历程（2000 年 04 月 11 日 10:00）

127. 朝韩峰会 两金面谈（2000 年 04 月 11 日 09:57）

128. 俄欢迎朝韩举行首脑会晤（2000 年 04 月 11 日 04:07）

129. 韩国民众关注朝韩首脑会谈（附图）（2000 年 04 月 11 日 03:48）

130. 外交部发言人谈朝韩首脑会晤（2000 年 04 月 11 日 00:52）

131. 新闻分析:韩朝首脑将举行历史性会晤(2000年04月11日 00:23)

132. 网络版汉城专电：韩国普遍欢迎南北首脑会谈（综述）（2000 年 04 月 10 日 21:26）

133. 日本政府欢迎朝鲜南北方举行首脑会谈(2000年04月10日 19:52)

134. 网络版平壤专电：朝鲜中央广播电台公布北南协议书（2000 年 04 月 10 日 18:47）

135. 网络版汉城专电：朝鲜南北首脑会谈将于 6 月在平壤召开（2000 年 04 月 10 日 13:55）

136. 网络版东京专电：南北朝鲜准备首脑会谈（详讯）（2000 年 04 月 10 日 13:25）

137. 网络版东京专电：韩国政府发表的韩朝首脑会谈协议全文（附图）(2000 年 04 月 10 日 12:15）

138. 简讯：韩朝将举行首脑会谈（2000 年 04 月 10 日 10:59）

139. 韩国《中央日报》报道韩朝首脑将会晤(2000年04月10日 10:10)

140. 朝韩最高领导人将在平壤举行首脑会晤(2000年04月10日 09:33)

第五章　网络流式媒体 (Stream Media) 制作

国际互联网对于广大普通上网用户来说，WWW 方式是其最主要的服务方式。随着多媒体技术的发展，WWW 网页的表现形式已经不限于简单的文字文本和图片欣赏，而是成为包括大量的音频、视频和动画等内容在内的多媒体形态，使得 Internet 的表现形式得到大大丰富和增强，从中也产生了网络传播的一个新内容：流式媒体或流媒体（Stream Media）。

通过本章的学习，你可以了解流式媒体的产生、发展与基本理念，掌握将传统的音视频节目制作成适合网络传播的流媒体节目的方法与技巧，了解流媒体网络播出的基本常识。这将为你或你所工作的媒体进一步提高网络传播的表现力打下很好的基础。

第一节　网络流式媒体概述

一、什么是流式媒体

在网络上，传统广播电视的节目内容是以“0”和“1”数字信号的形式传送的，人们把网络上传送、播放的音视频节目和多媒体文件的形象地称为“流式数据”，把通过网络传输的音频、视频或多媒体文件称为流式媒体文件，简称流式媒体。流式媒体的播放系统（包括软件）称为流媒体播放器。

现在在网上流行的媒体播放软件主要有 RealNetworks 的 RealPlayer G2、微软的 windows media player、苹果的 Quicktime4．0、Nullsoft 公司（已被美国在线收购）的 Winamp 等等。

动态图像的处理要比单纯的声音处理复杂得多，如同 20 世纪初先有广播后有电视一样，在网络上音视频多媒体技术的应用也是先从声音开始的。网络带宽是视频网络应用的主要限制之一。虽然众多的流媒体精彩纷呈，但是我们如果追溯流媒体的产生与发展，RealAudio 则可谓功不可没。RealAudio 以其流畅的声音播放功能，打破了互联网上声音传递的障碍。

二、RealAudio 的产生与发展

1995 年 4 月，位于西雅图的“进步网络”（Progressive Networks），其网站吸引了大量的上网人潮。“进步网络”在其网页上放置一个名为 RealAudio Systems 的试用版软件。这个软件带给互联网“点播声音”（audio on demand）的功能。这项技术对大多数使用者的意义是，为原本内容丰富但是欠缺声音传输的互联网增添了声音。

在“进步网络”登场前，在网络上传送数字声音还是一个令人怀疑的主意——传送的声音必须要在完全下载之后才能收听到，而且下载时间可能比播放时间要多出 5 倍甚至更长的时间；也就是说，要听 2 到 5 分钟的音乐，可能要花上 25 分钟的下载时间。因为这个障碍，声音无法像文字、图片一样在网络上流传盛行。尽管一些技巧高超的人还是会利用网络传送声音，但是大多数人对此“敬而远之”，避免在网络上听取声音，他们认为在网络上收听音乐就像是利用信鸽来传递广播一样。

RealAudio 软件不必等到声音完全下载之后才开始播放，它是从接受声音文件开始就能播放。在选取一个声音文件时，只有短暂的时间延迟，这种延迟是当做声音文件的缓冲区，保存在使用者的电脑上；而后，选取的声音便会响起——在理想状况下，直到乐曲结束，使用者几乎感觉不到任何间断。当乐曲结束时，文件便从计算机上自动删除，不留下任何痕迹。RealAudio 使得“即时播放”成为可能。

罗伯·葛雷瑟—— 进步网络的总裁与创业者一直设法将他对政治与科技的兴趣结合在一起。在 IBM 与微软的工作经验一直使他有这样的挫折感：当所谓进步的人碰到使用新科技，尤其是通讯科技，就会全然变成“卢德派”[①]。当罗伯·葛雷瑟决定使用互联网作为传播工具后，在当时的条件下，

---

① Ludites：将失业完全归罪于工厂机器之引进因而破坏机器的工人，卢德派这一名称从此便用于对一切技术革新的阻挠行为。

葛雷瑟认为生动的图像传输可能需要等待网络传输技术的改进。这驱使他致力于网络声音的传递。经由简单地计算频宽与传递速度，葛雷瑟找到了昔日在微软认识的压缩专家，一起评估在14．4kbps的速率下能够得到的最清楚的声音信号，解决部分潜在的缓冲问题，并且利用个人电脑本身的计算能力，在接收声音数据流时同时解压声音信号。如此一来，RealAudio的核心关键技术很快得到解决。

RealAudio首次登场互联网是在1995年4月10日，内容来自美国广播公司、国家广播公司等。RealAudio随即登上许多出版物的封面故事，如《纽约日报》、《华尔街日报》、《经济人》。《今日美国》将RealAudio列入20个最能代表20世纪90年代的科技产物之一。同时《时代》杂志也评论说，“葛雷瑟的系统不光只是为电脑高手所设计”。

人们对于这个新的传播工具十分喜爱。1995年7月，RealAudio第一次测试版测试结束，有超过20万份的试用版被下载。接下来的3个月，这个数字增长了3倍。1996年初，下载人次超过100万大关。到1996年10月，下载人次超过1000万。进步网络在这段时间内持续着改良RealAudio。1995年9月，ESPN网站利用这项技术架设了一个新的棒球游戏。几天后，美国广播公司也用相同技术架设第一个现场新闻广播网站（辛普森杀妻案也因为在此网站广播而被广为渲染）。

随着RealAudio品质的进一步提高，很多网站使用RealAudio来增添网页上的可看性，凸显网页的特色，并且吸引更多的人上网。许多新闻媒体（如美国广播公司和国家广播公司）也率先采用，许多原本没有传统广播电台的新闻机构（特别是科技类）开始借此机会建立自己的传播渠道。

Real系统发展到现在风靡网上的RealPlayer G2，可以说已经形成了音视频一体的、完整的网络流媒体解决方案，它在所有带宽上为用户提供了丰富的数据流媒体的体验。对于网络广播来说，Real系统是可靠的、多功能的、经过充分测试的系统。它传输高品质的音频和视频，支持种类繁多的因特网、局域网和电子商务应用；对于节目制作来说，该系统功能强大，大大丰富了应用多媒体表现形式的网上广播（如图5－1）。

三、流式媒体对于传统媒体的补充与扩展

在现代生活中，听广播、看电视已经成为我们获取信息的一个重要途

图 5-1

径，我们不能想象在当今社会中如果没有广播、电视会是什么样的情景。但是广播电视也有它的局限性，就目前而言，广播、电视所提供的信息都是单向的，听众和观众没有对节目的选择权和自主调节权。此外，广播和电视节目在单位时间内涉及的知识范围很有限，相关的人物、事件、地理、历史等背景资料的介绍不可能在同一时间面面俱到。

1. 时间的平移

Internet 的飞速发展，使得个人或传统媒体可以制作适合在网络上表现的广播、电视节目，这就大大弥补了传统广播电视节目线性传播的局限。例如：许多球迷喜爱收看欧洲足球锦标赛，由于举办地在欧洲，与我国的时差较大，多数比赛都安排在午夜或凌晨播出，如果坚持观看比赛势必会影响休息，影响日常的工作和学习，但是不看又觉得遗憾；传统媒体只能在固定时间内安排直播或重播，收听/收看比赛依然受到时间的限制。但是如果将比赛内容放在互联网上，球迷朋友有时间、有精力的，可以半夜起来观看直播，没有时间的可以在其他闲暇时候登录到网站观看比赛，而且可以重复观看自己喜欢的比赛场次。在观看比赛的时候，还可以通过访问相关网站，看到和听到大量的音频、视频和动画等多媒体形式的内容。

这种便利的技术应用被称为“时间的平移”。

以美国国家广播公司 NBC 的网站为例，它利用 RealAudio 技术来传送广受欢迎的“All Things Considered”节目。这是一个深度探讨当天热门新闻话题的节目，拥有一批忠实的观众。在广播电台播放时，它需要听众在节目进行时参与。如果你没有现场收听，就无法参与讨论。但是网络播出却没有这项限制。一旦节目上网，听众可以利用空闲时间听取节目内容，听众可以在节目上网后立刻收听，也可以在 1 小时、1 天，甚至 1 年后收听节目。

网络流媒体的时间平移摆脱了传统电子媒体“线性传播”实时收听的限制，受众作为媒体提供资源的使用者，不须经过事先安排或与人协调，既方便了受众，也提高了媒体资源的利用率。

2. 提供不受地理限制的视听空间

进步网络在 1995 年 9 月进行第一次网络实时广播之后，就有不少电台或节目提供者进入网络广播领域。许多人为了听到连接到远方世界的广播声音，愿意忍受较低品质的声音。

AudioNet 公司拥有可以同时支持超过 10000 人以上的 RealAudio 流授权执照，它提供许多现场活动转播，包括体育节目或谈话节目。在棒球球季的周三晚上，他们可能有 60 场球赛同时转播，这些节目吸引了庞大的听众群。

2000 年 4 月 21 日上午九点半，中央电视台互联网站、《光明日报》网站、北京信息港及阜外医院联合在网上进行了一次冠心病搭桥手术网上直播。海内外近两万人观看了网上直播。此次活动中，医务人员、病人家属及学生表示出了极大的热情，其他的网友也普遍反映这是一种较好的科普形式。

传播信息更有效率的方式是更精简的节目安排。CNET 长期扮演电脑产业观察家的角色，每天在网络上提供语音摘要。像 CNET 这样的付费网站，全世界每天仍有数千名听众上网收听。CNET 也可以仿照 CNN 的方式，建立一个 24 小时的现场新闻联播网，每隔半小时更新新闻内容。但是 24 小时播出新闻的问题是：每天 24 小时的新闻内容并不是真的全新且不重复，他们必须付出大量的精力来维持频道播出。

所以，对于那些觉得24小时不间断播放节目不够经济的媒体，网络给他们很大的弹性来调整节目时间的长短。他们可以每天放1小时的节目在网络上，或是每个星期只有几分钟。这样一来，小型的媒体或社团也能够发出自己的声音，而那些集中在专业领域内的节目也可以通过付费点播得以继续生存。

3. 网络广播与传统广播共同发展

网络广播是否会对传统广播构成威胁？

罗伯·葛雷瑟认为，在一对多的传播状态下，电台广播是远较网络广播更受人欢迎的，大多数人收听广播不是用电脑，而是在车里或家中。当网络广播收听品质超过调频电台时，会发生“转型事件”[①]。喜欢声音完美的人，会开始习惯使用网络流媒体工具。需要注意的是，回顾电子媒体的发展史，可以看到，广播媒体本身具有深厚的持久力。传统媒体与新媒体将共存相当长的一段时间。

四、常见的流媒体文件格式

常见的流媒体文件格式主要有以下几类：

1. RealNetworks RealAudio and RealVideo

文件扩展名：.ra、.ram、.rm、.rmm

2. Microsoft Windows Media 格式

文件扩展名：.avi、.asf、.asx、.rmi、.wav

.avi 一种常见的视频文件格式，也可用于记录采用各种压缩算法的多轨音频信号。

.wav 是标准的 Windows 音频数据格式，支持多种压缩算法、8 比特和 16 比特数字采样深度和单声道与立体声声音通道。

.asf 微软定义的流式音频格式，支持多种压缩编码方案，适用于 14.4Kbps 和 28.8Kbps 的低速网络应用。该种格式的文件中除了保存原始音频信号之外，还能记录附加的数据信息。

3. Moving Pictures Experts Group（MPEG：运动图像专家组）

文件扩展名：.mpg、.mpeg、.m1v、.mp2、.mpa、.mpe

4. Musical Instrument Digital Interface（MIDI）

文件扩展名：.mid、.rmi

---

① 郭良：《网络创世纪——从阿帕网到互联网》，第 150 页，中国人民大学出版社 1998 年版。

5. Apple QuickTime (R), Macintosh (R) AIFF Resource

文件扩展名：.qt、.aif、.aifc、.aiff、.mov

6. .mov 是苹果 Macintosh 多媒体计算机中的视音频文件记录格式，可以不包含视频画面而只包含音频信号。

7. .aif 是苹果 Macintosh 多媒体计算机中的标准音频文件格式。

8. UNIX 格式

文件扩展名：.au、.snd

第二节　音频流式媒体制作

RealAudio 作为流式音频方面的先锋，已经成为 Internet 上制作流式音频媒体的首选工具。自从其 1995 年问世以来，RealAudio 已经成为了网络音频的标准之一。它可以在 28.8kbps 调制解调器上高速发送、播放立体声的、CD 音质的音频文件。我们以 Real 格式的流媒体制作作为范例，详细讲解流式音频的制作过程。

一、用 RealAudio 制作流式音频的步骤

要制作一个复杂的 RealAudio 节目，首先必须拥有大量的原始音频素材，其次还要有高性能的音频设备。当然，良好的实践工作经验也是非常重要的。如果你是一名初学者，首先需要了解如下制作一个简单流式音频节目片段的主要步骤（如图 5-2)。

1. 采集音频文件

我们可以从原始的模拟素材中采集一段音频，例如通过话筒记录人们讲话的声音，也可以采集 CD、VCD、DVD 及其他光盘上的数字音频文件。

2. 优化音频文件

对于采集下来的普通格式的数字音频文件，一般是 WAV 格式或 AIFF 格式。我们需要将这些原始素材通过相应的声音编辑器优化成流式音频。如果我们进行现场直播，那么就需要对原始素材进行直接编码，在采集的同时对音频文件进行优化。

3. 对音频片段进行 RealAudio 编码

当要对源文件进行数字化优化或者准备进行现场网络直播时，我们需要

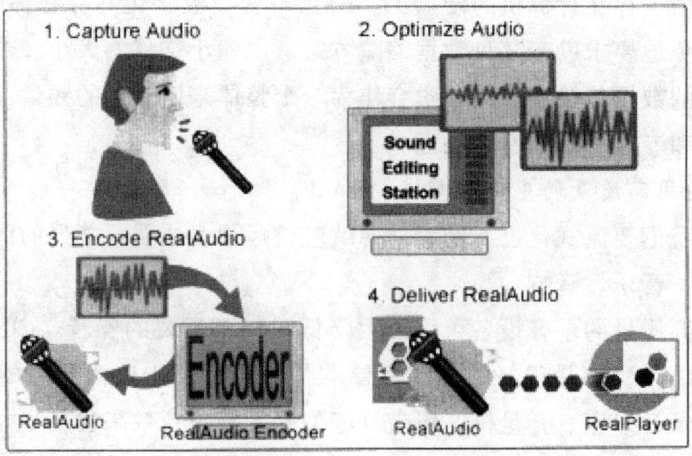

图 5－2

对源文件进行 RealAudio 格式的编码，即将源文件变成 RealAudio 格式的文件。在进行编码之前，我们需要选择一种适合于应用带宽的编码器。

Real 系统的开放式结构还可加入新的数据形式，如 MIDI、VRML 和 MPEG。

4．播放 RealAudio 片段

最后，当我们将自己的项目文件准备好以后，就可以将其通过我们的网站进行播出了。同时我们还可以将声音和其他流式媒体片段合并，例如 RealPix 或者是我们自己编写的 SMIL 文件（同步多媒体集成语言）。

Real 新增加的两种新的数据类型 RealText 和 RealPix，不但支持 SMIL，而且可以建立专业化的、可压缩到窄带上的、引人入胜的多媒体节目。创作者能够制作生机勃勃的内容，它包含带有可选的字体和色彩的平滑滚动字体，还可以应用格式可转换的高解析度图像。

二、音频采集

我们不能按照编辑传统广播节目的方式来编辑一个数字流媒体音频文件。声音源素材的质量直接影响流式音频片段的采集效果，特别是在现场直播时，低质量的现场音响可能导致我们预想不到的事情出现。

在计算机的声卡上，模拟－数字（A/D）电路将模拟输入音频数字化。产生的二进制数字代表了模拟输入波形的每一个瞬时电压幅度采样。这些数字的幅度值被存在计算机的硬盘上。一旦声音被数字化并存在你的硬盘上，你不可避免地要求助于某种数据缩减方案，以缩小文件的大小。今后可能会出现更快的数据传输率。你要学会作为一个整体来听音频的频谱，并学习量化、延迟和专业手法的音频处理。

1. 运用高质量的声音源素材

如果我们要流式化已有的素材，就应该运用音质尽可能好的源素材。它包括语言、音乐、音响。

运用高质量的录音设备可以大大降低我们不需要的噪音。CD和数字音频磁带（DAT）都是很好的声音存储载体。当然，一些高质量的模拟音频设备，如录音卡座、开盘机、铬带（二型）等的录音效果也是很好的。应该避免使用普通的录音媒质，如低质量的盒式磁带等。

2. 选择专业级录音设备

采集声音时，不仅录音媒质很重要，而且录音设备也不能忽视。常用的音频设备大都包括话筒、调音台、专业声卡等，它们都会直接或间接影响声音质量。如果我们需要得到专业级质量的声音素材，那就应该有专业级的音频设备和相应软件。低质量的设备会产生丝丝声，会使声音失真，从而降低声音的清晰度)。

图 5-3

图5－3从上至下分别为：CD激光唱机、DAT数字录音机、专业卡座（磁带录音机）。

连接的线缆的选择对于得到清晰的、高质量的声音同样是很重要的。为了得到高品质的声音，我们应该使用屏蔽电缆。在录音过程中使用非屏蔽电缆可能会增加线上的噪音以及频率干扰。音频线与电源线要分离，这样可以把可能存在的噪音降低到最少。此外还要注意是否所有的设备都正确地连接了地线。

3．正确设置输入电平

当我们选择好了所有需要的设备，就要开始声音的采集工作了。这时正确地设置输入电平是非常重要的；所有的音频设备都有其自己的信噪比，这个比率设定在设备不失真的情况下所能产生的最大音量与它的固有噪声平台之间。要获得最好的信噪比，就要设置每个音频设备的信号控制，以保证在节目音量最大部分也不失真的情况下，使信号能够在尽可能的范围内被放大。

在设置电平时，模拟录音和数字录音之间区别很大。用模拟录音，可以录制0dB以上的输入电平而不会失真。有时录制0dB以上的输入电平有助于使磁带得到“较热”或“较温暖”的信号。较高的电平也能防止磁带录音机中容易出现的噪音（磁带咝咝声）。

在数字领域内，输入电平不能超过0dB，而且绝对不能高。事实上，多数数字录音设备在0dB以上不会有任何显示。如果输入电平超过0dB，录音中可能出现失真。这种失真通常叫做“数字失真”。这对录音十分不利。要想在数码录音中得到最佳效果，你录音的输入电平应该在－12至－4dB之间。这样不仅能使你获得均等的好的录音电平，也会为录入轨的缩混留下一些自由空间。数字录音机不存在模拟录音机上常带的“噪音床”的问题，能够录制较低电平而不会加入噪音。如果你没有把握，就以较低电平录音。但录入过低电平的音轨往往就固定不变了。

调整电平时应使每个设备的电平值尽可能地接近0dB，而不要超过它。检查每一点的信号控制，而不使输入信号失真。此外应多次执行测试，确保不会在音量峰值时超过最大值。调整声卡上的混音器电平使输入信号最接近但又不超过最大值，而且应该与最大值之间保持一定的空间。因为电平有可能随音量的增加而突然增大。例如采访者突然提高音量或人群在体育场中突然爆发出的震天吼声等。

要想准确地调整录音电平并不困难，计算机将显示一个信号强度柱状图形的音量表（VU表或峰值表），使你能立刻看到输入信号强弱的程度，如果信号过载则会失真。在用模拟源进行数字化录音时，你要捕捉尽可能强的信号而不失真。大多数声卡左右声道是分开的，可以用操作界面上的增益推子调整输入/输出电平。

优质录音的关键，首先是正确的录音电平。讲究的是火候到位。电平过高或过低，会毁掉原本优秀的内容。如果输入电平过低，后期编辑缩混中提高电平时，很可能造成混音中夹杂不必要的噪音。另一方面，如果输入电平过高，常常导致音轨失真。

声音除了音调的不同外，还有响度的差别。对于一定频率的声音，其响度主要由声强的强弱来决定。声场中某点上一个与指定方向垂直的单位面积上，在单位时间内通过的平均声能称为声波的声强。

声强越大，声音越响，但是两者之间不成正比关系，一般来说，声强每增加10倍，响度才增加1倍。因此，用声强来说明声音的强度与人的主观感觉有很大差异。为使声音的强弱量能与主观感觉相符，人们规定了另一个物理量，叫做“声级”，其单位为dB。听阈所对应的声级被视为0dB。但是应该注意的是，0dB并不是没有声音，而是可闻声的起点。声强每增加10倍，其声级就增加10dB，意味着人耳感觉到的强度将增加10分或10成，即1倍。按照这种规定，一般录音室内背景杂音的声级约为30dB，这种情况就显得很安静，但又不感到死寂；轻声细语的声级为50dB，正常对话约为70dB，交响乐高潮时声级为90dB，而震耳欲聋的痛阈声级为120dB。

4. 正确设置采样率

当进行音频广播时，要使用一种动态压缩器，它是用来自动调节音量电平的一种音频设备。通过这种设备提供的一个恒定电平，使我们可以忽略进行RealAudio编码时的输入电平。你要使用最适合RealAudio的采样频率。

数字录音的两个主要特征就是采样率和分辨率（也称采样深度）：

采样率：在声音被录制到数字域中，每秒进行的模数转换的数量。在播放时必须使用同样的采样率值来把每个采样从数字转换到模拟，否则播放的音调会偏移。

分辨率：用比特来表示的模数转换的准确度。8位的采样大小允许每个输入波形振幅采样被作为256个离散的电压级之一来录制，这些电压级在转换器的动态输入范围内有相等的间隔。16位的采样大小在转换器的输入范围内能录制分辨率为65536的离散电压级。

在采集音频信号时，设置文件的采样率是很重要的。RealAudio提供不同的采样率以产生出最好的采样声音。在声卡所允许的范围内，我们应该使用最适合的采样频率。当然如果需要，RealAudio编码器可以转换文件到最合适的采样率，但是这只适用于静态文件。作为广播应该使用声卡所支持的适合的采样率，这可以避免在实时编码时要先转换采样率。

如果我们不需要采集立体声信号时，就可以使用单声道编码。这可以让音频文件的大小减少一半。立体声声音让人感觉起来比单声道（一个通道）声音更有深度。立体声是一种被广泛接受的规范。由于我们习惯于立体声声音，单声道录音对于我们听起来就有些平淡。立体声意味着两倍的通道，如果你录制的不是立体声，就应该把录音设定选为单声道，这样只有活动的信号通道在录音。否则，无声的通道也将被录制，会使声音文件的大小加倍。

三、音频优化

如果我们不是进行现场直播，那么我们处理的就是数字化的音频源文件，如WAV、QuickTime或者是AIFF等等。这时可以通过编辑音频文件来优化它。因此，我们就必须熟悉我们的编辑工具软件所提供的强大功能。

1. DC offset

DC offset是一种低频、不易发现的、由设备底层程序产生的不良结果，如果不消除它，它将造成后期声音编辑的偏差。因此我们在录制完一段数字音频文件后，应该立即应用声音编辑器中的DC offset功能消除它。

2. 平均化

我们在录音时要设置正确的输入电平，然后在录音后还要对最大电平进行平均化。要获得声音效果最好的流式文件，就要求在数字化原始素材时尽最大可能减少素材音质的损失。数字音频文件如果不能利用它们的全部可放大范围，则会产生低质量的流式片段。那么如何改变这个范围呢？如果放大范围过低，我们可以通过声音编辑器来调整范围，增加放大。大多数的声音编辑器都具有对最大电平的自动平均化功能。

3. 动态压缩

对于音频文件中声音最大的部分进行最大输入电平的平均化，其结果会造成文件中较为安静的部分不能很好地进行编码。对于这种情况，我们可以通过动态压缩的方法来解决。当声音超过一定的限制，我们可以通过衰减输入来动态地压缩输入电平。如果我们应用音频软件动态压缩功能，我们就可以按指定的压缩比来控制衰减。这样可以降低音量较大部分，同时可以再调整输入电平到适合的值。

对于多目标动态压缩，设置阈值为－10dB，压缩比为4：1，开始和结束时间为100ms，调整输入电平大约压缩3dB，输出电平为0dB。

4. 均衡

均衡器可以通过提高和降低一定的频率来改变输入信号的音调。使用均衡器可以增大一定频率，同时也可以降低噪音和不希望听到的声音频率。此外，均衡器还可以补偿一些经过 RealAudio 编码时所淡化的一些频率响应，因此通过均衡器我们可以使制作的 RealAudio 声音片段尽可能地接近原始声音素材。如果只有声音文件，我们可以通过降低 100Hz 以下的声音和提升 1－4Hz 范围的频率来使声音变得更加清晰。

四、创建 RealAudio 媒体文件

RealAudio 文件是一种音频压缩文件格式，这种格式非常适合于在 Internet 和 Intranet 上播放流式媒体。RealAudio 媒体文件通常以 . rm 作为文件的扩展名，但也有使用 . ra 作为扩展名的。因为 RealAudio 是压缩格式的，因此，处理它首先就要对声音文件进行数字化，就是对非压缩的 WAV、AIFF 等文件通过编码工具，将源文件创建成 RealAudio 媒体文件。RealAudio 编码工具可以应用以下输入文件格式：

* Audio Interchange Format (. aif)
* Audio (. au)
* MPEG－1 (. mpg)
* Quick Time (. mov)
* Sound (. snd)
* WAV (. wav)

1．选择 RealAudio 编码器

音频压缩是对原始数字音频信号流（PCM 编码）运用适当的数字信号处理技术，在不损失有用信息量，或所引入损失可忽略的条件下，降低其码率，也称为压缩编码。它必须具有相应的逆变换，称为解压缩或解码。音频信号在通过一个编解码系统后可能引入大量的噪声和一定的失真。

RealAudio 应用有损压缩方案，去除掉音频源文件中的部分内容，以获得高压缩比的文件。例如：一个 WAV 文件经过编码生成的 RealAudio 片段，比原来的 WAV 文件要小 10－20 倍。尽管通过编码去掉部分音频信息会降低所生成的片段的频率响应和动态范围，但只要能够选择合适的编码器还是可以将这种压缩造成的冲突减到最小。

压缩技术是高科技发展的结果。有人对压缩有一种误解，认为只要有压缩，图像或声音必然有损伤，必然导致质量下降，因此对采用压缩技术忧虑再三。其实压缩是从两个方面考虑的：

（1）利用声音、图像的统计特性进行压缩，压掉那些表示冗余信息的比特数。

（2）利用人的听觉、视觉特性进行压缩，对人眼、耳不太敏感的信息，用较少的比特数表示，即使有所损伤，人察觉不到，从这个意义上可以说是无损伤的。

从信息论的观点出发，符合信息量 = 总数据量 －（无用的）冗余量。如果不采用码率压缩技术，数字节目流的存储、处理、传输就无法进行，广播电视数字化就无法进展。所以压缩技术是节省存储空间、缩短处理时间、节约传送通道、充分利用频谱资源的关键性技术。

RealAudio 编码工具使用编码器将原始声音文件压缩而创建 RealAudio 片段。而在播放方面，通过播放工具 RealPlayer 应用解码器将流式 RealAudio 片段解压缩回放。当我们对 RealAudio 片段进行编码时，选择编码器要参考以下两个标准：

（1）带宽

所谓带宽指的就是每秒钟在网络连接上通过数据的最高限。当用于量化数据网络的能力时，带宽是指网络总的传送能力。无论音频或视频是活动的还是存储的，音、视频流媒体应用的网络要求是相同的。它是接收端系统的本质属性。人们常常能够容忍较高的差错率，但是对实时传送延迟比对简单下载的记录系统的要求更为严格。

由于 Internet 或 Intranet 所提供的带宽是有限的，那么我们就必须考虑我们所制作的节目是否适合以后实际应用中的情况。如果我们对应用网络带宽有明确了解，我们就可以选择一种合适的编码方式对原始素材进行 RealAudio 编码，保证生成的文件低于带宽要求的高限。

(2) 音频内容

由于音频内容的不同，我们也要选择不同的编码器。在音频压缩编码中，常将编码对象——音频信号大致分为语言和音乐两大类。这里所说的语言是指人发出的声音；而音乐信号则不但包括人声，还包括音乐、日常生活中的各种音响及其他音频信号。RealAudio 语音编码器主要用于人声的标准频率范围，而音乐编码器则响应更宽的频率范围，可以采集更高或更低的频率。

一般来说，RealAudio 分为高、中、低带宽的编码器，可以根据自己使用的软件版本和制作内容来考虑选择。

2. 用 RealSystem 工具进行 RealAudio 编码

RealSystem G2 是目前 Real 系统的最高版本，它提供编码工具进行 RealAudio 流媒体文件编码时，只需要简单地设置一些参数，如音频类型（语音或者音乐），同时对旧版本的 RealPlayer 播放器相兼容。我们可能为媒体文件指定多种带宽，如 28. 8Kbps 调制解调器或 ISDN 专线连接。Real 系统通过动态调节数据流带宽来消除再缓冲，适应可达到的网络容量。RealAudio 文件可平稳适应 14. 4Kbps 到 56Kbps，使客户以最大范围的网络访问频率访问内容。

使用 RealSystem G2 编码工具具有一些显著的优点：

(1) 为原始文件保留一个备份。

编辑 RealAudio 文件或以不同方式对其编码时，如果需要可以修改源文件，然后再对其进行编码，而不需要将其进行格式转换。

(2) 提供处理多个媒体文件功能。

Real 服务器提供 SMIL 标准的、基于服务器方面的媒体展示方式，它能够把多种现场和事先录制的事件、图像、广告和文本馈送、传输和设计在一个压缩的形式中。当我们对一个 RealAudio 文件进行编码时，我们要考虑这个流媒体是否要和其他文件同时播放，例如 RealPix 等。如我们使用的是

28.8Kbps 调制解调器，但是在进行编码时，编码选项上可能选择 20Kbps，这样第二个片段就没有可用带宽了。

为了解决这个问题，编码工具可以让我们选择一个较低带宽的编码方式，如 8Kbps 或 12kbps。

(3) 可以对单独的固定流式文件进行多种编码

我们可以通过 RealSystem G2 中的固定流式技术创建的一个单独 RealAudio 文件进行 6 种带宽选择以上的编码，我们可以指定文件对旧版本 RealPlayer 播放器进行向下兼容。例如：我们可以通过 RealAudio G2 所提供的编码方式，对单独的音频媒体文件进行 8. 16 和 32Kbps 编码。同时我们选择向下兼容，依据连接速度，用旧的编码方式创建一个附加的 8Kbps 流。这样，RealPlayer G2 播放器可以接收到 8. 16 或 32Kbps 的 RealAudio G2 流，而旧版本 RealPlayer 播放器可以接受到 8Kbps 流编码。

第三节　视频流式媒体制作

Real System G2 服务器支持改进的 RealAudio 和 RealVideo 版本，增加了两个新的重要的数据类型 RealText 和 RealPix，而且也支持许多新的第三方的数据类型和标准的数据类型。Real System G2 服务器所支持的第三方数据类型包括 VRML、MIDI、MPEG 以及 Livepicture、Liveupdate、Macromedia、OZ、P7 等厂商开发的数据。

Real 用户可以通过 RealPix、RealText 和 SMIL（同步多媒体集成语言），在窄带率上享受宽带效果。RealPix 允许高分辨率图像通过转移和覆盖进行流式传输。RealText 提供高质量的静态和动态文本，加上多媒体表现方式，可提供平稳的滚动，可选字体和可选颜色。而 SMIL 还允许舞蹈设计似的多数据形式的表现方式。

一、制作流式视频媒体文件的步骤

制作流式视频媒体文件与前面讲到的流式音频媒体文件有许多相同之处。首先要选择最好的源素材和尽可能好的视频设备，达到这个要求是制作高质量、小体积的视频媒体文件的重要保障。如果你是一名初学者，我们首先需要了解制作一个简单流式视频节目片段的主要步骤。如图 5－4。

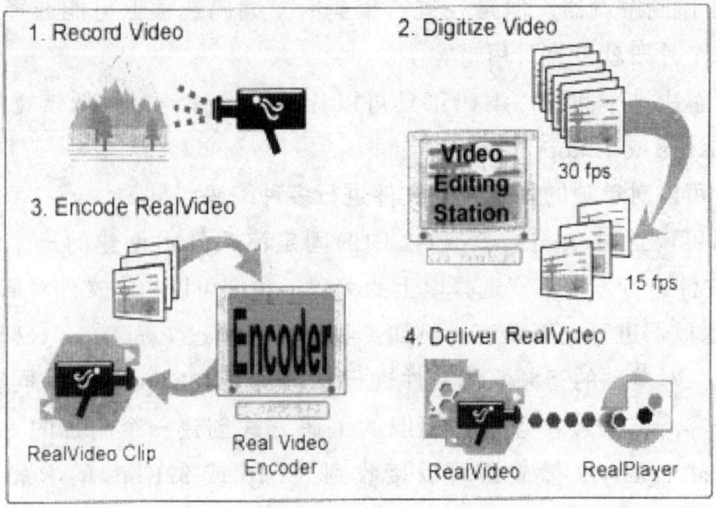

图 5－4

1．视频采集

开始制作视频节目，首先要采集视频素材，如通过摄像机拍摄的场景或者是从磁带、光盘上采集的内容等等。

2．数字化和编辑视频

下一步就要通过数字化将视频素材变成标准文件格式，如 AVI 或 Quick Time 等。通过选择种类繁多的视频非线性编辑软件，我们可以按需求编辑文件。如果是进行现场直播，就需要通过视频编辑软件从源素材采集后直接进行视频流式编码。

3．对 RealVideo 片段编码

对源素材进行 RealVideo 编码，需要选择一个或者一系列合适的带宽；当然，同时还可以进行 RealAudio 音频编码。

4．RealVideo 片段的播放

最后，当我们把媒体文件完全制作好后，就可以通过我们建立的媒体网站将制作好的 RealVideo 摆在网络用户前，供他们挑选、欣赏了。

二、录制视频

我们这里主要讲摄制一段新的视频，而不是已存在的视频内容，因为在压缩成流式文件时对于采集的源素材会损失一定的图像质量，而我们一切的开始都是要有最好的视频素材。

1．使用高质量的源素材格式

无论是我们自己拍摄一段视频，还是将已存在的素材进行数字化，最重要的就是选择一种高质量的视频格式。以下是几种较好质量的格式：

* Betacam SP　这种格式是专业制作的通用格式
* DV，miniDV，DVCcam 或者 DVCPro
* Super－VHS（S－VHS）或者 HI－8mm
* VHS，8mm

2．按照视频的最终尺寸确定场景环境

重要的一点是在开始拍摄之前要考虑视频最终显示框的大小，若网络用户使用 28.8Kbps 调制解调器，则它的视频窗口将大约为 176×132 像束点。在这样小的尺寸，若要很好地显示所有重要的可见的元素，就要求在拍摄时注意确定场景的环境。

3．最小化场景的改变和移动

图像的每一帧的改变是很小的，在编码视频中较明显的图像被显示。当视频各帧之间比较相似时，RealVideo 压缩技术会重复使用存在的数据，所以一个相对静止主题的视频看上去图像效果要好于有大量运动镜头和快速场景改变的音乐电视。当然，我们可以通过一些方法来消除一些不必要的运动，以提高视频图像质量。

1）使用固定的而不是手提式的摄像机，这样可以在摄像时很大地减少由于摄像师疏忽而造成的移动。

2）不要让整个镜头都充满高速移动的物体；而且，要切记，流式视频的显示窗口比较小，因此在拍摄时不要将镜头拉得太远。当然我们不可能消除所有的动态元素。当我们在视频中要有快速移动时，需要让目标有充分的时间进行解析，由于低帧率和高压缩，目标在一开始会有些模糊。例如，如果在计算机屏幕上有一个对话框弹出，这个对话框将静止几秒以使图像进行解析。

4．使用一致的色彩和良好的灯光

对于恒定的曝光，明亮的灯光可以保持前景的细节清晰。同时使用一致的黑色作为背景，用一致的亮色作为服装颜色，可以显示复杂的纹理。如细小花纹和条纹等。这些处理可以提高最终图像的质量而降低可视的不良影响。

三、数字化视频

1．根据不同的带宽设置采样频率

一般情况下，我们可以每秒钟采集15帧，而如果有更高的带宽，就可以采集每秒30帧。RealVideo编码工具控制不同的采样帧率以适应不同的带宽，同时加强运动图像的平滑和图像质量。RealVideo Scaleble视频技术（SVT）可以使RealVideo片段的帧率在每秒305帧的范围内变化，以适应RealPlayer播放器所在微机的处理速度，这可以使我们播放高帧率RealVideo片段时，不使低处理速度的计算机进行超负荷工作。

2．关于颜色的设定

一般如果没有什么特殊的要求，我们都采用24－bit色彩。如果使用过低的颜色设定，会使产生的视频的质量较低或者造成编码不正常。

3．选择输出类型

一般的视频回放设备大都至少支持两种通用的输出类型，即S－Video与合成输出。在这中间，使用S－Video会受到较好的结果，它能够提供较高的视频质量。

4．选择使用快的计算机

进行视频采集的过程对计算机的CPU和硬盘是一个巨大的负担，因此我们应该选择尽量快的计算机来承担这一任务。为了在采集视频时避免丢帧现象，应该为制作音频、视频工作特别指定一个硬盘。对于使用Windows操作系统的计算机，我们可以选用支持Windows视频的任何类型的视频采集卡。

5．确定采集窗口的大小

除非我们的硬盘空间比较小或者是我们的视频采集卡要求使用不同的窗口尺寸，一般我们将采集视频的窗口的尺寸设置为320×240pixels。当然在对RealVideo片段进行编码之前，根据我们的视频编辑软件和RealVideo编码工具的要求还可以减少窗口的尺寸。一般情况下，根据不同的带宽和图像质量有三种通用的RealVideo片段的尺寸。它们都支持电视的4:3的宽高比，分别为176×132pixels，带宽为20－500Kbps，高图像质量；240×180pixels，带宽为100－500Kbps，一般图像质量；320×240pixels，带宽为200－500Kbps，一般图像质量。当然通过RealVideo编码工具，我们也可以在低带宽条件下选择大窗口图像视频，那样只能以幻灯片的形式播放，大约为每秒 1 帧。

6．为数字化视频保证充足的硬盘空间

通过以下的公式我们可以大约地计算出一个数字化视频文件所占用的字节数：

假设我们想以每秒 15 帧采集 3 分钟视频，色彩深度为 24－bit，窗口尺寸为 320×240pixels。那么经过计算，这个数字化源文件的大小大约为 622MB：（320）×（240）×（15）×（180）/8，000，000＝622MB。

当然如果需要，我们可以通过减小窗口尺寸或者降低采样频率来保留硬盘的空间。需要注意的是，Windows95 和 Macintosh 操作系统对于单独的视频文件的最大限制为 2GB。对于每秒 15 帧、窗口尺寸为 320×240pixels 的情况，大约可以传递 9．5 分钟的视频。基于此，我们应该分别创建源文件，对其分别进行编码，然后再通过 RealVideo 制作软件的编辑工具将各个片段进行合并。

四、创建 RealVideo 片段

RealVideo 所提供的高压缩率是非常适合流式视频在网络上播放的。RealVideo 片段使用的文件扩展名为．rm。我们首先要选择一种数字化文件格式，一般来说，RealVideo 编码工具支持以下几种输入格式：

* AVI（．avi）非压缩的（推荐）或者压缩的
* MPEG－1（．mpg）
* Quick Time 2．0（．mov）非压缩的（推荐）或者压缩的

1．选择 RealVideo 编码方式

与 RealAudio 相同，RealVideo 也是使用有损压缩方式，就是在编码过程中源素材文件会有部分损失。

2．选择 RealSystem 软件提供的 RealVideo 编码工具

当我们进行 RealVideo 编码时，我们要选择一个或一系列适合的带宽，然后设置一些参数，如音频类型（语音或音乐）、对旧版本的 RealPlayer 播放器的兼容性以及对平滑运动和鲜明图像的强化等。完成了所有的设置，编码工具就会选择一种或几种编码方式，使用不同的采样帧率进行编码。

(1) 保留源文件

我们在进行编码前要对原始素材保留一个备份，当我们需要时可以修改源文件，然后再对其进行 RealVideo 编码。

(2) 在多片段节目中使用 RealVideo 编码

当我们对 RealVideo 片段进行编码时，要考虑这个片段是否和其他片段同时播放，如果是这样我们就要对编码工具的设置进行调整，而不使其中的任何一个 RealVideo 片段占用所有可能的带宽，这点与音频编码是相同的。例如：我们以 28．8Kbps 调制解调器连接网络，这时编码的标准带宽为 20Kbps，我们就需要调低编码带宽为 12Kbps，以留下一些空闲带宽给其他视频片段。

3．对一个单独的 Surestream 片段进行多样编码

由于 RealSystem 技术提供的 RealSystem G2 视频、音频编码方式允许我们对单独的 RealVideo 片段进行 6 种以上带宽的编码，这样我们可以指定其向 RealPlayer5．0 播放器兼容。例如：根据连接速度 RealPlayer G2 可以接收 20、32、45 或 80kbps 流，而旧版本 RealPlayer 播放器只能接收 20kbps 流。应用上面提到的功能就可以使旧版本的播放器播放新版本制作的流式片段。

4．应用 SVT 技术提高采样条件

SVT 技术可以使我们以高帧率对单独的大型的 RealVideo 片段进行编码，如每秒 30 帧。这种技术可以为拥有高性能计算机和高连接带宽的用户提供尽可能好的视频图像质量。对于使用较慢计算机的用户，SVT 技术可以自动地将片段的帧率降到最适合的级别。例如：SVT 技术可以使 RealVideo 编码从 30fps 平滑地下降到 5fps。

五、创建流式媒体的具体流程

创建流式媒体有许多软件可以使用，这里我们以 RealProducer Plus 为例为大家介绍流式媒体的具体创作流程。

1．RealProducer Plus 简介

图 5－5 为 RealProducer Plus 软件的主界面，大致可分为上、中、下三部分。上部主要为输入和输出的观察窗口以及音量表，主要用来监视输入、输出的音视频情况。中部主要是一些制作音视频片段所必须的信息和设置，包括目标带宽、音视频格式、文件类型、兼容性等。下部一排按钮，左侧的

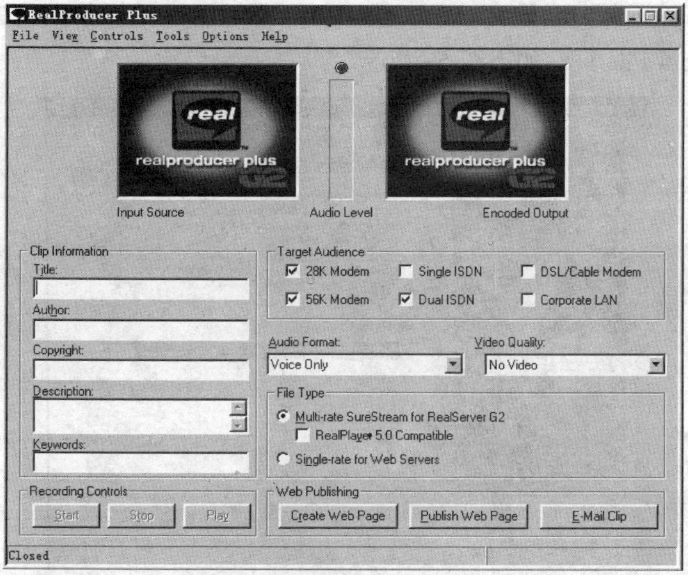

图 5－5

主要控制录制状态，右侧主要是片段制作完成后向网页的发送方式。

2．通过向导程序从存在的文件创建 RealMedia 文件

1）当我们运行 RealProducer Plus 程序时，会自动弹出 Choose Recording Wizard 对话框，如下图 5－6。

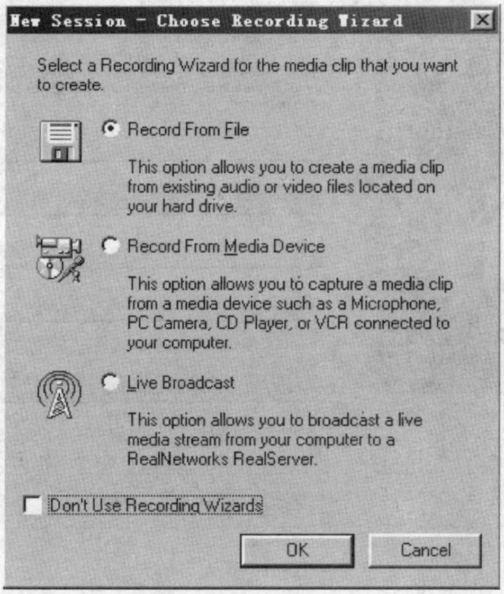

图 5－6

2）在对话框中选择 Record From File，然后用鼠标单击 OK 按钮，弹出 Record From File 页，如下图 5－7：

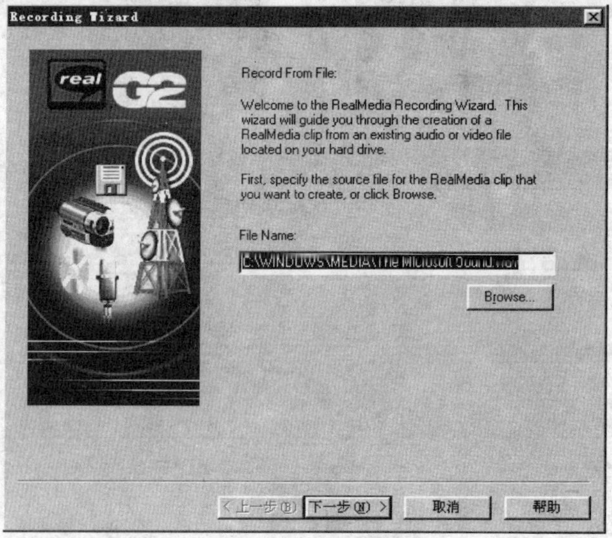

图 5－7

3）输入文件名或者通过 Browse 按钮选择音、视频文件作为录制源，然后单击“下一步”按钮，弹出 RealMedia Clip Information 页，如下图 5－8：

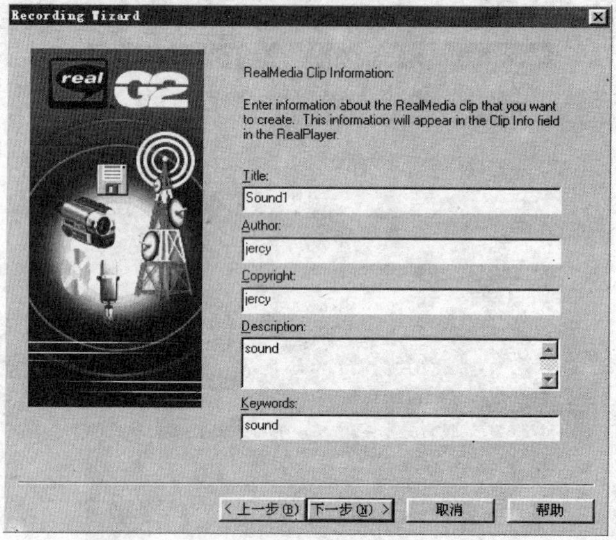

图 5－8

4）输入制作片段的标题、作者、版权、片段内容描述及关键词等信息，单击“下一步”按钮，弹出 File Type 页，如下图 5－9：

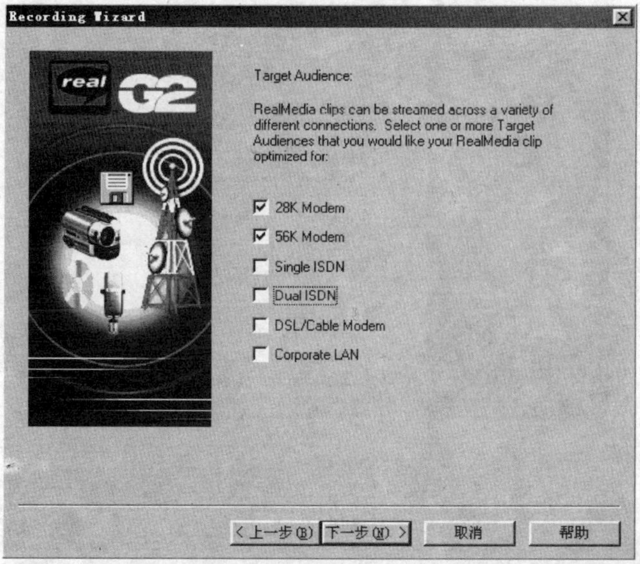

图 5－9

5）选择要创建的 RealMedia 文件的类型是 Sure Stream 还是 Single－rate 类型，然后单击“下一步”按钮，弹出 Target Audience 页，如下图 5－10：

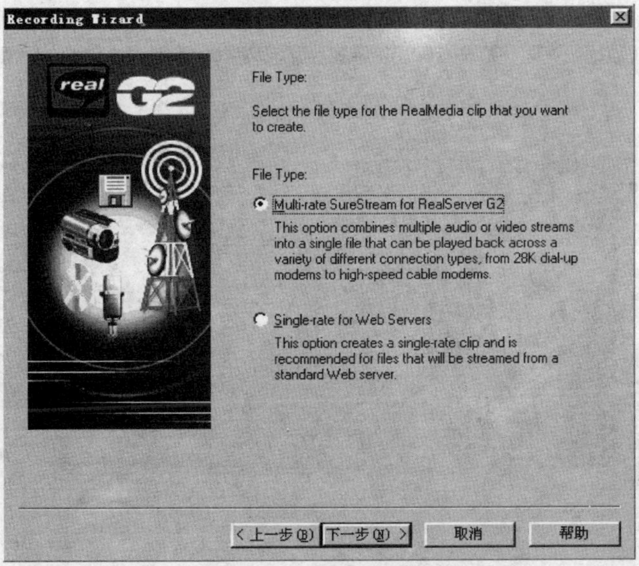

图 5－10

6）选择连接速度，可以根据实际情况选择。然后单击“下一步”按钮，弹出 Audio Format 页，如下图 5－11：

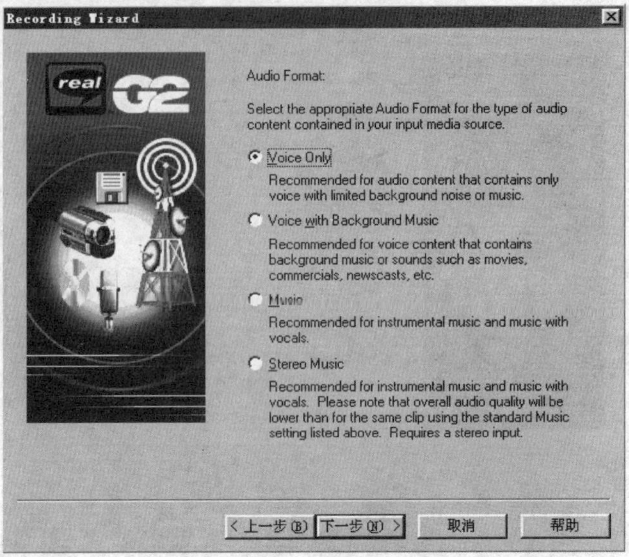

图 5－11

7）选择音频类型，分为四种音频质量，一般选择 Voice Only 或 Music 两种，其中 Stereo Music 的声音质量最好。然后单击“下一步”按钮，弹出 Video Quality 页，如下图 5－12：

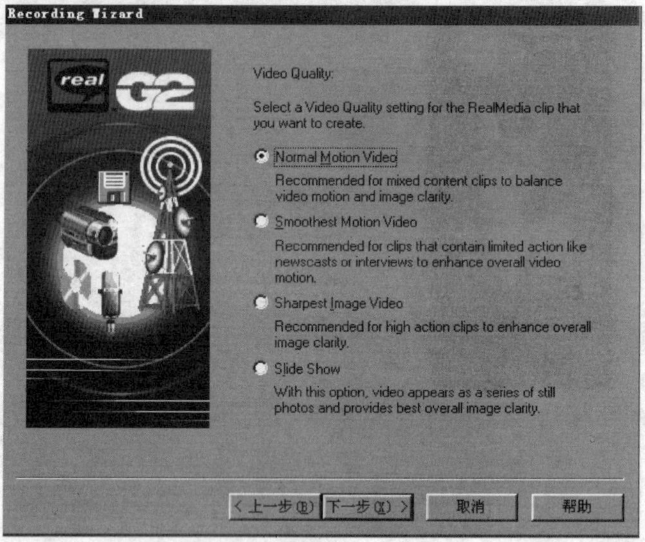

图 5－12

8）选择视频文件的质量，其中 Sharpest Image Video 的图像质量最好，但占用的硬盘空间也大。如无特殊要求一般选择 Normal Motion Video，然后单击“下一步”按钮，弹出 Output File 页，如下图 5－13：

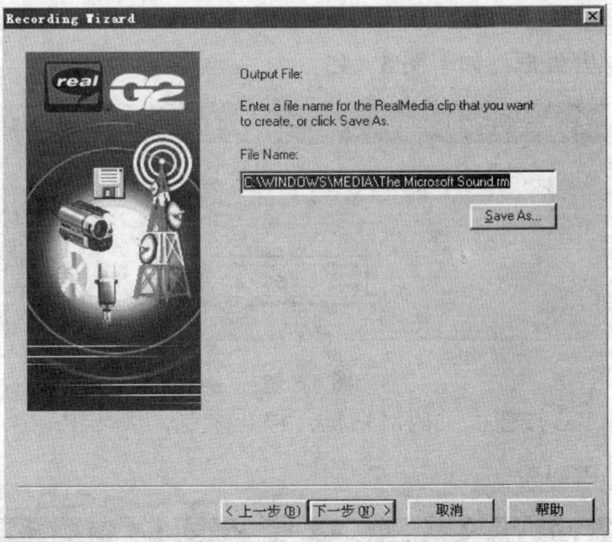

图 5－13

9）输入最终输出文件的文件名及路径。注意：文件的扩展名一定要设置成.rm，然后单击“下一步”按钮，弹出 Prepare to Record 页，如下图5－14：

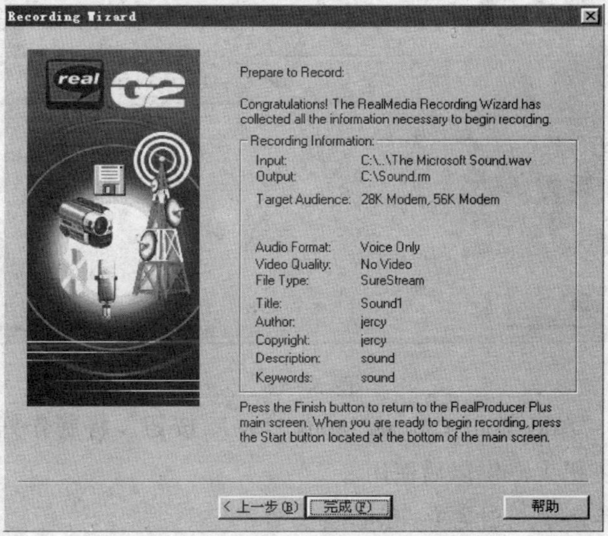

图 5－14

10）在 Prepare to Record 页中，显示了所有的录制信息，如果发现错误，可以单击“上一步”按钮，返回修改；如果完全正确，则单击“完成”按钮，返回主界面，准备录制。

11）在主界面上单击“Start”按钮开始录制。单击“Stop”按钮，弹出 Stop Encoding 警告框，如下图 5－15：

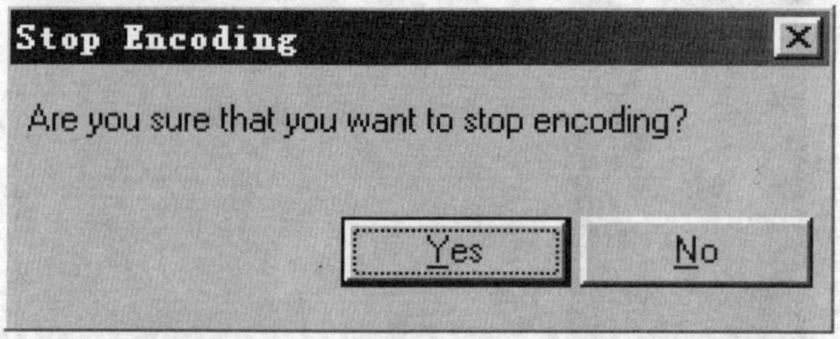

图 5－15

12）单击 Yes 按钮，关闭对话框，停止录制，弹出 Processing Complete 窗口，如下图 5－16：

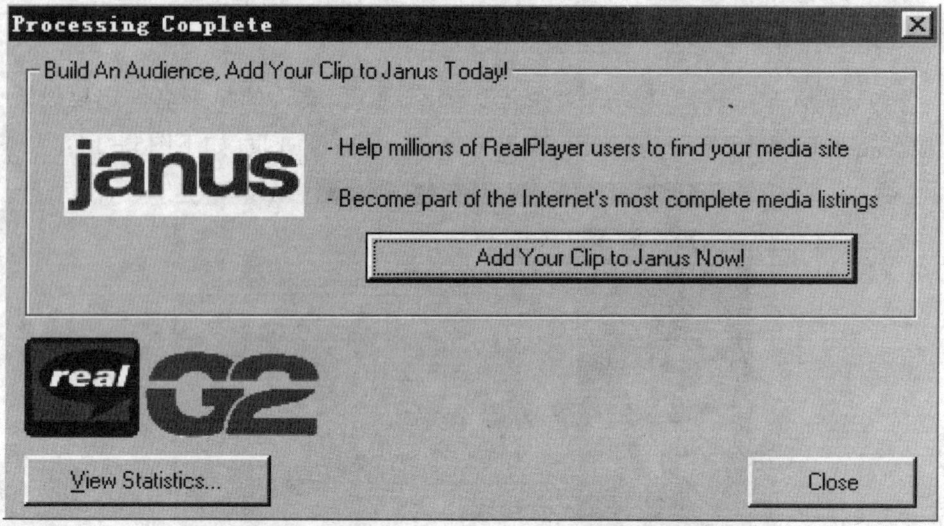

图 5－16

13）选择“Add Your Clip to Janus Now”按钮，将制作好的文件放入 RealNetwork 主机上，供以后使用。

3. 通过其他方式创建 RealMedia 文件

上面我们详细地讲解了通过已有文件创建 RealMedia 文件的制作过程。

除此以外，还有其他两种方式来创建 RealMedia 文件，分别为 Record From Media 和 Live Broadcast。

1）在 Recording Wizard 对话框中选择 Record From Media 项，弹出 Record From Media 页，如下图 5－17：

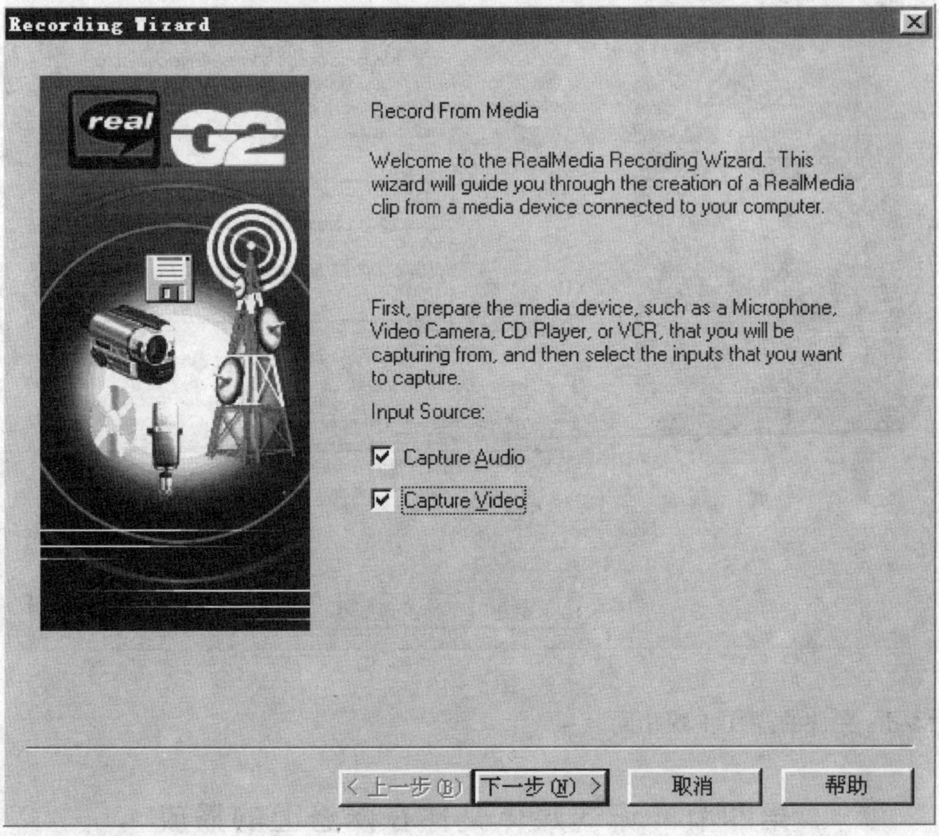

图 5－17

其中可以选择录制音频还是视频，或者二者兼有，然后单击“下一步”，以后的操作步骤与从存在的文件创建 RealMedia 文件的操作步骤相同。

2）在 Recording Wizard 对话框中选择 Broadcast Live，弹出 Broadcast Live 页，与 Record From Media 页相同，也可以选择录制音频、视频。单击“下一步”弹出 Media Server 页，如下图 5－18：

在其中设置 Real 服务器、端口、文件名等等与 RealNetwork 有关的设置，以便实现编码，一边直播。以后的操作步骤与从存在的文件创建 Real-

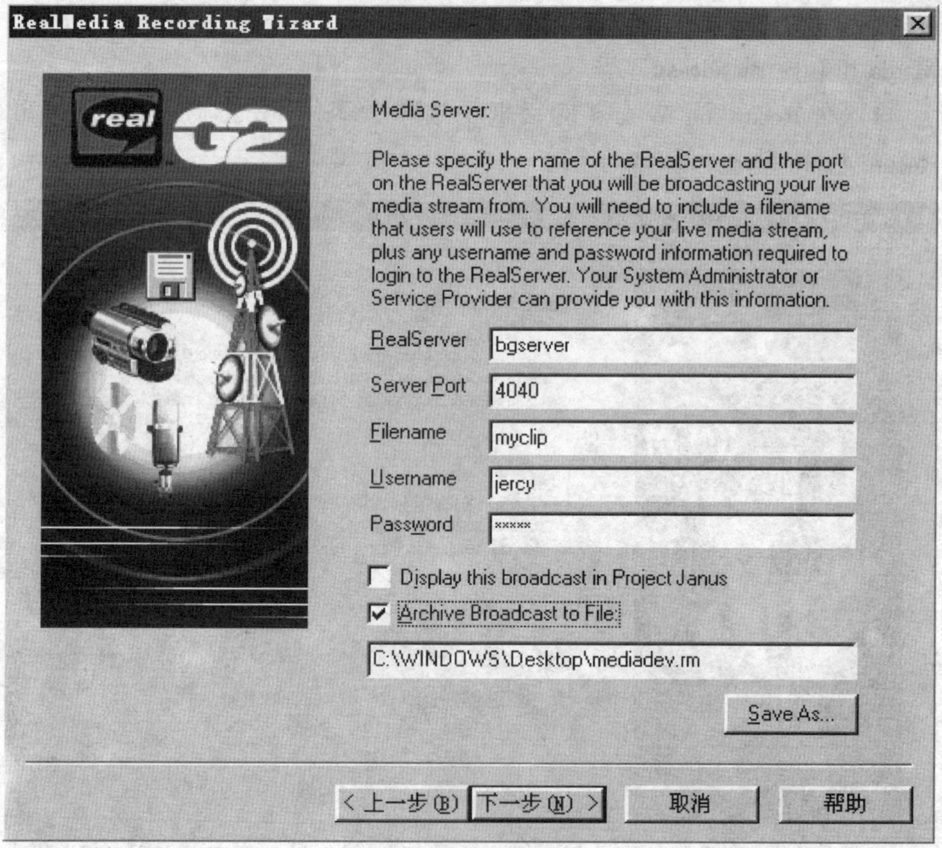

图 5－18

Media 文件的操作步骤相同。

第四节　流式媒体文件在网络上的播放

当我们将流式片段全部制作完成后，就准备将它们发送到自己的网站上为广大网民服务了。这里就要涉及有关网站建设和网页制作方面的很多知识，如 FrontPage、ASP 知识，以及 HTML、JAVA 等语言的编程等。这里不能详细介绍，但要对制作网页的一些注意事项讲解一下。

一、网站的建立

当我们有了高质量的流式媒体片段，我们就要通过网络这个途径将它发送给广大的用户。因此我们就要开发出优秀的播放流媒体的网站去吸引用户，网站的优劣直接影响用户的收看情况。

在创建网站之前，我们首先要明确自己所创建网站的主题，也就是说所创建的网站主要是给用户带来哪些主要信息，即用用户的眼光来看待创建网站的工作。此外多媒体开发主要侧重于与用户的交互，因此用户会对网站的风格和外观有较多的要求。以下列出几点网站的设计目标，供大家参考。

* 网站的主题
* 用户为什么光临本网站
* 网站的主要信息
* 网站的新颖性与独特性
* 网站提供的主要服务
* 网站使用流式媒体的优越性

以上是网站建立的目标，下面讲一下网站创建中要避免的问题。

* 避免制作的多媒体片段不适合我们的网站
* 避免使用不适合网站创建的开发工具
* 避免使用不适合的系统软件平台

二、网页的制作

网页主要分为两种类型，一种是静态网页，一种是动态网页。静态网页可以用 FrontPage 软件来编写，比较简单；而动态网页，由于要与用户进行交互，涉及大量的数据库操作和大量的高级语言编程，所以难度大一些。我们要制作的是多媒体网页，所以一般来说，需要制作动态网页。

网页是用户了解网站的第一步，因此它的好坏直接影响创建的网站是否吸引用户。

1. 网页要具有透明性

浏览网页的用户不一定都是计算机专家，因此制作的网页要使用户感觉简单、易用，而复杂的软件功能对用户来说是透明的。这称为“仪表盘原则”。在世界上许多人都会开车，但是真正懂得汽车是如何工作的，踩油门与加速关系的人恐怕就很少了，但是这并没有影响汽车在世界上的普及，因为广大驾驶者并不需要这些有关汽车设计的知识，这些知识只有汽车的制造者才需要懂得。因此我们的网页，也应该设计得如同汽车仪表盘一样，让广大用户能够方便地使用。

2．网页要具有简洁性

许多人喜欢在网页中加入大量的不必要的图形、图像和声音，以为网页越华丽越受用户的喜爱，其实这种理解是错误的。大量的音视频文件会使网页的接收速度变得非常缓慢，特别是在我国，广大的上网用户主要还是使用低带宽连接，这就更加影响网上信息的传送速度。如果网页下传太慢，会使用户放弃浏览而影响你创建的网站的点击率。当然也不是说网页上的多媒体信息越少越好，而是要把多种媒体有机地结合起来，这样才能制作出优秀的网页。

3．网页要具有交互性

如果网页只能让用户静态地观看，而不能进行信息的交互，会使用户对网页失去兴趣，而且有时也会带来用户操作上的不便。例如：用户在网页上阅读一篇文章时只能一页一页地阅读，而不能根据自己的意愿，输入页码跳到指定的页数，将会给用户造成不方便，使用户失去浏览网页的兴趣。

以上简要地讲述了网站的创建和网页的设计，我们可以将制作好的流式媒体片段，运用相关的网络设计知识加入到网页中去，这样多媒体网站就建成了。

第五节　流媒体的竞争与应用

一、网络流媒体市场竞争激烈

AOL、微软和 RealNetworks 在流媒体市场竞争激烈。在 IE5.0 发布以后，人们发现微软不再使用 RealPlayer 这个它一直默认为网络广播的播放器，而是自己加入了一个叫“电台”的东西。RealNetworks 自然也看出了一些苗头，在 2000 年 3 月为其 RealPlayer G2 发行的一个更新版中整合了 AOL Instant Messenger 服务，与美国在线结盟似乎是它的最本能的反应，同时为了增加软件的吸引力，为宽频服务的使用者加入了一些新的功能。

1．RealPlayer 与 Windows Media 展开用户争夺战

如果回忆音乐格式在网络上的历史，RealNetworks 的 RA 格式更为悠久，但却一直没有大红大紫。虽然许多资深网络专家都预言 RA 格式所代表

的数据流格式未来必定占领导地位，不过 MP3 的成功让 RealNetworks 虚心地接受了这个现实。同时为顺应潮流的发展，RealNetworks 宣布其 RealPlayer 支持 MP3，又一举收购了在音乐软件制作方面同样久负盛名的 Xing 公司，紧接着又宣布推出 RealJuke 这套 MP3 软件。事实证明 RealNetworks 的决策非常明智，RealJuke 推出首日即被下载 10 万次以上，两三天就已破了公司的下载记录。RealNetworks 决定趁热打铁，又推出两款相应的产品，当然也不忘记对流媒体的偏爱，其中之一是流媒体在网络广告上的应用。

虽然网上采用 Real 格式的音频和视频内容数量很多，但是微软正在快步追赶上来。Media Player 在播放前并不下载整个文件，而只是在开始时有一些延迟。当流式媒体文件传输到计算机时，在播放之前该文件的部分内容已经存入内存。在文件播放的同时，Media Player 将数据流的其他部分存储起来以待播放。

Liquid Audio 和 Digital Distribution Domain 两家互联网音频视频内容制作商都将支持视窗媒体播放器。微软还与 Intertainer 等一些公司建立了合作关系，向网上用户提供包括新闻、音乐、电视等在内的服务。当然，更关键的是微软现在已经在各种版本的视窗操作系统中捆绑了 Windows Media Player（图 5-19）。供 Windows CE 和 Pocket PC 使用的版本也正在开发当中。

图 5-19

RealNetworks 自然不会轻易放弃自己的阵地，在发布 RealPlayer 7 之后，又发布了 Take 5。这个软件可向 RealPlayer 7 插入音频和视频片断。Take 5 每天可播放 5 分钟的音频视频片断，显示网上重大新闻和娱乐消息。只要在这些片断上点一下，你就会被导航到有关网站上了解事件的全部详情。正如微软所做的那样，RealNetworks 也十分重视非 PC 版软件的开发。RealNetworks 产品经理说：我们正在开发手持设备版软件，总之今后将全面向非 PC 设备转移。①

2. 美国在线交互式电视服务与微软网络电视针锋相对

据报道，美国在线公司（AOL）于 2000 年 7 月份推出交互式电视服务（AOLTV），享受该服务的用户将可利用电视机收发电子邮件、进行网上冲浪。美国在线称，顾客在花费 250 美元购买机顶盒并交纳月租费后即可享受这种服务。原美国在线的收费用户的月租费为 14．95 美元，非收费用户为 24．95 美元。

美国在线是针对微软公司的网络电视（WEBTV）推出此项服务的。三年前，微软公司推出网络电视服务，目前的用户数已超过了 100 万。不过，在服务方面微软可能不是美国在线的对手。分析人士说，由于美国在线公司拥有 2300 万用户，其与时代－华纳公司的合并正在等待美国政府的批准，这些优势都使人对其发展前景充满信心。

业界人士评论说，尽管在最初发展时期，用户可能会对交互式电视有一个适应过程，但是它无疑将成为美国在线的新“金矿”；到 2004 年，美国在线通过交互电视发展电子商务以及收取租金所创造收益有望达到 90 亿美元。

微软实际上早就开始积极应战美国在线。1993 年，微软公司就打算与时代华纳公司和美国电信公司推出可以订看电视节目的机顶盒，但由于种种原因最终流产了；1997 年，微软公司以 4．25 亿美元的高价收购了硅谷的“网络电视”；1999 年初，微软公司又投资 10 亿美元给有线电视服务商 COMCAST；1999 年 5 月，微软公司再次投资 50 亿美元与美国电话电报公司合作进行“互动网络”和“互动电视”项目。微软公司最大的动作是与美国广播公司进行网络电视和网站的合作。这项为期四年的合作已经让微软投入了 4 亿美元，并且获得了很大的成功。在内容方面，微软与美国国家广播公司签订了为期四年的合作协议，在 MSNBC 网站上发布美国国家广播公司

① 《北京青年报》2000 年 1 月 1 日网络版 IT 新闻。

提供的电视节目的新闻报道，截至1999年10月，该网站在全美综合新闻网站中名列第一。然而微软跟美国在线—时代华纳公司比起来仍不占有任何的优势，因为后者不但拥有网络新闻资源，并且还拥有微软力所不能及的电影、杂志、书籍、CNN电视台和其他的资源。美国在线可以通过时代华纳公司布下成千上万的电子“眼线”，轻而易举地获得所有的信息资源。

3．后起之秀：苹果电脑 QuickTime

根据苹果电脑 QuickTime 产品行销经理 Frank Casanova 于 Educause 99 会议上的报告指出，整合视讯、音讯、虚拟实境、文字、动画与网络数讯流媒体的浏览与编辑能力的 QuickTime 技术，除了将在几个月之内正式定案成为 MPEG 4 所用的文件格式业界标准外，QuickTime 也在 Windows 平台拥有相当的安装占有率。对于使用 QuickTime 进行编辑与媒体发行的使用者来说，都是相当不错的好消息。

根据 Casanova 的说法，在四个月内，国际性标准组织（ISO）将会签署文件以确定使用 QuickTime 的文件结构作为 MPEG 4 标准的文件格式。而 QuickTime 从1999年4月开始公共测试版、6月推出正式版本以来，6个月的时间内，苹果网站上总计有超过1800万次的网络下传记录；目前并有超过一亿份的 QuickTime 安装程序以各种方式散布。目前除了 Mac 平台上几乎所有电脑都安装有 QuickTime 外，Windows 平台上亦有超过七千万台电脑安装有 QuickTime。跨平台的结果让目前多媒体光盘的发展绝大部分会采用 QuickTime 来进行编辑，目前每星期都会有超过100种新发行的光盘程序采用 QuickTime 技术，并且每周都会有新的厂商加入希望能够于光盘产品内附上 QuickTime 的安装程序。

目前苹果电脑在 QuickTime 的推广上，除了采取跨平台全功能 QuickTime 4 的做法外，并免费释出 QuickTime 数讯流服务器程序码，以鼓励开发厂商在各平台服务器上发展。除此之外，苹果也与许多影音内容供应商合作推出 QTV 频道，并且有许多活动合作现场网络的即时转播工作。在虚拟实境的技术上，Casanova 表示，2001年在 QuickTime VR 上，将会有相当重大的改版，以加强苹果这套目前已经在许多应用上被广泛使用，但也有一段时间未有重大更新的实景技术。

二、网络流媒体应用

1. 新媒体诞生将推动网络流媒体的商业应用

2000年1月10日，全球媒体暨娱乐事业龙头时代华纳公司与国际间最大的网络服务提供者美国在线，宣布将纯粹以股票交换方式合并，成立结合互联网与传统媒体的新公司。这家新公司将命名为“美国在线－时代华纳公司”，并使用美国在线公司的企业识别标志在纽约的股市交易所上市，新公司的市值据估计达3500亿美元，年营收额将超过300亿美元。

美国在线公司董事长暨执行官凯斯将出任新公司的董事长，时代华纳公司董事长暨执行长莱文则担任新公司的执行长。凯斯的新闻声明形容此一合并是“历史性的一刻，新媒体至此已臻成熟”。新公司的声明则指出，在高科技的流媒体平台上，新公司将是输送品牌新闻、影艺娱乐、通讯服务的全球首要公司。

莱文说：“数字革命已开始创造瞬间接触各种形式媒体的空前机会，也释放出促进经济成长、人际了解及创造性表达的巨大可能性。”据统计，美国在线公司的用户超过1900万，遍及全球15个国家（使用七种不同的语言），当前的市值约达1640亿美元。而时代华纳公司的市值约为970亿美元。

美国在线与时代华纳两公司的合并案，料将同时对互联网事业与媒体暨娱乐事业产生影响深远的冲击。当前许多大型媒体公司正积极构思如何驾驭互联网无远弗届的影响力。而互联网业者也亟思将娱乐事业的相关内容以流式媒体的方式纳入他们的网站中以吸引更多的用户。

在对老百姓生活的影响方面，专家们认为，时代成功合并将使美国诞生一家当今世界上规模最大的媒体企业，有望在很大程度上改变美国人购物、看电影、看电视和欣赏音乐的方式。刚开始，美国在线的用户们不会在网上看到许多增加的内容，因为在电影以点播方式大量出现在互联网之前还有许多技术问题需要解决。随着技术的成熟，时代华纳旗下的艺术家以及最新的电影和电视节目将以数字信号的方式通过有线电视网、卫星和电话线路，传送到用户的电视机和个人电脑上。

英文刊物《Radio World》特约撰稿人Carl Lindeman认为，广播应该朝着商业市场的所在发展，即网络和企业范围内的解决方案。他说：“我们正在脱离独立音频工作站的模式，尤其是到了广播服务大合并的时候。必须能让所有

图 5－20

上网的人接入音频文件，这样他们就可以把自己的作品放到网上来。”①

数字化革命将意味着电台工作方式的改变。Carl Lindemann 说：“主持人甚至广告业务员都能操纵机器播出。对在电台工作的人来说，进行基本的音频编辑操作就像文字处理那么平常。”② 广告业务员将通过电话向客户拉广告。然后把一些与电台有关的宣传资料整理在一起，专门为该客户制作一个资料夹，通过互联网，连同音频样品一起发给顾客。

以下列出通过国内某知名搜索引擎查到的网络电台与网络电视的名录作为参考（时间：2000 年 6 月 28 日）。

① 《广播电视与制作》第 102 页，1999 年 8 月。
② 《广播电视与制作》第 102 页，1999 年 8 月。

网络电视

- webs-tv.net网络电视网 - 台湾网络电视网为一个主动式影音播放的电视网 並提供了超过75各国家近300个网路直播电视与随选电讯节目
- 北京电视台网络电视 - 提供实时的北京电视台的节目。可电视直播，节目点播。
- 上海互动网络电视有限公司 - 中国第一家ISP提供因特网WEBTV界面，用网络电视浏览器免费上网，专业网页设计和上海黄页搜索器等等服务
- 中文网络电视 - 中文网络电视，文体，音乐
- 中央电视台第四套节目(CCTV-4)网上直播

网络广播

- 网上广播 - 提供大陆、港台、美国、加拿大、新加坡等地各大电台在线广播。
- 香港第一电台（网络版）
- 香港普通话电台（网络版）
- 香港商业电台（网络版）
- 新加坡广播电台（网络版）
- 秀比网路电台<BIG5>
- 银河网路电台<BIG5>
- 在线电台 - 含有网上电台直播，MP3经典放送和MIDI大回送。
- 中华商业广播电台（美国）（网络版）
- 中文广播网 - 在线收听各洲华语电台节目.
- 中文网路广播电台<BIG5> - 位於洛城的华语电台。播放中港台澳新闻，政经，国际焦点话题等节目。
- 中文网络电视 - 中文网络电视，文体，音乐
- 中文网络台（音乐）
- 中文网络台（娱乐）
- 中文网络台（中国）
- 中央人民广播电台(网络版)<BIG5>
- 重庆经济电台（网络版）
- 珠江经济广播电台（网络版）

- Radio2000 网络电台 - 台湾Radio2000 流行音乐网络电台 .（Big5）
- streamingasia - 香港提供网上广播的站点，有音乐、新闻、科技等内容。
- 佛山电台真爱946
- 广播在线网站 - 广播电台的在线联盟;著名电台介绍,新颖的在线服务,发布最新的消息
- 广东电台卫星广播（网络版）
- 广东音乐台（网络版）
- 湖北人民广播电台（网络版）<BIG5>
- 汇声广播华侨之声（加拿大）（网络版）
- 济南人民广播电台（网络版）
- 九九归一 - 在线实时播放广播电视节目，并提供各种音视频节目供用户点播收听收看。设有新闻、体育、财经、音乐、生活等频道。
- 肯心网际电台<BIG5> - 以随选随听(Broadcast on Demand)，利用网路数位音效结合网际网路，提供远距教学。
- 麦可网际电台<BIG5> - 提供新闻，娱乐等资讯和巨星号子。
- 南宁交通音乐频道（网络版）
- 南宁人民广播电台（网络版）
- 纽约华侨电台（网络版）
- 诺萨亚德尼尔网路电台<BIG5> - 以创新有趣为宗旨。
- 网络电台 - 汇集中外网上中文电台电视台，网上实时收听收看广播电视
- 网上广播 - 提供大陆、港台、美国、加拿大、新加坡等地各大电台在线广播。

2．国内网络流式媒体的应用

把同一个采访内容制作成适合各种播放格式的做法在一些大型传媒的新闻机构里变得越来越热门。我国也有越来越多的电台在网上播放自己的声音，使世界各地的人们都可以通过网络收听中国的广播节目。有意思的是，在互联网上，电台与电视相互交织，二者之间的界限模糊不清。

在为数不多的华语网上电台中，香港电台可以算得是办得有声有色。香港电台自1994年12月开始，与香港中文大学计算机服务中心合作开展“香港电台因特网”计划，设立香港电台网页，播放电台及电视节目，为海外华人提供有关香港的最新新闻资讯。

在网络电视方面，中央电视台互联网站凭借雄厚的实力做出了有益的探索。2000年4月25日晚，中央电视台《东方时空七周年特别节目》将电视与网络结合，由央视的四位知名主持人水均益、白岩松、崔永元、敬一丹在中央电视台400平米演播厅，面向来自全国各地的现场观众，以及更广大范围的网友们，进行交流。网友们对此次网上交流反映热烈，同时也反映了网络直播中存在的一些问题：

（1）主持人怠慢网友，过于关注现场观众；

（2）只有音频信号，没有视频直播信号；

（3）BBS设计不合理，不便于网上交流；

（4）要求使用聊天室的方式进行交流；

（5）网速太慢，花费太高、交流内容有限。

东方时空七周年特别节目网上直播的本意，是想进行电视与网络互动的尝试，侧重点还是在电视上。因此在演播厅里请来了许多观众，与网上的朋友一起和主持人交流。这对于电视的表现较为有利，纯粹地表现网上的事物，对电视来说毕竟是比较困难的，难以充分发挥电视的优势。网络视频直播对于带宽与硬件的要求较高。如果一台视频服务器支持400流，也就是说同时只能有400人看到视频信号，而且还要占据大量的带宽资源。以中央电视台的出口带宽尚嫌有限，更不用说普通的网站要做视频直播的困难程度。音频的数据量小，音频直播的难度要小得多。

有的网友提出为何不使用聊天室进行网上直播，你来我往，较为直观。但聊天室面临的问题也与BBS一样，在短时间内涌入聊天室的人过多时，刷新频率过快，同样给网友的阅读带来不便，且易流于浮浅。网上可以同时与四五个人聊天的善聊者大有人在，但一人能够同时在网上与成百人、上千人交流，这实在是个极为困难的事情，而此次电视主持人所面临的正是这种情况。总之，不管是哪种交流形式，如果与电视相结合，必须将不同媒体的长短之处加以深入分析，进行各种大胆的探索，才有可能取得理想的效果。

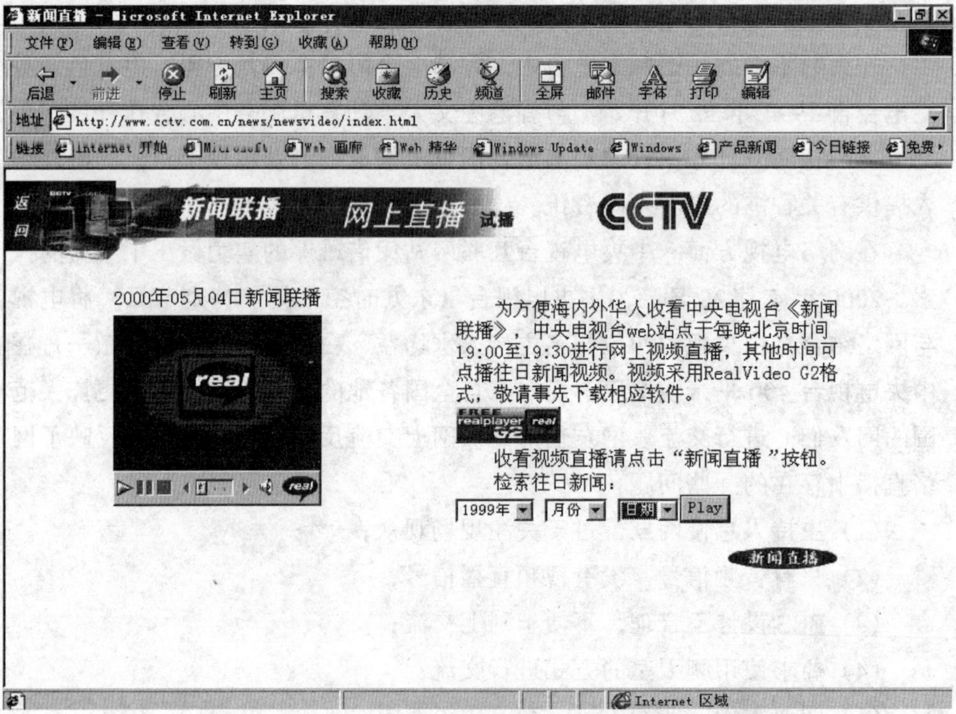

图 5－24　中央电视台网上直播（试播）

成立于 1996 年 12 月的 CCTV．COM——中央电视台网站，是我国最早发布中文信息的网站之一。经过几年的发展，目前已发展成以新闻及电视相关内容为主、以视频为特色的流式媒体专业站点。新闻内容每天随时更新，新闻联播、现在播报等主要新闻栏目与电视同步在网上进行直播，同时网站还配合重大宣传活动和国内外发生的重要新闻事件，进行深入全面、详实准确的网上报道。

目前，CCTV．COM 已经上网的栏目将近 40 个，内容涉及社会生活的诸多方面，其中包括一些名牌栏目和精品节目也纷纷在互联网上亮相，如以关注社会热点问题而著称的“焦点访谈”、开启人们情感之窗的谈话节目“实话实说”、牵动众多球迷心绪的“足球之夜”、展示音乐舞蹈艺术精品的

“旋转舞台”、以真实案例进行普法教育的“今日说法”等等，基本体现了中央电视台节目的整体风貌。

中央电视台国际互联网站使用 www．cctv．com 和 www．cctv．com．cn 两个网址分别通过 China GBN 和 China Net 接入国际互联网。网站具有带宽在 20 兆以上的出口，可以提供信息查询、信息发布、电子邮件、文件传输、远程登录、讨论组、Real 视音频点播等多项服务内容。网站平均日访问量达到 69，000 人次（session）。在 CNNIC 调查中，位居传统综合媒体网站第一位。

CCTV．COM 在 2000 年制定的发展规划中，将中长远目标确定为：组建基于宽带互联网的以多媒体信息服务为核心的现代传媒企业。“现代传媒”这一概念包括以下四部分内容：

（1）要建成一流的多频道专业化信息服务网站，包括新闻、经济、体育、娱乐、生活等频道；

（2）基于宽带互联网的视频点播业务（互动电视，这属于网站内容的一部分，由于其规模庞大以及内容的特殊性，需要单独列出）；

（3）为电子商务及其他信息增值服务配套的服务业务。包括网上购物、远程教育、网络交互性游戏、证券及生活类信息服务；

（4）对现有传统媒体的整合，包括报纸、杂志、音像公司等，形成以宽带多媒体为核心的全方位多媒体互动格局。

3．流媒体在企业内部的应用

以美国全视通国际公司的 StarWorks 为例，流媒体技术与企业计算机网络环境的无缝融合，将丰富的视、音频媒体集成到商业信息系统中，让 intranet 更加生动。Windows NT 平台上的 StarWork 为企业用户提供从桌面 PC 获得流媒体信息和应用所需的服务。培训录像、企业广播和其他混合的媒体信息可以与传统商业应用共存，扩大了商业、政府和教育环境的范围。电视会议系统成为广播中心或高质量视频节目发生器，通过流媒体工具，可以扩大会议内容传播范围，加强电视会议功能，增加会议电视设备的使用，增加投资回报，加强企业内快速沟通能力，增加获得和使用智力资源的能力。这些内容随后以流信号在 LAN 上传播。Windows NT 环境的 StarWork 提供了可与 Microsoft BackOffice 服务器进行无缝连接的集成方案。

用户可以利用已安装的集团电视会议设备产生视频节目，然后将其转换为 IP 多路广播流信号，可以被企业 LAN 上的浏览器桌面用户收看。电视会议技术与流技术的结合加强了信息共享，提高了生产力，同时增加了电视会议投资的回报。

4．流媒体在交互式多媒体广告中的应用

来自英国的 Web Marketing 公司为网络页眉广告增加了视频表现形式。据 Web Marketing 公司称，它所开发的技术可以使浏览广告者的下载量不超过 10k，从而不会对网站页面的浏览产生不利影响。Web Marketing 公司刚和 Lycos 公司设在欧洲的分支机构达成了一项为期 3 个月的专营交易，通过其向客户提供这种视频广告服务。

Web Marketing 公司开发的新技术包括一个很小的探测程序，可以在你点击有视频广告的网页之前，探测出你是否正在使用流媒体播放软件以及哪一种流媒体播放软件。如果你没有使用流媒体播放软件，页面上就会出现一个由普通 gif（一种图片格式）文件制作的页眉广告；如果你正在使用某种流媒体播放软件，页面上就会出现适合你所使用那种软件的视频广告内容。

美国加州 Marina Del 地区的 StreaMedia 是一家互联网广告公司，其发言人 Paul Bruemmer2000 年 3 月 23 日宣称：该公司的 RadicalMail 技术可让广告商传送带有声音和录像的可视电子邮件；而用户无需打开一个附加文件或使用插件程序技术，就可立即浏览邮件内容。而一般情况下，诸如 RealPlayer 这样的插件程序对于多数互联网多媒体中视听成分来说是必须的。

通过这样的交互式多媒体广告，该技术可允许客户在看上去像在一个小的 Web 页的电子邮件上填写询问和申请表或进行购买等行为。而据 Bruemmer 表示，销售方也可通过统计邮件总数来监测实时销售情况以及查阅营销报告。这种技术所蕴涵的是一种厂商和客户直接的电子商业行为。而且，尽管 RadicalMail 只能用 Microsoft 的 Outlook Express 和 Netscape 进行阅读，但由于多数消费者使用的正是这两种软件，因此广告商和投资者对该技术还是表现了极大的兴趣。目前，HTML 电子邮件软件还不具有阅读这类文件的能力。

三、流媒体发展中的不足

互联网就像一个国家的高速公路系统，它有自己的一套能避免混乱和堵塞的“交通规则”。但是广泛流行的流媒体（streaming media）就像违规开车的司机，扰乱了互联网的交通秩序，造成越来越严重的交通堵塞。

用户观看流媒体时就像是在电脑屏幕上听广播或看电视，只不过这些音频及视频信号是通过互联网进行传输。流媒体正迅速地进入家庭娱乐领域，未来的流媒体将能够通过互联网传送高质量的音频及视频节目。然而，流媒体数据对网络堵塞的反应与其他数据完全不同。当电脑传输常规数据遇到堵塞时，它会显著地降低自己的传输速率，而电脑在传送流数据时只会稍稍降低一点速度。因此，如果在同样的带宽下遇到网络堵塞，流媒体就像贵宾车队一样把其他数据挤在一边。

专家称，流媒体数据包完全有可能与其他数据包“和平共处”，只是没有一种方式能够鼓励流媒体提供商遵守“交通规则”。目前大多数情况下，即使把所有其他数据都拱到一边，流媒体仍然只能获得低质量的效果。造成这种低质量效果的原因大都是因为用户端的低速 MODEM 所造成。再过三至五年，线缆 MODEM 及先进的数字电话线路可能将普及起来，那时大多数互联网用户将会在各自的电脑上收听或收看实时的 Web 广播。十年以内，电影及商业电视节目可能会通过互联网频道进行传送。这些越来越大的需求可能会给互联网带来巨大的流量，最终可能会造成“交通停滞”。

专家希望流媒体公司能够在流媒体上采用与常规数据相兼容的流量控制方法。但据美国国家应用网络研究实验室的测定，目前还没有任何流媒体提供商采用这样的控制方法。最大的流媒体提供商 Real Networks 公司的发言人称，该公司 1999 年安装了一个计算机网络，有了它，该公司就可以不使用互联网的主路由。而 Windows Media 的产品经理称，微软的流媒体部正在与网络公司磋商，在发送其流数据时，绕过互联网的“主动脉”。

虽然 Real Networks 及微软所采取的办法会有一定的作用，但无法完全解决这个问题。瓶颈并不在主路上，而在支路上。尽管高速的线缆 MODEM 及 DLS 可以在一定程度上可增加通往家庭的带宽，但要真正解决问题，则需要把数亿根铜线换成光纤。这可不是一朝一夕的事情。有人认为比较可行的解决方案仍是想办法以某种方式来鼓励流媒体公司遵守“交通规则”。如果这种鼓励机制建成的话，流媒体的观看效果将会比现在有一点损失，但至少会使带宽上的竞争更加公平一些。

四、竞争背后的媒体走向

流媒体市场的激烈竞争，一定程度上反映了传统媒体与新媒体交叠更替。传媒处在时代变革的前沿，已经不仅仅是信息的载体，它已经成为直接影响和创造消费与生产的价值载体，因而是新型经济的最前沿的产业。

网络技术的发展将逐步解决"窄带"这一制约流媒体的"瓶颈"，届时，流媒体才将显示它威力巨大的一面。正像 SONY 公司总裁 Edward Grebow 在 NAB2000 新闻发布会的开场白中所说的那样："我们正在进入一个崭新的广播时代。21 世纪将是广播、个人电脑和电信大融合的世纪"，"数字广播、广播与电信基础设施的融合、因特网和宽带网都在以令人难以置信的速度向前发展，内容创作将成为一个至关重要的因素。"①

不管新媒体多么具有诱惑力，观众与制作人都将很快厌倦粗糙的产品。节目内容最终将走到幕前，而媒体本身将慢慢地退居幕后。

本章思考与练习

1．流式媒体的特点是什么？

2．制作流式媒体节目之前需要注意哪些问题？

3．请通过 RealProducer 软件将传统音视频节目转换为流式媒体文件，并比较转换前后的节目质量。

4．流式媒体对传统媒体的影响是什么？

5．流式媒体的发展前景如何？

① 《广播电视与制作》第 72 页，2000/04。

第六章　网络新闻评论与在线公众论坛

如何加强网络媒体的舆论引导？这一直是网络新闻宣传所要探讨的重要问题。在传统新闻媒体中，新闻评论与新闻报道共存共荣，是媒介内容不可或缺的部分；那么，网络新闻媒体除了发布新闻、提供信息服务之外，同样应该及时对重要新闻事件发表意见和看法，发挥引导舆论的作用。网络媒体不同于传统媒体的地方，是网络信息技术提供给了网民平等对称、迅速快捷地参与传播和表达意见的条件。电子论坛的开设，是网络媒体利用互联网最为重要的交互特性为公众提供的行使意见表达权利的渠道。但是，如何利用好网络论坛，让网络论坛的舆论更加健康地朝着有利于社会稳定的方向发展，是对网络新闻传播提出的新课题。

在本章中，主要探讨网络新闻评论和网络媒体BBS论坛，并侧重于网络媒体论坛的特性、选题、策划与管理等具体业务。

第一节　网络新闻评论的概念与性质

一、评论与新闻评论

关于“评论”，《现代汉语词典》解释为“对人物和事理加以批评议论”，引申为“批评或议论的文章”。按此解释，“评论”应该包含两层意思，一是指“批评议论”这一特定的社会行为，也就是人们常说的“发表意见”；二是指它所采用的“文章”这一表达方式。

新闻评论是新闻传播媒介对当前事态发表的评价性意见。但是在较长的时间里，在各类新闻论著中，对新闻评论似乎有一个特殊的规定，即把它归于“政论文”的范畴：

其一：“就当前具有普遍意义的新闻事件和重大问题发议论，讲道理，有着鲜明的针对性和指导性的一种政论文体。”①

其二：“新闻评论是当代各种新闻媒介普遍运用的，面向广大受众的政论性新闻体裁。”②

人们将新闻评论与政论文等同起来自然有其历史原因。但是把评论理解为一种单向传播的文本，研究的内容也大都局限于文本的具体操作方法。这种观点显然忽略了在常见的新闻体裁背后隐藏着的评论所固有的更为本质的社会行为意义。

从社会学的角度说，评论是人类“评价行为”的外化。所谓评价，“是人把握客体对人的意义、价值的一种观念性活动”。③ 评价是一种内在的心理活动，是人类与生俱来的本能，是将自然界和人类社会的自在信息同人们的生活状态联系起来的桥梁。不论是衣食住行，还是政治、军事、文化活动，人类无时无刻不存在着评价；人们通过评价确定自己的社会位置、活动目标以及选择达到目标的有效途径。因此评价是人类在自然环境和社会生活中得以生存的必要前提。

评论本质上来自社会的需要，是人类为了适应社会生存而逐步形成的社会行为方式。它不仅仅是通常意义上的新闻体裁，更为关键的是，它反映着人类发展和社会进步的基本要求。作为人类参与社会活动的基本行为方式，评论应该体现两方面基本要求：一是“交流性”，交流是人类实现社会生存的基本方式，评论的目的就是为了交流，它不论以文章还是其他面目出现，本质上不过是意见交流的载体，人们在交流中拓宽思路、更新观点并且获得愉悦。而大众媒介正是提供了这么一个意见交流的公共场所，大量意见和观点通过一定的媒介汇集、交换和传播。因此评论从本质上说是双向而不是单向的；二是“参与性”，评论同时是人们参与社会管理的手段之一；人们通过发表观点来保护自己的利益，实现作为一个社会成员的权利和义务。

由此不难看出，评论的社会意义不只在于传播者传递了什么，还在于双

① 丁法章：《新闻评论学》，复旦大学出版社 1997 年 1 月版。

② 王振业：《广播电视新闻评论》，第 2 页，北京广播学院出版社 1997 年 4 月版。

③ 冯平：《评价论》，第 126 页，东方出版社 1997 年版。

向的交流能否进行，能否体现出个体的社会价值，能否通过资讯的互动达到人类智慧的高度整合。威尔伯·施拉姆在《传播学概论》中对双向的意见传播有过精辟的论述：

“最好把这一过程认作是一种关系，而不是A对B或B对A的某件事情。这是一种关系，它意味着共享那些表示信息和导致一种彼此的了解会聚到一起的符号。即使两个人同意保持不同意见，他们仍然由于讨论了情势而朝着对这种情势共同了解的方向前进了。”①

从媒介发展观念看，现代媒介观念的核心是平等的双向交流，甚至是以用户为主体的交流，新闻评论体裁也必须顺应这种趋势。而媒介发展的结果可能是由媒体提供新闻事实和相关社会观点，并且提供进行双向信息交流的渠道和空间，把评论权交给全体社会成员，成为真正的媒介（Media）。

网络新闻评论论坛就是这样的产物。

二、网络新闻评论的概念

网络新闻评论是在网络媒体上就新闻事件或当前事态发表的评价性意见。

网络新闻评论作为意见信息，它的存在形态有两种：

第一种是传统新闻评论的延续，是网络媒体对新闻事件的看法、观点和意见。其表现形式主要有：（一）“即时新闻评论”。它一般是在主页设置“观点”、“论点”、“今日眉批”等言论专栏，列出评论标题，点击后阅读新闻评论文章的Web全文。网络新闻评论的类型有：1. 由传统媒体“母体”发表的评论，包括群众言论；2. 转发其他媒体的评论；3. 利用链接方式将网友的评论送上网页；4. 利用消息将评论内容及主要观点作为新闻信息放在报道中。(二)“延时新闻评论”，是在过了一段时间后，把言论放在“资料库”中，供检索阅读，如《人民日报》网络版“资料库”中的“言论”专辑。这种形态保持了传统媒体评论的某些特点。

网络新闻评论的第二种形态是网络媒体论坛。所谓网络媒体论坛，又称为电子论坛，是网络媒体在互联网上为网民提供的就新闻和社会问题发表和交换意见的场所，是在相互传递和交换信息过程中形成的一种无形的用户交

① ［美］威尔伯·施拉姆：《传播学概论》第49页，新华出版社1984年9月版。

流网。它为现实社会提供了前所未有的舆论多元的空间。因其强大的互动性，使它吸引了天南地北的网民广泛参与，往往在重大问题发生时具有迅速形成舆论的功能。这是在其他任何媒介中技术上不可能实现的一种言论表达形式，更是具有网络特点的评论类型。网络媒体论坛也是本章主要探讨的内容。

三、网络媒体论坛的由来及其功能

网络论坛包括 4 种类型：邮件列表（Mailing list）、在线聊天室（Chat room）、新闻组（Newsgroup）和 BBS 电子公告版。其中 BBS 公告版具有独特优势，是网络媒体设立电子论坛的重要形式之一。

BBS 是英文 Bulletin Board System 的缩写，中文意思是“电子布告栏系统”或“电子公告版系统”，一般简称为 BBS。BBS 是在 1992 年底随着国际互联网的开始流行而迅速发展起来的。使用互联网，使得以前只能本地域访问的 BBS 可以被全世界访问。只要能访问国际互联网就可以随意访问连接在互联网上的 BBS，这对于大多数人是极有诱惑力的。BBS 是一个有多人参加的讨论系统，在 BBS 上大家可以对一个共同感兴趣的问题进行讨论，自由地发表自己的意见与见解，并且能直接与其他的人进行沟通。

BBS 最早为商业网站论坛使用。随着互联网的发展，网络 BBS 的影响力也越来越大。按照网站的性质以及服务的对象来分，迄今有以下几种类型：一是校园 BBS。校园 BBS 作为主要的集中地，在 BBS 领域具有举足轻重的地位。由于校园 BBS 的繁荣，吸引了很多的社会人士参与。二是专业 BBS。一般是由各个著名的大公司组建，人们可以利用它来交流自己对商品的看法，更为重要的是可以解决商品使用中的问题。三是商业 BBS。它是由 ISP 建立的 BBS 站点，这类 BBS 站点各种信息比较多，内容相当丰富。四是小型局域 BBS。一般是由个人或小型集体建立，为小范围信息交流服务。五是业余 BBS。一般由 BBS 爱好者个人利用一些免费空间办的 BBS，目的是为广大网民提供一个在某些专业上的交流场所。六是新闻媒体 BBS。是由新闻媒体网站设立的，为广大网民提供对新闻信息进行评论、发表意见和观点的场所。在各类 BBS 站点中，新闻媒体 BBS 由于其所属媒体的舆论工具性质，加上新闻事件及社会时事本身往往令人关注，议论较多，因此更为引人注意。

作为国际互联网一个重要的服务项目，BBS 具有以下独特功能：

一是具有地域性特点。BBS 较之互联网上的其他服务，其服务的面相对要小，有一定局限性。但具有数据传输量小、反应灵敏、信息量大等一系列特点，因而吸引众多网友到 BBS 上发表各种言论与观点，与其他人进行交流和沟通，由此形成了独具特色的 BBS 文化。

二是传播功能，包括实时交流的功能（聊天沟通）、通信功能（信件交流）、设置个性化特点的信息功能。在 BBS 上，不论相距多远，也不管地位相差多大，观点分歧多远，都可以在 BBS 上进行实时的交流与沟通。这正是令很多人感到具有魅力的地方。

三是言论意见表达功能，包括发表与阅读文章，表达自己的观点和意见，可以最快地了解各种信息。这是 BBS 极为重要的功能。

BBS 的功能不限于表达意见，借助此，还可以提供网民上贴文章的功能，即将他所认为重要的或有意思的文章借 BBS 转贴到此，起到转载的功能。

四是提供了放松和休息的场所。在这里人们可以畅所欲言，放下任何包袱，不必要考虑生活现实中的一些烦恼，同其他人进行相对单纯的没有其他干扰的交流。这是现实生活中极为难得的。

五是可以用 WWW 方式使用 BBS，这对于用惯了 WWW 浏览的人来说，是非常方便的。

新闻媒体网站利用 BBS 作为设立论坛的主要形式，不仅因为其具有聊天功能，还因为在 BBS 公告版上发表的文章，不会被自动转给别的 BBS（如与新闻组比较，新闻组服务器因为是联接在一起的，在一个服务器上发表的文章，可以自动转发到与之相联接的其他服务器上，“漫游”到世界各个角落）；另外，BBS 版面可以设立不同话题的讨论区，吸引对不同问题感兴趣的用户参加进来。BBS 还有约束性特点，每个 BBS 都有不相同的版面划分，一个 BBS 服务器只选择相应的用户进去；每个服务器只为一个 BBS 讨论组服务。这一方面考虑到接纳空间有限，另一方面也使得论坛话题具有控制和约束能力。

网络新闻评论是以 Web 网页传送评论文章，同传统媒体评论相似，都是单向传递信息，用户只能被动地接受网页评论观点。但电子论坛却是交互式的，网民不再只是一味地“阅读”，而可以对所看到的信息作出回应，发表自己的见解和看法；或者单独开辟一个新的话题，征求别人的响应。网上电子论坛，可以与世界各地的网民进行交流。对很多网民来说，电子论坛的交流成为他们生活的一部分，他们通过电子论坛将自己融入到一个跨越时空的虚拟社区。

四、网络媒体电子论坛的特性

作为表达意见的场所和手段，网络媒体电子论坛具有以下特性：

1. 意见传播方式的交互性

由于BBS具有的强大的实时交互功能，信息交流更加自由，人们不再像电视观众、电台听众、报纸杂志读者一样只是被动地观看、收听、阅读，而是可以积极而及时地参与讨论，在了解他人观点意见的同时也可以发表自己的看法。在信息传送上，BBS为普通人提供了平等交流、不受空间限制的物质条件，真正实现了信息传播的平等性和对称性。

以传统传播学的概念，传播者和受众有着明显的区别，前者是主动提供信息，后者是被动接受信息。无论是报纸、电台还是电视台，受众参与的范围极小，基本上处于被动接受地位。网络与传统媒体最大的不同在于它实现了受众与媒体间的交互功能。它一改过去“独白式”的传播方式为“对话式”的交流方式，网民可以通过各种简便的方式在网上发表新闻和言论。

从这一意义上说，网络新闻评论也可以看做是一种“互动式评论”，即时互动是网络媒体评论的基本特点。借助网络媒体论坛良好的交互性能，网友之间、网友与媒体网站之间，甚至网友与某个问题的专家、权威之间轻松实现沟通。交互式手段将过去主要通过民间渠道传播的声音引向了主流渠道，使民意的表达更加畅通。从表面上看，网上各种意见的纷争有可能会使得舆论信息环境复杂化；但实际上，它只是把过去被掩盖的方面揭示了出来，可以使专业新闻机构更好地观察自己所要引导的舆论方向与现实的民意之间是否存在差异，也可以进一步判断自己的舆论导向或者说议题设置是否合理，以及需要做哪些调整，如何进行调整等。可以说，交互式手段为新闻机构了解民意提供了一个非常有效的窗口，有了这个窗口，新闻机构就可以更迅速、更直接地检验自己的传播效果，以便做出判断和矫正，并决定进一步的行动。

2. 意见传达速度的快捷性

在新闻竞争中，快速始终是各类媒体极力追求的目标。网民坐在联网的电脑前，轻轻敲着键盘，就可以对刚刚发生的事件做出及时的评论、回馈意见，而且发布（回贴）速度之快是以分钟甚至以秒作为计算单位的。这种实时交流的快捷性暗含着媒体反映民意的速度之快，显示着网上舆论急遽变化更新的趋势。

3. 信息存储的巨大空间

新闻媒体利用网络技术，建立电子论坛，服务于公众的表达权，是向其理想中的社会公器功能之一——“意见市场”功能迈进了一步。网络是以最先进的计算机技术作为后台支持的，它为公众的言论自由和表达自由提供了前所未有的空间。因为网络技术的进步，具有如此巨大的信息存储空间，使得网络媒体论坛的论题极为丰富，每一个网民可以就感兴趣的话题进行讨论；一般它不受发表文章（回贴）的数量限制，它为网民提供了畅所欲言的机会，甚至是其他传统媒介无法发表的内容。

互联网显然做到了让一般社会成员自由发言，为现实社会提供了前所未有的舆论多元的空间，因此又有人称之为“即时电子民主论坛”。

4. 实现意见交流者的双重身份

每一个人在这里会感觉到自己是信息的传播者，而不仅仅是接受者；每一个用户既是信息的获取者，也是意见的提供者。网民可以阅读别人的文章（帖子）得到一些信息，同时也可以把自己知道的信息传播给别人，成为意见领袖，或者针对别人的信息来发表自己的见解。在论坛交流规则许可的范围内，每个人都可以成为自己的出版商，不受任何政治、意识形态、技术、文字和逻辑能力的审查，而过去那种意见交流受制于经济能力而不能表达的情况可以说降低到了微不足道的程度。

5. 意见多元而驳杂

电子论坛在提供“意见市场”方面，新闻媒体网站与传统媒体的表现形态和特质有很多不同，这不仅是指有更多的公众能够利用网络的便利和容量，获得表达的机会，同时也是指公众能够在网络上就更广泛的题目，发表更多元的意见。人们对同一个问题往往会有不同的看法，有时候正是一些不同的见解深刻地反映出时代的特征和变迁。当今时代，呈现出社会多样化、文化多元化、价值多元化的客观趋势。在这种情况下，对不同意见不应该视而不见，而是要善于艺术地利用不同的观点和意见，使之为我们的观点服务；因为只有充分地反映舆论才能有效地引导舆论。承认多元是解决分歧，共图发展的前提。对同一事件的看法多元化，可以更好地帮助人们分析、认识和解决问题。

在新闻传播领域，多元文化强调在相互交流中达到对自己和异己的认识，强调以发展的眼光看待事物，防止非此即彼、非黑即白的僵化思维，注重揭示事物发展的趋势，让受众做出自己的判断和选择。当然，提倡多元的思考并非是让新闻媒介放弃自己的主体价值判断，而是要综合各方面意见，在把握事实的基础上，做出与时代精神相符合的、与时代进步同步的价值判断。

但网上交流者使用匿名，因为相互不知道对方是谁而可以最大限度地无所顾忌，在论坛上很多人会暴露自己的阴暗面，因为他们无需隐藏什么，也无需对自己所说的话负责任，给人们交流带来了不确定性。此外，论坛上发表的论点给人的印象往往是不完整的，支离破碎的。

此外，网络媒体论坛还具有政治性。与校园 BBS、商业网站 BBS 寻求技术解答、生活探讨等问题不同，网民到这儿大多数是为了表达对社会政治、经济、思想方面的看法，寻求思想、政治的解答；一般 BBS 只是舆论信息的自流状态，而媒体论坛则可借鉴传统媒体引导舆论的方式，实施有效的组织、策划和管理。

五、新闻媒体网站设立时政论坛的必要性

设立时政论坛的必要性可从以下五个方面来认识。

1. 新闻媒体的共性规律要求设立时政论坛

新闻媒体以报道与评论为主体。新闻评论与新闻事实一样，两者都是客观存在，是不可分的。报道与评论都是以新闻事实为基础，以受众的需要为最终目的。评论与新闻信息应当同等对待。对受众来说，评论与报道一样，是信息的传递，区别在于前者是一种意见信息，后者是一种事实报道。正是由于后者往往在概括、分析、推理上不能满足人们对信息量的需要（因为信息在报道之时总是零散和局部的），人们才需要在事实报道的基础上增加意见的参考，信息的综合，事实的概括。随着人类社会发展和全球一体化，人们对信息的需求起了质的变化，不但要求迅速准确，而且希望信息系统全

面，希望在了解新闻事件的同时能听到社会各界对新闻事件的认识和评价。因此新闻评论是对新闻报道很自然的延伸。

自改革开放以来，国内新闻媒体上的“意见”环境，日渐宽松，各种新闻传媒结合自己的特点，对反映民意和社会多元声音作出了很多尝试，民众的言论空间越来越大。如报纸的小言论、读者来信、专题讨论等，形式多种多样。《北京青年报》有“杠头茶馆”专栏，称“来者都是客，全凭嘴一张。杠头茶馆专门就事论事，品头论足”。出租车是否应该调价、“婚外恋”是否该定为违法等社会热门话题，在国家法律尚未正式颁布之前，应当允许公众发表不同的甚至截然相反的意见。又如中央电视台开办的《实话实说》节目，让观众参与，话题包罗万象，既有新闻性的热点问题，也有广泛的社会性话题，涉及生活方式、青少年教育和婚姻家庭，不同意见和观念可以直接交锋。

媒介所发表的受众的言论、批评、意见等，对各级政府发现问题、改进工作发挥了作用。以往政府一项政策出台，新闻媒介往往只是按照统一口径加以报道和宣传，但现在在不同媒介之间也可以听到不同声音和反映。

2. 互联网特性及其传播规律的体现

从网络产生的历史就可以看出，网络的互动特性是网民的需要，是为了加强交流，最快最便捷地与这个世界进行信息的交流。在某种程度上说，为了交流的便捷，人类总是在不断发明新的交流工具。一项研究数据表明，网民要的不是“更多的新闻”和“更多的信息”。“他们要的是交流——不是与机器的交流，而是彼此交流”①。因此，新闻媒体开设网络论坛，是顺应网络媒体的规律，顺应网络用户的需要。

网络媒体的论坛和传统的言论版、言论专栏不一样的地方，就是网民可以在同一时空中实时交流。网络媒体为读者提供网上论坛，读者上网不仅能看到对重大新闻时事的深度报道，而且也能随时发表自己的见解。《联合早报》电子版主编袁舟说：“不设立论坛从而为读者提供及时交流场所的网络报刊，不算是真正的网络媒体。”《人民日报》网络版主编蒋亚平说：“一个网络媒体，不开论坛，就像缺了一条腿。”

---

① ［美］罗杰·菲德勒：《媒介形态变化：认识新媒介》第129页，华夏出版社2000年1月版。

3. 为广大网友提供一个对世界大事国家大事发表看法的重要场所

马克思当年主持的《莱茵报》、《新莱茵报》对社会上重要的事件从不回避，无论是编辑部赞同的还是不赞同的，像重要的政府文件、党派文件，尽管编辑部持批评态度或有所保留，但都予以发表。只是有时为了防止读者误解编辑部的立场，这类文件发表在编辑部不负内容责任的横线以下。马克思把《新莱茵报》的做法称为“报刊应有的公正态度”①。由于报刊是广泛的社会交往的媒介，因而，马克思意识到报刊在许多现实矛盾冲突中可以充当第三个因素的可能性，即指报刊作为不介入矛盾双方的第三者，提供发表意见的场所。在这种情况下，报刊可以成为公正的场所。当然，这种公正不会以绝对纯正的形态出现。②

在理论上，报刊、广播、电视等新闻传媒作为“意见市场”，提供大众意见与批评的论坛，不仅可使之成为意见的交换中心，更可以强化舆论力量，对政治、社会等问题形成公共监督，防止政府官员的腐化。媒介也可以因此而提高声望。台湾著名学者李瞻就曾指出，“读者投书是充实报纸内容的重要资产”，从报业史观察，报纸本身毫无力量，只有反映舆论及维护读者利益的报纸才具有权威，才是真正的社会大众的公器。③

然而，即便没有政治寡头和媒介大亨的把持，即便没有利益集团和商业利益的干预，传统大众传媒提供给受众的言论空间也是极为有限的。时间和空间的限制，技术处理的局限性，以及对言论发表者文字表达能力、逻辑能力的要求，等等等等，这些就像最细密的筛子，过滤了大多数的受众意见。

网络为电子论坛提供的时间和空间的延展性，使它能吸纳不分国界的用户广泛参与，并由此造就了在重大问题上迅速形成舆论的能力。就这一点而言，网络媒体的影响力远非传统大众媒介可比。如果说，对于传统大众传媒，建立公众的意见市场从来都只是一个理想，那么，网络媒体论坛正在接近这个理想。

《人民日报》网络版主编蒋亚平在谈到这一问题时说：“《人民日报》网络版开设强国论坛，还有第三点考虑，也许是最重要的考虑，就是为广大网

---

① 《马克思恩格斯全集》第5卷203页，人民出版社出版。

② 陈力丹：《精神交往论》，第330－334页，开明出版社1993年8月版。

③ 郑贞铭：《新闻学与大众传播学》，第327页，三民书局1978年11月版。

友提供一个对世界大事国家大事发表看法的重要场所，论坛中有许多精彩的观点、意见，网友之间可以互相启发，也可以为党和政府的决策提供重要参考。同样重要的是，大家的看法、意见也可以在相当程度上反映民意、舆情，这对我们这样一个正在逐步建立社会主义市场经济体制的国家，一个民主意识还有待更进一步加强的国家，一个需要人民更广泛地参与我国改革开放和社会主义建设事业的国家，是非常重要非常有益的。"

4．言论自身的特点决定着网络言论的重要性

新闻报道和新闻评论共同构成新闻传媒内容的不可缺少的部分。人们把传统媒体的言论比作是"旗帜"和"号角"，在网络媒体中，言论也应具有同样重要的地位。所不同的是，传统媒体言论与网络媒体言论的主体发生了变化，论述方式、表现形态也会随之发生变化，犹如广播电视新闻评论与报纸新闻评论的形态变化一样。而且，网络媒体在言论的自由、广泛流通和统一等方面具有特殊的优势。我们从下面的比较可以看出：

传统媒体与网络媒体提供的发表意见和言论功能的比较①：

功　　能	传统媒体	网络媒体
反映意见的速度	慢	快
受众（用户）参与地域范围	小	大
受众（用户）间的交互性	差	佳
受众（用户）与媒体间的交互性	差	佳
受众（用户）议论的自由度	无/小	大
受众（用户）提供信息的真实性	高	低
媒体掌控程度	大	无/小
供发表意见的"地盘"	小	大

由此可见网络媒体言论特点与传统媒体言论存在较大差异，必须充分加以认识，才不会在网络中失去我们的旗帜与号角。

另外，增设网络媒体时事论坛，加强对网上意见的引导，是对网络多元言论阵地的坚守，增强了网络媒体的战斗性。同样是BBS，媒体网站的功能

① 参见闵大洪：《新闻媒体网站设立电子论坛刍议》，http：//www. cjr. com，cn。

就与商业网站的不同，在内容管理和言论导向方面都有不同的标准和要求。一些现有网上论坛和聊天室虽然大家可以畅所欲言，但也存在良莠不齐、鱼龙混杂的情况，不太适合严肃读者，而且也难以保证讨论质量，使读者上网难以有所收获。

要想对社会舆论具有强势引导能力，新闻媒体网站不能没有代表自己立场、观点的强有力的言论。2000 年 6 月 28 日，江泽民同志在中央思想政治工作会议上作了重要讲话。当谈到互联网问题，江泽民同志指出："信息技术特别是信息网络技术的发展，为我们开展思想政治工作提供了现代化的手段，拓展了思想政治工作的空间和渠道。"他强调："要重视和充分运用信息网络技术，使思想政治工作提高时效性、扩大覆盖面、增强影响力。"①

网络媒体论坛还是激发国民意志、展示民族精神的最佳场所。以强国论坛为例，论坛的设立马上便把民众因北约轰炸我驻南大使馆引发的愤怒、爱国热情以及强国的愿望激发出来，并快速形成了网络中的一种舆论，促动更多人加入到富国强邦的思考行列中。借助网络传播，网民间、网民与网站间的沟通方便、快捷，使网络中的交流程度发挥到极致，很容易在网民间产生共鸣。

显而易见，互联网已经成为思想政治工作的一个新的重要阵地。国内外的敌对势力正竭力利用它同我们党和政府争夺群众、争夺青年。我们要研究其特点，采取有力措施应对这种挑战。要主动出击，增强我们在网上的正面宣传和影响力。因此，研究情况、守住阵地、主动出击，应该成为我们新闻工作者牢牢树立的一种党性观念。从整个新闻传播乃至思想战线上去认识，网络新闻论坛是社会主义思想战线的一个重要组成部分，"要充分认识网络的发展对于新时期社会生活及人们思想日益深刻的影响，百倍努力地学习，努力提高自己的思想理论水平与网络宣传的本领，在不断丰富自己的同时，在思想战线上'打好主动仗'，在网络上不断开辟、扩大党的思想政治工作新阵地，把网络变成创新和加强思想政治工作的先进工具。"②

5. 设立网络论坛并管理有序，可以极大地增强媒体网站自身的竞争力

---

① 《守住阵地，主动出击，扩大影响——学习江泽民同志关于互联网问题的讲话精神》，载《新闻记者》2000 年第 8 期。

② 《解放日报》2000 年 7 月 31 日评论《网络呼唤思想政治工作创新》。

和影响力

不少新闻媒体网站设立电子论坛，其基本动因可能不是为了建立意见市场，而是为了吸引受众，扩大市场。作为一种新的媒体评论形式，而且是未定型的评论形式，可以利用网络的互动功能、巨大容量、高速传输能力和先进的管理手段，为受众提供参与媒介制作、参与社会政治生活的条件，进而为自身的市场拓展制造机会。

网络媒体论坛正是适应了网络媒体自身发展的需要。很多网站包括新浪网都是从做 BBS 开始的。论坛有无与好坏，可以决定一家网络媒体的影响力和在网络中的信誉；作为网络媒体的一个最活跃因素，网络媒体论坛吸引着众多“眼球”，是媒体网站的一个重要板块，是用户经常光顾的地方，其地位不亚于新闻栏目。《人民日报》网络论坛在一些敏感时期的访问量最高曾占《人民日报》网络版访问量的 1/3 以上，可见其具有的影响力及对网站自身发展的重要。另一方面，人们已经认识到，“‘意见竞争’可能是国内大型网络媒体下一个‘激烈的战场’”①。

六、重大事件中的网络评论

以近年来发生的两个重大的新闻事件为例，可以充分说明新闻媒体网站 BBS 的巨大威力。

（一）全球华人抗议印尼暴徒 5 月暴行运动

1998 年 5 月中旬，印尼发生了震惊国内外的大骚乱。由于少数当政者排华情绪的高涨，生活在印尼的华裔成为这次骚乱的主要牺牲品。在骚乱当中，无数的华人店铺被烧毁，许多人多年的积蓄和房产一夜之间全部被抢光烧光，有的穿着睡衣逃命，身无分文，一贫如洗。更加令人发指的是，在骚乱当中有大批的华人妇女被强奸或轮奸。

6 月中旬，一些国际新闻媒体纷纷开始披露事件真相，并对事态连续加以报道。广大读者纷纷投书（包括电子邮件）报社，对印尼暴徒的暴行和印尼政府的作为表示了强烈的义愤和声讨。

北美著名中文网站华渊网（SINANet）于 7 月发起了“请支援惨遭凌虐的印尼华妇”的“黄丝带”运动。该网页有一打结黄色丝带的图形，网站

① 《网络媒体走向“意见竞争”时代》，载《北京青年报》2000 年 8 月 7 日。

称：华渊邀您参加“黄丝带”运动，以电子邮件的传播力量，将“黄丝带”的内容传送给您所认识的人，把印尼华裔所受暴行公诸世间，引起国际社会的重视，为印尼华裔争取应有的权利。

互联网迅速地将“黄丝带”这一标志传到了世界各地。世界各地的华人举行抗议集会游行时，参加者无不佩带“黄丝带”。国内不少用户也用电子邮件传递着“黄丝带”，甚至将其链接到自己的网页上。7月26日，香港凤凰卫视《小莉看时事》专题节目，主题就是谴责印尼排华、强暴华妇。主持人吴小莉胸佩“黄丝带”，悲愤地介绍了印尼华人特别是华人妇女的悲惨遭遇。由于凤凰卫视在中国国内拥有庞大的受众群，因此印尼华人的遭遇及声援印尼华人的标志——“黄丝带”在国内得到较大范围的认知。尽管国内新闻媒介对黄丝带从未提及，但在群众的几次自发活动中，参加者都佩带了“黄丝带”。这一连接全球华人情感的统一标志的传播，首先得力于电子邮件及网上论坛。

首先出现在论坛上的来信便是印尼华人的求救呼声和披露他们所遭受到的非人暴行。邮件往来传递信息的时效惊人。从7月中旬到8月底，围绕印尼迫害华人事件，一有什么新动态，论坛上马上就有信息传递。论坛在这里起到了一个信息枢纽的作用。

新加坡《联合早报》电子版在这一事件中开设的“印尼局势读者论坛”在华人世界中引起了巨大反响。

该电子版于1996年8月上网发行，1997年5月全面改版后，影响日增，使以往仅在东南亚地区有影响的中文报纸一举成为具有国际性影响的媒体，特别是吸引了大批中国大陆的读者。1998年5月，《联合早报》电子版首次开设了世界杯读者论坛，初步尝试了电子论坛功能。印度尼西亚5月政局发生大动荡，《联合早报》电子版果断地于7月16日晚开通印尼局势讨论区，为全球华人提供一个谴责暴行的园地，也帮助各地华人了解印尼华人的境遇。当晚就收到二三十份读者来信。

《联合早报》电子版主编出于对论坛上必然会出现某些不真实信息和某些不负责言论的考虑，在论坛开设的7月16日当天，特作出如下声明：“本报无法查对以上读者来信的事实真伪，其言论也不代表本报立场，同时，对来信早报电子版保留选载和编辑的权力，敬请谅解。”

从7月中旬到8月31日的一个半月中，共收到4000多封读者来信，刊出读者来信600多封。讨论区每日收到读者来信100封左右。这些电子邮件来自世界各国，从新加坡本地到东南亚各国，中国两岸三地、北美、欧洲，来信者性别、年龄、职业和身份各不相同。其中，有半数来自中国大陆，在中国读者来信中，以北京地区来信最多。还有相当一部分来自在欧美、日本和澳大利亚学习工作的中国人。印尼、马来西亚、港台等地华人来信只占20%左右。

这些电子邮件的内容或传递信息，或谴责暴行，或提出建议，或探讨问题。出于不同立场和角度，读者间常展开争论。如对印尼华人该不该离开印尼、中国政府该不该采取强硬态度和制裁措施、北大学生该不该游行、乃至台湾市议员在抗议活动中打印尼领事耳光对不对等话题，都在激烈的论辩中。许多文章则对这一事件作了更深层的思考：为什么在20世纪末印尼华人还会遭到如此暴行和污辱；战后犹太人的命运发生了改变靠的是什么；中国与海外华人的关系应该怎样等等。

《印尼局势读者论坛》在全球华人社会中产生了巨大的影响。相当多的读者在来信中称，他们为这一论坛的开设所感动。特别是，该论坛吸引了不少中国内地的读者，甚至可以说，国内读者是该论坛的主要的意见表达者。从留下落款注明地点的来信中，可以发现来信地址从南到北，从大城市到中小城市均有，不同职业、不同年龄的国内读者踊跃地聚集到一个外国的新闻网站的论坛上。

（二）在抗议北约暴行中诞生的“强国论坛”

新闻网站依据重大新闻事件，适时地设立网上论坛，不仅能够实现其反映民意、形成舆论的社会功能，对于扩大网站的影响力也具有重大意义。国内一些新闻媒体网站最早在1998年世界杯赛事期间开设了论坛，对网上“意见市场”有所尝试。网上体育主题的讨论比较而言好处理一些，但其他主题则很难掌控。也有的新闻媒体网站小心翼翼地进行着探索。如《华声报》电子版1998年8月开设了“印尼华人呼救”栏目，内设真相描述、中国反映、华人声援、读者来信四个小板块。其中读者来信板块虽然规模很小，影响也远不及新加坡《联合早报》电子版的“读者论坛”，但仍然产生了一定的影响。

《人民日报》网络版是最早尝试网上读者交流的新闻媒体网站之一。1999年4月11日晚上，《人民日报》网络版首次尝试利用网络的互动功能在网上与读者进行直接对话。该报体育组专门采访足球的记者汪大昭从22：

30开始主持网络版“体育在线”专栏中的BBS论坛，在网上与读者直接对话。从22：20开始，就不断有读者在BBS论坛中向汪大昭提出各种他们感兴趣的问题，回答很快就在网上反映出来。原定于23：30结束的问答时间，由于读者的热情参与，不得不延长至24：00，尝试获得成功。

1999年5月8日北京时间上午6时左右，南联盟当地时间的5月7日深夜，以美国为首的北约悍然使用五枚导弹，袭击了中国驻南斯拉夫大使馆，造成馆舍严重毁坏，20多人受伤，3名新闻工作者遇难。《人民日报》网络版对这一突发事件迅速做出反应，在北京时间5月8日便发布了前方记者吕岩松的有关报道，接着从世界各大媒体搜集了大量的相关资料，进行了翔实的报道。5月9日晚推出“强烈抗议北约暴行BBS论坛”，为广大群众了解事实真相、谴责北约暴行、悼念和安慰死难者及其家属提供及时而广阔的空间。当时的论坛是24小时开放，网络版急调了几位编辑兼职，轮流值班。广大网友对《人民日报》网络版能够开设论坛深感振奋，并以高度的爱国情怀积极参与其中，传递各种信息，发表了大量热烈丰富的言论、观点，在论坛中畅所欲言。短短的一个月时间内，论坛的帖子就达到了十几万个，迅速在海内外产生了重大影响。

随着时间的推移和事件的发展，讨论的话题已不限于抗议暴行，人们普遍认为，现在只有先加强我们自己的“经济实力、国防实力和民族凝聚力”，使我们的祖国强大起来，才能昂首于世界。6月19日晚9时，“抗议论坛”正式改名为“强国论坛”（网址为http：//www. qglt. com或http：//www. qglt. org. cn)。这一主题是民心所向，它唤起了网友们的强国意识，并产生了强烈的共鸣和响应。据网络版论坛组组长单成彪介绍，“强国”名称的版权，应当归属于网友们的提议。这正充分体现了互联网上论坛的交互性。

强国论坛受到海内外许多媒体的报道和评论。有的认为为网络媒体论坛开创范例，有的学者评论说：“《人民日报》网络版对开设电子论坛率先进行尝试和实践，对于中国新闻媒体网站的发展具有非同寻常的意义。”“是对掌握和运用网络媒体规律的提升。”①

在网民们心目中，强国论坛是中文论坛里面的“国家队”，他们称强国

① 闵大洪：《由《人民日报》网络版“抗议论坛”改版想到的》，参见http：//www. cjr. com. cn。

论坛"可以说是中国改革开放的重大成果之一"，认为"生活的气息、广阔的空间、永恒的爱国主题，是该论坛的生命力所在"。"《人民日报》开设的强国论坛已经满周岁了，她诞生于汹涌甚至有些矫情的爱国热潮之中，经过一年的风风雨雨，已经开始形成了自己的风格和基调，各种不同观点的网友的思想激烈交锋，使我感受到我们民族的思想活力和勃勃生机。"[①]

许多论坛和网站主动给强国论坛作了链接。强国论坛的注册用户数已达到 35000 多人（不包括未注册的浏览人数），论坛每天的页面访问量都在 10 万以上，最高日达到 27 万多。2000 年 6 月 5 日，在由《互联网周刊》主办的"中国百家优秀网站评选"中《人民日报》网络版名列"十佳传统媒体网站"，强国论坛获"赤子情怀奖"。虽然目前人民网的各种论坛已有统一名称"网上人民论坛"，但强国论坛已然成为该网站极具特色的栏目，成为我党领导和控制、在海内外享有较高声誉的中文时政论坛。强国论坛在全球中文论坛排行榜上，上帖量和访问量都排名第一，在全球中文论坛中树起了一杆宣传我党方针政策的大旗，被誉为"最著名的官方论坛"、"中华第一坛"。

当然，网络媒体网站论坛具有一定的风险性，论坛中的言论难以掌控的问题就是众多媒体网站开设论坛的顾忌之一。如何看待网络论坛存在的问题？将在第四节探讨。

第二节　网络论坛基本常识

网络论坛是借助 BBS（电子公告板）等方式开展的实时意见交流，以上帖的形式迅速传送与表达意见。

一、BBS 的使用方式

使用 BBS 对硬件的基本要求只是一台电脑、一个 MODEM，外加一部电话。BBS 使用方式一般有三种：

一是拨号式 BBS。这种"传统"的 BBS，一般以使用"传统"的方法访问为好，即在 DOS 下，使用 TWAY 天汇或 UCDOS 这类直接写屏的汉字系统，再加上中文 TELIX 这类通信软件。

---

① 强国论坛网民言论，参见 http：//www. qglt. org. cn，廉彤，2000－05－09。

二是登录式 BBS。上这一类站，是在 Windows 9X 下面使用 NetTerm 为好。使用时，首先，安装 NetTerm 4．2．3，选择中文，启动 NetTerm，拨号上网。对于首次上站者，可以先键入 guest，进站大致浏览一下，但此时没有发言等权利。要获得这些权利，需在重新进入时，键入 new，输入有关信息取得成功注册，进站后按有关提示操作即可。如果你安装了 NetTerm，并在浏览器中将它设定为外挂 TELNET 程序，那么，当你在网页中点击一个登录式 BBS 的链接时，NetTerm 会自动启动并进入 BBS 站点。

三是 WWW BBS。由于这种 BBS 实际就是一个 Internet 网站（页），连入互联网后，可以用常见的浏览器登录访问。在这种 BBS 中的提问、浏览、答问操作，与前面讲的论坛基本相同。

二、注册与登录论坛的基本程序

注册是通过 WWW 形式在网上登记一家网站论坛；只有经过注册才可能使用论坛及进入 BBS 聊天室。论坛登录就是在发表文章和跟贴的时候，需要输入会员代号和密码以确认您的身份。当您登录一次后，只要不关闭浏览器，以后再发贴就可以免去输入笔名、密码的麻烦。而且，在某一网站登录论坛后，进入该网站其他论坛发言也不用再输入，可以加快上帖的速度。

登录的好处除此之外，它还能为论坛进一步增加丰富的功能提供前提条件，比如可以根据您的登录信息为您做个人信息提示（新邮件和新 Pager 留言）；登录后去检查你的信件或留言时，可以直接点击进入，无需再进行登录。有的还可以实现好友上线通知等功能。

下面以笔者 2000 年 7 月 26 日登录《人民日报》强国论坛网站的过程作为实例，对注册与登录论坛的基本程序进行讲解。

（一）如何在强国论坛注册

1．进入强国论坛首页（网址：www．qglt．com；www．qglt．net；www．qglt．org；www．qglt．com．cn；www．qglt．org．cn，或者从《人民日报》主页 www．peopledaily．com．cn 进入）（图 6－1）。

2．点击“用户注册”，首先出现《人民日报》网络版“论坛管理条例”，说明了参与论坛讨论的注意事项。请仔细阅读，如果同意的话，就选择“我同意”（图 6－2）。

3．进入用户注册页面。选择自己的笔名，并依次填写必选项目。比如，

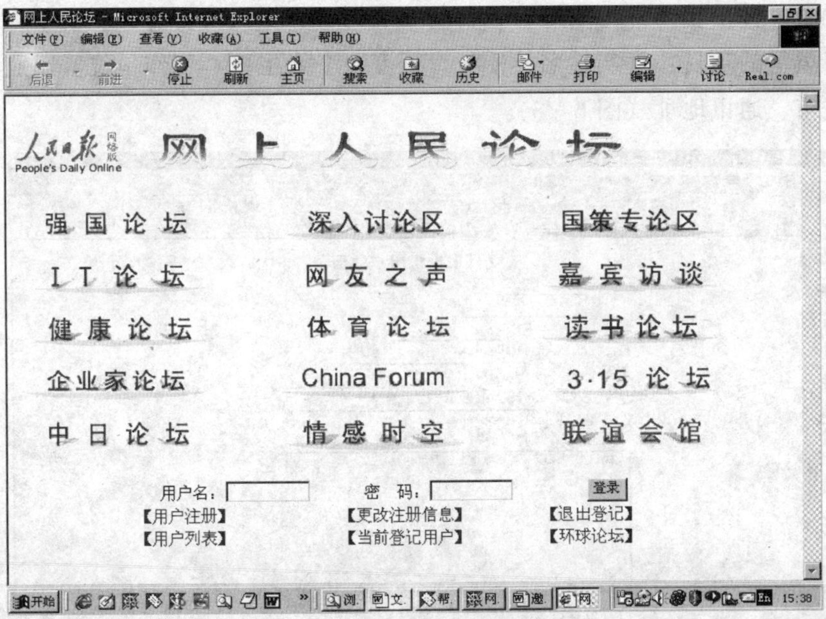

图 6－1

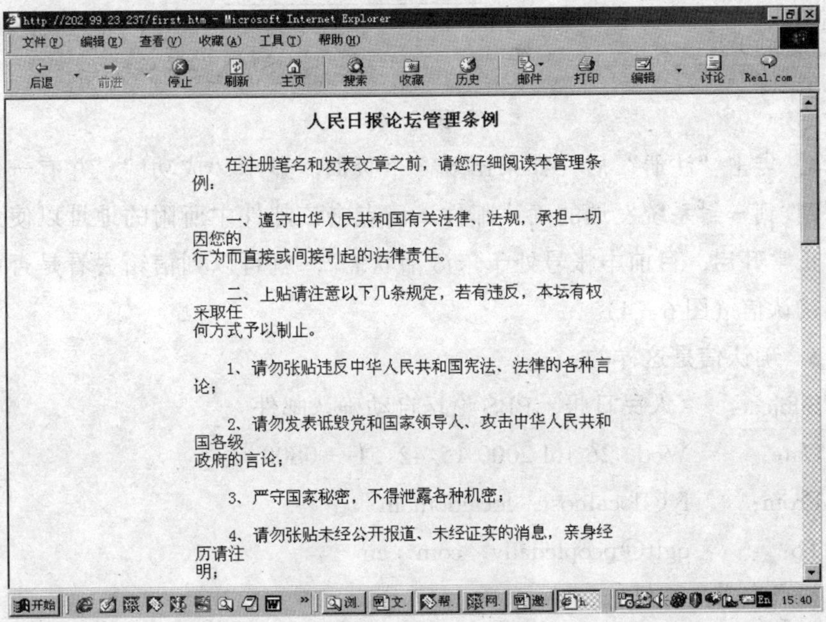

图 6－2

注册笔名为“观点直击”，英文名（English Name，这是你在论坛的重要标识）为“guandian”，密码选项为“guandian”，并确认密码；正确填写自己的电子邮件信箱，并可以填写自己的签名档（“个人留言簿”）。以下为自由选择填写的项目：真实姓名、受教育程度、个人主页、工作单位、职业、所在城市、通讯地址（图 6－3）。

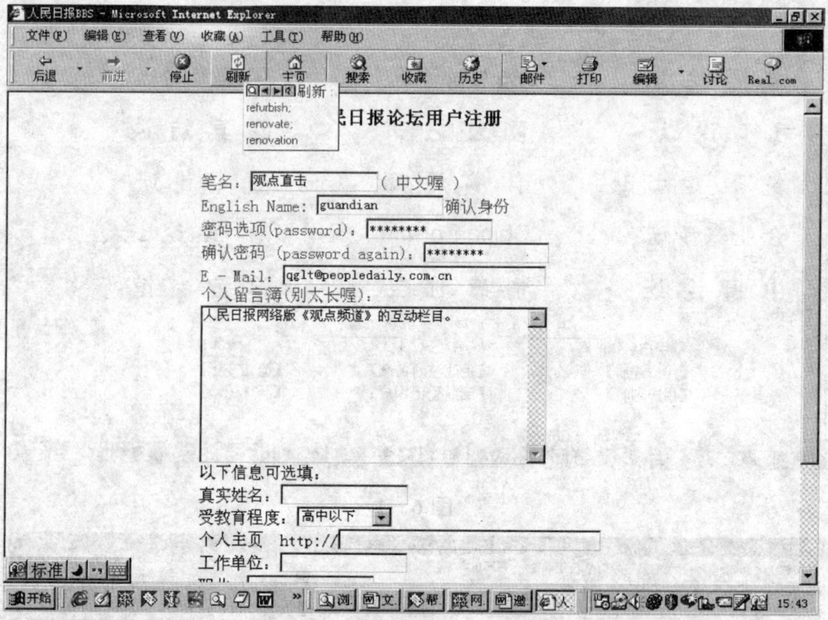

图 6－3

4．点击“注册”后，如果出现一个页面，显示“成功!”，并有一句话“您将收到一封系统发送的确认邮件，请点击该邮件中所附的地址以使您的账号正常开启，目前本帐号处于未激活状态”，就可以到信箱去看是否已经收到确认信（图 6－4）。

5．确认信是这样的：

Subject：　《人民日报》BBS 论坛自动确认邮件

Date：　Wed, 26 Jul 2000 15:42:51 +0800

From：　ly@localhost. localdomain

To：　qglt@peopledaily. com. cn

观点直击，您好：

欢迎您加入《人民日报》BBS 论坛，您在本站注册的账户信息如下：

username：guandian

password：guandian

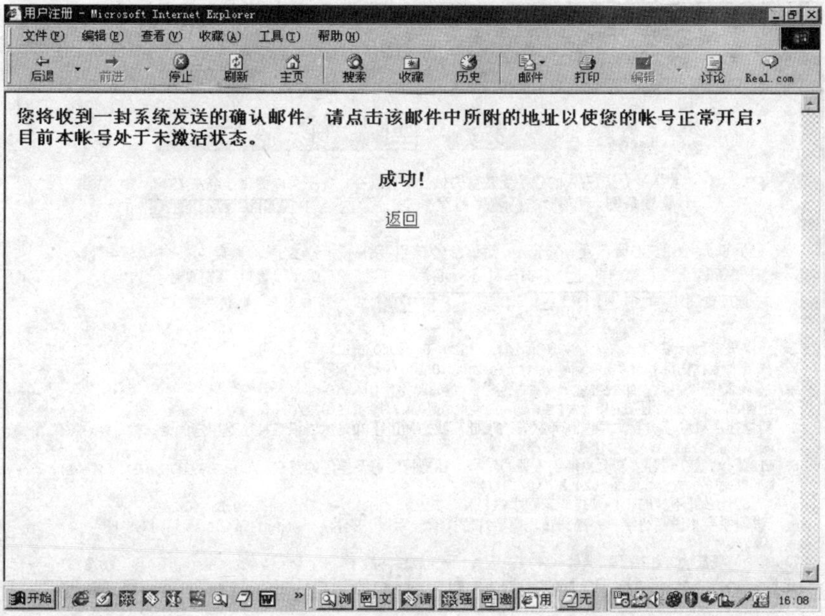

图 6－4

开启账户链接

http：//202．99．23．237/cgi－bbs/updateinfo? reqid＝994a2ed2e4494af8

《人民日报》BBS 论坛管理员

2000．07．26

点击 http：//202．99．23．237/cgi－bbs/updateinfo? reqid＝994a2ed2e4494af8 这个链接，就可以完成确认了。

如果没有收到确认信件，可以发信给强国论坛管理员 qglt@peopledaily.com．cn，要求确认。确认后就可以在论坛发言，使用论坛提供的各种服务功能，如：短信息、投票权，每次在上站登记后上贴不再需要输入英文名和密码。

到此为止完成了注册阶段。

（二）登录与发表意见

1．进入强国论坛首页，填写“用户名”和“密码”，点“登录”后，系统会自动判定“用户名”和“密码”是否有效，以防盗用或输入错误。输入正确的话，即可进入强国论坛页面，阅读帖子或发表见解，见图 6－5。

2．如果要参与讨论，自己加新帖的话，就在强国论坛的页面上点击

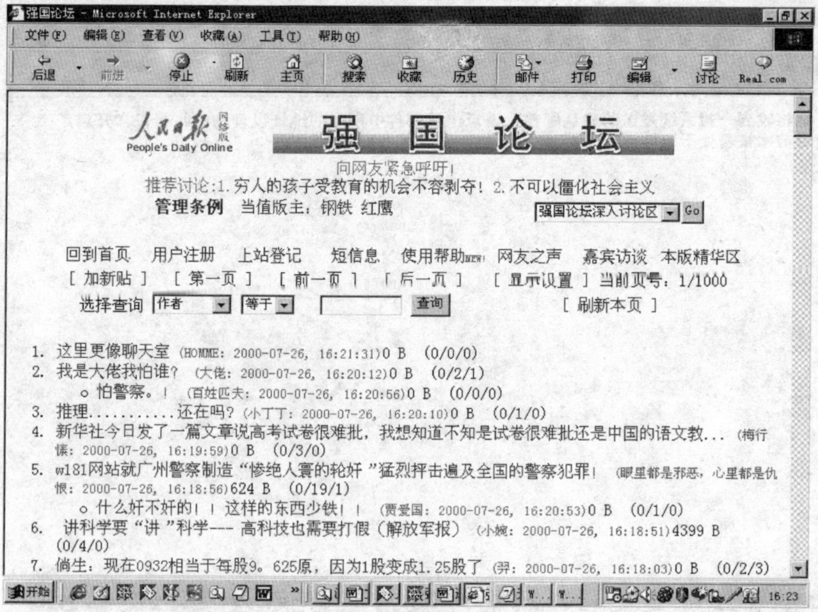

图 6－5

“加新帖”，写上“文章主题”（即题目，或 50 字内的个人看法）和“正文”，如图 6－6 所示。“正文”还可以加贴图片和超链接，用 HTML 格式即可，一般学过网页制作的网民都会使用。

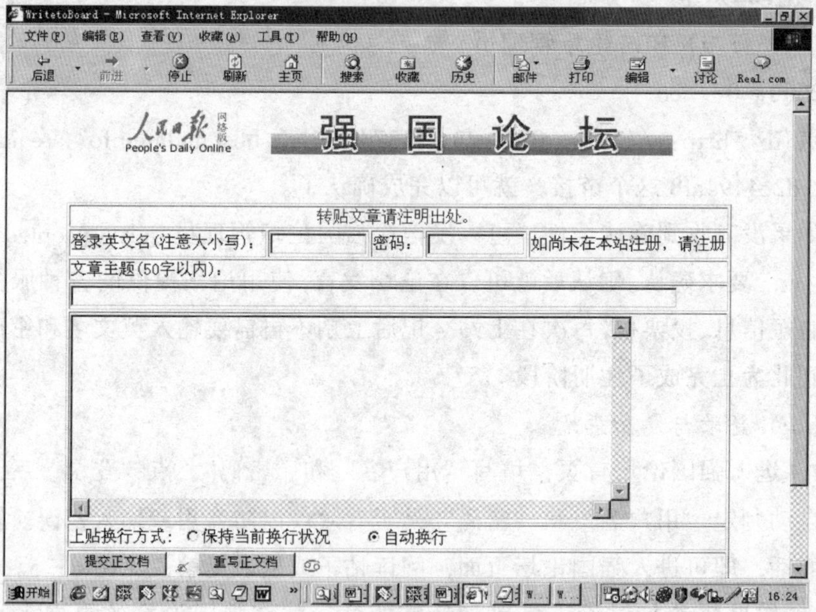

图 6－6

3．如果想对某一个帖子发表自己的意见，可以直接在该帖子下面的上贴区域加入自己的意见即可（如图6－7）。

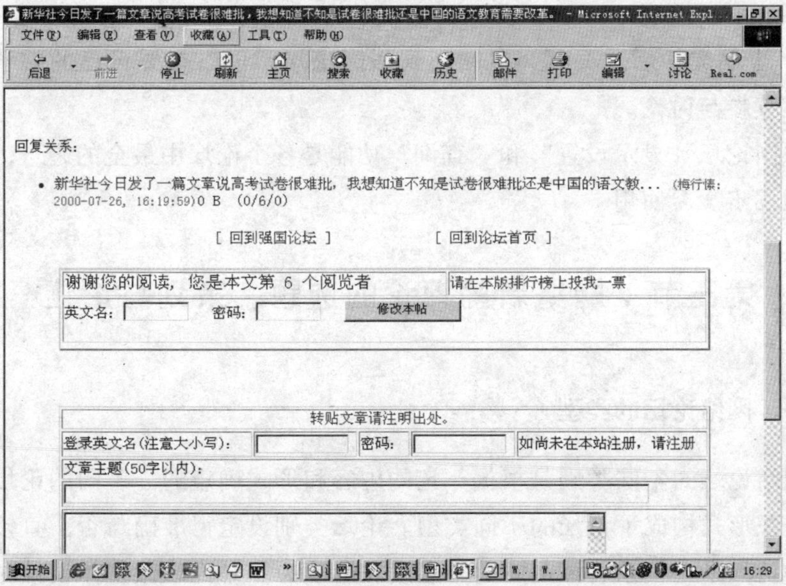

图6－7

4．点击“提交正文档”，只要出现图6－8所示的页面即为上贴成功。

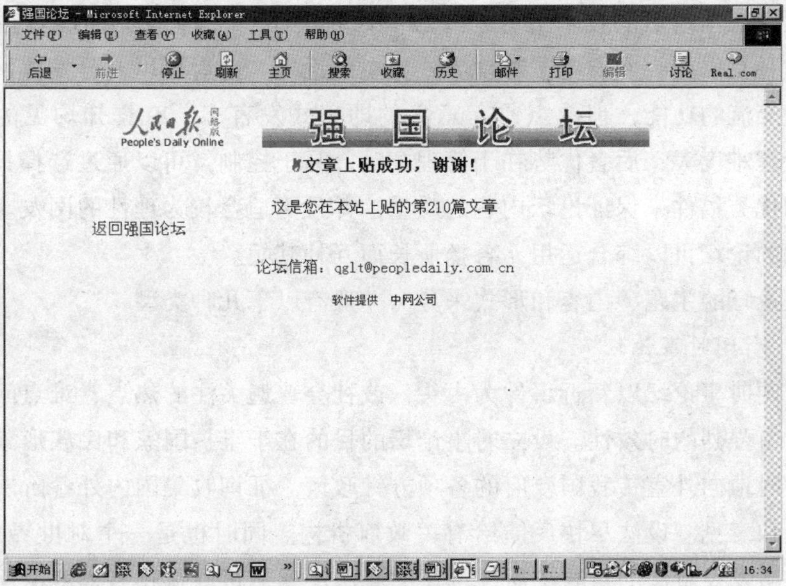

图6－8

5. 如果你已经上站登记，发帖就不再需要填写“用户名”和“密码”了。如果没有上站登记，那么每次发帖就必须填写“用户名”和“密码”，否则系统不会接受。

6. 上贴成功后，页面会自动回到强国论坛，可以查看自己的帖子，也可以继续参与讨论。

强国论坛“显示设置”和“查询”功能是各个论坛中最全的之一，可根据说明逐步学习使用。

第三节 网络新闻评论的选题、策划与论述

一、网络论坛的类型

网络论坛的不同类别是根据一定的内容和形式确定的，不同的论坛内容及其组织形式构成了论坛的不同类型。论坛类别设定得准确与否，直接关系着它的访问量，关系着该网站的知名度和影响力。对论坛做整体设计时，需要制订相应的设计宗旨，以此来体现栏目分类的系统性、科学性以及网友使用的实用性和方便性。

网络媒体论坛从技术上分，一般有两种类型：一种是以 BBS 为主的论坛，一种是以接收网友电子邮件方式为主的论坛。前者可以充分发挥网络媒体实时交流的功能，但缺点是无意义的即兴式发言多，有真知灼见的论述少，管理难度大；后者优势在于管理主动，易于控制，可以通过选择具有可读性的优秀稿件来保证论坛内容的质量，并且更适合较为理性的网友。这两种形式的论坛可以综合运用，各扬所长而互补其短。

从论坛的主题、内容和形式来分，一般有以下几种类型：

1. 新闻时事论坛

新闻时事论坛以新近事件为由头，或社会普遍关注的热点、难点问题为对象，有强烈的时效性。设立时事论坛的目的在于维护国家和民族形象，主动、及时地向外宣传我国政府的各项方针政策，征询收集国内外各阶层民众的反映和意见，设法尽快反馈给有关政府机构。同时也是一个对世界大事、国家大事发表看法的重要场所，网民的看法、意见可以在相当程度上反映民意、舆情，也可以为党和政府的决策提供重要参考。时事论坛应当成为一道

沟通人民和政府的桥梁。

在社会时事论坛之中，还有一种临时开设的针对特定新闻热点的讨论，这种论坛的内容往往是不固定的。它更容易吸引众多网友参与，从而提高自身的声誉，如《人民日报》网络版开设的“强烈抗议北约暴行BBS论坛”。

新闻媒体开设时政论坛，必须把握正确的舆论导向，必须宣传中央的方针政策，服从于国家建设大局。从某个方面来说，办好时政论坛，是新闻媒体网站工作的核心部分，也是最艰难的部分。

2．思想文化交流论坛

在遵守我国宪法、法律和论坛规则的前提下，坚持百花齐放、百家争鸣的方针，在论坛上广开言路，让各种各样五花八门、五湖四海的“奇谈怪论”都可以畅所欲言、言无不尽，各种观点尽领风骚、各擅其长。

3．网友俱乐部论坛

网络是人们的另一种生存状态，BBS是“网上茶馆”，人们可以超越空间的限制，超越现实世界的原有人际关系。如果能利用网络的便利性，通过BBS形成一批有影响力的网上社团、网友俱乐部，就能够使自己的站点吸引到相当数量的用户。一个网民可以在这里与完全陌生的人们一起讨论一个相当熟悉的题目，也可以与相当熟悉的人一起讨论十分陌生的话题。这就是新媒体的魅力所在。

除了把广受关注的时政论坛办好以外，还应适应网络发展的趋势，开设一些生活类、个性化、休闲性质的论坛，让网友的其他要求有一个空间去满足，同时可以减少时政论坛中的一些不符合硬主题的帖子，减轻版主的工作压力。

4．嘉宾论坛

经常邀请政府官员、各行业精英人士出来和网民进行交流聊天、联络沟通，征求意见、反馈问题，而不是请一些无关痛痒人士、莫名其妙专家来打哈哈，说些海阔天空、不负任何责任的过场话。这是一种同步式的直接对话方式，信息的传递与交流也更加真实。

5．公益论坛

这是针对人类普遍关心的内容而开设的论坛。今天我们生活的地球，土地日益负重，化学农药、工业污染、植被破坏、荒漠沙化、水源污染、生物灭绝，种种情况触目惊心，全球环境危在旦夕，环境保护要年年讲、月月讲、天天讲，直到深入人心，成为所有地球子民的下意识行为和自觉自愿的行动。网上论坛可以大力推动民众的环保意识。还有针对社会救助、希望工程、烛光工程、扶贫工程等一系列社会问题的公益讨论区。这些公益论坛将渐渐提高公民的素质，让大家来关心身边的生活环境，改变曾有的错误观念，重新对待生活，对待我们的地球村。

从时间上来分，还可分为长设论坛和临时论坛。临时论坛一般是针对某一重大事件或问题专门设立而时过境迁则可关闭的论坛。如《人民日报》网络版的“抗议论坛”，联合早报曾经设立的“科索沃危机论坛”、“印尼局势读者评论”、“白宫丑闻读者评论”等。而长设论坛一般是话题广泛、内容无所不包的。有的按经济、政治、体育、文艺、娱乐等等不同领域设立；有的是突出对言论和事件内容的反映，叫“热点论坛”。论坛的名称好比一个品牌，对于论坛的长远发展是有影响的。设立论坛时应当考虑品牌的维持。有的论坛名称由于是特定时期创设的产物，具有广泛的知名度，则不宜轻易更改；如《人民日报》网络版的“强国论坛”，有时事性和政治性，应作为品牌栏目使用，不宜随便更改一个宽泛的名称。当然，在不同的论坛中，可根据不同时事开设不同主题的论坛。这样做可能比较符合媒体规律、网络传播规律和讨论问题的法则。

二、网络论坛的讨论主题

作为传统新闻媒体的衍生物，新闻媒体网站论坛一般遵循原有的编辑方针。和商业网站开放式的论坛不同，新闻媒体的电子论坛常常是有主题的。论坛主题是论坛讨论所围绕的中心议题和主要方向。有时候，选题和主题往往被理解成同一含义。其实，二者是不一样的，论坛选题只是论坛确定的议论对象和讨论的论题范围。此外，还应明确，论坛名称不是主题，如“旅游论坛”、“读书论坛”等，它只是论坛议题内容的大致范围，它可能反映主题，也可能不反映主题。

论坛是否设立主题，曾经有过讨论。其实，论坛如果没有主题，就好比文章没有灵魂，说话没有“主脑”。因为毕竟是传统媒体的延伸，与商业运作的网站不同，它不适合随意谈话式的论坛方式。如果不设主题，大家漫无边际，就像成千上万个对不同问题感兴趣的人同时挤在了一个大会堂，一片喧闹，也很热烈，但不着边际，谁也“听”不清对方所讲的内容。这样的论坛恐怕也难以发挥应有的作用。网上很多聊天室的闲谈，是无主题放谈，这种形式对于媒体网站时事论坛是不合适的。

具体来说，论坛设立主题，一是方便网友，避免空谈。根据《联合早报》电子版论坛的经验，论坛必须要有主题。这样，既可方便网友进入，找到自己的兴趣所在；又可避免出现漫无边际的放言空谈，浪费网友的时间。

二是设主题可以发挥一定的引导作用，有助于媒体网站对言论动向进行掌控。在嘉宾访谈中，在主题确立的情况下，由嘉宾（一般为专家、学者，或为某一行业的卓有影响的人士）回答网友提出的问题。嘉宾访谈一般要求主题明确，应在一定的问题范围内进行讨论。有主题、有中心，便于掌控；在交流时，如果有网友偏离主题，提出与主题不相关的问题或观点，嘉宾或版主也可以很方便地拉回主题，使讨论“言归正传”。

从目前国内实际出发，新闻媒体网站论坛完全可以从当前社会普遍的话题展开，并不一定要选择那些敏感的时政话题。中央电视台的《实话实说》栏目，选择的都是百姓关注又有异议的主题。其实可选主题范围很广，如中央电视台每年的春节晚会结束后，新闻媒体通常是一片赞扬声。现在中央电视台有了网站，能否适时地开设论坛，让观众对晚会说三道四、品头论足，从各方面提出意见甚至是很尖锐的批评？近些年一些报纸展开的住房改革讨论、下岗再就业讨论、电信业收费和服务质量等问题的讨论、即将修订的法律如《婚姻法》中关于对“第三者”因素处理的讨论、关于向“三陪女”收税的讨论等等等等，新闻媒体网站都可以依据“母体”的报道和讨论而适时地设立专门论坛。自然，网站上的讨论在意见的宽泛度和言论的开放度上应比“母体”上的讨论时要宽。

三、网络媒体论坛的选题和策划

飞速发展的网络为公众的言论自由和表达自由提供了前所未有的空间，另一方面也带来一些新的问题。由于网民可以自由参与，而网民的素质和水平差异可能很大，因此上贴的文章、发表的意见良莠不齐，甚至有粗俗乃至下流的东西。但是这些往往也反映了网民的实际状况和现实社会的一些情况。所以，以网民自己发表评论为主并不意味着网络媒体本身就无所作为了，而是对网络媒体提出了更高的要求。网络媒体的开放性与交互性，决定了网络论坛上的意见传布与流通的广泛性。网络媒体论坛应当区别于其他网站，既要具有吸纳言论、意见、观点的功能，成为各种意见的集散地，也要成为社会主流意识形态和主流舆论艺术性地宣讲和表现自己的场所；否则弃长（传统媒体之长）就短（社会意见交流之短），无法发挥更巨大的能量和更广泛的作用。

从网络论坛的管理者来说，策划和选题显得尤为重要。新的传播方式需要更巧妙的策划和引导。所谓策划，就是筹策、谋划的意思。新闻评论的策划，包括评论栏日的定位、评论的选题、评论的方式方法和手段的选择和运用等。策划是论坛上的论题建构与形成舆论张力的必要步骤。

关于网络论坛策划的具体运作，这里主要讲两个方面。

1．选题本身的策划，即选择什么讨论对象。

论坛选题是论坛确定的议论对象和论题讨论的范围。选题从何而来？传统媒体提出“应该是从上头精神和下头情况的结合中去找，而最根本的，又是从实际工作中去找，从现实生活中去找，要把群众关心的问题，群众迫切需要解决的问题，列入评论选题计划”①。中央电视台“焦点访谈”节目总结的选题原则是“领导重视、群众关心、普遍存在”。这些也应该是网络媒体评论在选题过程中要予以体现的。网络论坛的内容应当广泛，凡是新近发生的、为广大群众普遍关心的事情和问题，都应该在它的视野之内。当然，走到这一步，还需要有一个培育过程。

一般传统媒体的评论选题类型有三种，一是常规选题，如配合节日的选题。由于节日的特定性，便于提前策划和准备；二是事件选题；三是社会性选题②。网络论坛在选题上的策划思路主要有三种：

一是借事设题。网络论坛与新闻事件有着密不可分的联系；新闻媒体论坛是因突发事件而产生的。为什么会是这样？因为，首先网络论坛的形成与议题设置有关。新闻媒体网站的优势是新闻报道。新闻媒体网站的访问量，主要是受新闻事件的推动。以新加坡《联合早报》电子版“印尼局势读者论坛”的经验为例。在印尼局势变得扑朔迷离，尤其是华人妇女受强暴的指控找不到证据，或者是因为受害者不敢站出来的时候，读者在迷惑和茫然中兴趣逐渐消退。它表明，就印尼局势讨论而言，除非再发生重大新闻事件或者

---

① 秦圭等编：《新闻评论写作经验选编》第42页，中国人民大学出版社1989年6月版。

② 参见涂光晋：《广播电视评论学》第156—158页，新华出版社1998年8月版。

调查出现重大转机，否则不会再出现开始时那样踊跃的讨论。但是，1998年9月12日，美国国会在网上公布独立检察官斯塔尔关于克林顿性丑闻的调查报告。趁着这一全球最大新闻的发布，新加坡《联合早报》电子版于当日再次不失时机地开设了读者论坛，请读者就“你认为克林顿会不会下台”这一主题发表各自意见和看法。果然读者响应热烈，各抒己见，再掀网上论争高潮。

其次，突发事件具有发生的不可预知性、进程的不可逆性、结局具有悬念性，往往引起公众的普遍关注，造成社会议题，一下子将社会注意力聚焦过来。当事件发生后，随事件的进展，公众的态度和意见随之变化，或骤起波涛，或洄流曲折，因而最具戏剧性、冲突性、矛盾性，是公众论坛的首要议题。与时事发展紧密相关、网民比较关心的话题，大到印尼局势论坛，小到高考考场舞弊新闻，无处不有，无时不在发生。如台湾选举（2000年3月18日）与陈水扁就职（2000年5月20日）、朝韩首脑会晤（2000年6月13日）、人大与政协会议等等。如果网上论坛组织者能够因势利导，为大家提供大量的相关新闻背景报道，并为读者讨论提供便利，则可吸引众多网民参与，从而提高自身的声誉。

网上论坛常常因为国际国内发生了和读者有关的重大新闻事件而开始活跃。新闻事件，特别是突发新闻事件，是新闻网站论坛的主要推动力量，因此，抓住重大新闻设立论坛，就与网络媒体自身的优势结合起来了。

二是因势设题。抓住社会关注的热点、焦点、难点问题。如《人民日报》网络版论坛选择符合“强国”这个主题进行深入、系列的专题讨论，如教育问题、关于农业与农村问题、村级直选和村民自治问题等等，都是比较严肃、有社会关注价值的。令社会关注的热点、焦点、难点问题虽然不具有强烈的时效性，但却具有较高的时机性要求，即要求抓住人们仍在关心并议论纷纷的话题，解答人们心中的疑难；或对党和政府的方针、政策做出阐释，帮助人们更深刻地理解。

除此之外，还有因时设题。即借某个节日设立论坛选题，引起大家的关注和讨论，为网站造势。如有的商业网站借“父亲节”设立论坛，扩大商机。

选题策划需要网上论坛组织者因势利导，为大家提供大量的相关新闻背景报道。

2．讨论主题的策划，即对某一选题对象，考虑从何种角度提炼什么样的思想内涵作为讨论主题。

以张健横渡渤海海峡为例。2000年8月10日10时22分，北京体育大学青年教师张健成功横渡渤海海峡，总行程123．58公里，用时50小时22分，完成了挑战意志和体能极限的壮举，创造了男子横渡海峡最长距离的世界纪录。对这一事件，网民从一开始就投入很大热情，跟踪评论，提出了不少观点。还有报纸媒体发表评论员文章，阐述了三个论点："从张健的身上，我们看到了中国青年勇于挑战自然、顽强拼搏的意志，一往无前、争取胜利的决心"；"严谨求实的科学态度，是他成功的另一重保障"；"从张健的成功，从全国人民对张健的关注、声援和支持，我们看到了一种精神、一种热情、一种凝聚"，"这就是我们时代的精神，就是青年的风貌，就是开拓创新、奋发进取的力量。"该说的话似乎都说完了，如何在事件之后进一步策划讨论？就成为一个难题。《人民日报》网络论坛另辟蹊径，从张健成功的性质角度提炼出讨论主题，向网友点题："张健的成功无疑是一个勇敢者的成功，有网友认为张健的成功是英雄的成功，也有上升到民族主义的高度加以评说的。对此，您有怎样的看法?"这一主题果然引来网友很多精彩的"感言"，以下是网友发表的一部分观点：

民族与英雄密不可分，张健的成功是整个民族的成功；

英雄就是做回你自己！

改称"英雄"为"勇士"；

我们缺乏理想主义和英雄主义；

只要为了中国做出了贡献 他就是英雄；

应鼓励对社会有贡献的行为而不是毫无意义的"壮举"；

我看是个人英雄主义。

3．论坛交流方式的策划。

在论坛完整的策划过程中，还包括交流方式的策划，即以何种方式实现论坛的交流。一般有自由上帖式、嘉宾访谈式。前者体现了对网友言论自由的宽松环境；后者则给予网友与专家交流的机会。

网络媒体可以约请专家、学者或某一方面权威人士到论坛发表看法，这是借鉴广播电视中嘉宾节目的做法。网友总想听到专家的见解，嘉宾访谈可以充分利用人际交流的影响和声望，把各方面专家推到网友面前，展开思想交流，往往行之有效。

嘉宾访谈是由版主掌控，网民自由上帖。在嘉宾访谈中，版主承担了相当于主持人的角色。在主题确立的情况下，由嘉宾（一般为专家、学者，或为某一行业的卓有影响的人士）回答网友提出的问题。嘉宾访谈一般要求主题明确，应在一定的问题范围内进行讨论。有主题、有中心，便于掌控；在交流时，如果有网友偏离主题，提出与主题不相关的问题或观点，嘉宾或版主也可以很方便地拉回主题。

强国论坛的嘉宾访谈已经成为《人民日报》网络版的品牌节目，受到专家和网友以及各个方面的认可和支持。主要形式就是请专家上强国论坛，在网上发表自己的看法，并回答网友提出的、有代表性的问题。强国论坛事先发布通告，并把专家的个人情况、有关著作或文章作介绍，让网友对专家有初步的了解。在专家访谈进程中，有专人进行录入，专家与网友进行即时的、突破空间限制的线上交流。

强国论坛的专家来源，一是某个部门的领导，他们对实际情况有深入了解，熟悉党和政府的方针政策，有较高的政治觉悟；二是专业研究人士，如某个专业研究领域的专家、学者，教授，他们长期研究某个领域的问题，对问题的看法往往具有独到见解，有权威性、理论性；三是职业资深人士，如体育报道记者、经济报道记者等；四是实践活动的亲历者、重要经验的创造者。

强国论坛的专家以其权威性、个人声望以及新见解、新观点，引来网友的赞赏。试举几例：

其一，关于教育问题的讨论，是强国论坛所策划的第一个系列专题讨论，为时一个多月，参加的专家教授有 10 余人。从社会普遍关心的教育是否应该产业化到教育改革、贫困地区教育、国际教育比较和教育发展、高等教育改革、高校扩招等各个方面的话题，请的专家都是该研究领域的权威人士。北京师范大学教育经济研究中心主任王善迈教授（1999. 10. 28）在主持“教育是否应该产业化”讨论时，明确反对教育产业化，对社会上借教育之名追求商业利益的行为进行了批评，同时也支持教育事业进行改革，扩大教育投资和管理渠道，真正促进教育的健康发展。“教育改革与发展”问题讨论由北京师范大学教育系主任劳凯声教授（1999. 11. 10）主持，教育部国家教育发展研究中心主任张力主持了关于“教育改革与贫困地区教育

(1999．11．18)”的讨论，让网友听到了教育最高决策层的声音。其他还有像“高校扩招”（北京大学高等教育研究所常务副所长魏新教授，1999．12．08)、“高等教育改革”（教育社会学家谢维和教授，1999．11．25)、“国际教育比较和教育发展”（著名教育学家顾明远教授，1999．11．18）等论题。网友在与一流的专家学者进行直接交流时，都非常踊跃，专家的意见给网友许多启示，而网友的一些真知灼见也给了专家一些启发。

其二，关于农业问题，强国论坛的选题不仅包括了学者的新观点新思路——林毅夫“新农村运动”（1999．12．14)，也有我国农业面临的新问题——农业现代化与加入 WTO（卢锋，1999．12．24)，更有事关农民切身利益的各个话题——“农村剩余劳动力转移及农民工”（谢扬、赵树凯，2000．1．18)、“农民收入和农民负担问题”（杜鹰，2000．1．12)、“关于农村劳动力流动与农民收入问题”（李实，2000．1．6)、“关于农村发展的地区差异与农村环境保护问题”（李周，2000．1．6)、“关于提高农民收入问题”（陈锡文，1999．12．30)，等等。专家中不仅有学者如北京大学教授、中国社会科学院研究员，还有决策层官员如国务院发展研究中心农村部部长、农业部产业政策与法规司司长等。

请专家作专题讨论，已经成为强国论坛的一大特色，这也是充分利用媒体优势进行舆论引导、争取社会各界理解和支持强国论坛的重要手段。如2000年春天“两会”期间专设的“《村民自治法》与村民直选的成就”专题，就是根据两会结束时朱总理在记者招待会上对丹麦记者提问的回答而推出的，得到了民政部基层建设司的支持，司长张明亮、处长詹成付不仅亲自上论坛交流，而且推荐了中国社科院政治学所副所长白钢、民政部《乡镇论坛》主编米有录、山东曲阜书院镇丰家村村委会主任丰建伟等人（丰建伟是第一个上网参加交流的、村民直选出来的村委会主任）到强国论坛交流，宣传我国在基层民主建设上面取得的成就，得到了广大网友的认同。

强国论坛联合政府部门及其他组织共同策划，共同参与，在前期筹备、运作、后期制作等各个环节下功夫，使得每一次的专题讨论都成为网友深入了解党和政府的方针政策、进行正面舆论引导的机会。现在的人民论坛还在不断探索，力求平均每月推出一个新栏目，来满足不同网友的不同需要。

值得指出的是，网络媒体时事论坛有其独特的优势，也有极强的敏感性。一些商业网站出于市场推广的目的，主要策划请影视体育名人与网友聊天，吸引大众注意。而新闻媒体网站论坛不仅要研究网民的关心和接受程度，更要讲究品位，注意从政策层面和社会效果层面进行研究和探讨。

四、网络新闻评论与论坛的论述方式

1. 网络论坛论述方式的交融

如前所说，评论最早表现为一种最为社会化和普遍化的社会行为方式；之后，在传统大众传播媒介的载体上出现了新闻评论，成为一种专业化的媒介说话方式。而随着互联网的诞生，它又成为大多数社会成员能够使用的话语方式。这不是简单的循环，而是人类的生存需要在科技发展基础上的返璞归真。但是这种返璞归真并不仅仅是科技的发展就能达到的，关键是人们的思维方式要有个转换。

传统媒体的新闻评论，是媒体本身或其主管部门就某一个新闻事件所发表的评论和论述。由于网络论坛的特性，网络论坛的评论不再以媒体本身的评论为主，而是以网络用户对新闻事件进行的评论为主，论坛里面人人都可以对新闻发表自己的评论，也就赋予了新闻评论以新的论述形式和涵义。

在论述方式上，传统言论由评论员以政论文章形式字斟句酌，逻辑严密，说理充分，是格式塔式的逻辑建构；网络论坛的实时对话，意见交流的随意性是对传统格式塔逻辑方式的解构，由此，形成特殊的论述方式，即人际对话式的交流方式。

在网络媒体中，传统新闻评论类型不再具有“授予地位”的身份角色，特别是大型社论的作用在降低；网民更为看重的是评论文章到底说了什么，而不是看重你的评论是代表着“谁”在说话。

当前网络媒体一般是照搬和转发纸质媒体评论，由网络版发表的评论迄今为止很少。这一方面由于网络只是新闻信息的传播，网络媒体评论力量表现得相对和暂时的薄弱；另一方面是由于网络面向受众点击，受众是完全的选择主体，网络受众 85% 的上网意愿是为了获取事实性信息。传统新闻评论的正襟危坐、一副教训者的架势让网络群体难以接受，他们更容易接受事实确凿、论述充分的意见。

网络媒体论坛与传统媒体在多方面可以相互借鉴。广播评论为电视新闻评论提供了可供借鉴的形式，电视现场述评的形式发展成了现场直播述评，将新闻的时效性、现场性和记者的理性思维结合在一起。如 1998 年白岩松

在朱镕基总理就职演说之后进行的现场评论就给人们留下了很深的印象。

又如，2000年4月25日晚上7:45分，《东方时空七周年特别节目》在中央电视台新400平米演播室开始录制。与东方时空历次节目不同，本次特别节目在中央电视台网站同步进行了网上音频直播，从8:40分开始，水均益、白岩松、崔永元、敬一丹四位知名主持人在现场回答网友的提问。网友通过特为本节目开通的中央电视台BBS，将自己关心的问题贴在论坛上，主持人选取有代表性的问题现场回答，并通过音频直播传送给网友。

这次特别节目的一个显著特点就是演播室交流与网上交流的结合。人们发现，在演播室交流与在网上交流无论是在环境、气氛上，还是谈话规则上都有很大的不同。一般来讲，演播室观众的发言都是经过较长时间思考的，针对一个问题，提出的观点比较实际，也比较鲜明。同时由于是面对面交流，观众在演播室发言时更有可能会给主持人留面子，更有“礼貌”，换句话说就是批评起来相对含蓄一些。而在网上则恰恰相反，网友的问题和意见都直率、犀利，不留余地，而且网上的问答都简洁迅速，重视语言的表达方式，但主题会随时转换。

在这次活动3个多小时的过程中，一个有趣的现象引起了人们的注意：在主持人回答了几轮网上的问题之后，现场观众的问题和意见也变得尖锐起来，含蓄委婉的说法被坦白直率、甚至带着一些情绪的表达所代替。产生这种情况的原因，很大程度上是网上气氛对现场的影响。另一方面，现场的一些观众发言也成为网上讨论的主题，网友纷纷贴帖子表示赞同或反对。

这一特别节目也让我们看到了两种媒体互动的迹象。网络评论独具的个性化色彩和创新性，对传统新闻评论从内容到形式均将产生影响与冲击。可以预见，随着各种媒体的不断发展，特别是新的传输技术的出现，不同媒体之间的融合将更为明显，不同媒体体裁、文本之间的学习和借鉴将更为广泛和深入。

2. 网络论坛的交流

网络论坛的评论及论述方式与聊天室的交流情境是不相同的。如果说聊天室是自由放谈式的无主题混合变奏，而论坛则是围绕中心论题的有主题奏鸣曲。这两种论述的不同的话语方式，从以下两例可以看出。

其一是新浪网2000年7月31日晚“旅游聊天室”的片段：

walk_sing：刷啊。

a _妹 ：怎么有两只鱼，我现在特想吃与想肉司

另一条接吻的鱼 ：长期的折磨，她已经有些幻听了。

一条接吻的鱼 ：只有你的吻才能抵挡夜寒冷只有在紧紧拥抱中才能感觉到一丝永恒……

walk _ sing ：DUNK，也许俺脑子最好使。。呵呵。。

燕山过客 ：北京有燕山，河北有，山东也有，你猜我是哪儿的？－00：12am

另一条接吻的鱼 ：她能听到我打字的声音。

a _妹 ：LONWOLF，我不记得了，不过他对我特别好，但是很久没联系了

walk _ sing ：孤狼，也是。。呵呵。猴不犯我，我不犯猴，猴若犯我，我便快溜。。

emily8018 ：DUN 我的同学刚从厦门回来

dunkyeah ：冲啊

lonwolf ：阿妹，你认识的是哪匹狼

a _妹 ：LONWOLF，我以前老来，最近来的比较少，因为我的工作特别忙，我现在出差在外地

emily8018 ：

walk _ sing ：刷啊。

是游民 ：168 你是导游吗？我一个朋友是深圳中旅的 法语团

lonwolf ：WALK，呵呵——最好别去逗他们

一条接吻的鱼 ：呵呵......... 我就预感她不会来了！放心聊吧！

a _妹 ：燕山，我是北京的，不过现在出差在上海，很想家，所以上网聊天。

在这个不到 19 行的话语中，一共出现了 10 人的声音。在这间聊天室里充满了随意、琐碎、无聊、杂沓凌乱的思绪，前言不答后语。好比是相互拥挤在一间嘈杂的小屋里各自大声地随心所欲发表着高论，而彼此都不管言谈的对象有何反应。

从人的思维角度说，人的思维包含着理性思维和非理性思维两种因素。以概念、判断、推理等理性的方式把握世界的本质和规律，体现了人类思维的本质；人的思维活动从本质上说是理性认识活动，理性像一条红线贯穿于

错综迷离的思维活动中。思维的非理性因素是不能脱离科学理性指导的，“否则，动物性的本能欲望，各种消极情感、情绪和低级趣味就会滋生蔓延，社会思维就会陷入盲目、退化状态”。[①] 因此，包括网上的社会舆论，都应当坚持科学的理性指导。

其二是，2000年2月18日晚8:30，《人民日报》网络版强国论坛邀请网络分析师高志鹏和网友交流的主要内容。摘要如下：

高志鹏：大家好，晚上好。

高志鹏先生，今天晚上讨论的主题是什么？有没有主题？谢谢。（令狐冲和任盈盈）

高志鹏：希望是大家共同探讨网络虚拟社区和强国论坛的未来发展。

网友跟贴：我认为网上社区是人们躲避现实的避风港…… 没有家长责任和领导，呵呵（叭叭！扑通！）这两者有联系吗？是分别讨论还是大杂烩？（决不当面议论人）强国论坛的未来还看好吗？要不是像FLG，要不就自己关门！现在的日子怕不长久了。（快点！）

高先生，请给指导一下：网上社区与现实社区比较研究，一定不要客气。（森鹤）

高志鹏：我认为这和电话的发明对传统邮政业务发展冲击的情况类似。

网上虚拟社区的现状如何？未来发展前景如何？如何发展？谢谢。（令狐冲和任盈盈）

高志鹏：目前虚拟社区概念有许多局限，未来将向多媒体、便携设备、家电设备方向发展，也就是能更加人性化和贴近生活。

网友跟贴：这样会导致什么结果呢？请问。（令狐冲和任盈盈）

高志鹏：未来总是很难预测的。

网友跟贴：那也就是说，我们对新技术所导致的未来社会，感到的是无法控制和把握咯？（令狐冲和任盈盈）

高志鹏：我认为在这个问题上，许多人对未来的预期和看法是盲目的。

高先生您好，我是小婉！现在正在负责文化部的网上虚拟社区CCNT家园建设！您可否能够谈一下如何经营有政府部门前景的社区？我们现在所做的中华文化信息网是由香港的宏安集团投资五千万人民币启动运作的！

---

① 曾杰、张树相：《社会思维学》，第255页，人民出版社1996年5月版。

(小婉)

高志鹏：我不认为这是资金和技术的问题，而是要有较合理的看法。

小高：虚拟社区会对现实生活会产生什么作用？(快点!)

高志鹏：每件事物都会有两面性，要看我们怎么样利用它。

请问高先生和斑竹，对虚拟社区里的，两位有何看法？谢谢。(令狐冲和任盈盈)

高志鹏：我们不能在西餐厅里要包子和馄饨吃，对吧？

网友跟贴：你的意思是虚拟社区是西餐厅，是高雅所在，只允许有琴棋书画？(一九八四)

高志鹏：我的比喻也可以反过来说。呵呵

网友跟贴：你的意思是我们对虚拟社区给予了不切实际的希望？(一九八四)虚拟社会是后工业文明的产物，支持它的基础是人性与自由！而不是某个政党的意愿，您说呢？(令狐冲和任盈盈)

高先生：虚拟社区的发展将推动言论自由，是这样吗？(袋鼠－业余爱国人士)

高志鹏：技术的进步为我们提供了更多表达自己意愿的机会的同时，也会为政府提供更多、更高效率的管理手段。

高先生：青石板上的青松的种子是青鸟的粪便播种的！社区中的民主的种子如何生根呢？真的不好意思！婉儿问了个烫手的山芋！谢谢！(小婉)

高志鹏：由网络技术构建的虚拟交流平台为我们提供了一种新的交流方式，但我认为问题的本质还在于人的思想。

网络社区？是不是说话不用负责，骂人后可以开溜，和别人谈了半天话却不知道对方是男是女那种？(来自527)

高志鹏：这正是它的特别之处，也是倍受争议的地方，但我们很高兴看到越来越多的人能理解、并接受它。

高先生，您认为网络的发展会最终影响中国的政治改革吗？为什么？(袋鼠－业余爱国人士)

高志鹏：革命性的新技术对社会各个方面都会产生深远的影响，而不仅仅在政治方面。

高先生，现在不少人士，都希望通过人性和自由的网络能推动社会的民主化进程，您对此有何看法？谢谢。(令狐冲和任盈盈)

高志鹏：我认为这是必然的。

网友跟贴：这多干脆，鼓掌！(王富贵) 谢谢！我同意。特别是对中国。(令狐冲和任盈盈)

高先生，您请说明白点好不好，看了半天我还没领会您所说的网络社区到底是怎么回事。(来自 527)

高志鹏：我认为虚拟社区是通过网络技术来实现人与人之间更真实、更有效率交流的一种手段。

网友跟贴：更真实？别人又看不到你，你说胖就是胖吗？我现在说我是李登辉，有人相信吗？(来自 527) 是的。人与人更真实，不仅仅需要虚拟社会，更需要的是民主和自由的真实社会。(令狐冲和任盈盈) 为什么说是“更真实”呢？我觉得是“更虚假”，比方我真名不叫王富贵 (王富贵)

高先生，在虚拟社区里网管会不会因为有绝对的权利而造成另外一种不平等呢？(何必捉狐狸)

高志鹏：绝对的自由和民主是不存在的，即使是在虚拟社会中。

网友跟贴：很显然我说的不是绝对自由，而且试想过会出现可怕的情况吗？商业的控制…… (何必捉狐狸) 高先生，您认为现实的人是否应当为他在虚拟社区中的言论承担法律责任？(一九八四)

高志鹏：因为是虚拟社会，因此我想要承担的责任更多的应该是良心和道德上的。

网友跟贴：这问题纯粹的良心和道德不能解决，您说是吗？(小婉)

高先生社区之于民主有否经济基础之于上层建筑？(小婉)

高志鹏：技术对社会的影响应该相对于它的普及和为人们所接受的程度。

高先生，现在有人沉溺于虚拟世界，不再热爱现实生活 (如牛庄)，您对此有没研究？(袋鼠－业余爱国人士)

高志鹏：从某种程度上说我本人就有这种倾向，呵呵

高先生，话归正题，你认为政府在虚拟社区建设中能起什么作用，请说详细点。(森鹤)

高志鹏：我认为虚拟社区应该建设成服务于大多数人日常生活的信息交流和商业交易的平台，对于政府来说应该是公益事业。而且在未来应当更多、更广泛地服务民众，而不仅是当前的计算机使用者。

网友跟贴：您认为目前中国网络水平能承担的起如此重大的使命。(森鹤) 是不是可能取代现实中的？(云起)

高先生，我严肃的向您提个问题：您说“虚拟社区”要用我们老百姓的话讲是不是就是“吃饱了撑的”？(我真没文化)

高志鹏：当您可以在虚拟社区中购物、订票、点播新闻、视频交流时，您还会认为它不真实吗？

网友跟贴：既然这样，也就是说，某一天可以在网络上举行全民选举？(令狐冲和任盈盈)

高先生你好，能请您谈谈“网上虚拟社区”结构的发展趋势吗？(牛庄)

高志鹏：便携式、可移动、家电化、智能化，更多的功能，更方便的操作。

请教：网易是不是国内虚拟社区的典范呢？说心里话。(九同)

高志鹏：我想他们是目前国内做得最好的，但仍有很长的路要去走。

高先生，您认为网上社区与现实社区有无实质的联系，另外您是技术专家还是网络社会学家？(森鹤)

高志鹏：网络社会是建立在真实社会的基础上的。但它们彼此相互影响。

高先生：请问强国论坛怎样能为强国服务？(一鸣惊人)

高志鹏：我想这问题论坛工作人员该比我更清楚。

“网上虚拟社区”与“巨无霸网站”的关系如何？独立的“网上虚拟社区”能在网络上站住脚吗？(牛庄)

高志鹏：完善的服务需要强有力的资金和技术支撑，我想这也是它们彼此的关系。

高先生，您常来强国论坛吗？(老实招来)(袋鼠－业余爱国人士)

高志鹏：实话实说，我常来这儿看，对大家很熟悉。呵呵

网络是一个大虚拟社会，请问高先生，虚拟社区在虚拟社会中的地位对比现实中社区之于现实社会？(钉子)

高志鹏：我认为应该看做团体或组织。即拥有相同观点、爱好、目的的人聚集在一起。

网友跟贴：干吗非要求同。(钉子) 错了，追求相同的精神慰藉并不需要相同的观点，只有碰撞才能产生高层次的统一和灵感。(猛醒时分听惊雷)

高先生，您对网络分散权利的命题如何评价？(森鹤)

高志鹏：我认为新技术总会给政府带来更有力的管理能力，或许我们对个人权利分散产生了错觉。

网友跟贴：这话政府爱听，肯掏钱，也当大头。(王富贵) 但愿更有力的管理能力早日广泛应用。现在太慢了。(钻研)

数千经过精细分工的个人主页，组成几类“网上虚拟社区”，能够与巨无霸相抗衡吗？(牛庄)

高志鹏：我想这概念是不同的，网络社区更注重的是人与人之间交流，信息发布和传播是次要的。

高先生，那您一定知道有个虚拟的《强国论坛环球网友俱乐部》了，您对它有何评价？(袋鼠－业余爱国人士)

高志鹏：我常去看，这体现了《强国论坛》的魅力，也说明了她的成功。

高生：你认为网络会使人变得更虚伪吗？(《人民日报》的忠实读者)

高志鹏：人都是不同的，也许会让人变得更真实呢？

任何网络首先要为计算机使用者服务，才谈得上为社区服务。高先生是否未学走，先学跑？(q8313)

高志鹏：事实上通讯设备与互联网的交互很早就开始了，比如 E－mail 到寻呼机等。

高先生，问一个纯技术问题。在国外的朋友告诉我，国外正在研究面对面的网络系统向电视台发节目一样发送网，我们有没有往这方面想法？(水水)

高志鹏：我们已经有许多相关产品，但受限于通讯速率，无法普及应用。

网友跟贴：看看不是，铺不起光缆。(云起)

信息交流是人际交流的主要内容，高先生为何将他们割裂开？(q8313)

高志鹏：看报纸和与人聊天是有区别的，在于交互和交流。

网友跟贴：在国内媒体未开放的状态下，很多大众信息的传播，仍以人际交流的方式进行，不是交互方式。(q8313)

高先生，你认为目前政府在虚拟社区建设上应有何作为，别放不开，自由讨论不会给你惹麻烦？(森鹤)

高志鹏：在基础设施上更多投入，使更多中国百姓享受到信息化带来的好处。

高先生：闭路网传送速率快多啦。为何我们不向此方向发展？是技术上的问题吗？(解放全人类)

高志鹏：我个人认为不完全是技术问题，存在一些体制和管理方面的因素。

高先生：你认为我们的强国论谈算不算虚拟社区？我们有堂主还有很多部长（要什么官自己挑）？(台北大消“独”)

高志鹏：应该是个小社区。网络上每个人都可以自由选择自己交流的身份、立场和方法。

高先生，你认为网上思维有无可能殖民化现实社会的传统思维，网民如何调整自己的情感才不会被认为是神经兮兮的？(森鹤)

高志鹏：网络生活是一种新的生活方式，难以让一些人认同和接受是很自然的事。

网友跟贴：我们年青人越来越认同了，老头不学习自然不琢磨这个。(钻研)

高先生，如果强国论坛不设版主，您认为最坏会出现什么结果？（袋鼠－业余爱国人士）

高志鹏：我想最坏的结果是谁也不喜欢来这里吧？

网友跟贴：那您认为多放些女版主效果是不是会更好？（袋鼠－业余爱国人士）

高志鹏：我想这该难不倒他们吧？反正都是虚拟的，呵呵

网友跟贴：钢铁、aiai、呼吁、畅游...... 是我们的保护者还是地狱的使者？(一九八四)

高志鹏：没有规则的游戏就不能称其为游戏了。

网友跟贴：又从哪弄来个高先生？有何高论？我看在此不过是在浪费生命。(W918)

高志鹏：如果认真的考虑，我们平时做的许多事情都没什么意义，呵呵

高先生，不知道屏幕前是条狗这句话，是对网民的褒扬还是侮辱？（森鹤）

高志鹏：我想这从某种程度上说也是他对自己的怀疑，呵呵

网友跟贴：是对自己网络无能的怀疑吗？(森鹤)

高生：网络的发展会改变政府对传媒的控制力度吗？(《人民日报》的忠实读者)

高志鹏：我想应该是的。

网友跟贴：高先生还是太拘束，都是自家人，您尽可以放开些嘛！(老辛)

高志鹏：可能还是不大习惯，等我回到你们中间时吧。

我是个很务实的人，我希望大家能利用网络做些实实在在的事。(W918)

高志鹏：和我想的一样，我们共勉。

高先生，您谈一下网上社区的局限性好吗？(森鹤)

高志鹏：技术的应用没有局限性，问题在于人的认识。

高先生，听说现在网络公司都靠股票赚钱，在技术上投入很少。是这样吗？(水水)

高志鹏：也有一些在扎扎实实地做基础研究，不过很少人知道他们。

虚拟社区最起码的服务内容？(钉子)

高志鹏：我想应该是提供人与人之间网上交流的必要手段，内容很多。

这里，嘉宾与网友围绕基本主题（或中心议题，即网络社区和网络民主的关系等问题），展开对话，有重点，也有插曲。不论是思想交锋、还是对问题的解答，语言不乏轻松、俏皮，富有情趣。整个过程贯穿着探讨问题的理性的交流色彩，充满着活泼的气氛，少了聊天室里的琐碎、无聊、杂沓和凌乱，也没有以往传统媒体惯用的“说教味”，交流的畅快感不难令人体会到。

其实，网络论坛上的对话，如同人际交流，它不仅表现了说话者在说些什么，还把他（她）的经历、文化教养、脾气性格，特别是思想感情表现了出来。同样，这种“表现”是和周围的环境、时代社会的关系联系在一起的。所不同的是，网上论者可能仗恃着“谁也不知我是谁”，而放胆乱言，充分发泄“本我”。在网上，嘉宾处明处，网友在暗里，嘉宾只有待以诚心，真心交换意见，启发引导而不是居己于高高在上的教导者位置，才能赢得网友的信赖。

网上讨论是电子论坛的一个重要特点，可以组织读者就具有广泛兴趣的课题进行讨论，形式上可以更加活泼一些。新浪邀请的嘉宾，在正式对话之前，预先做预告，介绍嘉宾情况，提供个人简历，告知现场交流时间等信息，使更多的人们在那一时间进入聊天室，扩大论坛的影响力，

对于论坛组织者而言，更需要组织的艺术性；对于嘉宾来说，虽然应当要求其具备思想性、幽默感和表达能力，但是否符合这些条件，主动权更多的还是在于组织者的选择。

3. 网络新闻言论

网络媒体同样要有正面论述的新闻评论文章。网络新闻评论的论述主体有媒体评论员、专家以及网民。从某种意义上讲，网络言论要具有说服力，更应注重文章的说理性和思辨性。要善于使用群众的语言，而不是用官方的语言；善于使用互联网的语言，而不是用传统媒体的语言来宣传党的路线、方针、政策。

网友评论是网上言论的最为活跃的成分，不能忽视。《人民日报》网络版开辟“网友感言”专栏，将网友发送的言论帖子分条列出，清晰简明，便于阅读。以下是“网友感言”栏目中的一篇文章：

网友感言：请珍惜这个言路!

感谢互联网，它在平民百姓感到有冤无处申、有话无处讲的时候给了他们一个发言的机会。

近期中国电信“明降暗升”资费在网络上遭到讨伐（传统媒体大都保持沉默!），这对政府有关部门的决策会构成什么影响，我相信大家将会看到。可以说，网络是人们之间互相沟通的极好桥梁（请注意患者与医生之间就药品回扣问题的不同看法），也是人民监督政府、政府了解民意，促使政府改进决策机制的新渠道。

本人衷心希望政府多多关注网上信息，特别是网民发表的各种观点，千万不要愚蠢地封杀它（其实我对此非常担心!）。

而另一方面，网络上的丑恶现象也应该引起IT业和广大网民的高度警惕。少数“老鼠屎”没准会坏了“一锅汤”！能够上网的人，文化水平一般高于社会平均水平，应该有一点社会责任感吧？可你们想过没有，你们的胡作非为，可能会招致政府对正当的网络言路的封杀！强烈呼吁网站主持人，对“聊天室”的内容严加监控，对胡说八道的网民取消其进入资格！也希望

政府如果整顿网上言论，一定区分“脏水”与“婴儿”，不要贸然堵塞正常的言路。

（网友：北京，HML，2000年7月31日）

一段时间，观众不断地从电视上见到著名影星巩俐以温馨的形象出现在“盖中盖口服液”的广告之中。该广告的画外音说到：“巩俐阿姨，您寄给我们希望小学的盖中盖口服液……我们好好学习，将来报效祖国。”对此，不少观众发出疑问——巩俐是否真的向这所不知名的希望小学献了爱心？明星所做广告的内容必须与真实生活中的情况一致吗？新浪网站汇集了74条报道和评论文章。其中24条评论，有网友的，也有各家媒体的评论。这些评论反映了社会各界对这一事件的关注与见解，是这一事件社会舆论的集中反映。其中网友的评论不乏真挚犀利的剖析：

网友评论（2）：真正的奉献不必摇旗呐喊

http：//ent．sina．com．cn 2000年07月04日21:31 新浪娱乐

干一件好事并不难，难的是一辈子干好事而不干坏事。关键是捐与没捐。没必要整日在电台摇旗呐喊，怕谁不知道？什么目的??偏偏拿希望工程开涮。

我父亲月工资不过千元，在他去世后我们在整理他的东西时发现十几封一位失学儿童寄给我父亲的信，生前他一直私下在资助这个孩子读书。看了那孩子的信，我们从内心感到震撼。

什么是好人？那些默默无闻无私奉献的人才是当今社会的希望。（网友：欣欣0417）

网友评论（3）：名人请远离虚构广告

http：//ent．sina．com．cn 2000年07月04日22:00 新浪娱乐

此事应到受益的希望小学去核实才对。制药厂的话显然缺乏说服力。又捐款和捐药也是不同的。捐款即使却有其事，也不能成为做这则广告的理由。（网友：nobody0190）

如果广告中的小姑娘仅仅用了“阿姨”的字眼，广告内容可以不必真实。如果她用了“XX阿姨”的字眼，而这个XX又是个名人，广告的内容就必须真实。

不过无论如何，巩俐利用希望工程做商业广告，枉为一代巨星。(网友：wangelen)

广告本来就是一种宣传手段，请明星做广告现在也是常事了，其目的也就是想增加他的商品知名度．按说内容真实与否并不重要，但是巩俐这次的广告应该真实！因为这其中联系到“希望工程”，这不像其他“漂不漂亮，美不美”的广告，广告商不应该把“希望工程”作为卖点，进行炒作，借此来提高自己商品的知名度!! 希望今后不会再有类似的广告!!(网友：等我一秒钟)

明星拍广告，其内容的真实性如何并不重要，重要的是不要用一张诚实的脸拍一段不诚实的广告，那样的“疗效”肯定不如赵本山好，巩俐阿姨请“拍”好！(网友：杨柳岸 0456)

广告本身就包含一些非真实因素，但是像盖中盖这种广告利用的已经不是名人效应，而是我们的感情了。尤其不能容忍的是把自己打扮成一个慈善家的形象，最可怕之处就是其可以乱真的效果，毕竟假的越真就越假啊。(网友：shan117)

2000 年 8 月 10 日 10 时 22 分，北京体育大学青年教师张健成功横渡渤海海峡，总泳程 123．58 公里，用时 50 小时 22 分，创造了男子横渡海峡最长距离的世界纪录。有网友在事件还在进行之时，就将感受记录下来，写成题为《感受生命的另一种意义》的文章，于当日下午 4 时上贴到新浪网站。

早上醒来的时候，想到张健还正在大海里艰苦地遨游呢，不禁又仰慕又惭愧。极限运动，真正的极限运动，这需要多强的毅力和体力！极限运动、冒险运动是地地道道的有闲运动、富人运动，可不是一般人能玩得起的。在肚子都吃不饱的年月，谈何冒险呢？莫说中国人缺乏冒险精神，现在有人赞助了，有钱的人多了，渡海、过江、蹦极、高山滑雪不也发展起来了吗？

不过，清醒还是应该保存的。“征服自然”之说实在是人类的自大和自欺。爬到山顶上是征服了大山吗？两边引出长长的跑道，骑摩托车或开汽车从上面过去是征服了黄河吗？山河若有知，定会暗笑人类的白日梦话，是自恋狂吧？应该说张健的壮举是与上面所说是大不同的。他使我们一震，使中国的男人一震，尤其使居住在大城市里的男人一震：原来男人中还有如此的汉子！城市生活是消磨人的地方，城市的拥挤，城市的楼群，城市的朝九晚五使得人们忘记了天空和大地，没有了奔跑的欲望，不肯咬紧牙关忍受一阵疲劳的痛苦，只图舒舒服服，轻轻松松。他使我们看到了生命的另一种意义，激发人们以更开阔的胸怀对待现实并不多么愉快的生活。不要只盯住眼前的一草一木，世界大着呢!

要想扩大网上主流舆论的声音，就要大力组织评论力量。可以约请各行业的资深撰稿人担任专栏作家，开辟自己的评论类专栏。某些商业网站缺乏专业的新闻人才，尤其是缺乏在某一领域有自己独到见解的“专家”型新闻人才。联想FM365为了避免言论上的弱势，加强网上意见竞争的力量，与十位新闻评论界活跃的中青年评论员签定评论条约，保证定期为该网站提供自己撰写的评论。这些评论员来自《南方周末》、《中国青年报》、《长江日报》、《足球报》、《中华工商时报》、《中国妇女报》等传统媒体。“签约评论”开通后，联想FM365新闻频道的知名度有所提升，备受网上读者欢迎。常常是一篇评论刚刚发表，就有读者立即“跟贴”文章表达自己的看法；签约评论后最多的曾跟贴过70多篇读者的评论文章，或赞成、或反对，或补充、或修正，不仅话题认真严肃，而且各有见解。

东方网也采取了加强网络新闻评论的一系列措施。其中之一是充实提高网络言论栏目“今日眉批”，每天三言两语，眉批当天时事，鲜明地表明媒体的立场，突出言论的及时性、战斗性、丰富性和贴近性。其次，在巩固原有的个人专栏的基础上，不断推出新的个人评论专栏，如开设“郑若麟看时事”专栏，约请《文汇报》国际评论专栏撰稿人、曾任驻外记者的郑若麟撰写国际时事方面的评论等。2000年8月16日刊出的郑若麟写的《八·一五给我们的启示》一文，对日本政要参拜靖国神社的背后隐含的侵略和扩张的本质予以深刻揭示：

今年的8月15有点邪：《产经新闻》居然发表社论，公然要求日本政治家全部都去正式参拜靖国神社，并称慰灵战犯是“日本文化”的组成部分。这使我想起在法国看到的一尊威风凛凛的骑马将军铜雕。那是一个曾率法军征战印支、北非的殖民“英雄”。我问法国人，为殖民战争效力的将军，为何还要纪念他。答日，这是我们民族历史的一部分，这尊雕像也已经成为我们国家文化的一部分。展出殖民将军雕像和参拜战犯亡灵已成为国家文化的组成部分，岂不怪哉?

翻开历史，西方列强，包括明治维新后的日本，都信奉武力和扩张。比如欧洲的十字军东征和殖民扩张，日本对中国和亚洲诸国的入侵、占领。武力扩张和侵略，曾经是他们救国、富国之上策。尽管这些武力扩张都打着非常美丽动人的旗号，如欧洲十字军东征，是为了消灭异教徒，拯救“迷途的羔羊”；日本发动大东亚战争，是为了将亚洲诸国从白种人压迫下“解放”出来……但墨写的谎言掩盖不住血写的历史，殖民战争和日本大东亚战争，都是非正义的掠夺性战争。发动战争者都应受到历史的谴责。然而，在某些人看来，只要是为了本国民族利益进行扩张而战死，不管是殖民者还是战犯，都是英雄，都值得纪念、慰灵。所谓国家文化的组成部分，只不过是对侵略、扩张的另一种形式的肯定。它证明，扩张意识的文化积淀，尚未完全从西方和日本民族部分人的思想里彻底清除出去。

正是这种扩张意识，构成当今世界的潜在危险。近年来不绝于耳的吵吵嚷嚷，使我们已经对人权高于主权的新干涉主义理论相当了解和熟悉。只要细细研究一番，就不难发现，这与当年十字军东征时所持逻辑简直如出一辙。先自封为真理和正义的推行者，然后就可以堂而皇之地进行侵略和扩张。这是扩张意识沉渣泛起的一个强烈信号。所不同的只是，十字军打着上帝的招牌，而今天新干涉主义打的是人权的旗号。联合国教科文组织宪章开宗明义第一句话写道：战争起源于人之思想……我曾经以为此言过于偏激。但今天看来不无道理。

在积极参与靖国神社参拜的日本官员中，东京都知事石原慎太郎是公开主张要恢复昔日大日本帝国地位，重新向外扩张的人。在他看来，扩张是天经地义的，是日本的惟一自救之路。在他的扩张意识里，中国一直占据着重要位置。从上个世纪开始，日本政、军界和部分思想界就曾经以日本没有战略延伸和足够的生存空间为由，力主占领和征服中国，以建立日本的安全缓冲地带，进而征服世界。正在这种战略思想指导之下，日本发动了侵华战争。这种思想今天是否已经消失、死亡？答复恐怕是否定的。石原慎太郎不就公开要把中国分成六块吗？具有如此危险思想的人能够在日本的地方选举中当选为东京都知事，说明他的那一套在日本并非没有响应者。这是发人深省的。

因此，每年的 8 月 15 日，靖国神社的参拜者确实在提醒着我们：他们手中的刀也许尚未举起，但意识上的“刀”，却一直霍霍地在磨着。对此，我们必须时时警惕着。

加强网络评论，就是要在网络论坛中用我们的正确的声音盖住那些并非主流的杂音噪音。《解放日报》2000年7月31日发表一篇文章《网络呼唤思想政治工作创新》（殷勤燮），表达了对网络思想政治工作的迫切要求：

时下，“网络”吸引着越来越多的群众，尤其是青年人。国内几家知名的新闻网，每日点击人次在百万以上；一些地方的局域网以及一些形成特色的个人主页，影响也越来越大，清华大学大学生自主编辑的全国第一家以思想政治教育为内容的学习网站，日点击率也达500人次以上；上海一家大型企业建立局域网还不到一年，网上便涌现了60多个个人网页。互联网上，除了不断更新的大量信息外，也不乏许多带有各种思想倾向的言论。一个全新的思想文化交流空间正在迅速扩大，它为党的思想政治工作开辟了前所未有的广阔天地，也向传统的思想政治工作提出了严峻的挑战，网络正在呼唤思想政治工作的创新。

网上的思想文化交流与传统形式的思想文化交流有着明显的不同，网上的思想政治工作方式与我们习惯了的思想政治工作方式有着很大差别。在网上，没有领导与被领导、教育者与被教育者之分；在网上，人们直言不讳，表达思想毫不躲躲闪闪，“留言板”上，五花八门，既有正面论理，也有切磋讨论，还有牢骚怪话，甚至有一些明显错误的言论；在网上，信息千变万化，标新立异之多，更新速度之快，令人目不暇给。面对铺天盖地而来的各种见解，容不得你请示请示、研究研究，再来发表意见。

网络时代迅速向我们走来，网络是新形势下思想政治工作的重要阵地，适应网络传播的新方式，抢占网上宣传和引导制高点的任务，紧迫地放在我们面前。党的思想政治工作者必须大胆迎接挑战，抓紧学习掌握网络技术，认真研究网上思想文化交流和网上思想政治工作的新特点，主动适应信息时代思想政治工作加强和改进的要求。要充分认识网络互动、平等交流的特点。党的思想政治工作优势从本质上说，是掌握真理的优势，思想政治工作者要转变观念，既不能以“优越感”去“我教育、你接受”，也不能由此产生“失落感”而放弃责任，必须学会用真诚和真理去说服人、感召人、凝聚人。要充分认识新时期各类思想文化观念冲撞、矛盾、斗争的复杂性，坚持用马克思主义分析社会思潮，掌握与人们进行思想文化交流的新形式，不仅坚持用科学的世界观、人生观、价值观把握自己，而且善于引导群众，对于带有片面性的看法，循循善诱、以理服人；对于错误言论，要展开正确的批评，据理驳斥，决不听之任之。要充分认识网络的发展对于新时期社会生活及人们思想日益深刻的影响，百倍努力地学习，努力提高自己的思想理论水平与网络宣传的本领，在不断丰富自己的同时，在思想战线上“打好主动仗”，在网络上不断开辟、扩大党的思想政治工作新阵地，把网络变成创新和加强思想政治工作的先进工具。

不难预见，在网络媒体上，专业新闻评论人员将成为重要角色；为了适应受众的现实需求，“特约评论员”或“特约撰稿人”应该是今后网络媒体强化评论工作的一个发展方向。

第四节　网络论坛的管理与版主的素质要求

当BBS初露端倪之际，人们议论最多，也最让有关管理部门关注的正是网上论坛。一旦开设了网上论坛，一系列的问题便接踵而来。如，网络是否应该同目前的新闻传媒一样进行严格管理？网民的言论自由到底可以自由到何种地步？如果论坛中出现不良信息、虚假信息和反动言论，是用户的责任还是ICP、ISP的责任？论坛管理者删除不良信息和言论是否损害言论自由？这些涉及法律、道德、管理以及相关技术方面的问题，是目前网络管理者和网络使用者仍然面对的实际问题。

一、网络舆论调控的技术与法律难题

互联网使得个人成为造成舆论的主体。舆论的发生和发展，是由个体意见到群体意见，再到社会舆论。互联网因其使用的个体性，个体可以利用互联网这一有利的舆论工具，有效地扩散自己的意见，并形成广泛的社会舆论。

《南方周末》1998年10月2日发表这样一篇文章：《网上投诉：新到的禁果?》。案例讲述河北省保定一位用户王洪在网上发表言论，并造成强大的舆论力量的事。事情是：前一年他在北京安特明公司购买一台恒升SLTM－Ⅰ型笔记本电脑，回到保定发现电脑有问题，影响到电脑的使用，他与恒升公司几番交涉，花费大量精力与金钱，依然不能解决问题。之后，王洪在BBS上述说自己的苦恼，得到广泛的响应，并在一些网友的建议和帮助下，建立了以“声讨恒升，保护消费者权益”为主题的主页（http：//maxstation. yeah. net)，在网上发布，形成广泛的舆论。其主页的访客直线增加，

不少网友在主页的留言板上发表看法，表示声援。这一事件导致恒升公司的直接经济损失超过240万人民币。这表明互联网成为个人的媒体，用户做了媒体的主人。过去他们有困难遇到不平事，去新闻媒体反映情况，现在他们则在网上制造舆论，寻求支持。

网络中的物象是虚拟的。人们在网络上探索，就仿佛在无边无际、无穷无尽的时空中遨游。这可能会给人造成一种虚幻的假象：在网络上发表言论是绝对自由的。事实并非如此。网络空间就好像是现实社会的倒影，现实社会有的，网络空间也有；所不同的是，如何进行网上舆论调控又不影响舆论自由，是一个涉及技术、法律等诸多因素的难题。

对传统新闻媒体来说，由于把关人的存在，舆论调控相对容易。但是对于数量如此庞大的互联网用户来说，舆论生成阶段以及流通阶段的调控是很难把握的。我们不能在"信息高速公路"上检查每一言论，更不可能对其做出全面的评价。对于在网上散布谣言、小道消息，扰乱社会安定团结，影响社会正常运行的个人或团体，将关闭其网站并追究其法律责任，这是法律上的控制。但这种控制往往是在坏的影响产生之后才实施的，所以还需要在负向舆论发布之前，就将其过滤，使其不能在互联网上传播。全球一些软件商以及网络机构对此进行了尝试，美国联机公司与微软公司共同开发了一个叫"互联网络内容选择平台"（PICS）的软件，该软件能够对网上发布的信息进行监控。但由于PICS监控软件针对的是网上的发布机构，而不是个人，它能有效地滤去带有标记的机构发布的信息，但对个人发布的无标记信息目前却束手无策。

从网络诽谤的责任承担来说，网络媒体也应承担管理的责任。有人研究认为，在网络诽谤案例中，网络服务商（ISP）不负法律责任，如新加坡电子交易法，该法令有条文规定，网络服务商无需对第三方在网上所提供的资料负责，因为网络服务商只是提供技术上的服务，让第三方能在网上提供资料。所谓第三方是指不在网络服务商控制范围内的人。也就是说，网络服务商无需负诽谤的法律责任。但公告板服务商（BBS）的诽谤责任问题则有些复杂。研究者一般援引美国纽约法庭的一个判决案例来说明问题。

案件原告是一家证券投资公司，名为Stratton Oakmont。被告是一家公告板服务商Prodigy。被告的财经公告板上刊登了一名不明身份人的诽谤文章，该投资公司起诉Prodigy诽谤（后来起诉人因故放弃了这起索赔两亿美元的官司)。案件审理过程中，纽约法庭认为 Prodigy 的角色相当于出版商，Prodigy 自称是经营家庭电脑网络的，与商业信息提供无关。但法庭认为该服务商能够控制公告板上的内容，因为他在向用户提供服务的过程中，曾宣称其为公告板的内容制定了标准，并通知用户它可以使用科技手段将违反规定的言论去除。因为他能够控制内容，法庭认为 Prodigy 需负诽谤的责任。也就是说，Prodigy 应像新闻媒介的编辑和文字出版机构一样，需对诽谤负法律责任。

此案在法律界引起了一定的震动，有些律师认为，这个判决等于为网络公告板服务商敲响了警钟，它等于告诉公告板服务商，要认认真真地管理公告板，否则可能因为疏忽，没有及时地采取行动制止诽谤言论的发表，而像 Prodigy 那样被指控，并要承担法律的责任。

与传统大众传媒比较容易控制的特点不同，网络中信息空间的控制是一个微妙而复杂的问题。针对这种情况，国内有关部门在 1996 年也曾有过不允许开设 BBS 的动议，但电子论坛毕竟是互联网的一个重要的、不可分割的组成部分，不应该也不可能对其采取完全封杀的办法。对开设网上论坛应持积极探索的态度；但更重要的是，用法律的手段制订网上发布资讯的行为规范，使组织者和参加者都有法可依。所幸的是，我国 2000 年 11 月颁发了由信息产业部通过的《互联网电子公告服务管理规定》，明确规范了电子公告服务提供者和上网用户的责任、行为和要求。这也为新闻媒体网站正确开展网络论坛提供了法规保证。

二、对网络言论自由问题的思考

1. 有限制的自由空间

众多的 BBS 被称为自由论坛，但是只要当局者认为某个论坛可能会带来麻烦，就可以指令本地互联网上网公司关掉；即使平常，也可以安排专人检查，这种控制是不是有效是另一回事，但这毕竟是一种对控制的努力。网络散布虚假、有害的资讯既方便又迅速，网上讯息真伪难辨，不能保证讨论区中传达的讯息准确无误。就在 1998 年的印尼事件中，有人散布了虚假资讯。如身着印尼军服的暴徒蹂躏据说是华人妇女的照片反复出现在有关机构和人士的电邮地址中，并号召所有收件人接力传送。这些照片对世界范围内千百万网上读者产生了强烈的震撼，引起新闻媒体的关注。不少人就是因为看到这些图片后，才来《联合早报》电子版讨论区声讨暴行的。但后来有印尼读者主动指出这些照片反映的是印尼军人在东帝汶的暴行，而与五月暴乱无关。不管传送这些照片的人士的动机如何，散布虚假资讯总是不负责任的。

另一方面，网上轻易发布的信息，也可以被别人轻易地删除。例如一位加拿大的绝症患者向各 BBS 发出解除安乐死的禁令的呼吁，而另一位电脑专家因为有不同的看法，便用一个程序就抹掉了他发出的全部呼吁。BBS 确实开阔了新闻和言论的自由空间，政治、经济的权力组织针对互联网实行的控制方式，正在从硬性控制转向以较软性的对话关系、对策关系为主，如同我们说话中有语法的无形控制，但大多没有感觉到一样。互联网本来用于军事目的，并非是要为民众创造新闻与言论自由的天地。就权力组织的愿望而言，美国未来学家托夫勒（TOFFLER，A）写到："任何国家都在力保权力。无论给我们造成的损失有多大，国家都将想方设法阻止最新的通信革命达到目的，并将对信息的自由流动加以限制。"通过各种被称为"信息推拿"的宣传手法，使得互联网的新闻和言论不会经常溢出被允许的限度。虽然，原则上网上用户人人平等，但要意识到这个事实："许多国家中，拥有最先进技术的机构是情报或安全部门。许多科研机构直接为这些部门服务。这种工作是为了强化对网络的监督和控制，这种控制通常是在你不知不觉中存在的。"正如哈贝马斯所说的："科学技术的合理性本身也就是控制的合理性，即统治的合理性。"①

2. 输入信息垃圾的自由并不是真正的自由

新闻与言论自由，向来是衡量政治自由度的标志，主要指的是在政治问题或其他敏感问题上能够发布新闻和发表意见的自由；"今天天气哈哈哈"的闲聊自由，即使在专制制度下也没有禁止过。然而现在的网络上，有见地的意见很少，充斥着闲聊。互联网的用户有能力在几分钟内传播上万条错误信息，并在同一过程中不断增加一些虚构的情节。由于可以不负责任，这种自由发表的结果，造成一种人人感到的不自主，因为信息垃圾妨碍真正自由的判断。在互联网万千的版主看管下还是有许多无从证实的流言，天花乱坠的谎言。这是目前 BBS 上存在的最严重问题。部分读者尚缺乏民主讨论的

---

① 陈学明等：《哈贝马斯论交往》，第 57 页，云南人民出版社 1998 年版。

习惯，容不得不同的意见，常常由于争执，而渐渐发展到人身攻击，破坏了讨论的气氛。从这个角度来讲，进行有控制的网上讨论是明智的决定。然而不管怎么说，互联网还是带来了相当的自由权利，即使是虚拟的也罢，终归在网上普及了一种自由的权利，有了一条获得被封锁新闻和发表独立意见的途径。权力的普及并不意味着人人都愿意使用这种权利，但没有人会拒绝这样的机会，因为机会本身就给人以自由的感觉。

对论坛言论自由所引发的问题，应当有一个清醒的认识：一个新事物的出现，总是要伴随着这样那样的问题；当出现问题时，分析原因找出解决问题的办法是明智而科学的态度。对于网络论坛来说，问题的解决，还在于媒体本身，出路在于论坛管理上；开设论坛本身不是目的，开设论坛后，如何有效地为用户服务，如何积极地引导舆论，如何做到与传统媒体言论互补互促、相得益彰，是开设网络论坛首先要考虑的问题。

三、网络媒体论坛现状分析

网络媒体论坛在中国的发展情况与中国网络发展的特点相同，网络媒体论坛起步晚，整体而言，网络媒体论坛与网络新闻传播的发展规模和速度尚不能相比。

（一）网媒论坛发展相对薄弱，其原因也许是多方面的，但以下两点不能忽视

其一，当前网络媒体自身发展滞后，对网媒的规律尚不能深刻地认识。传统媒体上网时间不长，大多数对于网络媒体也是网络内容中最活跃的因素——网络论坛的重要地位的认识还不到位。因而网络媒体如何充分发挥网络的互动性，建立广泛的意见市场仍有许多工作要做。

其二，对于网络论坛评论的特性认识不清楚。网络论坛是一种最能体现网络传播交互性能的因素，是网络传播中最活跃的因素；有人把它看成为自由与民主的象征。但是，网络论坛中的评论有着自身的特殊性质，网络媒体面对时时更新的意见往往表现得无能为力；它与传统媒体自身评论占主流地位的情况不同，网络论坛中网友的言论往往占据主体地位。如何引导与把握网络言论的走向，如何加强论坛管理以确保其健康有序地发展，是创建论坛者不得不面对的难题。

（二）开设论坛的条件

国内常设的新闻时事论坛仅《人民日报》网络版一家开设，其他网站只是在需要时临时开设（比如中央电视台）。显然，要开放论坛需具备一些基本条件。首先是胆识。众所周知，对网友的自由放言一般是很难掌控的，特别是新闻媒体，习惯做法是对言论控制很严，出格言论很少见诸报端；而网络上的言论如何把握，没有一定的界限，出了问题，其责任和后果不好承担。因此，没有一定的胆识，是不敢冒这个风险的。其次，开设媒体论坛要有宽松的政策。媒体论坛涉及对互联网的管理和对宣传的管理，每走一步都要谨小慎微，甚至胆战心惊，这样的环境下是不可能办好论坛的。再次，技术支持和资金保证。开设论坛必须有对其正常的运行的技术上的保证，这里包括 BBS 的技术，对安全和可操作性的考虑等等，而这又需要资金的保证。目前新闻媒体对网络本身方面的投入很有限，所以存在许多困难。第四，对人员素质的要求。新闻媒体论坛不同于其他商业网站的 BBS，它需要时时监控。网络媒体论坛的特殊性决定其管理者——版主必须具备相当高的素质，包括对电脑和网络的操作能力、对复杂事件的快速反应能力、灵活的思维能力，特别是分析和判断是非对错的能力。

四、网络论坛的管理

网络论坛的管理是指对论坛言论（包括上帖文章）按照舆论导向要求进行的组织和调控；网络论坛管理要考虑的问题涉及管理内容、管理对象、管理目标、管理原则和要求等。

（一）网络论坛管理的类型

网络论坛与中国尚年幼的网络新闻媒体相比，更是一个新生事物，如何管理至今仍在探索之中。综观国内外媒体网络论坛的管理状况，一般而言，可以分为三类：1．表面不管；2．少量管理；3．严格管理。

第一种情况是，西方一些网络媒体的论坛，自称网站对论坛言论是完全不管的，以证明他们所标榜和鼓吹的“言论自由”。这是由于西方一些国家媒体管理的多样性，普通公民（包括网民）在各种媒体发表言论的概率相对比较大，人们对 BBS 的兴趣并不如中国人这么大，网络论坛也没有像我国这么丰富的注意力。《纽约时报》网站、CNN 网站和“YAHOO!”都有论坛。CNN 和“YAHOO!”的论坛叫“留言板（Messageboard）”，而《纽约时报》网站的论坛就叫"论坛（Forum)"。这些论坛都有几十到几百个话题，由读者自行上贴，网站编辑基本不作管理。一般来说，上面的讨论也并不热烈，有的话题难得有人参与，即使参与者多的论题，其讨论之热烈、交锋之尖锐也无法与中文论坛相提并论。这些论坛虽然不一定有专人在管理，但他们都有各自的服务规定（Terms of Service），如要求不得上贴违法、有害、侮辱别人、内容淫秽的文字。

CNN网站规定的《行为规则》(Rules of Conduct）就是其代表：

"作为一家国际新闻机构，我们承诺维护新闻自由，只要是负责任的言论，没有欺诈，而且尊重他人。为达到提供网上讨论的最高质量的目标，我们制定了一套严格的行为准则，其严格程度超过了其他网站。但我们相信你会喜爱我们尽心维护的友好气氛和集中讨论；

"上贴到我们留言版的评论，如果违反我们的准则，就会被自动删除，不再作更多说明；

"在我们的聊天室中违反准则的聊天者将被踢出聊天区；

"任何形式的淫秽或亵渎文字，即使用星号伪装也不得使用；

"不允许对其他网络社区参与者进行人身攻击（人身攻击是指对人而不是对观点的评论)；

"不允许诽谤、淫秽、下流色情、渲染暴力、威胁和骚扰的言论出现；

"请不要偏离讨论主题；

"不允许假冒其他参与者或公众人物；

"留言板上必须提供真名实姓；

"不允许任何形式的广告，包括非赢利机构的广告；

"不允许出现受版权保护的材料。来源于CNN以外的材料请使用连接号而不要使用引号；

"如对本网站社区有任何问题或建议，请发送电子邮件。"

从这些种种"不允许"的规定中，我们不难看出CNN论坛所"维护"的新闻自由和所主张的"负责任的言论"是有条件的，所禁止的内容实在是不少。

在中文论坛中，惟一标榜自己言论自由的是海外的北美自由论坛，从其名称中就可以看出它的倾向。在这个论坛，到处充斥着的是无聊、谩骂、人身攻击，也少不了黄色淫秽的内容。

第二种情况主要存在于海外一些中文论坛和国内一些商业网站所办的论坛。许多海外中文论坛是一些志趣相投的人组织在一起搞的，都是业余工作，很少有专职的管理人员。比较突出的有华岳论坛、世界政经论坛、新观察论坛等，他们的版主多数是隔一段时间上论坛检查一下，有违规或者不符合他们要求的文字就会被删除。而商业网站出于其商业考虑，在论坛方面投入的力量很少，他们的版主多数是从网友中物色的兼职人员，人员很难固定，时间也很难固定。有些网站（如网易、易趣）的论坛是对网民个人开放的，只要自己申请，就可以开办自己的论坛，自己管理，其中的管理难度就更大了。但按照《互联网电子公告服务管理规定》，今后国内商业网站继续经营电子论坛，就必须认真考虑自己的管理行为了。

第三种情况是严格管理的论坛。中国的《华声报》电子版和新加坡《联合早报》电子版都有比较严格的把关。大多数德国报刊的网络版都有类似的论坛，其要求也甚为严格。据德国《明星周刊》记者夏普 2000 年 1 月 24 日来到《人民日报》网络版强国论坛与网友交流时说："在德国，网络编辑人数很少，但是网络编辑有很大的责任，不能有任何违反法律的言论出现，比如说法西斯主义的宣传。否则编辑要承担一切法律上的后果。"由于其特殊地位和广泛影响，《人民日报》网络版强国论坛从一开始，在管理上就是很严格的，可以从几个方面来看：

1. 有一个专职的管理班子，在强国论坛开放的时间里，随时都有版主在论坛进行管理；

2. 有严格的管理条例，对各个方面可能出现的问题都预先提请大家注意；

3. 有广泛的监督队伍，主要来自网友，还有来自社会各界的监督和支持。

新闻媒体网站不能像网上一些专门让人自由放言的论坛那样，完全放手任由论坛形成"无政府主义"状态。鉴于我国新闻媒体的社会环境及其网站与母体的不可分割性，它的电子论坛是需要过滤制度的。如果因为电子论坛可能出现的无政府状态而舍弃这一网络媒体最重要的特征，我们认为是极为不智的。因为媒介网络版目前仍然是一种新鲜事物，远没有建立起自己的市场，与传统媒介争夺受众更是处于敌强我弱的局面中。在这种情况下，求生存的路只有一条，就是发挥优势，加强管理。

（二）论坛的管理原则及方法

BBS论坛的管理一般应该24小时内删除有害信息，有的时政论坛则要求更高，要在尽可能短的时间里删除不良帖子，其原则是：做到既要果断迅速，又要灵活处理；既要让网友心情舒畅地参与讨论与交流，又要让他们遵守论坛的管理条例。比如，《人民日报》网上论坛就制定了严格的规章制度，有包括遵守中华人民共和国有关法律、法规，不得在发布诽谤、虚假、色情、暴力、迷信、破坏民族团结、危害国家安全、泄露国家秘密的言论等等管理条例，设有专人进行内容监控，以确保论坛中的帖子不仅“不违法、爱国、符合《人民日报》网络版的报道原则”，而且格调健康、有礼貌。

新加坡《联合早报》电子版也是一例。《联合早报》电子版的读者大部分在国外，论坛希望读者在发表言论时，能遵守当地的法律。对于那些明显违犯当地法律的言论，也不予刊出或者予以删节。而且，一般都声明：本论坛无法查对读者来信的事实真伪，其言论也不代表本报立场。另一方面，面对严肃的重大国际事件，有必要从一开始便采取措施，有别于一般消遣性的网上聊天室。可对读者来信保留选载和编辑的权力。《〈联合早报〉网络论坛管理条规》如下：

1．参加者务需遵守新加坡共和国和自身所在国家的有关法律、法规；

2．勿在论坛发布任何虚假、诽谤、造谣、中伤、猥亵、淫秽、色情、暴力、辱骂、侮辱、骚扰、危害国家安全、泄露国家秘密的言论和资料；在论坛及BBS所发表的言论不能带有宗教色彩，也不能挑起种族或宗教社群之间的不满情绪或纠纷；

3．勿在论坛链接有关虚假、诽谤、造谣、中伤、猥亵、淫秽、色情、暴力、辱骂、侮辱、骚扰、危害国家安全、破坏种族和谐、泄露国家秘密等违法信息；

4．承担一切因您的行为而直接或间接导致的民事或刑事法律责任，《联合早报》网将不对您的言论与链接负责，并不对由此引起的任何纠纷与法律诉讼等赔偿、损失和费用负责；

5．请尊重网上道德，不得使用污秽、诽谤性或淫秽言语（包括以符号、同近音字等等作为掩饰的词句）；

6．请尊重他人尊严，不对其他发表言论者进行人身攻击（人身攻击指针对对方的人身尊严而不是对其发言进行评论）；

7．勿以任何形式盗用其他讨论者的用户名或公众人物的姓名发表言论；

8．勿在论坛和 BBS 上打任何形式的广告（包括非盈利机构）；

9．请针对论坛和 BBS 主题进行讨论；

10．论坛版主有权保留或删除论坛中的任何内容；

11．文章版权归作者和《联合早报》网论坛共同拥有，转贴请注明作者及出处。如将本文用于媒体出版，请与作者本人联系；

12．参与论坛即表明您已经阅读并接受上述条款。

另外，《联合早报》电子版声明明确地提出："网上读者来信的言论不代表本报立场。同时，对来信早报电子版保留选载和编辑的权力，敬请谅解。"

国内开设电子论坛者知道自己提供的不仅是单纯的信息交流的物理管道，由于信息内容还蕴藏着无限风险，他们通常采取五种作法：

1. 要求用户做出承诺，保证不在论坛中进行违反中华人民共和国法律和法规的活动，用户对本人的网络行为所产生的后果自负责任，与 ISP 及论坛管理者无关；

2. 论坛管理员对论坛内容进行检查，有权删除任意内容，尤其对反动或色情的帖子"格杀勿论"；

3. 不设立任何涉及政治及敏感话题的讨论主题；

4. 对论坛用户进行注册登记；

5. 在必要时永久或暂时关闭论坛。

不断提高论坛的档次并形成论坛的一定风格，应是网站管理者追求的目标。依据国外的成功经验，可采取以下三种办法对网上论坛加以掌控：

1. 设定讨论主题，限制讨论范围；

2. 作出网站声明，保留网站权利——声明网民在论坛上发表的言论不代表网站立场，也无法对网民提供的信息真实性加以核实，行使对网民的帖子进行删除或编辑的权利；

3. 网站在技术上进行掌握和控制——删除超出主题、不遵守论坛规定和不讲网络道德的帖子；对某些内容尚可、表达欠缺的帖子则进行精简及编辑，其原则是不影响提供者的本意。

总而言之，与传统大众传媒比较容易控制的特点不同，网络中信息空间的控制是一个微妙而复杂的问题。媒体电子论坛兴起时间不长，因此管理方式还不够规范，各种管理条款和措施还有待进一步地完善。

（三）网络论坛内容管理

网络论坛内容管理较多地放在对论坛文章或帖子的管理上。所谓帖子，就是在网络论坛中发表文章的形式，可以是一句话，也可以是一段文字或一篇文章等。在论坛中，有的帖子是以来信方式发表的。

论坛内容管理，不应追求上帖数，而要注重质量。《人民日报》人民论坛的上帖量很大，每一分钟十几条甚至几十条的帖子，从早 8：00 到次日 0：00，一天开放 16 小时，专门安排每个班两人值班看坛。论坛 8 位版主，每个人一天至少要工作 6～7 个小时，也还是赶不上网友的上帖速度。2000 年 3 月 18 日“台湾大选”期间，论坛 24 小时开放，3 月 18 日的访问量超过 23 万，共有 568 张帖子，有 10 万人阅读；19 日有 6900 多个帖子，27 万人访问，12 万人阅读；陈水扁发表“就职演讲”的 5 月 20 日，有 7888 个帖子，12 万人阅读，访问量突破 30 万。但是，要丰富论坛内容，不能只是一般地追求上帖数，而要注重质量。论坛既需要短小锋利的匕首，也需要蕴藏能量的重磅炸弹；既需要七嘴八舌的快言短语，也需要有真知灼见的文章。论坛中至少应有一定数量的有实质内容的原创帖子，保证讨论的质量更高一些，使论坛更为丰富充实。如《人民日报》网络版在“抗议论坛”时所贴文章累计达 9 万余篇，但名为“文章”，实则多是无具体表述内容的 0 字节标题式帖子；也就是说，论坛在形态上，与“聊天室”相差无几。当需要对某一重要事件或问题进行深入探讨或论辩时，这类“言论”就显得肤浅和苍白。

网络论坛发帖要掌握一个适当的层次。大致分为这样几类：跟贴表态层次、个人意见层次、学术讨论层次。这三者比例应当如何才好？目前尚无一定之规，如能达到 2∶2∶1 可能为宜。

版主的大量工作是处理那些来信，决定来信是刊出还是不刊出，或是需要删节。由于读者来自世界各地，时区不同，发信时间也不同，有时，另一个半球的读者在媒体网站时间半夜传来稿件，但不见及时刊出，以为没有收到其大作，而可能反复传送同一个来信。所以每日从早到晚都可能需要不停地查阅读者来信，及时处理来信。

对来信的处理办法：

1．来信编号。有些网友因种种原因而不愿意署名，采取来信编号的办法，方便网友查找，进行辩论。新加坡《联合早报》论坛、美国 CNN 的论坛就是采用了编号的办法；

2．完整刊出。在论坛开设之初，对正确说理的，提供信息的，行文完整的来信，一般可予以刊出；

3．选择性刊出。随着来信增加，对那些内容和观点重复的来信，可选择有代表性的刊登；

4．删节后刊出或不刊出。刊出与不刊出的原则应当从宽为宜。根据强国论坛的经验，其一是，只要不违法，只要爱国，只要符合新闻媒体宣传报道基本原则；其二是，只要格调健康，只要讲礼貌，那么可删可不删的，就不删。但是，对于故意捣乱的帖子，则执行另一个标准，即可删可不删的，就坚决删。《联合早报》电子版论坛的做法是，对于那些情绪化、有种族或政治偏见的，对参加讨论的网友进行人身攻击的，或者和讨论主题无关而要借题发挥的来信，一般不刊出或者予以删节。绝大多数网友对于这种管理方式是肯定的。

当然，网友也有对删帖表示异议的。《人民日报》网络版“抗议论坛”在 1999 年 6 月 2 日就遭遇到网友的一场“抗议”。该事件起因是当晚 18 点版主在告网友启事中声明：“《人民日报》网络版开设 BBS 论坛，是为了给广大网友提供一个发表自己观点、见解，交流信息的园地。我们提倡自由、宽松、理解的气氛，欢迎有思想的言论。为了保证 BBS 论坛有一个良好的舆论环境，为了保证我们一贯坚守的健康格调，我们保留对网友提供的内容进行选择的权利，网友文章上贴和最后发布之间会有一定时间的滞后。在此基础上，我们将尽可能多和尽可能快地反映网友的声音。”尽管在“六四”敏感期到来前采取某些必要的措施是可以理解的，但网友们还是提出了种种责难，发泄了一通不满。

那么，如何理解删帖及其不同意见？闵大洪先生在《由〈人民日报〉网络版“抗议论坛”改版想到的》一文中作了论述。他认为，从网友的角度，希望有更大的言论空间和言论自由度；从网站的角度，尤其是国内网站（更何况是中共中央机关报《人民日报》的网站），当然要从政治上不能出问题考虑。这或许是一对永久的矛盾。不少网友认为，网络中有绝对的自由、无限制的自由，其实是一种误解。江西教育出版社出版的两个美国人合著的《赛博空间和法律》一书，论述到了美国宪法第一修正案所规定的言论自由在赛博空间的运用。有这样一段：“在赛博空间，人们常常会听到用户抱怨说，系统管理员用这种或那种方式进行删改，从而侵犯了第一修正案赋予自己的权力。用户所抱怨的一般是系统管理员删除了他们在某个讨论区或讨论组发送的信息，认为这种做法违反了宪法。”书中分析指出，网站理所当然具有自己的编辑控制权，想要指控其侵犯第一修正案赋予你的权利是注定要失败的。但是对网站来说，并不意味漠视言论自由权便无关痛痒，“可以想象，对用户表达自我横加限制的系统管理员或管理者将会发现自己门庭冷落，因为用户也与大多数公民一样，会对过分或不公正的删改感到不快，他们会对不能容忍正当表现自我的赛博空间退避三舍。对于系统管理员来说，如何既实行编辑控制，又保持必要的容忍度，实在不是一件容易做到的事。”由此看来，这对矛盾即使在美国也是存在的。当然，网站论坛如何争取到用户的满意，怎样对论坛中多样性、多元化的言论管得巧妙而艺术，或许正是对自己水平的挑战和测试，包括时机、火候、用语、尺度等等诸多因素。

五、版主及其职责

版主是网站论坛的管理人员之一，由于汉字输入的缘故，在网上版主往往又写成“斑竹”。版主一般负责论坛版上内容的审查、选择，删节来帖。有的版主还与网友交流，高层次的版主承担着言论编辑和论坛主持人的角色。

因网络媒体论坛本身的严肃性和复杂性，对版主的职责要求更加严格；不同类别的论坛，对版主要求也不一样。一般而言，版主首要任务是，掌握论坛发帖的层次，切实履行监督、管理、引导的职责；其次，强化服务意识，多为网友提供便利；再次，了解网友的想法。要保证交流的畅通，除了设立版主信箱，还可以发展网上会员制、网下俱乐部等。

网络媒体时事论坛的版主应当具有传统媒体新闻评论人员的素质和能力。除了应当掌握政治理论、社会知识，还要求：

一、善于积累知识。版主应当建立工作档案，随时添加新的情况、资料、感受、信息，不断丰富积累，作为工作总结与探索规律之基础；有了积累，才能有发现、有提高。思想来自对国情、社情、民意的了解。在网络时代，一家网络媒体的工作人员及其组织者越是具有深邃的思想和深刻的洞察力，媒体就越具有厚重的文化品位、不可剥夺的思想洞见。在商业网站一把把撒钱、满街做广告的时候，传统媒体网站没有或很少发出广告的喧闹，他们大多在默默地做着信息的传播和文化积累，数据库的积累。借助传统媒体几十年积淀的品牌声誉、资料和信息的优势，做着内容化的经营。

二、善于沟通。版主的职责还在于能够了解网友，善于与网友交流、沟通。留言板、聊天室、论坛是版主的家园、版主的王国；他能够决定这个空间的格调、大家议论的话题、关心的事情。网上朋友越来越多，这个王国就越来越热闹，甚至他就渐渐变成了虚拟空间和现实空间中同样具有影响力的人物。网络论坛需要快乐的版主，需要优秀的版主，更需要有责任心的版主，需要他和大家一起建造网上家园。

对待网友的素质，有不同看法。如何看待网友，应当说是衡量版主素质的一个标准。论坛组织者希望读者讨论不仅对事件要反应快，而且观点公允，不失之偏颇，评论新闻时事有深度，不是空话套话，或者人云亦云。许多忧国忧民的论坛参与者真率、坦诚、文雅的讨论使网络论坛显得文明而充满智慧，但是绝大部分来信都达不到以上要求，网上论坛往往有不和谐的声音。对此，很多网友也表示强烈的愤慨。有位读者曾经传递给《联合早报》电子版论坛这样一封来信："最近阅读论坛上的文章，发现了一个和整个文明的讨论气氛极不协调的声音……我认为，不管是做学问也好，还是作为一种爱好随便聊聊也好，都应态度端正。不要把网上论坛当做发泄自己的虚荣心或者什么心的地方……。"

《人民日报》网络版主编则对网友的素质和不同网友的不同行为表达了不同的看法，体现了某种宽容精神。蒋亚平首先不是指责网友，而是给予理解，并且从审察自身思想和行为开始，对进一步做好论坛工作提出更高的要求。蒋亚平分析说："一般来讲，以文化程度为标准，能上网并参与论坛的网友，素质应当说都很高。有时也觉得他们中一些人有些麻烦，有些问题。这种时候，我想还是两方面。一方面是他们往往意气用事，对我们的工作特点对我们的一些考虑不了解、不理解；另一方面是主要的，即我们的工作，特别是我们的版主，工作做得不好，不能叫他们满意。论坛的实质是交流，就像两个人打交道，互相了解，赢得了对方的尊重，即便有磕磕碰碰也好处理。关键的问题不是网友的素质而是版主的素质，论坛的素质。网友是'上帝'，我们应竭诚为他们服务，但有时他们又像孩子，特别是论坛上的网友。"对待网友采取这种观念与分析的方法是值得注意的，是可取的。

三、善于果断处事。果断的含义是，反应要快，对情况的抉择要明确；

判断言论是非正误要迅速，采取行动要果断，必要时，果断行使编辑权，该回应就回应，该解释就解释；该调度就调度；当然，该删就删。网络论坛言论千奇百怪，论坛的组织与管理要有高超的艺术性。《人民日报》网络版主编蒋亚平说："有一段时间，我们的编辑有点顶不住网友的各种说法。我说过一句话同他们共勉。我说，我们现在做的事情是最困难、但又是最有意义的一件工作，要相信网友，相信自己。对网友一定要尽力服务好，要理解他们，让他们倾诉。实在不行，行使编辑权就是，果断一点，他们反倒能够理解。"

四、善于就势发言。版主要培养和训练立马成文的评论本领。这是高起点要求，但媒体论坛版主应不同于一般商业网站论坛的版主，他应当能就论坛择定的话题，围绕一定的主题，或为褒扬，或为针砭；或为倡导，或为劝勉；或为解惑，或为释疑；或为当头棒喝，或为灌顶醍醐，言人之所欲言，发人之所未发，那么将会起到很好的引导作用，更能吸引一大批网友，使论坛"人气"兴旺。过去办报有"看完大样写评论"的传统。要求版主能够亲自写评论，正是发扬新闻工作者的优良传统。

六、论坛管理的其他策略与方法

1. 论坛编辑积极正面引导

新闻媒体论坛应当发挥版主或论坛编辑的正面引导功能，在论坛上贴一些正面阐述党和政府的方针政策、宣传介绍社会主义建设成就、批判歪理邪说等方面的文章，经常性地加入到与网友的交流中，加入到思想和观点的针锋相对的辩论和斗争中。论坛编辑应当深入、持久地开展这项工作，把它作为论坛日常工作的一部分。

同时，可以充分调度本新闻单位内外的编辑记者参与到网络论坛的讨论和宣传中来，加强正面引导力量在论坛上的主导地位。《人民日报》网络版论坛有一个好的做法，就是版主与网友实时的交流和沟通，其职责不仅仅是简单地删帖子，同时还根据不同情况对网友建议、引导、规劝、批评，有时还幽默一下，取得网友的理解和支持。

东方网在BBS根据舆论引导和网上斗争的需要，及时地建立起两支精干的网络作者队伍。一支由上海的中青年国际问题专家和台湾问题专家组成，专门就国际上重大的事件进行及时的、活泼的、形式多样的评述，并以各种各样的名义在BBS上刊出。另一支队伍则由上海高校的政治意识较强的在校研究生、博士生组成，充分发挥他们在高校学生中的影响力，对各种社会现象进行适时的评论。

要经常与网友交流，发现问题要相信网友，把问题交给网友解决。还可以及时指出问题。如搜狐网站发现问题，及时给网友一封公开信《搜狐致网友公开信——有话好好说》，全文如下：

亲爱的网友们：

自搜狐以“我来说两句”的形式率先开通了新闻评论，得到网友的热烈响应和支持，在搜狐发布的每一条重磅新闻后面都附带着众多网友的精彩评论，这些评论慷慨激昂者有之、振聋发聩者有之、至情至性者有之，个中微言大义，读之令人警醒。正是网友们的共同努力，搜狐新闻评论成为互联网上一块来之不易的维护正义、追求真理、进行舆论监督的阵地。

但是，我们发现在新闻评论中，个别网友滥用了自己的权利，发表了一些不负责任的言论，甚至污言秽语、混淆视听，这是网民们所不希望看到的，也是情理法所不能允许的。为此，搜狐网站向网民发出以下倡议：

1. 以一个“网络公民”的责任心和道德标准约束自己的网上行为，遵纪守法；

2. 为确保无虞，再请确认第一条；

3. 以诚恳和善意的态度进行交流和沟通，不要人身攻击，不要侮辱谩骂；

4. 以事实为依据发表评论，请尽量言之有物，言之成理；

5. 共同维护并竭力塑造互联网上的自由精神。

搜狐网站将一以贯之地坚持让中国人更好地使用互联网，将倾尽全力促进互联网上的自由交流和沟通，增进网民之共同利益及兴趣。

搜狐网站亦恳请网友洁身自爱，以负有责任，充满关爱与真诚的自我，参与共建互联网的精彩世界。(2000年7月14日)

2. 要加强对论坛栏目的组织与管理，体现栏目特色

《人民日报》网络版强国论坛设立了论坛组，目前共有论坛编辑九人。开设了读书论坛、健康论坛、China Forum（中国论坛)、体育论坛、中日论坛、企业家论坛、生活聊天区、论坛讨论区、3·15论坛等共15个栏目，每个主题论坛都定时开放，吸引了一大批网友参与讨论。这些论坛整体称为

"网上人民论坛"。

新浪网的网络论坛设置别具一格，在主题社区，导航条内有主题社区首页、论坛、聊天室、嘉宾聊天室、新浪寻呼。在论坛主页，左边有"特别推荐"、中部有"论坛头条"、"新浪论坛分类"；右边有"推荐话题"、"相关聊天室"的链接。为网友设立个人专辑，建立个人小档案。要求填写姓名、性别（保密）、出生年月、职业、爱好、擅长、电子邮箱、联系地址、邮编、最喜爱的论坛、对新浪印象等信息，建立了真正的社区，给人亲切的印象。进入个人专辑、编辑我的个人资料、编辑我的个人专辑。新浪网设置嘉宾聊天室。在嘉宾聊天室主页的左边有：往期嘉宾、相关链接；中间：往期精彩、热点接触、相关聊天室。

《联合早报》电子版在论坛首页设立了"时事 BBS"、"娱乐 BBS"、"财经 BBS"、"旅游 BBS "、"体育 BBS" 等。联合早报电子版 BBS 实行版主值班制，在网页上公布星期一至星期日值班版主的姓名（匿名），其中还有客串的版主（版主的匿名五花八门，如鲸鱼、破冰者、香儿、门马、凤眼、老枪、快手、怪医等。）

3．整理论坛资源，精心办好精品讨论区

建设网络媒体论坛，需要管理者具备精品意识。我们在网上的有关论坛里经常看到一些很有见地又可行的建议，如果只有几个网友欣赏，实在是思想资源的一种浪费；另外，网络上反响较大的一些消息，只限于网民的感慨，很少为社会决策层所注意，网络上的舆论监督也难以实现。如果网络媒体不能如传统媒体那样具有对社会的干预力，不能干涉真正的现实生活，那么影响力始终有限。如果适当整理网络上的民意资源，把优秀的文章集中起来发表，形成强势舆论，可以深化论坛的影响力。有人说，网络传播是"大众传播、组织传播和个人传播"等诸多传播模式的综合，如果网络上的意见能够在我们的身边实实在在地发挥作用，那么才可以称得上是真正的"大众传播"。如《联合早报》论坛设立"精品讨论区"，精选了自 1998 年 5 月 14 日以来的 10 多个重要主题讨论的帖子，有的讨论帖子多达 3600 多条，少则 160 多条。"精品讨论区"充分保有了那些有价值言论的长期阅览效应。

4．逐步完善论坛软件的功能

论坛的软件功能应当保证齐全，因为软件的不完善会影响到论坛工作的质量和效率。如有条件，应当争取更多地采用智能软件。这种软件一是要有对论坛的预审控制功能，能在特殊时期、特定环境下对论坛采取有条件的预审。所谓特殊时期是指一些敏感日期；特定环境如出现恶意捣乱或炸坛等版主用常规管理方式无法控制的状态。二是要有强化过滤词功能，它能够把一些有可能被人利用来进行恶毒攻击的词汇、党和国家领导人名字、某些不文明用语作为过滤词。当出现这些过滤词时，版主及时审核；这些帖子只有在充分审核后才能上贴。这样利用软件来分别一些有害信息，便于迅速及时地识别，掌握言论处理的分寸，减轻版主的工作量，同时提高论坛工作的质量。软件功能的逐步完善，可以使版主能够及时制止"灌水"、炸坛等恶意捣乱行为，便于控制出现意想不到的局面。

5. 通过宣传、沟通，让各方面、各阶层认识和理解网络媒体，了解网络论坛的特殊功能

新闻媒体论坛是新闻单位主动开办的论坛，在我国，新闻机构承担着党和政府的耳目喉舌的功能，论坛的开办，是供网民就国家和世界大事发表意见并进行平等讨论的地方，是了解网上舆情、进行舆论引导的特定场所，也是与国内外势力进行斗争的特殊阵地。

当然，由于论坛的特殊性，有些规律必须认识清楚。首先，论坛上网民的帖子，代表的是网民个人的意见，并不是新闻单位发表的文章。因为网友在网络上有较大的自由。这个界限许多人包括有些网友都并不清楚，需要做些更有针对性的工作。

其次，网络时事论坛应经常就一些群众关心的问题开展一些讨论，不要当社会舆论的尾巴。讨论中必然涉及一些不同意见，甚至是反面意见。对此，论坛可以根据需要保留少量必要的反面观点作为"靶子"，供网友进行批判。中央领导同志曾指出，"网上的思想斗争，我看可以放开点。有些报刊上不好说的话，网上去说，批'法轮功'时就是这样。错误的思想在网上看见，就主动出击"。[①] 要按照中央领导同志关于互联网宣传的指示去做。

就《人民日报》"强国论坛"而言，作为中国第一大报所办的惟一的BBS，在抗议以美国为首的北约轰炸我驻南使馆、揭批法轮功、批判"两国论"等战役中，发挥了重要作用。强国论坛在各方面压倒了海外某些反动分子的反动论坛，也引起了海外敌对势力和各种不同政治力量的注意，他们经

① 参见《新闻记者》2000年第8期第5页。

常到论坛捣乱、围攻，千方百计造强国论坛的谣言，遭到我方批驳和管制后就蔑称强国论坛是“最没有言论自由的中文论坛”。这个阵地假如我们不坚守，那么就失去了在网上与反动分子论坛相抗衡的重要阵地了。为此，《人民日报》网络版提出，要把强国论坛办成互联网上首屈一指的中文论坛，不仅要成为知识界研讨学术问题、探讨国家发展战略、为国家和政府部门提供决策和研究参考的场所，为中国普通民众和广大网友提供一个对国家大事、世界大事发表意见的重要场所，更要成为反映舆情、弘扬爱国主义、宣传党和政府的方针政策的宣传阵地，成为与国内外敌对势力进行斗争的重要思想舆论阵地。

6．*建立健全激励机制和竞争机制，实行优胜劣汰*

定期对论坛编辑的表现进行评定，评定依据包括领导意见、同事意见、网友意见以及个人自我评价。要充分调动大家的积极性，多提合理化建议，对有突出贡献者给予重奖。及时发现和培养新的比较突出的人才，淘汰不合格的工作人员，争取培养出一支政治可靠、作风过硬、文字水平高、反应灵敏、热爱论坛事业的中国社会主义论坛工作队伍，扎扎实实地从事论坛工作。

论坛人员平时工作面临人手少、工作压力大的局面，日常都忙于看坛，要加强学习和提高，加强有组织的学习和培训。政治和业务学习更是重要，应当考虑如何使每个人都有机会得到全面充分的锻炼和发展，促进整体业务水平的提高。创造各种机会，让工作人员继续深造，并作为考核编辑工作的一部分。

同时，时事政治论坛经常处在宣传工作的风口浪尖上，工作非常艰苦，既要具备极高的政治敏感和策略意识，又要有协调一致的团队精神和细致、耐心的负责态度。

七、网络媒体论坛的发展趋势

1．网络论坛与社会精神与民主的发展相互促进，共同发展。网络媒体论坛良好的互动性和号召力是最适合这一社会发展要求的媒体形式，它本身是一种符合社会发展的规律的产物。网络论坛会在发展过程中不断成熟，同时，也存在着优胜劣汰，需要不断创新。

2．论坛内容的多元化、栏目的细分化将不断发展。与市场的供需关系类似，论坛也是向更适合网友的要求和口味的方向发展。为适应各种不同类型的网友的不同需求，网络媒体论坛也将出现大量个性化更强的话题；为讨论者提供更为广阔的空间，无论是谁都会在论坛中寻找到自己感兴趣的话题。

3．网络媒体论坛将更趋于技术化。为了提供更优质的服务，就需要更强大的技术保证。为了论坛更加精彩，《人民日报》网络版就在技术上下了很多功夫；他们设想在论坛上邀请不同地区的嘉宾异地实时与网友交流，无疑是网络媒体论坛的一个创造性的思想，而其中的核心便是如何在技术上得到实现。

4．引导舆论的责任更重大。随着中国终将加入 WTO，国际经济市场一体化的进程加大，国际互联网络对中国网络的冲击加大以及网络言论的不可控性特征，使网络舆论更加难以把握；而媒体网络论坛就成为一个交流和统一思想的最佳场所。我们可以利用其交互性，在论坛主题设置、论坛嘉宾选择和论述方式等方面加强策划，引导和掌控网络中的舆论走向，大力宣传利国利民的先进思想，坚持控制反动、黄色、迷信等不利于网络言论健康发展的流布，发挥网络媒体的舆论导向作用。

5．言论形式更加多样化。网络言论不再只限于 BBS 的单一形式，与 E－mail 相结合的方式就是一种有益的补充。用 E－mail 发表的言论将更富理性、更适应于理性意识强的网友，也更有助于促进高质量的言论出现。同时，网络媒体论坛还会出现版主的替代者——主持人，让论坛主持人从幕后走上前台，以其个人魅力感召一部分特定人群。

6．同网络论坛一同发展起来的网民素质将逐步提高。长时间的广泛参与，将培养出善于独立思考、有思想理论深度的网络评论者。一位网友在《人民日报》网络版 2000 年 7 月 28 日“网友观点”栏目发出呼吁《聊天室成了集体淫乐室——道德何在，法制何在?!》，对聊天室混乱状况的焦虑、担忧之情充满字里行间。网民素质的提高更具普通意义，它是一个民族进步的表征，必将带来网络媒体论坛的整体水平的质的飞跃。

7．网络论坛与传统媒体言论相融渗透。随着网络媒体的发展，网络媒体与其传统媒体“母体”的互补将大大增强，网络中的论坛和传统大众传媒中的区别也不再明显，为了更充分地发挥论坛的功能，网络与报刊、广播电台、电视台将在言论上相互渗透。

本章思考与练习

1. 网络新闻评论的作用及类型。

2. 新闻媒体网站设立网络论坛有何必要性？

3. 网络媒体论坛与聊天室有何不同？

4. 网络新闻论坛策划的内容与要求。

5. 如何从理论上认识和分析网上言论自由及其调整？

6. 结合《互联网信息服务管理办法》和《互联网电子公告服务管理规定》的有关内容分析网络论坛管理的法律原则和具体要求。

7. 网络论坛的管理与版主的素质要求。

第七章　网络新闻的国际化传播

一般而言，传统媒介在进行跨境新闻传播时，常常会面临着许多人为的或自然的阻碍，传播国际化的发展困难颇多。出于维护国家独立，防止其他国家恶意渗透，保护本国文化传统以及扶持本国媒介产业等方面的考虑，多数国家往往会在本国范围内限制其他国家和地区报刊的发行、广播电视节目的接收和引进等，甚至还会对带有敌意的国际传播进行干扰。即使将国际传播中人为的阻碍降至最低限度，巨大的时空障碍也将继续困扰着传统的国际传播媒介。

而互联网络在理论上即已属于一种超越国家疆界的全球性媒介，它在某种意义上既消灭了时间，也消灭了空间。在技术条件允许的情况下，任何一个网站天生就是世界性的新闻媒介。新闻传播主体可以不受国界、政治、经济和文化限制自由地进行传播。因此，原本对传统国际传播媒介构成巨大障碍的诸多问题似乎都可以迎刃而解了：任何网络用户，无论他（她）身处何地，都可以接收到不同国家和地区、不同意识形态的新闻传播者发布的新闻。"网络新闻传播大大扩展了人们的空间，改变了传统传播模式，并使传播的国际化成为简单易行的事。"① 事实上，许多人正在乐观地等待着"分享全人类信息资源"②，拉近一颗颗不同文化、不同背景的心灵，甚至憧憬着通过网络实现"世界大同"的梦想。

显而易见，这种过分乐观的情绪使得人们忽略了由于世界各国在政治、经济、文化、技术等方面的差距必然会导致网络传播国际化所带来的极端不

① 《网络时代，报纸会不会消亡?》，http：//www. SoHu. com，1999 年 12 月 7 日。

② 苏克军：《后大众传播时代的来临》，《现代传播》，1998 年第 3 期。

公正、不均衡这一事实。

首先，发达国家和发展中国家在信息占有量方面的差距被进一步拉大。据统计，占世界总人口20%的发达国家拥有世界信息总量的80%，而占世界总人口80%的发展中国家却只拥有信息总量的20%。更令人吃惊的是，在网络传播时代，“世界上65%以上的国际传播将从美国开始”。[①] 由此可见，信息贫困将使许多发展中国家在网络传播时代再度沦为发达国家的“殖民地”，只能被动地接受发达国家的信息输入。

其次，正如哈贝马斯所说：“科学技术的合理性本身也就是控制的合理性，即统治的合理性。”[②] 以网络媒介的诞生地——美国为代表的西方资本主义国家在信息技术上处于领先地位，他们完全可能利用技术上的主导地位夺取网络传播秩序构建过程中的主导权，进而确保他们在21世纪控制国际信息传播，实现政治、经济和文化的全面称霸。在美国政治学家布热津斯基看来，“在重新定义美国和其他国家的关系方面，‘网络传播国际化’的概念终将代替‘帝国主义’这个陈旧的概念。‘大炮外交’属于过去，而将来是‘网络为王’”。[③]

第三，一些在信息和技术上占据优势的强权国家打着新闻信息自由流动的幌子，肆意对发展中国家进行文化渗透和侵略，企图输出他们的意识形态、价值观念和生活方式。因此，他们无疑会将网络新闻当做达成上述目标的绝佳利器。1996年，美国哈佛大学政治学院院长在《外交》双月刊发表文章，当论及包括中国在内的部分发展中国家进入互联网时，他说：“那些希望维持中央权力而又能令其经济和军事从信息中得到实惠的共产主义和独裁政权，发现它们签署了一个浮士德式的协议。”[④] 美国总统克林顿也认为，网络和计算机是“改变中国”的重要因素。事实上，美国及其西方盟国的主流新闻媒介几年来一直在向中国网络用户传达着有关“和平演变”的信息，这也是值得我们警觉的。

第四，发展中国家流向发达国家的新闻信息不但数量少，而且经过西方新闻界带有偏见的刻意过滤，更存在着极端的不平等性。在西方媒介的网络

① ［法］阿芒·马特拉：《世界传播的新构图》，《国际新闻界》，1999年第2期。

② 陈学明等编：《哈贝马斯论交往》，云南人民出版社，1998年第1版。

③ ［法］阿芒·马特拉，摘自他在2000年中法传播学研讨会上的发言。

④ 钱季平：《信息特权的崩溃与权威的重建》，《现代传播》，1998年第1期。

新闻中，中国被描述成为一个“践踏人权、压榨和拐卖妇女、强迫堕胎、屠杀孤儿院的婴儿、出售犯人器官、走私军火、出售导弹、扩散核武器、武力威胁邻国、到处是便衣警察、运动员集体服用兴奋剂”的“恐怖国度”。在西方新闻网络上，我们很难看到改革开放20年来，中国的经济腾飞、民主法制建设和人权的改善，他们总是千方百计地从整体形象和具体事实上歪曲社会主义国家和大部分发展中国家。

第五，网络新闻传播中英语信息占据了90%，英语文化尤其是美国文化借助网络传播科技已经在网络上形成了文化霸权。美国哥伦比亚大学国际事务副教授罗斯科普夫在美国《外交政策》第107期上撰文指出，“美国在网络时代外交政策的核心目标应当是取得世界信息流动战的胜利，主导全球文化，正如英国当年控制海洋一样”。他还乐观地认为“美国已经控制了全球信息的命脉，其音乐、电影、电视和网络、软件已几乎普及全球，它们影响着几乎所有国家的审美观、日常生活与思想”。[①]

由以上论述可见，当前的网络新闻传播国际化事实上已经基本成为了由发达国家向发展中国家的单向流动，发达国家的新闻传播主体正在逐步控制着广大发展中国家的新闻传播事业，并企图利用网络传播实现其“文化帝国主义”和“新闻帝国主义”的野心。网络传播国际化势必会对我国的政治经济制度、道德观念体系和新闻传播秩序带来挑战，而“这种挑战的严峻性将远甚于我国以前面临的以广播为主、电视为辅的境外新闻渗透的局面”。[②]因此，即使在网络新闻传播操作实务的领域，放眼世界，密切关注网络传播全球化、国际化的现状、趋势及主要问题，并提出因应策略，仍属必要。正是出于这样的考虑，我们决定在本书第七章重点讲述网络新闻国际化传播的有关内容。

第一节　国外新闻网站的类型和主要特点

近年来，随着世界范围信息高速公路建设的发展，国际互联网迅速崛起

---

① 胡钰：《新媒体时代的新闻传播：问题与对策》，《中国记者》，2000年第3期。

② 邹声文：《网络新闻传播主体多样化及其影响初探》，中国社会科学院研究生院硕士论文，2000年4月。

为新型传媒。各类新闻网站已成为社会传媒环境中的一道新景观。

新闻媒介上网进程的发展，从一个方面来说表现在数量上的增长。以报刊为例，世界范围内报刊在互联网上建立网站发布网络版的实践起始于1987年。至1998年10月初，《美国新闻评论》杂志的网站公布的数据表明，全世界的网络报刊已增长到4295家，① 足见其发展速度之快。

广电传媒在新闻传媒上网的进程中也不甘落后，已经开始迈开建立网站并提供影像、声音新闻的步伐。例如，在英国，BBC（英国广播公司）已从1997年9月起，在其网站的基础上推出BBC网络频道（BBC On－line Channel)；在美国，ABC（美国广播公司）、NBC（全国广播公司）和CBS（哥伦比亚广播公司）三大广播电视网，以及CNN（美国有线新闻网）均已上网，开展网上新闻服务。

除了新闻传播机构网站数量的增长外，目前庞大的用户规模也是网络传播迅猛发展的有力佐证。专门研究大型知名新闻网站的Media Metrix公司对40000名互联网用户组成的典型用户组进行了调查。该公司1998年12月份公布的数据指出，不少新闻网站的日受众数量已逾百万；报道科技新闻的Zdnet为590万；报道气象新闻的Weather. com为480万；有线新闻电视网的网站CNN. com为460万；（另有专门报道CNN金融财经消息的站点CNN/fn. com为130万；）微软－全国广播公司的网站MSNBC. com为450万；时代－华纳公司（Time Warner）所属的各家杂志社建立的网站Pathfinder为450万；美国电视体育有线网络ESPN的网站为400万；美国广播公司的新闻网站ABCNews. com为270万；CNET. com为250万；《今日美国》为250万；《华盛顿邮报》为190万；《纽约时报》网络版为160万；Wired. com为120万。②

美国Jupiter传播公司（Jupiter Communications，一家新媒介研究公司）1998年12月的一项调研发现，在网络业发展处于领先地位的美国，越来越多的公众依靠互联网获知重大新闻。根据这项调查所得的数据，虽然美国新闻消费者中的大多数（76%）仍通过电视或有线电视获知新闻，但是使用互联网的受众正日益增多，目前已达12%，明显超过无线电广播和印刷媒体

---

① http：//www. nua. ie，1999年1月29日。

② http：//www. nua. ie，1998年12月15日。

的受众（两者所占的百分比分别为9%和2%）。[1]

美国一家舆论研究机构Pew研究中心的一项调查发现，在1998年美国的中期选举中互联网的重要性进一步凸现。该公司通过电话访问法在当年中期选举前及选举后向美国选民作了调查，结果发现，选举过程中16%的美国选民从网络上获取有关信息，比1996年的10%有了显著的增长；此外，6%的选民将互联网列为选举信息的主要来源，也比1996年的3%明显提高，而在18－19岁的年龄群和39－40岁的年龄群中，使用互联网的选民更是达到了28%和22%。[2] 由此可见，新闻网站正在凭借着它获取信息方便快捷的绝对优势在新闻传播领域中发挥着越来越重要的作用。

实事求是地讲，在新闻网站的发展初期，它们基本也只是母体（报纸、电台、电视台）的翻版而已。但今天，国外新闻网站早已摆脱了单一的模式，众多的传统媒体也已将网络作为一个独立的事业来经营。在目前网络尚赢利不多的情况下，众多的传统媒介之所以仍然重视网络版的建设，其目的之一是在各自的势力范围内保住主要信息来源的地位，二是力争跟上传播科技的发展，以新的手段为受众提供完善的服务。

在互联网的诞生地美国，各主要媒介都已上网，并逐渐由个体的网站向网络集团发展。如《纽约时报》已宣布自1999年6月18日开始将其麾下50多个网站联合起来，成立独立的“时代数字公司”（Time Company Digital)，并考虑尽快上市问题。时代数字公司的总裁认为：“（合并）将提高我们建立一个高质量、高效益的网络的能力，提高我们更迅速地回应急剧变化的网络业市场的能力。”

亚洲新闻网站的建设与欧美相比起步略晚，但其发展速度毫不逊色。日本是亚洲互联网最发达的国家。自1995年起，日本各大媒体开始重点投资互联网的建设。《朝日新闻》和《日经新闻》等著名报社的网站均在业界和受众中有着较大的影响。在新加坡，《联合早报》网络版于1997年5月改版，1998年8月，访问量已达3100万次，其中90%的访问者来自境外，这使得《联合早报》由一份地区性报纸发展成为了面向全球华人，拥有较大影响力的报纸。

---

① 《新民晚报》，1997年9月24日。

② http：//www. ajr. org，1998年10月1日。

图 7－1　《纽约时报》网络版首页

为什么国外新闻网站会在短短十几年间取得如此巨大的进步？为什么网络新闻能够在国外新闻传播领域获得如此重要的地位呢？研究国外新闻网站的类型和特点，学习借鉴他们的发展经验，对于我们加强本国新闻网站建设，充实自身国际竞争能力，无疑是十分必要而有益的。

一、国外新闻网站的类型

就目前状况而言，国外新闻网站的类型可以归纳为三种：

（一）由传统媒体派生出来的新闻网站

1987 年，美国加里福尼亚州的《圣何塞信使报》将该报的内容送上了尚处于初级阶段的因特网，成为第一家网上专业新闻媒体。但直到 1994 年底，美国上网的媒体也不过几十家。

1994 年 11 月，美国网景公司推出了划时代的软件产品——Netscape Navigator 1．0，极大方便了人们在网上的搜索和浏览，激起了第一次用户上网热潮，也刺激了传统媒体的上网热情。据统计，1996 年初，全球上网的报纸只有 900 余家，1997 年 10 月激增至 2300 余家。[①]

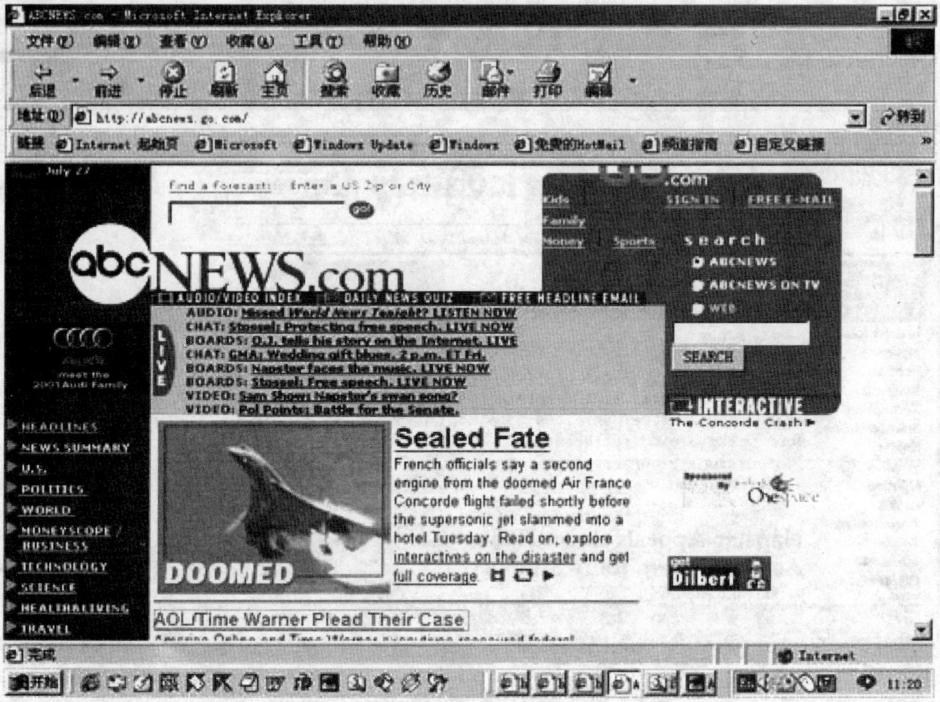

图 7－2　美国广播公司网站首页

一般来说，这类新闻网站凭借传统媒介的强大支持，在实力和品牌上都具有极大的优势。它们是现有新闻网站的主体。传统媒体纷纷上网，一方面是为了迎接网络媒介的挑战；另一方面，这一现象本身就是传统媒介在一定程度上的自我瓦解与网络媒介不战而胜的过程，网络媒介最终站稳脚跟，并逐步发展起来。在那些能熟练使用互联网完成日常任务的传统大众媒介的新闻工作者中间，也必将会有一批深谙网络媒介特性的新一代新闻工作者脱颖而出。海纳百川，有容乃大。正如麦克卢汉所说："媒介的影响力所以如此强大，就是因为随着媒介而来的'内容'（即讯息）又是另一种媒介。"[②] 由于网络强大的综合性、包容性，报刊、广播、电视都成为网络媒介的"内容"。传统媒介成为新媒介的积极鼓吹者和投资者，纷纷向网络媒介进行部

① 王佳航：《21 世纪网上媒体的品牌竞争》，《现代传播》2000 年第 2 期第 109 页。

② ［加］麦克卢汉：《传播工具新论》，台北巨流图书公司，1981 年版。

分甚至全部战略转移，它们摇身一变，又成为网络上举足轻重的专门新闻传播机构。

（二）不依附于传统媒体，直接诞生于网上的新闻媒体

1992年，美国电脑资料处理员哈尔森创办了网络新闻站点 CNET（www. cnet. com），聘用《新闻周刊》与 ZIFF - DAVIS 杂志的名编辑主持采编事务。现在该网站每天拥有400万次的页面访问量，广告收入仅次于雅虎（yahoo），成为世界最受欢迎的新闻网站之一。

1996年，红极一时的《新共和》 （New Public）杂志主编金斯理（Michael Kingsley）激流勇退，接受微软公司委托创办网络新闻站点 Slate（www. slate. com）。该网站制作精细，拥有数量庞大的高水准读者群，成为全美最有影响力的新闻网站。[①]

这类“纯粹”的网络传媒具有技术含量高、人员素质整齐、市场细分和行业创新能力强的优势，但同时也存在着资金匮乏、经验不足、较难形成巨大影响力的问题。

（三）提供资讯服务，具备部分媒体功能的网站。这是网上媒体中最具商业性的部分，它们一般也被称作“商业网站”

商业网站大多是由非媒介结构（如信息服务公司、网络技术公司等）开办的，也有一部分是由商业集团或个人开办的。他们主要凭借风险投资家提供的雄厚资金，积极参与网络新闻传播市场的竞争，其目的主要在于赢利。

一般而言，实力较强的商业网站所发布的新闻信息往往是由专业媒介提供的，权威性和可信性均比较强。例如美国著名的门户网站雅虎（www. yahoo. com）和网景公司的网站（www. netscape. com）的新闻都是由美联社、路透社等国际通讯社和《华盛顿邮报》等著名报刊提供的。

然而另外一些小型商业网站则存在着许多问题，并且在新闻信息的真实性、准确性、权威性和客观性等各方面均没有保障。因为，第一他们没有或缺少高素质的专业采编人员；第二没有一套按照新闻规律运转的新闻专业机制；第三热衷于追求轰动效应和随之而来的经济效益。因此，这些网站提供的新闻信息有的是道听途说，有的是捕风捉影，有的是剽窃他人之作，有的则带有明显的主观性或片面性，甚至是别有用心的凭空捏造。

① 沈颖：《南方周末》，1998年3月20日。

例如，在美国非常著名的个人新闻网站“德拉吉报道”（www.drudgereport.com）经常先于其他权威媒体推出“独家报道”，虽然其中也有一些是确有其事（如克林顿与莱文斯基的绯闻），但相当部分是子虚乌有或失实的消息。有人做过调查，从1998年1月至10月，德拉吉推出了51篇自称的“独家报道”，其中只有31篇是真正的独家报道。而在这31篇独家报道中，有32%是“不真实”或“从未发生过”的，还有32%的准确性值得怀疑或无从查考，只有36%是真实的。一个“著名”网站尚且如此，那些形形色色的西方个人网站和网页提供的新闻信息的可信性就更无从谈起了。

二、国外新闻网站的特点

经过一段时间的发展，国外新闻网站的建设已积累了相当的经验，形成了一定的特点。就普遍的层面来看，国外新闻网站的主要特点包括：

（一）信息量大

网络版与母体在内容上有很大的关联性，但由于网络版不受版面、播出时间等时空因素的制约，它所包含的信息量远远超越了母体。这主要表现在三个方面：

1. 网络版内容设置更为丰富

一般而言，各媒体的网络版都会全文登载母体的报道。但除此之外，许多成功的新闻网站还配有独立的采编队伍，专门为网络版采写新闻。创办于1982年的美国报界新贵《今日美国》号称是目前美国发行量最大的报纸，其网络版《今日美国在线》拥有110多名编辑人员；《纽约时报》则有40多名记者专门负责采访网络版新闻，遇上重大事件可以不受报纸出版时间的限制对其进行同步报道。

同时，网络版的栏目设置也远比母体多样。如日本《朝日新闻》网络版除发布当天该报的内容之外，还有新闻快报（实时更新，每天约近百条）、专题（电脑、体育、金融、生活等电子周刊）、企业信息、《朝日新闻》社对外公布信息（内部人事变动、各种文化活动等）几个部分；BBC虽然是传统的电子传媒，但在它的网站上访问者却可以读到大量的文字报道，BBC为每条新闻至少配发一张相关照片，同时将每篇文章的篇幅限制在1000字以内，其报道质量绝不逊于印刷媒体；CNN网站辟有新闻小测验栏目，以多项选择题的形式考察访问者对当前事件的了解，并评出分数，以调动人们阅读新闻的兴趣。填字游戏一直深受欧美人的欢迎，CNN 也投其所好开辟了这个栏目。

总之，各新闻网站在保持原有品牌特色的基础上都有所发展，使访问者在其中可以获得充足的资讯和充分的娱乐。

2. 网络版提供其他相关媒体的链接

随着个体网站向网络集团扩展，隶属于同一实体的网站之间都会提供相互的链接。《纽约时报》就开设了域名独立的《今日纽约》网站。《今日纽约》提供纽约的各种商业服务信息非常实用，很好地弥补了《纽约时报》内容过于严肃、报道面不宽、生活气息不足的缺陷。

此外，国外一流的新闻网站都十分重视资讯的完整。BBC 和 CNN 的每一条新闻几乎都有“相关报道”（Related News）条目，提供其他有关新闻单位的网站链接，方便访问者更全面地了解事件真相。

3. 网络版提供早先相关报道的链接和庞大的数据库

前面已经提到，BBC 和 CNN 为绝大多数的新闻提供其他媒介关于同一事件的报道。CNN 更将头两天发生的新闻放在当天报道的下面，并将前五天的新闻档案（Archive）链在其后。在 CNN 的名牌栏目——深度特别报道的页面上，甚至前两年的专题报道标题都依年度按内容分类链接在页面上供访问者查阅。

为了方便访问者，许多大型新闻网站还建设了数据库。《朝日新闻》网络版的数据库收入了自该社 1985 年起的 170 万件报道；《纽约时报》的新书资料库存有 1929 年以来所有内容及该栏目编辑所撰写的采访记和书评；ABC（美国广播公司）每篇新闻的最下面都包含相关主题的搜索界面。相关媒体的链接横向开拓了网站的报道面，数据库则从另一个角度为访问者提供了更为全面的服务。

（二）实时新闻报道

对重大事件进行实时同步报道一直是电子媒体的独特优势，印刷媒体由于受到技术条件和固定出版周期的限制，只能在信息的全面和深度上与电子媒体一争高低。新闻网站却可以帮助印刷媒体克服时效性上的欠缺，对新闻进行“滚动式”播出。

例如，《朝日新闻》社在美国和日本各设有一个编辑部，24 小时作业，主页一天更新12次，形成“日不落”的编辑作业体制。《纽约时报》网络版主页每隔15分钟自动更新一次，保持其时效性。《今日美国在线》主页内容一天更新36次，金融、财经信息每2分钟更新一次。

传统的电子媒体自然更不会放弃原有的在时效性方面的领先地位。BBC的主页上除了要闻（Top News）外，还有滚动的最新插播新闻（Breaking News），大约四五条一句话新闻滚动闪现，既能吸引读者的注意力，又不会占用太多的数据量。新闻滚动一段时间后被更新的消息取代，原有的新闻则以详细报道的形式出现在主页上。在进行文字报道的同时，BBC还相应地配发音频、视频报道：每个整点发布5分钟的音频快讯，每天不定时更新长度为10－30分钟的视频新闻。对重大事件，BBC网站还进行网上直播（科索沃危机期间就曾对北约空袭进行过现场直播），满足受众多方面的需求；与此类似，CNN、AP（美联社）等网站的更新也保持在几分钟之间。

（三）重视编排的相关性

编排水准的高低是衡量网站质量的重要指标。国外的一流新闻网站都非常重视新闻编排的相关性，背景、相关报道、音像资料、站点导引等构成了立体化的包裹式报道。

例如，CNN关于以色列总理巴拉克就任的消息“巴拉克新官上任，伸出橄榄枝”（Barak assumes power with call for peace），在全文之外，还配有巴拉克讲话的照片。

正文右侧，在“背景”（Background）里介绍了以色列新政府中的主要成员、以色列议会的崩溃、内塔尼亚胡退出政坛、利维可能推进和平进程、黎巴嫩媒介对巴拉克的态度存在怀疑、佩雷斯告知阿拉伯以色列团体这一和平信息等6条背景消息；通过“信息板块栏目”（Message Board）可以链接到关于中东和平的主题页；“相关录像”（Related Video）播放巴拉克就职时向以色列议会讲话的视频新闻。

正文下面，“相关报道”（Related Stories）里有5条从6月23日至7月5日的消息：巴拉克准备就职、巴拉克向阿拉法特表示将追随拉宾的和平路线、中间道路党加入巴拉克联合政府等；“相关站点”（Related Sites）有以色列政府、外交部、中东网络新闻中心、以色列总理办公室、工党、以色列议会等网站的链接。

对一条新闻进行如此全面细致的报道，除了网络之外，恐怕没有任何一种媒介能够做到。

（四）服务功能全面

网络庞大的容量使网站开发各种服务成为可能。新闻网站虽然以提供信息为其主要功能，但为了吸引受众以争取广告份额，各网站在服务功能的设置上也绞尽脑汁，各出奇招。

1. 生活服务

近几年来，生活服务类网站越来越受到欢迎，可见受众在这方面有着强烈的需求。为了顺应潮流，新闻网站也为访问者提供大量的生活服务信息。

《今日纽约》以生活、商业信息为主，其中对纽约的酒店、交通、天气、地产等各方面有详细的记录，纽约的556个博物馆的情况在这里都可以查到；《华尔街日报》网络版提供美欧及香港等10个国家地区的股市行情动态图表；日本是个岛国，经常受到台风的侵害。因此《朝日新闻》网络版自1997年6月20日起，将台风云图每隔一小时制成一张动画，取得了与电视几乎相同的效果。当天仅天气预报一个栏目，浏览人次就达6万以上；说到天气预报又不能不提及《今日美国在线》。该网站的母报《今日美国》一贯重视天气预报栏目，每天用一整版发布天气情况。《今日美国在线》继承并发扬了这一传统，设置了“天气预报”、“未来五天天气形势”、“专用于飞行员的天气专栏”、“各种天气现象”等栏目，还有专门的天气消息E－mail服务和美国100多个城市的详细天气情况，其栏目设置之细致、气象内容之完备令人叹为观止。

2. 数据库服务

新闻网站的收入大多来自广告和电子商务，此外也有一部分服务性收入，数据库就是其中最主要的组成部分。《朝日新闻》数据库订户约几百人，费用为5200日元/月（折合人民币约300元）；《今日美国在线》的新闻数据库包含了1987年以来的所有文章，查阅一篇文章需付费1美元；美联社数据库分两种情况对待：两周内的新闻免费，两周以前的新闻查询则需付费。也有完全免费的数据库，如美国广播公司的新闻网站ABCnews。不论是否收费，数据库服务为访问者带来了极大的方便，并且以“读者为昨天甚至上个世纪的内容付费”的经营思维，打破了“今天的新闻是金子，昨天的新闻是银子，前天的新闻是沙子”的传统观念。

3．交互式服务

交互性是网络传媒有别于传统传媒的一大特色。网络传播实现了真正意义上的互动沟通。

国外媒介一贯十分重视受众的反馈，报纸一般都有“言论”（Opinion）版，刊登读者对某一事件的点评；电视则采用其他的手段，如CNN用录音电话将观众来电录下，选择其中质量较高的部分配上字幕播出。

新闻网站在这一领域更是大有可为。《华尔街日报》网络版设有“事件”（Event）和“讨论”（Discussion）专栏，“事件”由编辑和专栏作家挑选素材，供访问者在线实时提问，与专家或嘉宾探讨。“讨论”设置几十个议题供人们发表意见，由编辑筛选后上贴；《联合早报》的BBS论坛以中立、客观的标准从电子邮件中选取高质量和具有可读性的稿件刊载，受到受众的欢迎；《今日美国在线》备有编辑专门处理电子邮件，这位编辑甚至因此成为了网络名人。

4．个性化服务

网络的交互性使传播和反馈得以同步进行，由此使度身定做的个性化服务成为可能。

国外网站对用户的个性化服务是非常重视的，甚至放在经营的战略中来把握。CNN有专门站点customnews．cnn．com为用户提供与众不同的服务；《华尔街日报》网络版开设“个人自选新闻”（Personal Journal），有两种方式可以选择：一是用户定制个人化页面。即用户根据自己的兴趣爱好选择网站上不同的门类、栏目，提交网站以后，用户下次调阅时只出现本人所选择的内容；二是网络版通过电子邮件为用户提供16种类别的新闻供用户选用。

除了以上几种类型的服务方式以外，网站还从各种细节上为访问者着想，以吸引上网者点击。如《联合早报》网络版尽量减少图片以节省访问者的下载时间；《朝日新闻》主页只有74k大，图片不仅少，而且无论从面积上还是数据量都被尽量压小，以提高访问者的登录速度；BBC网站的每条新闻结束后都跟有BBC的搜索选项，供访问者查找所需要的信息。

强大的服务功能固然是国外市场化机制的产物，但同时也是媒介发展成熟的结果。

（五）重视受众调研

国外新闻网站经常开展受众调查。《纽约时报》网络版对读者进行身份登记，即读者第一次读该电子版时，只有按要求填写了一份关于自己情况的表格才能进入。由此，《纽约时报》能够详尽地掌握读者的数量和相关情况；ABC、BBC、《朝日新闻》的网上调查内容也经常直接在有关新闻页面上出现。

更多地掌握受众对各种新闻事件的态度，及时了解访问者在阅读新闻报道后的意见和感受，有利于网站对以后的报道方向作出积极的因应和调整，做到有的放矢，提高传播的效果。

（六）注重自身宣传

市场经济条件下，为数众多的网上媒体受到风险投资机制的压力，竞争达到白热化程度。品牌战略对提升网站的无形资产起着举足轻重的作用，重视对自身的宣传已成为网站经营的重要部分。这主要表现在几个方面：

首先，域名是网站品牌的直接载体，网上媒体非常重视对自身域名的维护。一个典型的例子就是美国 Yahoo 网站对中国苏州雅虎的域名权诉讼案。当用汉字注册域名的技术问题解决后，苏州的一家互联网公司抢先向商标局注册了“雅虎”这一域名，引起与美国 Yahoo 的法律纠纷。

其次，充分利用自身的资源，积极开展自我宣传。《朝日新闻》网络版对自己的宣传分为两个方面：（1）对自身所有阅读量的飞跃和所有新技术的应用反复加以介绍，达到使读者了解、认同和有效使用的目的；（2）开发和利用网络版报道的副产品。《朝日新闻》网络版在大的报道动作以后，一般都会开发出 CD－ROM 之类的副产品。同时，这些产品的研究进展和销售情况又成为新的宣传对象。

第三，网上媒体通过大量的广告投放提高自身的知名度。在美国，网站的品牌广告充斥了地铁、车站等公共场合及广播、电视、报纸等传统媒体。中国的现状也是如此。广告投入是宣传自己的最直接有效的手法。

第四，组织、参与各种大型活动。《朝日新闻》网络版主办的著名的朝日数字广告设计大赛最近已举行了第三届，成为业内的重要活动。这些都大大提高了朝日网络版的知名度和影响力。

（七）积极对外合作

20 世纪 90 年代后期，国外媒体经历了购并高潮。1996 年，通用电器公司与微软公司合作组建了微软全国广播公司（MSNBC）；1996年，西屋公司收购了哥伦比亚广播公司，使得自己旗下拥有了14家电视台和39家广播电台；其后不久，迪斯尼公司与大都市公司的合并又产生了市值500亿美元的世界最大型国际媒介公司。2000年伊始，传媒界又诞生了本世纪第一宗“超豪华联姻”——美国在线与时代－华纳的结合。

这些“航空母舰”型媒介集团的产生使竞争达到白热化的程度。对于各新闻网站来说，积极开展对外合作是募集资金和提高网站内容质量，以面对激烈竞争的有效手段。例如，《朝日新闻》与移动通讯公司合作发布新闻，并和 Realplayer 公司合作推出朝日电影预告频道等；CNN 与《时代》杂志合办“政治”栏目，与《图片体育报道》合办“体育”栏目，与 ELLE 和 Elsa Klensch 杂志合办“时尚”栏目等。

媒介之间的横向购并与合作已是全球媒介发展的大趋势。这种形势势必会对中国网络媒介的成长提出严峻的挑战。

美国著名电视新闻主播沃尔特·克朗凯特曾把电视新闻比作报纸的头版。因为电视新闻的容量小，只能选择比较重要的事件予以报道；而报纸却可以多达数百版，上天入地，奇闻逸事无所不包。

然而在网络新闻蓬勃发展的今天，传统报纸所能提供的信息量也只是网络信息源中的沧海一粟。网络使人们纵横古今，驰骋五洲，使新闻报道向全面化、立体化发展。

从《圣何塞信使报》至今，国外发达国家的网络专业新闻媒体经历了仅仅十几年的发展时间。但由于这些国家的传统媒体已发展到相当成熟的阶段，积累并总结了大量先进的传播理论和经营经验，同时还占据着网络技术的绝对优势，所以基于高起点之上的西方网络媒体也得以迅速地成长。对于我国网络新闻传播事业来说，及时、恰当地汲取西方国家在这方面的宝贵经验，引进先进技术，完善自身管理，无疑是十分必要而有益的。

第二节　我国对外网络新闻传播的难点和对策

截止到1999年，“我国经国务院新闻办公室批准上网的新闻宣传单位有

140多家，而根据网上搜索，实际上网媒介已达700多家”。[①] 同时，我国尚有20000个中文网站，由于网络本身即具有开放性的特点，这一大批上网的媒介和中文网站大多已经或即将要从事网络新闻国际传播工作；他们还必须面对全球近4亿网络用户的需求和近万家西方主流强势网络媒介的激烈竞争。应该说，我国对外网络新闻传播还存在着不少难点和问题，与西方主流网络相比也有一定的差距，我们只有正视这些难点和问题，加以分析研究，并找到相应的对策，才能够使我国网络新闻传播在竞争中立于不败之地。

就目前状况而言，我国对外网络新闻传播主要存在以下几个方面的问题：

首先，目前国内网络媒介产品内容芜杂，水平良莠不齐，主要原因即在于网络传媒理念尚未确立起来，从业人员尚未完成观念、技术和业务层面上的转变。

就转变观念而言，原来在我国长期的广播电视传播实践中，指导、组织新闻传播活动的基本上是一种纵向的、类似金字塔形的自上而下的逐级传递和扩展的传播模式，传受双方缺乏交流，但传播者在传受关系中明显处于优势地位。然而，网络传播“为传受双方提供了平等交流的信息平台”。[②] 在网络传播中，信息不再局限于传者经媒介流向受众，也经常由受众经媒介流向传者。谁都可以是发布信息的传者。网络使传受双方的角色越来越模糊，也使得许多网络传播从业人员在新的传受关系中无所适从。

从技术角度讲，网络媒介对新闻从业人员提出了与以往完全不同的要求。在网络时代，我国仍然有为数不少的新闻工作者不熟悉、不掌握计算机和网络的基本操作技术，使我们的网络采编工作落后于时代发展的步伐，在争夺网络受众的激烈竞争中明显处于劣势。

从业务角度看，网络和“比特”使得从业人员必须将自己的地位重新定义，不断提升业务素质，强调服务范围和质量，并且具备为全球受众服务的远大眼光。然而令人担忧的是，正是由于我国网络传播从业人员在业务素质方面的低下，导致了我国对外网络传播竞争力的薄弱，特别是近来一些境外中文网站大规模地抢夺我国受众资源的举动，不能不引起我们的重视。比如

---

① 刘仁圣：《传统媒体的网上发展之路》，中日韩广播电视发展研讨会论文，2000年6月。

② 刘小寅：《网络传播对广播电视的影响与对策》，《中国广播电视学刊》，1999年11月。

新加坡《联合早报》网络版改版后，访问量急剧增加，到 1999 年初，月访问量已达 3400 万人次。而在它的读者中，“具有中国背景”的占了大多数，他们认为该网站报道客观、内容翔实，是获得有关中国新闻的重要渠道。这实际上造成了我国网络传播受众资源的巨大流失，对我国网络传播的进一步发展极为不利。

其次，我国网络传播基础薄弱，网络新闻传播大环境令人担忧。

我国信息产业并不发达，“在国民生产总值（GNP）中所占的比例还不到 20%”，① 国际竞争力明显偏弱。同时，“国家整体信息化程度不高，信息流通渠道不畅，信息收集、传递、发布和使用诸方面的专业化协作程度低，不合理限制和部门封锁情况严重，信息技术落后，国民信息意识淡薄等都成为我国网络传播进一步发展的阻力”。②

同时，尽管我国网络媒介使用者的绝对数量并不少，但存在着极端不均衡的态势。东部相对发达地区和中西部地区、青少年群体和成年群体、高收入群体和低收入群体、男性群体和女性群体在“触网率”方面差异很大，几乎是生活在两个世界。2000 年度《中国网络公民调查》的结果显示，上网的主要人群是青少年学生，占网民总数的 19.3%，而教师和党政企事业单位领导的上网比例很小，只分别占 5% 和 3.4%。这样看来，担负育人工作和领导工作的群体接触网络如此之少，或多或少会带来新思维的相对贫乏。事实上，当一种新的传播手段对某种人成为“禁区”时，这种人就可能会成为信息方面的劣势群体；只有在我国上网能像打电话一样普遍的时候，才能使网络新闻传播者赢得合理的生存空间。

第三，我国对外网络新闻传播将面对比以往传统媒介时代更为严峻的文化霸权的挑战。

在当前的国际互联网的信息中，60% 以上的网上信息和 95% 以上的服务器信息均由美国提供。我国在整个互联网的信息输入和输出流量中，仅仅占到 0.1% 和 0.05%。这种状况使得原本在传统媒介国际传播中的不平等现象在网络国际传播中得到进一步强化。

总体来看，在以“放任权力和自我授权”为特征的网络化空间里，西方

---

① 李相超、祝朝安：《全球信息高速公路》，科技文献出版社，1995 年 5 月第 1 版。

② 段鹏：《中国网络传播的优越性与局限性及发展趋势》，《电视研究》，2000 年第 5 期。

发达国家依靠经济和科技的强势使信息传播单向流入处于弱势地位的第三世界，通过“信息殖民”，控制发展中国家的政治、经济、文化命脉。而我国作为社会主义体制下的发展中国家，开展网络传播所面临的境外威胁更为巨大。1994年8月1日美国《新闻周刊》载文指出：“什么样的人是新殖民主义者？他们手握网络而不再是枪支……他们正悄然扩张着自己的努力，这要比任何武器所达成的目的更为阴险。”

如果我们对网络文化霸权和“信息殖民”缺乏必要的认识，被西方网络信息所左右，那么就将面临着社会制度的瓦解、文化传统的消亡、价值观念的解体等诸多问题。所以，利用网络传播建立全球信息与传播新秩序，维护世界文化的多元性，应当成为我国和广大发展中国家乃至整个国际社会努力的方向。

第四，我国网络新闻传播国际化也同时面临着信息发布失控的问题。

网络传播给全体社会成员中每个接触网络的受众都提供了成为传播者的可能。这虽然在一方面提高了受众的地位，打破了传统媒介传播的单向性，但在另一方面也带来了传播权的滥用——任何人都可以本着任何目的传播任何信息。可以说，网络传播的自由、开放的特性也为色情、暴力、纳粹主义、恐怖主义等畸形变态的、甚至反社会的文化形态带来了滋生的土壤。网络传播也为媒介带来“舆论导向、节目质量、交流方式等方面的风险”。[①]同时，由于网络新闻中信息发布方的隐匿性，网络传播中的假新闻现象也值得我们警惕。

更进一步讲，由于互联网络的信条是：自由上网、信息共享、权力分散、排斥法规，所以受众对新闻信息的知情权和自由表达权将受到更高的尊重，这对于我国长期沿用的媒介一元体制无疑将形成较大的冲击。面对境外网络媒介的强势压力，单纯通过控制新闻源、堵塞传播渠道来保证“主旋律”没有“杂音”的手段逐渐失去了效用。1998年人大换届选举，国内媒介并未公布选举结果得票率，而网上用户却在第一时间知晓了投票详情；广州高速公路车祸事件，国内媒介不予报道，可网络却将其和盘托出。由此可见，如何在遵循社会主义新闻事业客观规律的基础上推进我国的新闻改革，以适应网络传播环境带来的严峻挑战，将是我们所面临的重大课题。

---

① 苏京平：《中国广播》，1997年10月。

第五，我国网络新闻传播的国际化进程还将受到我国加入世贸组织后所带来的强势冲击。

1999 年 11 月 15 日下午，中国和美国政府就中国加入世贸组织问题基本达成协议。从美方后来单方面公布的协议内容看，有关电信和互联网方面有以下两条：一是“中国加入世贸当日起，即应允许外国电信供应商占有电信服务公司 49％的股权，两年后这一比例可增至 50％”；二是“美国公司可以在中国投资互联网公司，并可以刊载日前尚被禁止的内容以供应业务需要”。美国和其他发达国家的投资者在欢呼进入中国网络业并终于可以获得合法地位的同时，已经准备启动大量的风险投资基金，随时进入我国的互联网领域。新浪网首席执行官王志东于 1999 年 12 月 2 日在北京大学讲演时说，最近两年投入到我国网络领域的西方资金将高达数十亿美元。事实上，无论是从中美世贸协定的条款来看，还是从经济基础决定论来看，我国的网络新闻传播势必面临着加入 WTO 后的巨大压力和挑战。本土网络媒介和新闻媒介自办网站如不能在近期内形成自身造血机制，将无法在与西方跨国网络机构和商业网站的激烈竞争中继续生存。

第六，我国网络新闻传播目前尚无法可依的状况造成了一定程度的混乱、无序和恶性竞争。

我国大陆地区虽然早在 1996 年就已经颁布了互联网管理的《暂行规定》，但距真正意义上的网络立法尚有较大的差距。不仅网上商业征税、网络广告经营等多项工作无法可依，更重要的是，由于网络新闻同样缺乏立法保证，导致了网络媒介抄袭传统媒介，商业网站抄袭新闻媒介网站的恶性循环。

一般而言，目前的网络新闻媒介将传统媒介视为“廉价劳动力”，抄袭、“拷贝”成风已是不争的事实；同时近两年来商业网站涉足新闻发布，且发展迅猛，大有与网络新闻媒介一争高下的态势。商业网站从追求利润最大化的角度出发，并不急于着手组织自己的新闻队伍，而是更为轻松的直接从网络新闻媒介上“拷贝”新闻，任意取用，既不打招呼，也不注明出处，更不付分文。

如果任由这种极端不尊重信息知识产权和新闻工作者权益的风气蔓延开去，将极大地打击网络新闻工作者的积极性，形成更深度的恶性循环，极不利于我国网络新闻传播事业的进一步发展。

第七，我国网络新闻传播由于自身的局限性，在服务方面的表现也不能尽如人意。

虽然我国电子信息产品近几年来以27%的速率递增，信息革命的“后发优势”初现端倪，然而我们所必须面对的自身的局限性仍然在时时警醒着国人：进入 Internet 专线太少，拨号占线、信道阻塞现象十分严重；电脑普及率低，与美国相比，每千人拥有计算机台数和上互联网户数分别为403∶3（1996年数字）和35．34∶0．02；网络服务成本大，上网费用过高，我们的网络用户“是用买一头牛的价钱去买一个汉堡”；[①] 国产网络软件研制滞后，舶来品充斥市场；中文信息源和数据库开发缓慢，网上英文信息泛滥；没有新闻专用网络，新闻单位通讯设备的升级换代相对迟缓等等。

由于上述这些网络新闻传播自身局限性的困扰，我国现有的网络媒介也都普遍存在着“两少、两慢、两差”的问题，即：信息量少、音频视频节目少、信息更换慢、调阅速度慢、服务性差、互动性差。如果仍然维持现状而不做改变，则许多媒介站点将有可能成为无人问津的“死站”。诚然，改变这种局面并非朝夕之功，“计算机不再只和计算机有关，它决定我们的生存”。[②] 只要我们真正认识到这句话所蕴涵的深刻意义，我们还有时间去改变。

第八，我国网络新闻传播的研究水平尚不能令人满意。

理论是从实践中总结出来的规律性东西，同时又具有指导实践的意义。面对我国网络新闻事业的迅猛发展，我国网络新闻传播理论界的研究水平尚不能满足指导实践的需要。

目前，我国从事网络研究的学者，在理论、知识和技能方面的准备均有不足，研究手段和方法也相对落后，更未能在网络传播国际化的重大课题中将原有的国际传播理论和我国网络传播现状与特点有机地结合起来。在现阶段描述性、对策性、解释性的译介评介较多，而真正能够在网络传播理论上有所建树的成果目前尚未出现。

总之，我国大陆地区对网络媒介的研究尚处于起步阶段，这在一定程度上也制约了我国对外网络新闻传播实体的进一步发展。

---

① 《北京青年报》，1998年11月13日第5版。

② ［美］尼葛洛庞帝：《数字化生存》第15页，海南出版社1997年2月第3版。

针对以上八个方面的主要问题，我们认为，在网络新闻对外传播实务中，为进一步改善我国网络新闻传播现状，强化我国网络传播的国际影响力，应该直接从这些问题入手来研究因应策略，具体包括：

（一）网络新闻媒介理念的重新组构

每一次传播技术革命都会带来传播理论的进一步更新。在当前环境下要从整体上把握电脑网络化对现代新闻理论的影响还不太现实；但观念的变革必须超前进行，培养和建立全新的网络传媒理念，仍然是我们的当务之急。

1. 新闻概念的重新理解

"新闻"贵"新"，"新闻"概念中所包括的新鲜要素主要有两点：其一为"新近发生的"，其二为"过去发生但刚被发现的"，而网络媒介可以充分保证每天24小时不间断地实时、即时、滚动播发新闻，所谓"最后截稿时间"已经失去了原来的意义。因此，"新闻"概念中还必须加上"正在发生的"这个新内容，抢发"即时新闻"已成为现代网络新闻业的竞争焦点。

2. "大众传播观念"的改变

在传统的新闻传播观念中，新闻诉求的对象是大众，而"在后信息时代中，大众传播的受众往往只是单独一人"。① 正是由于网络媒介的选择自由性，使得它最大限度地将受众细分化。"在这种背景下，将来的新闻传播很可能应当树立以下准则：以地区性、个人性、特殊性为核心的全球性原则"。②

3. "新闻传播者"的角色换位

在网络传播环境下，人们有更多的渠道获得信息，并且可以直接接近信息源，简单普遍的新闻报道已无太大意义。对于网络社会的新闻传播者来说，其职业内涵将由信息的采集者变为信息的收集者和思考者，为受众分析信息的背景及其所蕴涵的意义，同时还应成为网络用户在信息海洋中的导航者，指导用户不至于被冗余信息所淹没。

4. 新闻"把关人"的观念修正

在受众远离信息源的传统传播模式中，职业传播者直接掌握着信息内容的把关权，新闻传播工具常常被利用为"舆论机关"、"舆论工厂"。然而随

① ［美］尼葛洛庞帝：《数字化生存》第102页，海南出版社，1997年2月第3版。

② 俞骁：《未来媒介的冲击》第37页，《新闻学》（人大复印资料）1998年第2期。

着网络媒介的崛起，不同立场、不同观念、不同思想的集束报道将从不同的侧面反映出事实的真相，受众在某种程度上成为对信息进行筛选、组织的“把关人”。在“无守门人环境”的网络空间内，新闻传播界创造舆论、引导舆论、代表舆论、控制舆论的思想将会产生新的变化。

在完成传统媒介理念向网络媒介理念转变的同时，我们还应该花大力气对网络媒介的从业人员及其知识架构加以调整。

科技以人为本，而人才的合理调配及其综合素质正是我国对外网络新闻传播在国际竞争中脱颖而出的决定性因素。

随着网络时代的到来，西方主流新闻网站的从业人员结构正在发生着深刻的变化，这主要表现为：新闻采编人员比例逐步降低，而技术人员和经营人员的比例不断上升。这一重要趋势表明，今后的网络新闻机构更需要一支具有高科技含量的专业经营队伍，惟其如此，我国的对外网络新闻传播才能在激烈的国际竞争中立于不败之地。

网络化时代也给网络新闻从业人员的综合素质提出了更高的要求：一要学会“网络化生存”，具备高科技意识，具有较强的业务技能，能熟练地运用网络和多媒体等现代传播技术从事采集、制作、传递新闻信息。二要树立大传播观念。网络打破了原有的地域和行业限制，网络传播可以直接面向全球，因此网络传播从业人员要充分调整思维方式，以适应新时代的挑战。三要完善知识构架，既要熟悉所有门类的新兴学科和前沿信息，又要做本职工作的专家，惟有这样的复合型、“全天候”人才，才能适应网络时代的需要，担负起发展我国对外网络新闻传播事业的重任。

（二）通过政府调控手段改善网络新闻传播大环境，提高全民网络意识

在今后一段时期内，我国政府应顺应不断加速发展的技术革命浪潮，加大对网络新闻传播业的投资力度，并通过部分倾斜政策改善网络发展的地区不平衡现象，从根本上改善我国网络新闻传播的大环境。

同时，随着人民生活水平和受教育水平的不断提高，家用电脑的普及率和中国网民的总人数将产生迅猛发展和扩大的势头。这将为网络传播提供一个庞大的市场和受众群体。这充分证明，网络绝不是少数知识精英的特权，应该是一种全民的信息手段。美国总统克林顿在谈到“数字分化”的问题时说：“当谈到打破‘数字分化’的时候，我们是指每个人都应该能够访问互联网，每个人都应该懂得如何使用它。”在今天的中国，网络已经不再是一

件奢侈品，只要具备起码的网络意识及经济条件的公众，都可以自由地在网上获取信息。因此，让更多的公众认识到网络对现代生活的意义应当成为社会教育的一个重点。

（三）完善网络技术，加强网络管理，发展和丰富中文资源，建立本国强大外文网站

“对一个主权国家而言，实现自主信息的有效控制，保障国际有益信息的有序传播，防御国际间敌对势力、有害信息的攻击、破坏，其意义等同于把住国门”。[①] 而对于我国这样一个发展中的社会主义国家来说，要把好新闻传播的国门，除了需要继续努力争取实现世界新闻传播新秩序外，还要积极采取具体应对措施来迎接日益强大的文化霸权主义和信息殖民势力所带来的强大挑战。

在技术方面，我国有关部门需要与各级 ISP 合作，充分利用各种信息技术，对网络的国家入口和国内各级网关进行必要的控制，以屏蔽和过滤一些造谣中伤、怀有敌意或明显霸权主义作风的新闻及其站点，尽量拒其于国门之外；在管理方面，有关部门要加强对国内 ISP 新闻发布业务的指导，制定规范 ISP 直接或间接发布国外媒介的新闻报道（特别是时政报道）的细则，并使之制度化；从根本上说，国内新闻媒介需要转变观念，改变原有的新闻宣传模式和外宣说教模式，在坚持党的领导下尽量隐蔽政治宣传意图，加强网络新闻报道的真实、客观、公正程度，提高广大国内外网络用户对我国对外网络新闻传播内容的信任度。

为了更加有效地抵抗文化霸权主义和信息殖民对我国网络新闻传播业的冲击，我们还应该丰富中文资源，并建立强大的外文网站。2000 年 1 月 18 日，中国互联网络信息中心发布了中文域名系统并开始接受中文域名注册的申请工作后，引起巨大反响。免费注册的中文域名系统开通才一天，就接受了 36000 个域名注册申请。而该中心开始接受 .cn 下的英文域名注册，5 年来也只注册了 48695 个域名。就在当月，3721 中文网址又对外宣布：该网站下载用户已经超过 100 万。中国人拥有自己的中文域名、中文资源，对于消解网络文化霸权主义，克服网络新闻传播中的文化弱势地位无疑是极其重要的。同时，我们还应当考虑到中文在中国大陆、港澳台和东南亚的华人区

① 汤啸天：《信息控制权——因特网的争夺焦点》，《光明日报》1999 年 7 月 28 日。

之外，影响力极其有限。以美国为例，可以方便自如地完成中文网上信息翻译工作的软件即使售价低廉，仍然乏人问津。所以，无论是从更好地开展对外网络新闻传播工作的需要出发，还是从树立国家良好形象、消解文化霸权主义的需要出发，我们都必须建立起中国自己的强大外文网站，尤其英文网站的完善势必会有力地促进我国的对外网络新闻传播事业。

当前，我国从事网络新闻对外传播工作的英文网站已有近百家，其中最为突出的应该算是《人民日报》英文网络版了。

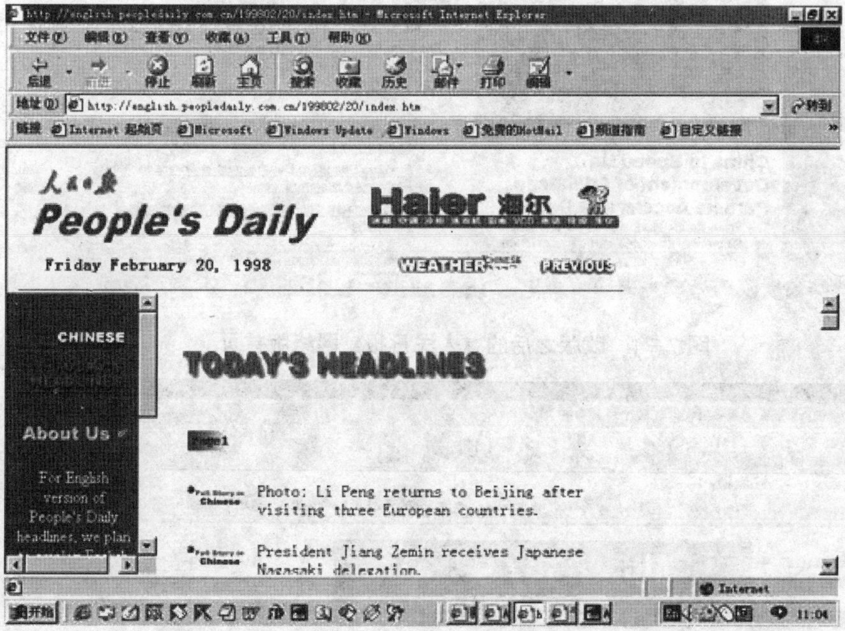

图 7－3　改版之前的《人民日报》网络版首页

1998 年 1 月 14 日，《人民日报》网络版英文版创立。不到 1 年时间，它的页面访问量就已经达到了 6 万人次/日，读者群大部分为对中国感兴趣的国外人士和海外华人华侨。此后，《人民日报》又在 1998 年底和 2000 年 6 月分别推出了日文网络版、法文网络版和西班牙文网络版，并预计于 2000 年底推出俄文网络版，从而成为我国目前访问量最大、语种最全的媒介网络版。目前，《人民日报》英文网络版经过 1999 年以来的 3 次改版，已经可以保证每天 3 次更新信息，并可以做到重要新闻随编随发。同时，该网络版由于大量采用新华社、法新社的新闻图片，并建立了国内惟一的英文版新闻链接，真正做到了图文并茂，丰富多彩，形成了《人民论坛》等一系列精品栏

图 7－4　改版之后的《人民日报》网络版首页

图 7－5　《China Daily》网络版首页

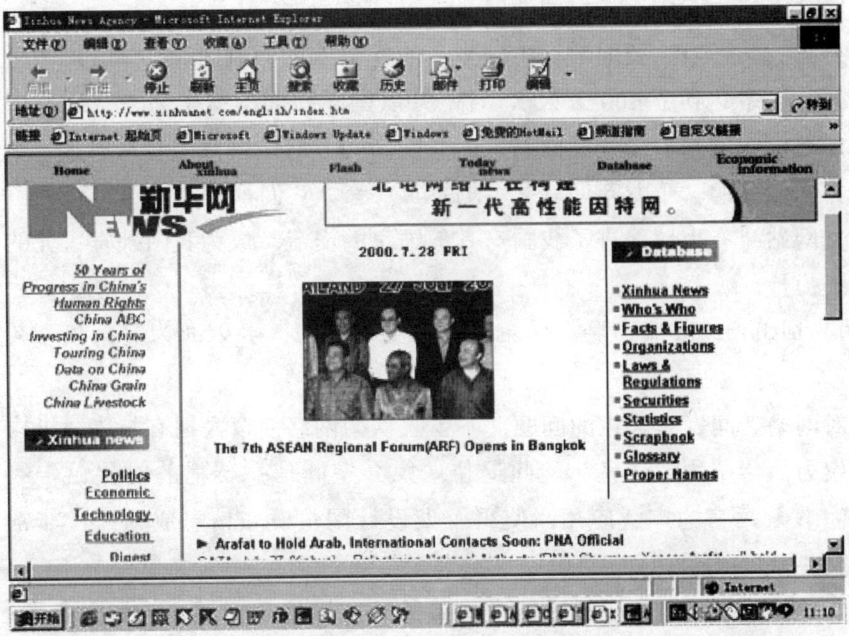

图 7－6　新华社网站首页

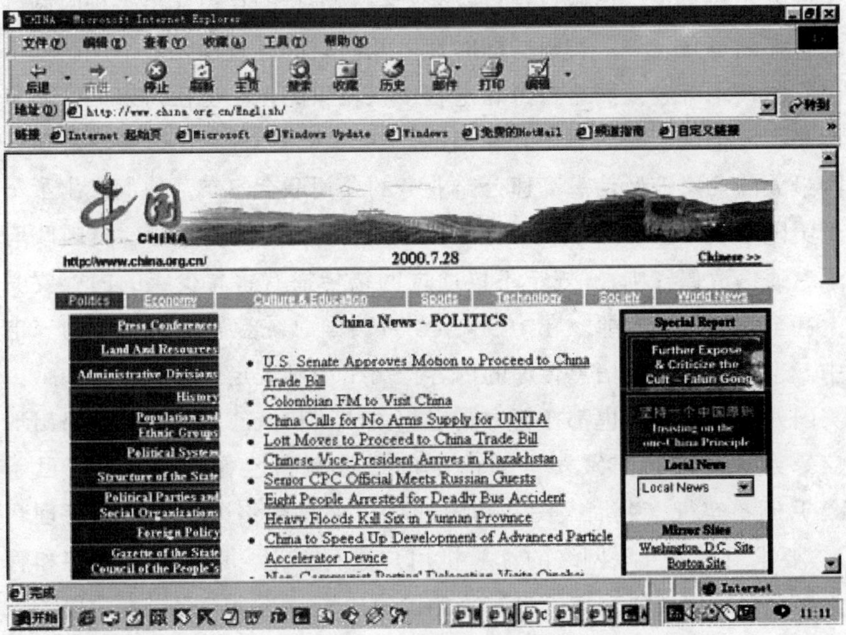

图 7－7　国务院新闻办网站首页

目，在国外网络用户中有一定的影响。

此外，我国还有主要面对在中国生活的外籍人士的《China Daily》网络版。它的点击率达到了400万人次/日，并以国际新闻的编发为主；还有中国国际广播电台网站、新华社网站、国务院新闻办网站以及由北京地区十余家媒介共同创办的“千龙新闻网”（21DNN）等。它们都设立了自己特色鲜明的英文网站，有力地促进了我国与其他国家的交流，成为我国外宣事业的一支重要力量。

（四）利用网络传播的特点实施有效的管理调控，并以此为契机倡导新闻改革

面对网络新闻发布失控的问题，不少人认为网络使个人拥有与传播机构一样的权力，传统的“沙皇”就此退位，媒介垄断信息传播的时代已告终结。因为Java语言的广泛应用，使得个人设计网页发布信息成为一件非常轻松的事。

虽然如此，网络传播仍然必须在有效的管理调控下开展。正如杰弗里·施兰克在其著作《了解传媒界》中所指出的：“历史上从未有任何一个时期、任何一个国家不对言论、出版自由以及公众得到消息的自由作出某种限制。”随着网络传播的迅猛发展，传播的即时性以及网络的开放性无疑给控制提出了前所未有的技术难题，网络黄毒和电脑侵权现象的产生也使得人们开始重新思考网络“无把关人”的思想。在美国，1995年12月，包括微软公司在内的美国最大的几家涉及信息高速公路业务的公司联合宣布，他们推出了一个类似于美国电影审查分级制的信息分级制计划。1996年2月，美国政府又颁发了《通信道德守则》，规定不仅通过网络传播有害青少年的内容要受到惩罚，甚至知情者也有罪。在1996年3月美国总统签署的新修改的《电信法》中，也对管理网络信息传递的内容作出了明确规定。

除美国外，各国政府也都在努力制定相关法律和措施，对电脑网络出现的色情、暴力甚至威胁国家安全的内容进行管制和监督。我国政府已于1996年2月颁布实行《中华人民共和国计算机信息网络国际互联网管理暂行规定》，要求对进入互联网络的计算机用户进行登记，以便加强监控和管理，成为率先对网络传播采取管理措施的国家之一。这个《规定》的第十三条专门规定了从事国际联网业务的单位和个人“不得制作、查阅、复制和传播妨碍社会治安的信息和淫秽色情等信息”。

在实施管理层面的调控之外，我们还应当积极引进国外先进的监控技术，解决所面临的信息发布失控危机。

1995 年 5 月，国际环球网联合会在伦敦公布了将于 1996 年投入使用的互联网络监控软件的标准。这一将在全球广泛使用的软件被称为“互联网络内容选择平台”，它是在世界各国要求加强互联网络的管理、清除不良信息的背景下问世的。利用这种软件可以剔除色情、暴力等不良信息，限制调阅互联网上的不健康内容。

该软件监控标准采用了类似影视作品的分级制。它将互联网络上的信息分为性、暴力、语言和裸体镜头四个方面，每个方面的信息分为 0 至 4 级，级别越高，危害越大。4 级信息意味着调阅后可能导致犯罪，在四个方面均为 0 级的信息则表示青少年也可以调阅。同时，该标准还给予医学、古典文学和艺术等一种特殊的标志，表明这类信息具有较高的教育作用。在国家有关机构依据该标准实施监控后，用户在调阅互联网时遇到超过这一标准的信息时计算机将拒绝显示，从而有效地控制了网络信息的发布。事实证明，经过几年的试用，该标准受到社会各界的普遍支持，有望成为全球通用的标准。

同时，为了应对信息发布失控问题，确保西方敌对势力的网络宣传无法动摇我国现行的社会主义制度，我们还需要从根本上倡导新闻改革，避免重大新闻“出口转内销”的不利局面。1998 年 10 月 5 日，中国常驻联合国代表秦华孙代表中华人民共和国政府签署了《公民权力和政治权力公约》，这意味着中国在向国际“接轨”的道路上又迈进了一大步，该公约的签署将有力地促进我国新闻传媒的民主化、法制化、市场化进程，加速我国新闻传播事业的“舆论一律”向“舆论多元”的信息传播环境转化。

“舆论多元”是新闻传播发展的必然趋势，我们必须适应这种转换，勇敢而理性地采取公开对公开的策略，坚守我国的网络新闻传播阵地。列宁曾经说过：“只有当群众知道一切，才能判断一切，并自觉地从事一切的时候，国家才有力量。”[①] 刘少奇同志在 50 年代新闻改革时也提出了“真实、全面、客观”的报道原则。一方面，我们要理直气壮地宣传我们的理想、主张、经验、成就，唱响主旋律，“以正确的舆论引导人”，并通过互联网络传

① 列宁：《列宁选集》（第 3 卷）第 361 页，人民出版社 1978 年版。

播这个窗口，推出社会主义中国的正确形象，让世界认识中国，让中国走向世界。另一方面，不回避困难，不遮掩问题，将那些受众应知、欲知和未知的新闻事实，本着“以我为主”的原则，真实、全面、客观、公正地通过网络媒介报道出来，让流言止于智者，让谣言惑众的敌对势力找不到生存的市场。

中国新闻事业是社会主义的宣传工具，是党的“喉舌”，是国际舆论斗争的有力工具。因此，无论信息技术多么进步，新闻媒介如何发展，我们仍需在开展对外网络新闻传播工作中自觉地、牢固地确立政治意识、大局观念和高度的责任感；以不断强化自己的报道实力、经营实力和技术实力为主要手段，树立新闻机构的信誉和权威，并要充分认识和肯定传统媒介的优势，结合网络自身特点加以借鉴和发挥。同时，要增强网络传播正面报道的宣传力度，创设为“我”所需的舆论优势，以削弱“信息高速公路”上的“杂音”，保证“主旋律”的纯粹。在这里，舆论的形成由过去单纯通过对传播内容和传播渠道的控制转向对新闻传播的“首因效应”、“优质效应”和“价值效应”的追求。特别是随着传统新闻传播环境下依靠新闻报道的“后发制人”以正视听的功能已走向衰亡，正确舆论在网络上抢先一步进入受众群体显得尤为重要。国际网络新闻传播业内的竞争是真正意义上的新闻“三度”(速度、深度、广度）的竞争。

总而言之，绝对的自由必然导致自由的滥用。对网络这一媒介形式，如果放任不管，势必导致负面信息和负面效果的出现。所以，我们必须在加快新闻改革的基础上对网络新闻传播实施有效的管理和调控。

（五）充分准备应对中国“入世”后带来的挑战与机遇，加快对外网络新闻传播事业的发展

1999 年 11 月，中美两国就中国“入世”达成协议，预示着中国加入世贸组织已并不遥远。面对“入世”所带来的种种机遇、挑战与冲击，作为电信领域的网络传播行业，虽然由于种种原因，在市场准入方面可能有一个缓冲期，但我们决不能因此高枕无忧。只有审时度势，抓住机遇，做到未雨绸缪，才能使中国网络传播事业勇敢地迎接挑战，从容地走向未来。

首先，我们要认真研究“世贸”规则，更新观念。世贸组织作为“经济联合国”，它主要是通过贸易政策审议机制、争端解决机制、服务贸易自由化、补贴机制、知识产权保护等手段把协调管理的触角从边境措施延伸到国

内决策与立法领域，使监督机能空前强大。各国利用WTO这个永久性多边谈判论坛制定出世贸组织的各项规则条约来约束各成员国。这些协议的若干实体规则、程序规则、例外规则构建了WTO的基本法律框架。作为即将“入世”的中国，认真学习、研究这些规则显得十分必要和紧迫。包括网络传播行业在内的各行各业，只有先熟悉、掌握了“世贸”规则，才能更加主动地迎接挑战。

其次，我们要充分利用规则，制定网络传播行业的“入世”对策。WTO的基本原则是由若干规则和一些规则的例外共同构成的。加入世贸后，我们一方面要遵守各项规则，另一方面则可以利用“规则”的例外，制定一些对我国有利的政策。比如我们可以在电信行业、互联网络行业协定的例外情况中，对逐步扩大市场准入的程度方面给予适当的灵活性，并可以对其中某些条款进行修改，作出一些调整，并可以制定新的政策、法规，明确阐释我国政府的态度和原则。比如在“规则”例外允许的情况下，对电信市场的开放作出一些必要的限制，以减弱“入世”对中国网络传播行业的冲击，为它的发展和增强市场竞争力赢得宝贵的时间。

第三，我们还要使网络传播行业尽快适应“规则”，融入全球市场。面对境外网络媒介的冲击，中国网络新闻传播必须改进管理和运行机制，与世贸组织接轨，提高自身的国际竞争力。

为了加强网络新闻传播媒介的国际竞争力，国家将会在近期对一些国有大型网络媒介加大财政投入，但款额可能也并不充裕，并且这种资助也不可能永远维持下去。对大多数网络新闻媒介而言，如果只靠境外的风险投资基金来“坐吃山空”，而没有自身完善的造血机能，则势必会在今后更趋激烈的国际竞争中被无情地淘汰。

“授人以鱼不若授之以渔”。对中国网络新闻传播媒介而言，与其给它有限的资金，还不如给予它在政策允许范围内改革体制的权力。具体地说，国有网络新闻媒介可不可以公司化运作、可不可以融资、可不可以上市、并购或被并购，在什么情况和条件下可以，以及一整套严密运作程序的制定，相应的机关评估，监管机构的设立等，都应是国家有关部门今天应当考虑的问题。

我国的国有网络新闻传播机构往往是传统媒介的一个部门，其运作机制必然在很大程度上受到该传统媒介体制和运作机制的制约，有些时候这些机制是与网络新闻传播规律和特性相悖的。我国对外网络新闻传播事业要尽快融入国际市场，就必须打破现有体制的束缚，实现国有网络媒介的产业化运作方式，支持一批具有国际竞争力的网络媒介实行跨地、跨国甚至跨洲联合与兼并，使我国对外网络新闻传播媒介资源配置更为合理，抗冲击、抗风险的能力进一步加强。

（六）逐步制订和完善网络传播法规，并随着受众的需要而不断调整网络传播服务体系，形成网络传播业内外的良性互动体系

面对网络传播市场的混乱无序和恶性竞争，我国网络新闻传播媒介终于联手做出了强烈反应。1999 年 4 月 15 日，国内 23 家网络新闻媒介聚会北京，对网络新闻传播中严重侵犯知识产权的“抄袭”、“拷贝”新闻的做法表示了强烈的不满，他们呼吁全社会都来重视和保护网上信息知识产权，坚决反对和抵制任何相关的侵权行为，建立起网上新闻发布和信息传播的“游戏规则”。在这次会议上还通过了《中国新闻界网络媒体公约》，各公约单位郑重约定，凡不属于此公约范围的其他网站，如需转载公约单位的信息，应通过授权，并支付相应的费用，在使用时还应注明出处，建立链接；各网络媒体无论规格高低，实力大小，实行信息产权面前人人平等。可以说，这个《公约》是我国大陆网络传播业界的第一次比较大范围内的行业规范，它也是对我国政府尽快完善网络立法的一种呼唤。

而从发展的角度看，在数字化时代，传统媒体和网络媒体之间的鸿沟正在迅速填平。新闻媒体网站固然是传统媒体的组成部分，但它更属于网络业和网络界。

新闻媒体网站和商业网站也可以开展更为广泛的协作互动，或者说双方可以利用各自的优势致力创造出一种“双赢”的局面。例如 1999 年 9 月新华社与新浪网合作设立庆祝中华人民共和国成立 50 周年的大型专题网站，由新华社提供信息，新浪网进行技术设计。该网站一时间成为极热门的专题网站，取得了较好的效益。又如《北京青年报》与实华开公司合作于 1999 年 11 月 26 日正式推出 ec123 网上商城，开始尝试电子商务。还有中央电视台 3·15 节目组与东方网景、新浪网、首都在线、国中网、找到啦网站、焦点网等多个商业网站合作，在 2000 年 1 月 15 日推出《CCTV2000 年 3．15 网上行动》专题网站。这些事例说明中国新闻媒体与商业 ISP（互联网服务提供商）、ICP（互联网内容提供商）之间已经产生出多种合作模式。

具有前瞻眼光的新闻媒体网站和商业 ISP、ICP 对双方牵手的重要性和必要性看得更远。于是 36 家网站在 1999 年最后一个工作日签署了《“中国互联网高层发展战略会议”倡议书》。倡议书表明了中国网络信息传播业各方力量只有实行联合才能赢得发展、只有通力合作才能赢得未来的态度，这是新闻媒体网站和商业 ISP、ICP 携手迎接未来挑战的共同宣言。

当然，形成网络传播业内外的良性互动体系其根本仍在于立法工作。如同一些专家、学者所认识到的，在迎接新的信息革命到来之际，在建设信息高速公路的庞大系统工程中，与之相应的法规问题之多、范围之广是不难想象的。我国的信息专家们呼吁，国家应该在信息资源、信息产业政策、行业运营、知识产业保护、信息业标准化、安全保密等方面，不失时机地加快制定出有关的法律、法规和政策。

事实上，在互联网络发展的初期，我国政府就以“兴利除弊，加强有效管理”为宗旨，积极运用法律、法规手段处理已出现的问题。1994 年 2 月 18 日颁布了《中华人民共和国计算机信息系统安全保护条例》，其中第十一条明确规定“进行国际联网的计算机信息系统，由计算机信息系统的使用单位报省级以上人民政府公安机关备案”。

我国政府明确了由国务院组建的“国务院经济信息化领导小组”的主要职责是对国家的经济信息化社会系统工程进行规划协调，提出有关政策、法规和标准方面的建议，并审定项目、筹集资金和指定行动方案。这向人们显示了中国政府已经对与建设信息高速公路有关的政策法规给予应有的重视，并在组织上保证有关法规政策的规定。由此，我们相信，信息高速公路带来的社会和法律问题，不应成为阻碍它正常和健康发展的绊脚石。同时，我们还要继续努力迎接挑战，使人类最终得益于自己的创造，而不是被自己的创造所毁灭。

（七）积极拓展网络新闻传播的业务范围和服务水平，利用网络自身优势突破局限

由于受到我国国情和一定技术条件的限制，我国网络新闻传播的发展在很大程度上受到了制约。我们只能面对现实，以更广泛的服务范围和更高超的服务水平来赢得受众，积极参与国际竞争。

一方面，我们要认清自身特点，发挥自身优势来赢得受众。比如在新千年来临之际，上海东方电视台网站进行的网上直播活动就展现了新旧媒体结

合的魅力。从1999年12月31日下午3点至2000年1月2日凌晨0点20分，东视推出了2000分钟的《2000看东方》迎接新世纪大型直播活动。为了能让世界各地的观众朋友都能在第一时间直接感受到上海人民喜迎新千年的欢乐气氛，东视网站特地和以色列CEO公司合作，采用最新的网上的直播技术EMBLAZE，对此次33小时的节目进行网上全程转播。和REALPLAY等网上播放技术不同的是，网友无须下载任何播放软件，只要进入上海热线（www. onlinc. sh. cn）或东视网站（www. shotv. com），就可以欣赏整个直播节目。

像《人民日报》、新华社、上海东方电视台这样具有特色网站的传统媒体，已经走出了单一的报纸、通讯社、电视媒体的限制，成为立足传统、放眼未来、全方位、多手段的新媒体。

另一方面，我们要善于塑造本新闻网站的特色和个性。特色是媒介的生命，个性则是媒介生存的条件。塑造新闻网站的特色和个性可以从以下几个方面着手：

1. 实施品牌战略，创设名牌媒介、名牌栏目，保障骨干新闻阵地的吸引力、感召力、说服力，让品牌真正成为媒介生产力的决定因素；

2. 重视独家报道。越是在独家新闻难觅的今天，越能显示出独家报道的新闻价值和宣传价值，越能扩大媒体的受众群体和市场占有份额；

3. 杜绝“拷贝”新闻。报道新闻事实，要有自己独到的视角和与众不同的见解。避“熟”就“生”，独辟蹊径，把事物的特点、本质、演变进程、根本原因和未来趋势分析出来，既有速度又有深度；

4. 形成报道风格。不同媒体要根据自己的服务内容、传播方式、受众对象、建构本媒体的风格魅力，它是媒体成熟的重要标志。

同时，权威的力量是实现新闻价值的保证。我们知道，一家传播媒介对受众的影响力是由媒介满足受众需要的程度和信任度所决定的。为此，中国网络新闻界应建立如下权威：对外应得到国际社会的普遍认同，关于中国的新闻，只有来自中国的声音才值得相信，任何他国对中国形象的有意歪曲和恶意诋毁是混淆不了视听的；对内应受到国人的高度信赖，应让中国受众坚信，中国网络新闻媒体是其他各国新闻媒体所不能替代的，要了解事实，要知道真相，听国内的声音，看国内的报道。

（八）集中力量抓好网络新闻传播的研究和教育工作，将我国对外网络

新闻传播引向更高的发展层次

近几年来，网络新闻传播研究领域的工作已经主要针对当前的一系列现实重大问题而展开。可以说，这些基础性研究已经在交流经验、提出发展建议、认识网络传播特性及其规律等诸多方面取得了阶段性的成果。

未来对外网络新闻传播领域的竞争，将主要是人才的竞争。我国政府和不少教育界的有识之士已经在这一方面取得了可喜的成绩。

据中国教育部高教司负责人透露，2000 年 9 月有 31 所院校获准开展网上远程教育。教育部还将投资 4000 万元来支持高校网络教材的编写和网络教育师资队伍的建设。为提高教师的计算机应用水平和课件的制作水平，教育部还将为高校教师开设网络技术培训班，并在全国开设几十个培训基地。

2000 年 4 月 30 日，我国大陆第一所真正意义上的网络传播学院在北京广播学院正式挂牌成立。该学院设有包括网络新闻传播在内的 6 个专业方向，同时还可以依托原有的远程教育基础大力开展网络远程教育，计划从 2000 年 9 月开始面向全国招生，培养我国网络新闻传播业急需的专业人才。

2000 年 6 月，我国大陆的第一个网络新闻传播班的 22 名本科生在华中科技大学新闻传播学院获得了毕业证书并全部进入网络传播行业工作。该班学生是从华中科技大学原理工科二年级学生中挑选出来的，办学思路实现了人文、社科和电信、信息等学科的大跨度交叉，并在传播理论与传播科技结盟的基础上，为迅速崛起的网络传播事业培养新型的传播人才。

第三节　对外网络新闻传播的具体要求

早在 1980 年 10 月，国际传播问题研究委员会（International Commission for the study of Communication Problems）主席马克布莱德（Sean MacBride）先生在他向联合国教科文组织提交的最终报告书中就已经提出，未来的传播必须兼顾到全球性、全民性和创造性三方面的要求。

极为凑巧的是，20 年后风行世界的网络传播恰恰可以从这三个方面满足马氏的预言，网络传播也必须以这三个方面的要求为其努力的方向。

传播的全球性要求网络新闻传播媒介将自己的视野扩展到全世界，克服狭隘的地域观念、门户观念、暂时利益观念，把自己的工作纳入全球信息市场，在长期的国际网络传播中建立自己的网络品牌，形成自己的网络传播特色和优势，成为信息接收者争先点播的热门站点，为世人所瞩目。

传播的全民性要求网络新闻传媒站在全人类利益上，为全人类着想，提供的信息必须是从整体上对人类的生存发展带来推动作用的、客观公正的、足以影响他们生活的社会主流信息。“知识经济中除了文明生产和消费的观念以外，还有社会公正的观念。……而一个公正的社会除了法律的硬约束以外，还必须依靠高度精神文明所形成的社会舆论的软约束。”① 在全球信息市场中，客观、公正的信息传播是互联网站的生命线。实际上，在互联网传播系统中，如果有谁经常提供虚假信息，很快就会不受欢迎而无人问津。

传播的创造性要求网络新闻传播在创造性传播和传播创造性两个层面有所表现。技术经济学博士吴季松教授在所著的《知识经济》一书中写道：“对于人类发展来说，人生的最大价值在于为社会创造。而知识经济发展的原动力就是人的创造性。离开了人的创造性就不会有知识创新和技术创新，也就不可能有知识经济。”互联网传播将不同于传统的大众传播，新闻产品将由电子计算机按照信息接收者的需求进行编制，它可能出现昼夜专播新闻的节目，或类似现在分类广告一样的按地区或专题汇播一般性或专题性信息；它将采集的是那些对于基本居民群体的安居乐业非常重要、非常有意义的新闻。因此必须进行创造性的传播。而传播创造性及创造性劳动将成为互联网传播的极其重要的内容，它将迅速地促进人类现代文明的高速发展。

具体而言，对外网络新闻传播在操作实务层面上有如下几方面要求：

一、严守政治、法律立场，加强把关控制

由于传播和政治有着密不可分的关系，在对外网络新闻传播中，严守政治及法律立场，加强各级把关控制，仍然是当前我国对外网络新闻传播工作的重中之重。

网络将大众媒介带入了“众神狂欢”的时代，越来越多的个人与团体拥有自己的传播媒介，享受着它带来的诸多便利，可谓泽被众生。网络传播主体的多样化，致使消息来源控制、媒介内部控制、广告控制、垄断控制、政府控制、公众控制和自我控制等各种新闻传播控制因素都被大大地削弱，甚至完全消失。当初网络在设计时为了适应冷战需要，将“整个互联网不需要

---

① 吴季松：《知识经济》，北京科学技术出版社，1996 年 3 月第 1 版。

在操作层面上有任何总体控制”这一思想作为基本原则[①]，所以网络天生就是一个没有中心节点的传播系统。

在网络上，任何一个人都可以匿名注册用户名，然后在电子论坛、聊天室等地发布信息。另外，网络用户还可以通过“匿名再投递服务”非常隐秘地发布信息。传播者将信息发送给匿名再投递服务机构，该机构删除任何可能暴露发送者身份的信息后再发送给众多读者，或者接力发送给另一家匿名再投递机构，再次隐藏发送者信息后，将信息发送给读者。如果要追查传播者，必然需要得到这些匿名服务机构的合作，而这些机构往往设在其他国家和地区。匿名投递信息也无疑会增加网络新闻传播管理者的难度。这些因素综合起来，又必然会导致政府部门对网络传播控制的削弱，甚至出现力不从心的局面。

与传统媒介相比，对网络媒介进行管理的难度的确更大。传统新闻媒介内部存在着一系列的把关环节，建立了责任编辑制、稿件三审制，以及严格执行有关方针政策的组织保证措施，在长期实践中形成了规范严格的把关机制，对要发布的新闻进行过滤和核实。与此相反的是，这些成功经验还没有吸收到新兴的互联网媒介管理模式中来。

尽管如此，网络新闻传播实际上离不开把关行为，网络新闻传播客观存在着把关行为。一方面，在传统大众媒介纷纷上网的同时，政治、经济权力组织实际上掌握着网上很大的信息源，传播的控制结构并没有发生根本变化。另一方面，网络用户仍然处于所在地区社会控制系统之中。即使是“人多嘴杂”的电子论坛，也有比较严格的把关行为，受众可以就哪些主题发表言论以及发表言论的尺度，各国、各媒介自有定夺，依据法律和大众传媒自身的特点，都要受到“把关人”的掌握与控制。即使是网络上的匿名信息传播，也会受到把关人的过滤：网络管理员可以将某些帖子删除，可以通过ID号将某一不受欢迎的网民剔出电子论坛或聊天室，可以彻底切断某一用户的线路，或者干脆关闭某一论坛或网站。即使通过“匿名再投递服务”传播新闻，也没有人们想象的那样不受约束。网络服务商和再投递服务机构可以组成一个非正式的网络，阻止用户滥用服务：只要得到匿名服务提供者的合作，有关机关就可以轻易破解这样的系统，并对它加以控制。

---

① 郭良：《网络创世纪——从阿帕网到互联网》，中国人民大学出版社1998年版。

一般说来，我国传统新闻媒介把关意识较强，网站发布的新闻报道已经过报刊、广播和电视编采人员的层层把关，那些只通过网络发布的信息也往往有专人进行把关，问题相对较少。有关研究者将我国开设的电子论坛上把关行为分为五种：要求用户作出承诺，保证不在论坛中进行违反中华人民共和国法律和法规的活动；用户对本人的网络行为所产生的后果自负责任；论坛管理员对论坛内容进行审查，有权删除任何内容，尤其防止论坛上发布反动或色情帖子；不设立任何涉及政治或敏感话题的论坛主题；对论坛用户进行注册登记，在必要时永久关闭论坛。

有关专家指出，应该在法律上加重 ICP 的管理责任，规定其必须履行的监管义务，再通过其实施的具体管理行为将互联网上出现的任何内容都纳入既定的管理规则中，应当是目前最有效的管理方式；可以用法律形式建立 ICP 负责监管、屏蔽和清理所接入国外网站及其内容的责任制；健全所发表新闻的资格审定和管理体系及程序；针对网络所发表的文字具有可删改、可改写的特征，须规定 ICP 对在其上发表的文章必须进行实名登记和全文备案；全天候的对自己网站所发表的内容进行跟踪监管，发现问题及时处理；对违反实名登记备案制度的惩罚等一系列法律制度。商业网站本身就是 ISP 或 ICP，个人的新闻传播也都需要通过 ISP 或 ICP 等网络商家才能进行。因此加强对 ISP、ICP 的管理，并让它们承担相应的责任，对网络新闻传播的“把关”具有重要的意义。建立这样的法律体系，可以使各个网站加强对所发表稿件建立审查制度的责任心，完善自身的规章制度，对任意发表不负责任言论的行为加以有效的遏制。

二、准确地为对外网络新闻传播媒介实施品牌战略，并利用名牌优势积极参与国际竞争

网络化的信息系统是个竞争激烈的电子空间，任何一个媒体在其中的诞生或消亡都是再寻常不过的事情。网上媒体要在这个空间中求得生存，要在众多的竞争者中脱颖而出，就必须从长计议，树立权威品牌形象。

（一）准确进行网上媒体品牌定位，实施名牌战略

所谓品牌，就是媒体的技术、物质品质与感性条件相融合而形成的一个整体识别标志，是一个媒体区别于另一个媒体的重要标志，也是媒体本质的外在表征。可见，从某种意义上讲，品牌就是个性，网上媒体品牌定位就是

确定网上媒体的个性，主要通过网上媒体品牌差异定位和网上媒体品牌观念定位来实现。

网上媒体品牌差异定位就是通过分析网上媒体品牌在竞争中的特殊优势和个性，使网上媒体具备的有些特征与其他网上媒体形成强烈的反差，而这种特征具有不可替代性，这样确立了品牌在消费者心中的独特竞争位置，使消费者对品牌产生特殊的印象，一批忠诚的消费者由此产生。网上媒体争夺网民的竞争，就是争夺注意力的竞争，因此这种差异定位就显得尤为重要。目前大陆的一些知名网站，这种差异定位（或称卖点）都已基本明确，有学者总结说：新浪的卖点是新闻，新闻的全与快；网易的卖点是创新，领先一步；搜狐的卖点是张朝阳；CHINABYTE 的卖点是原创。

网上媒体品牌观念定位是指通过较长时间的品牌形象展现，使品牌逐渐具有一定的文化和品位。这是更高一个层次的定位，也就是说，品牌光有功能性是不够的，还要具有观念价值。在中国大陆目前的知名网站中，已有一部分开始着手进行观念定位。如搜狐，它的户外广告整个画面以明黄色为基调，画面的黄金分割点是一个黑色的大狐狸尾巴，其余部分点缀着狐狸的爪印，广告语是“生活从此精彩”、“足及生活每一天”。这种广告设计一方面体现了搜狐以机警聪明的狐狸自诩，追求为公众提供迅捷、高品质的信息；另一方面也在暗示广大公众，上搜狐网可以改变你的生活，可以使你的生活时刻保持一种活跃机敏的状态。这样的户外广告和网业形象与张朝阳的媒体形象相得益彰，逐渐地确立了一种品牌观念。这种做法将有助于在未来的网上媒体品牌竞争中获胜。

（二）加强媒体自身管理，注重网上媒体品牌塑造的系统性

在竞争中处于领先地位的网上媒体品牌，其领先性，不是某个方面的领先，而是具有系统领先性。这种系统领先性体现在网上媒体具有多方面的优势，如风险投资机制、经营机制、技术手段、人才组合、附加服务、促销手段等，是多方面组合而形成的竞争优势。这种系统领先性还是由网上媒体各方面的工作环节体现出来的。只有在各个环节上都按照名牌的要求达到标准，形成名牌产生的链条，最后才会有名牌的网上媒体。我国目前的网上媒体，则面临着尽快建立规范的风险投资机制、提高内部管理水平、加紧培养复合型人才、提高服务的附加值等一系列问题。

(三) 提高新闻内容质量，争创网上媒体名牌

目前，网上媒体的新闻内容还处在低水平的建设期，各传统媒体的网络版多照搬母体的内容，各商业网站多是对传统媒体内容的整合和转载。若要在这种状况下胜出，利用现有媒介环境、政策，提高新闻内容的质量，应不失为一大良策。因此，需要做到：

1. 始终一贯地提供真实可靠的信息应当是树立媒体权威品牌的关键因素；

2. 精心筛选信息，做新型“把关人”。媒体在这种传受格局中应及时从“把关人”角色转换为“引路人”，通过对受众的明确定位，细分信息市场，精心筛选信息，牢牢把握自己应得的市场份额，树立起自己的媒体品牌；

3. 发展网上深度报道，树立媒体权威品牌形象。网上媒体可以根据受众的需要，就同一事实提供多角度的深度报道文本，帮助受众了解新闻事件的来龙去脉，为受众释疑解惑，借助这种方法来树立权威品牌形象；

4. 倡导新闻伦理，树立亲和受众的权威媒体形象。由于网络的自由开放、难于控制，网上的信息难免鱼目混珠、泥沙俱下。网上的垃圾信息、色情信息充斥着信息高速公路的各个角落。要树立媒体权威品牌，受到受众的长期信任和喜爱，网上媒体必须倡导新闻伦理，遵从职业道德，对此承担起相应的责任。

三、正确分析自身优势，结合自身特点，与国际网络传播操作规程接轨

就我国目前对外网络新闻传播的状况而言，无论是在主观上承担了对外传播任务的新闻媒介站点，还是在客观上造成对外传播事实的商业网站甚或是个人站点，都存在一个亟需改善自身操作规程，与国外先进水平接轨的问题。我们不妨从广播、电视、报纸（或通讯社）以及商业（或个人）站点等四大网络新闻传播门类入手，来逐个加以分析。

(一) 广播与网络的结合

近几年来，传统的广播媒介上网已经成为在世界范围内的普遍趋势。世界上主要的国际广播公司，如英国的BBC、美国之音VOA、法国国际广播电台RH都已将注意力放到了廉价的网上空间；BBC已建立了在线新闻网站；VOA用23种语言在Web网络上进行音频广播；法国国际广播电台目前用5种语言在网上进行新闻广播，一些网上访问者还可选听该电台的各种

法语歌曲，并可将他们需要的部分下载以供保存。据不完全统计，在网络上提供一天 24 小时广播服务的无线电台，仅在 1998－1999 年度就由 351 个飞速发展到 1100 个。

在我国，网上广播目前尚处于实验阶段，其中中国国际广播电台、上海东方广播电台、珠江电台、无锡电台都尝试了网络广播，将广播内容以文字形式提供给网络用户。

事实上，在三大传统媒介中，以广播与网络的联合较能彰显实力，突显优势，这也是与广播媒介自身所具有的特质紧密相连的。广播与网络的结合不但能弥补广播自身无法回避的弱势（如保留性差等），还能够扩大自身的影响力和承载广告的能力，从而给一度低迷的电台经济注入新鲜的活力。

1. 网络可以很好地弥补广播这一大众传媒自身具有的劣势

广播保留性差，过耳不留，但它与网络广播结合后，在线广播具有的一个最大潜力就是及时重放，尤其在体育比赛中，听众能及时收听，并下载最新消息。听众可以随时上网查询已播过的任何稿件，可以反复阅读，多次引用。另一方面，对于广播从业人员来说，他们的辛勤汗水除了以声音的形式传播四方外，还可以以文字、图片等形式加以保留，从而可以大大鼓励采编人员采写更多的独家新闻，扩大并提升广播从业人员的知名度和美誉度。

广播是线性传播，选择性较差，听众只能被动收听，这一点与听众越来越倾向于自主收听、选择收听的喜好强烈冲突。但是，当广播与网络结合之后，情形便会大为改观：网络的自由选择、交互式传播等优势可以被广播拿来为已所用，广播的面貌因此会发生大的改变。

2. 网络提供的大量信息可以提升广播节目自身的品质

一方面，网络上的海量信息对广播新闻节目“增大新闻信息含量，增加报道背景资料，扬独家之优势，汇天下之精华”的宗旨大有裨益。1997 年 3 月 18 日，上海东方广播电台把联通 8 大城市的瀛海威时空接入直播室，尝试进行网络广播，通过电脑网络提供来自全球的信息服务。

另一方面，网络因其覆盖面广，受众群数量庞大，甚至可以把全世界的受众包含进来。任何媒体借助网络都能获得更为广泛的受众，自身影响力也由此增加。与此同时，每一个网络爱好者又是一个媒体或多个媒体的潜在受众，他们有时还充当着媒体散布于世界各个角落的“特约记者”和“信息发布人”的角色，为相应媒体提供多样的信息、多样的解决问题的方法、多维的视角与思路，这一切对于媒体都弥足珍贵。

3. 网络为广播听众调查工作提供了更为广泛的调查空间和更为准确的数据支持，操作起来也较传统的调查方法更方便更经济

首先，采样范围变得更为广泛。调查样本将容纳网络触及的一切地方。随着网络进一步普及，调查样本包含的范围将更加广泛，取证将更有说服力。

其次，回收率增高。传统调查方式由于程序繁琐，听众往往怠于参加。采用网络，接收、发送起来都比较容易，人们大多乐于参加，从而在一定程度上提高了问卷的回收率。

第三，网上调查还能减少人力、物力，并且能缩短调研时间；调研结果也可以在较短时间里以文字、图表、数据等形式表达出来，为节目改革提供更为即时的资料依据，为广告商提供方方面面的可信数据。

（二）电视与网络的结合

网上电视提供的信息服务要使众多的人们接受、欢迎，必须避免成为仅是传统的电视网上复制品。而要做到这一点，则必须处理好电视自身传统的信息服务与新颖的网上信息服务之间的关系，使电视网站形成自己的特色。它主要包括以下几个方面：

1. 提供迅捷的重大新闻报道

2000年3月，中国互联网络信息中心联合我国四大网络机构，对我国网络用户作了一个调查，42%的用户希望在网上获得社会新闻。互联网瞬间传递信息的效能，使网上发布“即时”新闻成为可能。因此只有时时提供重大新闻报道，才能吸引人们的关注。

2. 设计合理的网站结构

现在一般电视网站的设计多采用树形结构，以主页为“根”，以栏目为“枝”，单片信息为“叶”。这样固然结构清晰，但“层层深入”很可能使人们失去耐心，使很多信息失去被浏览的机会。因此，有特色的电视网站应探索一种更适合观众快速浏览需要的方式。比如，建立多画面导视屏幕，将主要节目的内容用图形和文字在首页上显示出来。这样，用户只要点击自己感兴趣的画面，就能直接进入观看这个节目。时间是网站表达传播者意图的另一种重要方式，应当使重要新闻在网上停留的时间更长，并随时补充新的内容。比如，通过对关键字建立“链接”，就能随时从某词链接出去，转到本

站点内另一信息，甚至转到另一站点。从电视网站角度来说，“超链接”是较好的提供新闻背景的方式，解决了传统电视媒体受时空限制提供背景资料不足的问题。

3. 突出网站内容的个性化

电视网站在内容的设置上并非一定要面面俱到，而应该有个性的追求，注重特定观众的需要。比如，建成专业性的音乐电视网站、体育电视网站、新闻电视网站、商务电视网站等等。目前，以体育新闻见长的“鲨威”，娱乐新闻类的“亿唐”，都给人们以耳目一新的新感受；以给个人定做个性化新闻为特点的“焦点网”，在个性化新闻方面可谓领先一步。这些网站人气急升，说明受众细分化了，网站的内容也应该细分，这样不仅不会影响上网访问率，反而有助于形成网站的个性。

4. 强化服务娱乐功能

电视网络可以充分利用网络电视“交互性”的优势，将准备播出的内容上网，让观众直接参与网络电视的节目编排，这样既加强了服务性，又增加了观众访问网站的积极性。再比如，现在电视台播出的服务类节目，由于受到时间的限制，节目内容不可能详细，而在网络电视上，就不存在这个问题，因此像电视服务类的节目就有了很大的发展空间，内容可以更丰富，介绍可以更详尽。这样观众不仅能通过互联网进行检索，而且可以设计“个人头版”，从新闻到气象预报，从体育赛事到股票价格，任选自己感兴趣的内容。

5. 依托电视进行增值业务经营

电视还可以利用互联网开展网上节目交易、影视代理以及电子商务。目前，很多电视台都有较成熟的电视直销机构，将“电视直销”拓展为“网上购物”是再现实不过了。比如图书、美容、医药保健等用品，都很容易在网络上直观地表现，适合网上销售。

此外，还有两个更重要的经营项目。一是电视广告和网络广告的一体化运作。在进行电视广告运作的同时，推行电视和网络广告“套餐”，通过网络媒体发布广告，增加广告收入，参与互联网对广告的分流，而不是坐失良机，或任人宰割。二是发挥电视台的视频资源优势，进行网上视频点播，这样就可以实现电视传播与网络传播的良性互动。隶属于广东有线电视台的广东视讯宽带网服务中心，目前可以提供的服务有：互联网接入、网上视频点播、网上游戏、远程教育、网上新闻、网上广告等。全国有线电视联网还可以开辟服务性专业频道开展数据广播、计算机联网等增殖服务。

当然，电视媒体进行网络经营，目前尚不可能获得大量的收益。在一段时间内可能要有一定的投入，但网络经营的实际意义在于抢占网上市场份额，为将来实施商业运作打下基础。据专家预测，在2005年之前，互联网上的年交易额将达到200亿美元以上，如此巨额成交量所蕴含的商机是不言而喻的。

电视媒体无疑是当今影响力最大的主流媒体。但电视媒体"惟我独尊"的地位将要发生变化。为了迎接21世纪传播领域中更加严峻的竞争与挑战，电视传播业必须着力培育自己的网站，全方位介入互联网，利用"第四媒体"获得新闻的更大生存和发展空间。这是电视媒体在信息时代的必然选择。

（三）报纸、通讯社与网络的结合

互联网是计算机技术和网络技术发展到相当高度之后的产物。网络媒体的诞生和发展，给传统的报纸媒介和通讯社既带来了机遇和希望，也形成了巨大的压力和严峻的挑战。

1. 互联网可以实现"信息源、传播媒介、传播受众""三位一体"，从而使得新闻信息来源更加丰富，传播渠道更加多样，信息覆盖面更加宽广。这既为世界性报纸和通讯社大力发展采编和经营业务提供了良机，也使它们在国际新闻市场上面临着更加激烈的竞争。

互联网的这些特点将对世界性报纸和通讯社的未来发展产生很大影响。一方面，网络媒体为他们拓展了视野，丰富了信息资源，扩大了用户范围，增添了服务渠道。另一方面，各种媒体和非媒体纷纷上网提供新闻，导致媒体的新闻来源多样化，从而对世界性报纸和通讯社的"消息总汇"地位形成了挑战。因此，如何主动调整自己的职能和角色，充分发挥本身在信息采集加工方面的优势，有效利用互联网上的资源，扩大和丰富新闻信息产品，在大力发展传统用户的同时积极争夺网上受众，将成为21世纪世界性报纸和通讯社生存与发展的焦点。

2. 互联网可以减少传播的中间环节，增强受众选择新闻的自主性。网络的发展有可能使世界性通讯社在继续为报纸、电台、电视媒体充当新闻"批发商"的同时，大大地扩展其"零售"业务，使新闻信息产品通过互联网直接与广大受众见面。

按照传统的新闻传输模式，通讯社是通过向报纸、广播、电视媒体提供新闻信息而间接为广大受众服务的。但是在互联网上，任何浏览者和用户都能部分或全部地调阅通讯社的产品。换言之，通讯社的新闻信息只要“上网”，就完全能够在各种媒体、非媒体机构和个人用户中“落地”。网络打破了世界性通讯社与其他传媒之间的传统分工，为世界性通讯社直接为受众服务，提高舆论影响力开辟了一个崭新的天地，同时也要求世界性通讯社更加自觉地提高用户意识，提供高质量的新闻信息服务。

3. 互联网可以传输文字、图表、图片、广播、录像、动画等多种形式的新闻，而且能将它们有机地结合起来，从而为新闻传播走向“多媒体化”展示了广阔的前景。对世界性报纸和通讯社来说，“多媒体复合型报道”是新闻报道方式上的一次重大变革，它集报纸、广播和电视报道的优点于一身，为增强新闻的感染力和影响力提供了一个全新的先进武器。

最近美国《华盛顿邮报》网络版对77岁老宇航员约翰·格伦重返太空的报道就是一个生动的例子。该报在用文字报道有关动态消息的同时，还特意调出了1962年该报对格伦首次飞上太空，成为第一个美国太空人的报道。用户只要点击这期报纸的照片，就可以阅读当时报道的全文。在照片下方有六个链接点，点击后可以看到本次“发现”号飞行中的最新情况、飞行图等等，如果点击最下方的“约翰·格伦特别报道”，还可以听到格伦的声音，看到他这次在航天飞机中工作的录像。这样的多媒体复合型报道既有文字，又有音像；既有动态，又有背景；既有广度，又有深度；当然会得到越来越多的受众的喜爱。

多媒体复合型新闻报道虽然在网上出现不久，但已经和正在成为网络媒体发展的重要趋势之一。目前，一些西方大通讯社、报纸、广播和电视网纷纷在网上采用并推广这种报道手法，其结果是促进了通讯社、报业以及广播和电视的新闻报道在网上相互渗透、相互补充、相互结合，使得传统新闻媒体朝着网上“一体化”的方向迅速发展。这对世界性报纸和通讯社既是挑战，更是机遇，因为与其他传统媒体相比，世界性报纸和通讯社的优势之一是新闻信息产品种类繁多，数量庞大，发稿手段和传播渠道多样，因而它们能够利用网络将不同专线、不同形式、不同种类的新闻信息用超文本结构组合起来，平行发送，在各条当日新闻之间、当日新闻与已发新闻之间、动态新闻与资料数据库之间，文字新闻与图片、图表和声像新闻之间建立互动链接，由用户根据自己的需要和兴趣在其中进行跳跃式阅读和观览。总之，多媒体复合型报道能使报道更加形象化和立体化，推动报道向信息的广度和思想的深度延伸，有助于把世界性报纸和通讯社新闻报道的总体水平提升到一个新高度。

4．互联网可以用相对低廉的成本扩大新闻信息传播的数量和规模，这就为世界性报纸和通讯社加快设备更新、采用网络技术、发展网上用户提供了必要的条件。

互联网成本相对低廉，成为西方各大通讯社加快发展网络媒体的强大推动力，但也同时促使许多规模有限的地方性报纸、电台和电视台积极发展内联网、区域网和互联网，以降低新闻采集的费用，并用较小的代价在全国乃至全球范围扩大影响，开展新闻和信息的营销。这样，网络媒体就为世界性通讯社培育出一大批有力的竞争对手，迫使世界性通讯社产生了新的危机感。能否在网络新闻大战中站稳脚跟，获得发展，已成为关系到 21 世纪世界性通讯社生死存亡的大问题。

5．互联网能大量储存、检索和利用新闻信息。这为世界性报纸和通讯社及时挖掘利用各方面的资料，改进新闻报道提供了极大的便利，同时也为它们向全社会开放自己的数据库，提高新闻信息的再利用率，创造巨大的社会和经济效益打开了大门。

现在报纸、电视等传统媒体每天发送大量的新闻信息，存储时占用大量的空间和金钱，检索时更是费神费力。而在互联网上情况则不一样。以中国计算机类报纸中销量最大的《电脑报》周报为例，它每期 32 版，售价 1．5 元。集齐一年的报纸需要 81 元，对折平铺放置大约为 40 厘米高，但这些内容还装不满一张光盘。要在网上检索该报的文章，只要进入该报网站，输入关键词，几秒钟后就可以得到所需的文章。

网络时代是“信息爆炸”的时代，只有对信息进行方便快捷的检索，才能谈得上对信息的有效利用。目前互联网上提供了多种搜索工具，如 YAHOO、INFOSEEK、WEBCRAWLER、LEXIS－NEXIS 等，它们可以帮助用户对大量的信息进行有效检索，在较短的时间内找到自己需要的材料。此外，一种新型的网上信息“推送”技术（PUSH TECHOLOGY）正在逐渐成熟。它能够根据用户的调阅兴趣和检索习惯在网上自动搜寻有关新闻信息。当使用者打开浏览器时，就可以看到自己需要的材料。资料数据的检索技能，有利于发掘新闻线索，深入开展采访活动；有利于在稿件采写过程中增加人物、地点和事件的背景材料，挖掘新闻背后的新闻，提高写作质量；有利于开展形势和业务调研，提高从业人员的素质。世界性报纸和通讯社将自己庞大的资料数据库上网后，可以向世界各地的网络用户提供检索服务，从而将封闭的背景数据资源"盘活"，对社会的发展发挥应有的作用，并增加了扩大经济收入的新渠道。

6. 网络便于用户的信息反馈，加强了媒体与用户之间的良性互动。这使得世界性通讯社能够及时发现受众所关注的新闻热点、焦点和难点问题，掌握受众对重大新闻事件的不同看法，了解受众对改进报道内容和形式的意见和建议，并以此为根据，调整稿件结构，提高报道质量，增强报道的针对性，更好地满足各类用户的需求。

世界性报纸和通讯社在传统上与受众直接接触的机会较少，再加上反馈手段比较落后，因而对广大受众的需求反应往往比较迟钝。现在，网络一方面给世界性报纸和通讯社提供了与受众方便地进行交流的载体和"快车"通道，另一方面也给它们带来了强大的压力：网上所有的媒体和非媒体都在努力调整自己以适应受众不断变化的需求，谁在信息反馈的竞争过程中落伍，谁就有可能失去用户这个安身之本。

（四）商业网站

在我国，经过审批获得新闻发布资格的商业网站在网络新闻传播领域有自己独特的优势：

首先，与背靠传统媒介的专门新闻站点相比，虽然这些商业网站一般没有自己的新闻采编网络，但他们采取与传统媒介和通讯社合作的方式，取得了非常广泛的新闻来源，劣势反而可以演变成优势。比如，我国的新浪网就以签约方式获得了数十家媒体的新闻使用权，远远大于任何一家媒介采编网络所提供的新闻量。

第二，这类网站多是"门户网站"（web protal site），"人气"旺盛，其发布新闻拥有庞大的潜在受众群。商业网站在发布新闻、天气预报、股票价格、时尚娱乐等信息之外，大多免费提供电子信箱、聊天室、电子公告栏、游戏、网络即时通信（B. B. Call）、搜索引擎、软件下载等网络服务，吸引了众多的网络用户。比如，美国在线拥有 1200 万固定用户，我国的新浪网组建刚一年就拥有了近100万注册用户。这些网站每天都有数目庞大的用户进进出出，他们通常会顺便阅读这些网站发布的新闻。正是庞大的注册用户使商业网站的新闻传播拥有巨大影响力。

第三，商业网站通常拥有强大的技术和经济实力。雅虎、美国在线等世界知名商业网站或者与大型媒介集团、电信巨头或电脑企业结盟或合并，或者通过资本市场运作，拥有了雄厚的资金和强大的技术力量。在中国，知名商业网站的实力也颇为可观。比如我国的搜狐和新浪两大商业网站分别从美国融资数千万美元后，成为知名的中文门户网站。1998年新浪网的企业估价就已超过5000万美元。商业网站通常还与专门的新闻网站合作，更是如虎添翼。

由于商业网站多以新闻集纳的方式转载专业新闻媒介的新闻报道，没有属于自己的独立的、长期持续运作的新闻采集系统，在所发布的新闻报道中，真正由它们自己采编的“独家新闻”尚不多见。

同时，商业网站通常转发其他新闻媒介的有关报道，有时甚至直接编译国外媒介或通讯社的报道。商业网站的这种新闻传播行为在我国也面临着许多问题。

首先，这些商业网站部分得到了相关媒体的授权，更多的是擅自转发，受到国内不少专业新闻机构的同声谴责。

其次，按照有关规定，我国的新闻单位不得采用国外通讯社的稿件，最近有关部门重申“不得擅自采用外国新闻媒体在网上发布的新闻”。这种规定当然适用于网络媒介。

第三，我国的主管部门要求有关方面“研究制定有关法规，制止网络公司以新闻媒体的身份采访新闻”。这些政策环境决定了我国的商业网站的新闻发布业务前景不太明朗。除了外部环境之外，并非所有商业网站都有建立和维持一个独立的新闻采编系统的实力。由此看来，这类新闻网站中的绝大多数短期内难有真正的作为。但是，如果一旦被赋予与传统新闻媒体一样的采访报道权利，这些网站将不惜余力采访某些新闻事件，其中的佼佼者必然会利用自己的优势，发展成具有重大影响力的新闻媒介。

2000年11月7日，由国务院新闻办公室和信息产业部联合发出的《互联网站从事登载新闻业务暂行规定》，已经对商业性网站发布和转载新闻做出了明确规定（有关内容详见本书附录）。现在需要做的事情是，我国那些成千上万的已经或要继续发布新闻的商业网站，应当根据暂行规定，调整现行的网站运营模式和经营策略，在既有的法律法规准许的范围内规范自己的新闻传播行为，探索综合性商业网站传播新闻信息的新的方法和模式，继续扩大自身的影响力。

本章思考与练习：

1. 对比传统媒介的国际传播，网络媒介的国际化传播有何特点？
2. 国外新闻网站的类型主要有哪几种？划分依据是什么？
3. 你认为我国对外新闻网络还存在着那些问题？应如何着手解决？
4. 对外网络新闻传播有何具体要求？
5. 如何认识对外网络传播媒介品牌战略的问题？
6. 各主要传统媒介应如何与互联网络结合？

第八章　点击率和网上调查

在网页上放置一个网上用户调查项目，是目前很多网站业务工作的一项必要内容。这类调查涵盖了各种各样的问题，最多的是就某一热门话题或时事新闻征集网民的看法和意见。这也是网络媒体交互功能的优越性表现。网络媒体应善于运用这一交互功能，及时掌握信息的反馈情况，具体体现在两个方面：一是了解网上用户对网站的访问量，关键的概念是点击率；二是网站所组织的网民意见调查，称为网上用户调查。我们认为，所有使用互联网的人都可以叫做网上用户，而对网络新闻有接触与反馈行为的那部分网上用户，可以称之为网上受众。在网络新闻实务领域，网上调查主要指的就是网上受众调查。

本章将从网络传播业务角度介绍点击率和网上受众调查的相关知识。

第一节　点击率

不论是新闻类网站还是其他商业类网站，其经营目的都在于追求社会效益和经济效益的统一。但比较而言，新闻类网站在追求经济效益的同时，应当更为注重社会效益。这是由中国的社会经济环境决定的。显然，网站吸引访问的人越多，社会效益就越容易实现；同时，该网站吸引访问的人越多，就越容易吸引到广告支持，其经济效益也就越容易达到。就目前来说，点击率是度量网站访问量的一个公认的标准，它有社会效益和经济效益两个层面。网站的点击率高，意味着该网站可以达到较好的社会效益，同时也意味着会收到较好的经济效益。

一、点击率及相关概念

点击率是与网民对网站的访问量紧密相连的一个概念，它有广义和狭义两层含义。从广义上讲，点击率泛指一切对网站访问的度量，它包括很多具体用语；狭义上讲，点击率指网上受众对某一个网页链接的点击次数与该链接网页的出现次数的比值。一般认为点击率是度量网站吸引力的一个重要指标，点击率高的网站往往能够带来较高的广告效益。所以网站不得不尽一切办法来提高网民对自己的点击次数。

以下从广义角度对点击率所涉及的相关术语作一些介绍：

Banner（横幅）：一个表现某一内容（或广告）的图片，放置在页面上，链接到另外的某一个网页。

Logo（图标）：通常用来做广告宣传的商标或特定标志。

Portal Page（点击后连到的页面）：通常这个页面不是网站的首页，而是针对某一内容重新设计的页面。

Visitor（访问者）：一个与网站有交互操作的个人，和用户（User）是同一术语。

Visit（访问）：用户点击进入一个网站，然后进行的一系列点击。由于网络数据以“数据包”的方式传送，而不是持续连接。当用户在超过系统规定的时间没有再次点击要求数据，下一次点击将被认为是另一次访问。

Hit（点击）：从一个网页提取信息点的数量。网页上的每一个图标、链接点都产生 Hit，一个网页的一次被访问由于所含图标数量，浏览器设置的不同，可以产生多次 Hits。

Clicks（点击次数）：网民对某一个 Banner 或 Logo 或任何一个链接的点击次数的度量指标。每一次当访问者通过点击访问一次某个链接，称点击一次。点击次数可以客观准确地反映出该内容对网民的吸引程度。

Clicks Ratio（点击率）：是网站内容吸引力的一个标志。如果某网页出现了一万次，而网页上的某一内容的点击次数为五百次，那么该内容的点击率即为5%。

Impression（投放次数）：某一网页被访问的次数。COUNTER（计数器）上的统计数字即该网页的 Impression。

Pageviews（综合浏览量）：网站各网页被浏览的总次数；一个访问者有

可能创造十几个甚至更多的 Pageviews。

Unique Host（独立访客）：由于每个访问者有可能制造出多个 Pageviews，而访问者刷新网页也会使 Impression 数增加，所以 Pageviews 或 Impression 都不能精确表现网站的访问人数。通常情况下每个访问者都会来自于不同的地址，称为来自不同的 IP。独立访客即将来自同一 IP 的访问者视为同一个人，从而获得更精确的访问人数。通常很多网站公布的访问量都是 Pageviews 或 Impression；Pageviews 往往是 Impression 的数倍，而 Impression 又会比 Unique Host 高出许多。

CPM（Cost Per Thousand）：每千人次访问成本，一般用于网络广告，按访问人次收费已经成为网络广告的惯例。

Log File（日志文件）：由服务器产生的，记录所有用户访问信息的文件。网民的每一次访问，都会在 Log File 中产生记载。网站获知点击率数据的来源即是通过这种 Log File 达到的。

二、网站访问流量认证

点击率是网站的生命线，一方面在于社会效益，另一重要方面在于经济效益。高点击率的网站常常会有高广告投放。对广告商来说，网站的点击率也是他们所非常注重的指标。在投放网络广告之前，商家必须合理设定广告活动的预算、目标、周期长度、受众范围；其次要根据设定的要求选择广告将要投放的网站。因为即使 CPM 价格一样，在访问流量不同的网站做广告，效果也完全不同。高访问流量的网站使商家获得所需效果的时间大大缩短，而低访问量的网站，广告效果往往也不是太好。因此，不同网站的访问流量信息对广告商家是非常有价值的信息，也是网站在竞争广告的时候需要公布的数字之一。对于网站来说，Web 出版者倾注了大量精力和财力在网站内容上，目的之一就是换得访问者的注意力，以便吸引广告商家的注意而从广告中得到收益。

1999 年以前，网站在公布访问流量时缺乏对访问统计指标的权威定义和度量标准，不同网站所公布的数字，采用不同的标准。这一方面不利于广告商家的比较和选择，另一方面也不够客观和可信。而网站本身也无法和其他网站的访问统计报告进行比较，制约了网站的盈利空间。为了改变这种状况，1999 年末，中国互联网络信息中心（CNNIC）作为一个非盈利的互联网络管理和服务机构，宣布制定了一套《网站访问统计术语和度量方法》，并据此开发一套第三方网站流量认证系统。

CNNIC第三方网站流量认证系统的基本思路是通过收集网络客户访问网站的数据信息，形成自已新的、更有效、更灵活的Log文件，再对自制的Log文件进行处理，以输出结果。在此过程中，通过加密的方式提高Log文件数据的可靠性，并在采集信息、处理信息时执行一些特定的算法防止作假行为。在组成上，该系统分为两大部分：前端和后端部分。前端负责采集流量信息、制作log文件、加密、防假处理、传送log文件，后端负责对信息进行统计分析、执行算法防止作假、输出结果等。该系统的主要特点是：(1) 数据信息的收集采用了对信息进行加密、执行特定的防假算法和实时监测客户的存在等方法，从而在很大程度上防止了作假行为，以保证数据的可靠性；(2) 因为数据采集是由本系统来完成，无论在信息的格式还是在时间的统一性、系统效率方面都得到了保证，另外处理信息的算法保证了结果的尽量准确，并能适应多Server的环境；(3) 由于数据信息是由本系统收集得到，故此数据丰富，处理灵活，可以按照要求以多种形式得到输出结果。

至于具体的统计实现方式，可以到如下网址进行查阅：

http：//www．cnnic．net/trafficauth/standardindex．shtml或

http：//wj．beelink．com．cn/cnnic/cnnic/standindex．htm。

三、提高点击率的意义

总的来说，提高点击率意味着扩大该内容对受众的影响，社会效益能更好地实现。就经济角度来说，提高点击率则意味着降低广告的成本。网站的访问流量和某一广告的点击率之间的关系并不十分显著。广告商家选择了访问流量大的网站投放广告，可以使点击的绝对次数增加，但并不意味着这则广告就一定有高的点击率。而目前点击率的提高却是降低广告成本的重要途径。按现在中国网络用户的规模，广告单位成本是不可能有较大规模降低的。目前在主流的综合性Web站点上，全尺寸网幅广告的千人成本在15至30美元不等，相当于120至250元人民币；按2%的理想点击率计算，则广告商家为每一个访问者付出了6－12元人民币。对于网络广告商家而言，在无法对价格水平产生影响力之前，首要的任务应放在提高点击率上，因为一旦点击率是20%，则每点击成本就有可能变成6角钱。

广告商家如果能够把广告给想看这些广告的人看，或者给希望被覆盖的

受众看，使每一个看到广告的人都有兴趣和足够的心理驱动力去点击广告，点击率的上升就不是一件难事了。

如何才能把广告放在目标受众乐于打开的页面上？进一步的决策需要借助网上受众调查来实现。当然网上受众调查有着更广阔的应用领域，这里提及的只是其中的一个重要的方面。

第二节 网上调查

一、网上调查的起源和发展

网上调查发轫于美国。美国本土的国际互联网刚一建成，就有人想到通过网络来进行调查。刚开始的调查内容多是访问者的背景和访问动机、对该网址有何建议和看法、上网情况以及使用、购买计算机产品等问题。随着网络规模迅速扩大并跨越全球，许多国家的网络好事者们也纷纷在网上开展调查，调查的内容范围也迅速被扩展到人类生活的各个领域。在美国，短短几年间，网上调查在整个市场调查中所占的比例已经达到了5%。

由于语种的差异，我国的中文网站资源前些年极为贫乏（特别国标码的网站），近年来由于中文搜索引擎的应用和网站的不断增加，中文的网上调查也不断出现，例如在SOHOO上就经常出现各类调查。内地本土的市场调查公司也有意在这方面进行尝试。1999年10月16日，著名中文搜索引擎SOHOO与专业调查公司零点市场调查与分析公司联合举行新闻发布会，宣布将携手拓展网络调查业务，使中国调查业“步入网络时代”。此前，网上调查没有在国内被很好地使用，原因有二：一是缺少一个有很高访问量的网站，而这是保证所得出的调查结果具有代表性的基础；二是过去的调查都不是由专业调查公司来做的，那些非专业调查公司在做的过程中不可避免地涉及诸如如何选题、如何设计问题、如何持续不断地维持调查工作等专业问题。此番两家联手可谓“强强联合”，意味着中国调查业开始进入一个崭新的时代。随着新浪网和中央电视台《足球之夜》、《五环夜话》的频频相邀，外加中文热讯个人主页调查、人民日报金报网上调查、163电子邮局网上调查等等，以及网易、ChinaByte、中国计算机报融入其中，中国网上调查似乎已形成燎原之势。

二、网上受众调查的内容

网上调查的对象显然就是网民。网上调查一般包括四个方面的内容。一是对网络用户的意向调查，也就是网站为了了解网民需求、征集对自己网站的看法和改版意见而进行的资讯调查，类似于电视台调查自己的观众收视行为；二是网上舆论调查，就是利用网络做调查工具，对最近发生的新闻热点、重大事件征集网民的意见，得到网民的反馈信息；三是企业调查，这是网站带有商业意味的一种调查，多是企业花钱委托网站对自己的产品或市场需求进行调查；四是娱乐休闲调查，往往出现在网站的一些休闲项目中。

在网络新闻实务领域，网上调查确定的对象也是网上受众。网上受众调查主要包括前两种形式的网上调查：

(1) 网上受众的意向调查

通过对网上受众的调查，了解他们对网络新闻的需求、对网站的改版意见以及对网络媒介的使用情况等信息，目的是使新闻网站和网络新闻编辑根据受众的要求量体裁衣，更好地为受众服务。

下面图 8－1 至图 8－5 是上海东方电视台网站设计的一项小型网上受众意向调查项目，由此可以见出这种调查的某些特点：

1、您认为上海东方电视台网站新推出的测试版比前一版

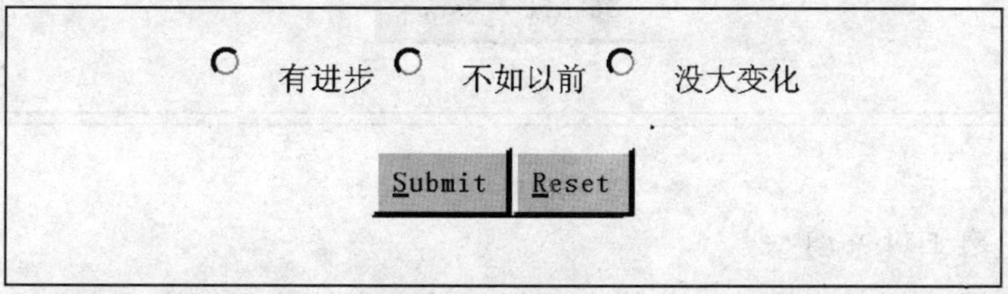

图 8－1

2、您经常收看东视节目吗？

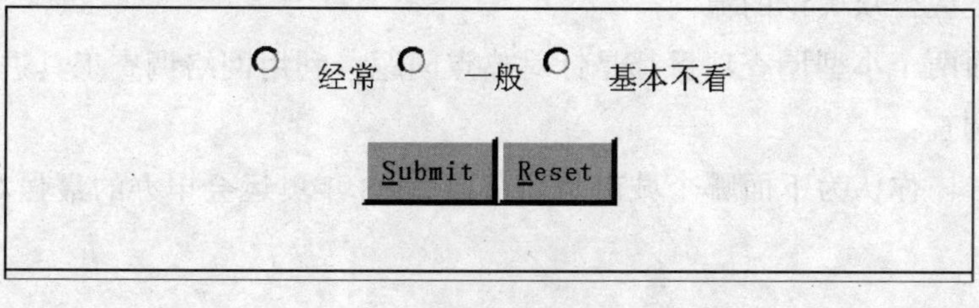

图 8－2

3、您认为东视哪一类节目办得最好

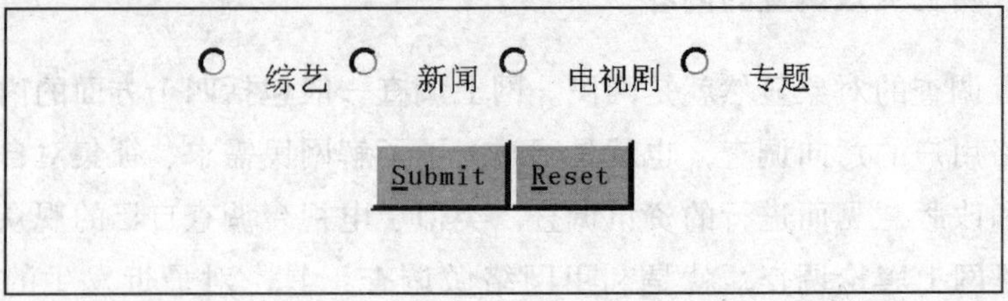

图 8－3

4、您经常访问东视网站吗？

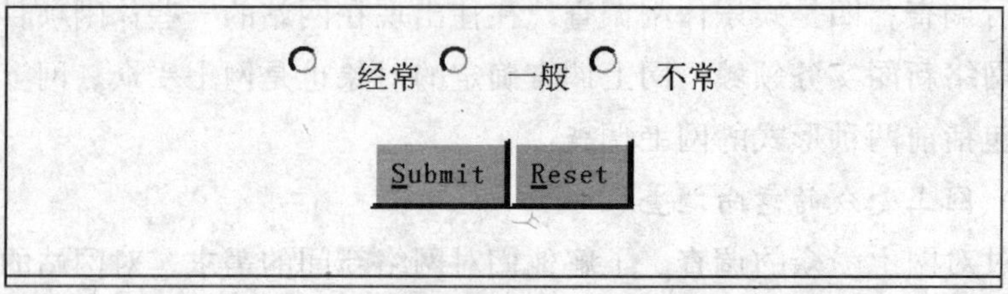

图 8－4

5、您浏览东视网站通常用多少时间

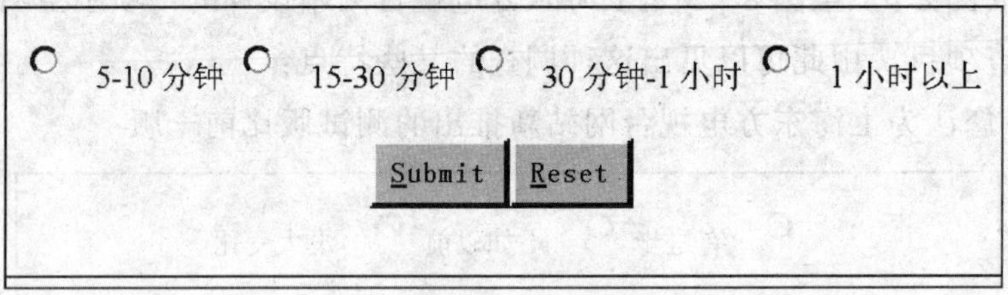

图 8－5

（2）网上舆论调查

这是针对公众比较关心的热点新闻、重大事件等，征集受众的意见，或者就某篇新闻报道征集受众的看法，目的在于了解公众对这些事件的意见和态度，把握公众舆论的流向。

下面两个小型调查项目都是针对热点问题，利用网络调查工具进行的网上受众调查：

例一：你认为下面哪个城市是北京在 2008 年奥运会申办的最强对手？

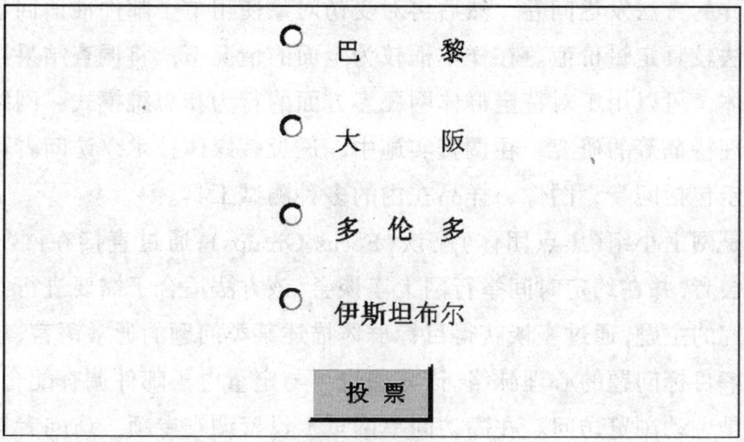

图 8－6

例二：您认为应该如何解决高校学费上涨与贫困生就学难的矛盾？

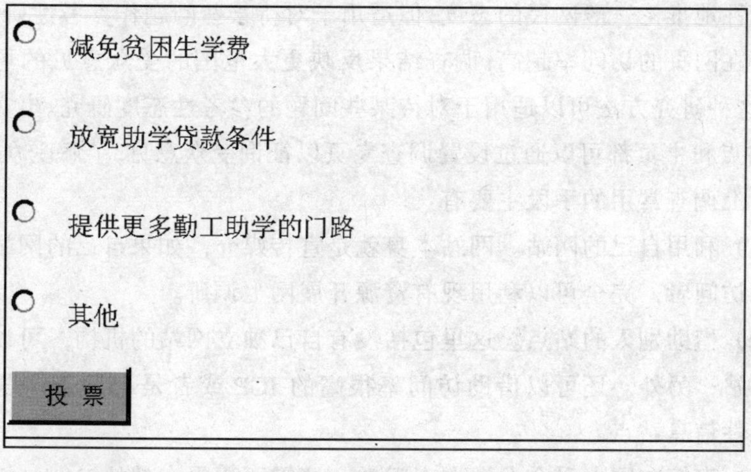

图 8－7

上面示例都是将问题放在网页上，让访问者主动投票反馈进行的。

这种形式只是网上调查的一种较为常见的也是最为简单的方式，调查的内容也是简单的问题。对于复杂的调查内容，只采用这种方式是不够的，所以不能将网上受众调查误解为只是在网页上放置几个问题这样单纯的形式。

三、网上调查的方法和常用手段

目前网上调查的方法主要有三种：

一是电子邮件调查。以较为完整的 E－mail 地址清单作为样本框，使用随机抽样的方法发送问卷，然后再对受访对象使用电子邮件催请回卷。这项调查方法较具定量价值。在样本框较为全面的情况下，将调查结果用以推论研究总体，可以用于对特定群体网民多方面的行为和思维模式、网络广告效果、心理特征等的研究；在调查实施中，透过多媒体技术，访问者可以向受访者展示包括问卷、图像、样品在内的多种测试工具。

二是网上小组(焦点团体)座谈(Focus Groups)。通过直接在网上受众中征集与会者,并在约定时间举行网上座谈会。该方法适合于需要进行深度或探索性研究的主题,通过座谈获得目标群体描述某类问题的通常语言、思维模式以及理解目标问题的心理脉络。该方法也可与定量电子邮件调查配合使用。

三是主动浏览访问。在高访问率网页上设置调查专项，访问者按照其个人兴趣，选择是否访问有关主题。这项研究方法所获得的研究对象属于该网页受众中的特殊兴趣群体,它可以反映访问者对待所研究问题的态度;虽然不能一般性地推论一般网民的态度,但适用于对待某些问题作参考性研究。调查专页所在网页的访问率越高,调查结果反映更大范围的受众意见的可能性也越大。这种研究方法可以适用于对待某些问题的参考性态度研究。事实上许多Web 站点和主页都可以通过设置调查专页以征询受众意见,了解受众需求。

网上调查常用的手段主要有：

(1) 利用自己的网站。网站本身就是宣传媒介，如果自己的网站拥有了固定的访问者，完全可以利用现有资源开展网上调研。

(2) 借助别人的站点。这里包括没有自己独立网站的机构，可以利用别人的网站；另外，还可以借助访问率很高的 ICP 或者是与调查课题相配合的专业性信息站点。

(3) 直接向网上受众发送调查问卷。这需要积累有效的 E－mail 地址。

(4) 在相应的讨论组中发布问卷信息，或者发布调查题目，指向 WEB 网站上的问卷。在讨论组和 Usenet 上发布信息时，一定要注意网上行为规范，调查的内容应与讨论组主题相关。

(5) 为了最高程度送达或产生最大程度的影响，可同时采用所有手段。

四、网上受众调查的步骤

网上受众问卷调查的一般操作步骤如下：

1. 确立调研目的：调研目的是期望本次调研将会产生什么样的效果，

这是调研组织者首先要进行的工作。确立调研目的是进行网上受众调查最重要的一步。

2. 考察调研环境，制定调研提纲：首先考察以往是否做过类似的调查，是如何操作的；然后根据调研目的和环境条件制定调研提纲。这个环节首先要考虑的是相关的背景材料、所需信息以及这些信息如何使用等等。

3. 制定调研方案：包括选择合适的调研方法和调研工具，确定信息的收集程序，设计初步的调查问卷以及其他具体实施细节。

4. 确定目标对象：如果选择了主动浏览访问的方式，就要看网民中是否存在着被调查群体，数量规模有多大。可参考CNNIC的互联网发展报告中的数据以及网站自己进行的受众调查结果报告。选择合适的网站实施调查，是调查成功与否的关键之一。如果选择的是电子邮件调查，就要根据最新的目标电子邮件列表（抽样框）按一定的原则进行抽样。

5. 小范围测试：设计正式的调查问卷，必要时在小范围测试，主要考察以下环节：

(1) 在提问题之前说明调查的目的、意义和提供什么赠品，主要是为了引起被调查者的重视和兴趣，争取他们的积极支持和合作；

(2) 在确定调查目标市场的基础上，充分考虑被调查者的特征及心理特点，然后提出问题。设计完美的问卷，可以引导被调查者在没有失去兴趣前填写完所有的问题，达到调查者的目的。这就需要注意：问卷不宜过长；问句应简洁易懂，定义清楚；尽量采取选择答案方式；敏感的问题应婉转迂回地提出，不要让被调查者产生反感；

(3) 由于互联网交互机制的特点，网上调查可以采用一种传统调查无法实施的方式，即调查问卷分层设计。这种方式适合过滤性的调查活动，因为有些特定问题只限于一部分调查者，所以可以借助层次的过滤寻找适合的回答者；

(4) 问题的排序也很重要，特别是对于问卷很长的调查活动。首先要按照问题的性质和类别依次排序，同类性质的问题尽可能排在一起；其次是按深入程度排序，一般来说，先简单后复杂，先一般后敏感；

(5) 为了提高网上调查的质量，可以有意设置一些相关联的问题来判别问卷的真实性。例如，可以在两个问题中分别询问被调查者的年龄及出生日期，在后期的调查结果分析中，可以通过问题相关性做判断，如果自相矛盾，就可以剔除这份样本；

（6）另外，还必须在合适的位置向被调查者承诺，有关个人隐私的任何信息不会被泄露和传播。

6. 发放问卷：就是通过电子邮件将问卷发送到受访者手中，或者将问卷投放到网页上。如果是用电子邮件的方式实施调查，一般还需要再发一封催请的问卷，以提高回收率。

7. 数据回收和整理：被访者将做好问答的问卷传送来之后，需要有一个辨别和整理的过程。这是一个复杂的过程，直接决定着受众反馈数据的质量。在最近一次 CNNIC 的网站评选中，被视为废票的问卷数量高达16万多份，可见如果不进行鉴别与整理，结果将会有多大的偏差。目前这一步的工作还没有约定俗成的办法，一般的鉴别方法是核对身份证号码和检查 IP 地址。因为几乎所有的问卷调查为了鼓励受访者的参与，一般都设有奖项，而因此要求被访者留下身份证号码是可能的。如果同一个身份证号码出现多次，该号码的全部问卷都会被作废；如果是来自同一 IP 地址（针对网上浏览的访问方式）的问卷，即使身份证号码不同，如果回答具有很多的相似特征，也可能会把这类问卷全部作废。用电子邮件方式时，最简单的方法是检查有无重复的地址，以及与发出的地址是否符合，但是这样的处理方式虽然去除了很多无效问卷，但有时候也不可避免地误删了一些有用的问卷。鉴别问卷最理想办法是用惟一符号标示每一份问卷，看回收的问卷中如果有重复的标示，就剔除该份问卷，但这种方式在技术实现上会有一定的难度，基本上只是一种建议。

8. 分析调查结果：用特定的软件读取问卷中的有用数据，并给出相应的统计结果。电子邮件调查需要等到规定截止日期之后将问卷进行统一的整理和分析。而受众主动的浏览访问原则上也需要等到截止日期之后才能进行分析，但由于网上调查的实时性，一般被访者做完回答，就可以看到阶段性的简单的初步结果。

9. 发布调查结果：将本次调查的一些基本结果进行公布，以增加被访者的参与意识。

五、调查结果的表现形式

调查结果的发布有很多形式，遵循的原则是让读者简明易懂。下面简要介绍一下常用的结果表现形式：

1. 直接用数字表示。比如下面的两则例子：

其一，2000 年 5 月 15 日至 29 日，《人民日报》网络版国际频道以“发生重大国际新闻时，您一般是通过哪种媒体最先得知?”为题开展了网上调查活动，共有 1577 名网友参加了此次调查，结果如下：

电视：882 人（56%）

网络：534（34%）

报纸：106（7%）

广播：55（3%）

其二，2000 年 8 月 18 日至 10 月 13 日，人民网观点频道进行了题为“您认为应该如何解决高校学费上涨与贫困生就学难的矛盾?”的调查。参加调查的网友共 11930 人，调查结果显示：持“提供更多勤工助学的门路”与“放宽助学贷款条件”观点的网友最多，前者共 4610 人，占 39%，后者共 4348 人，占 36%。持“减免贫困生学费?”观点的网友次之，共 2581 人，占 22%。另有持“其他”观点网友 391 人，占 3%。

2. 用饼形图表示。比如上面的第二则例子，在结果发布中可以设计成图 8－8 的形式：

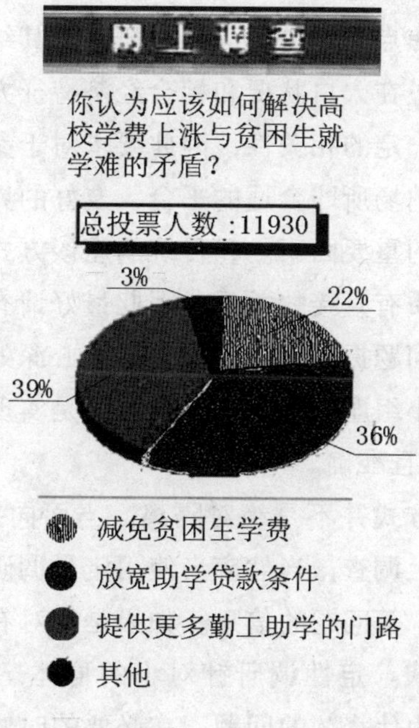

图 8－8

3. 用条形图表示。比如下面的一项调查结果，可以用图 8-9 表示：

投票主题：对于中国加入 WTO，您个人看法是？

投票开始时间：99．12．2

总票数：1250

栏目	票数	百分比	图　　例
说不准	73	5%	
利大于弊	771	61%	
弊大于利	406	32%	

图 8-9

4. 多种表示方式并用。如果要更加清楚地发布结果，可以适当地采用多种形式并用的方法，比如既用数字直接表示，同时使用直观图示方式，则可以达到更好的表达效果。

六、定量研究和定性研究

网上进行的问卷调查多是定量研究，而用小组座谈会的方式基本上是定性研究，目的是为了对某一焦点问题进行深入的研究，其结果没有广泛的代表性。参加小组座谈会的成员在人口状况和社会经济特征方面应该具有同质性，而且要与讨论的主题有一定的相关性，因此要求对于参加者事先按一定准则进行认真地筛选。座谈的场所即合适的平台、友好的界面以及轻松的气氛都是保证座谈会成功召开的重要因素。和传统的座谈方式相似，网上座谈会质量的优劣和主持人的素质有直接的关系，因此最好请有丰富经验的人来主持，而且事先要有详细的问题提纲，引出被访者内心深处的观念。与传统小组座谈会相比，召开网上小组座谈会的突出优点，是实现了记录和整理工作的“革命”，不但快速，而且准确。

定性研究和定量研究的方式并不是绝对隔离。当面向广大网民群体时，进行如互联网使用情况的网上调查，当然应当使用定量调研方式，调研结果都是有关“是什么”、“如何”等问题的信息。如果是针对有关具体事件的调查，往往采用定性调研的方式。定性调研针对小的群体，得到的信息更准确，调研结果包含的多是“为什么”的问题。在必要的时候，两种调研方式相结合，成本不会提高多少，效果却会倍加。

七、网上受众调查的优势

与传统的受众调查相比，网上受众调查明显地具有诸多独特的优势：

一是反馈速度快，有更高的效率。在国际互联网上利用电子邮件进行问卷调查，其速度是传统信件所无法比拟的，通常几页纸的问卷几秒钟便能发出去，几分钟后就可传到世界各地。而收卷人可以在任何时候、任何地点上网收取问卷，然后离线阅读。如果回复及时，很快就可以回收问卷。如果采用网页的形式，一份调查问卷上网，往往一两天之内，就可以获得大量的反馈，而结果的统计可以即时进行，这是传统的统计调查所无法比拟的。另外，在数据的收集、整理上有明显的优势，不仅快速，而且完整、准确。特别是利用国际互联网的交谈软件进行访谈调查时，调查人员只需集中精力于访谈，不必费心于记录。在结束访谈时，即可把谈话内容快速、准确、完整地记录下来，以后可以随时调阅、整理和分析，这样可为统计调查带来极大方便。

二是不受时空、地域的限制。这与受区域制约的传统调研方式有很大不同。通过网络，只需要几个远程站点联合进行就可以了。这样的调查活动如果利用传统方式是无法想象的。

三是客观性强，有更好的保密性。由于调查对象是在完全独立的环境下填写问卷的，可以不受访问时间的限制，在一种休闲状态下填写，答卷时不必面对调查员，调查对象可以避免受到干扰和误导，容易表达出他们真实的想法。而且被访者在填答的时候因为对这个问题感兴趣，采取了主动行为，无回答率相应会降低，调查结果更具有客观性。加上使用匿名提交答卷的方法，网上调查又可以比传统的调查方法拥有更加彻底的保密性能。

四是具有更好的接触效果。上网的群体代表着舆论领导能力、信息敏感与辨别能力较强的群体，对他们的研究结果一定程度上可以代表其对流行潮流的切合度。通过网上受众调查，我们虽然不见得能收集到来自网上受众全面的意见，但可以搜集到来自这种特殊群体的独特见解。但传统的调查方式，无论是电话调查还是入户访谈，都不容易找到他们。而互联网则提供了一个非常简便的方式来接触这一群人，成为抓住目标调查对象的一个有效途径。

五是统计数据准确，标准化程度高。网上调查由于省却了另外的编码录入环节，从而减少了数据录入进程中的遗漏与偏误，在自动统计软件配合更为完善的情况下，用很短的时间就能完成标准化的统计分析工作。

六是调查成本降低，周期缩短。网上调查最大的优点是降低了调查实施的附加成本与接触成本，对于座谈场地、访问场合的要求均可以简单地在网上实现。通过传统方式进行一项调查，往往要为问卷的印刷、发放、回收及后期统计整理花费大量的人力和财力，而借助网络则可以最大限度地降低调查成本，缩短调查周期。

八、网上受众调查的原则及难题

网上受众调查应该遵循的原则，理论上应该是常用的随机调查的原则：一是总体中的每个样本都有均等的被抽选机会；二是从样本调查结果能够推算总体情况。但是就目前的情况来看，网络用户在我国的地区、年龄、文化程度、职业、性别等分布上极不均衡。根据CNNIC最近一次（2000年7月）的互联网发展统计报告：目前的互联网用户中，男性占74．68%，女性占25．32%（女性网民在上升）；18－24岁之间的用户占46．77%，25－30岁之间的占29．18%，31－35岁之间的占10．03%，其他年龄段的合计占6．78%；未婚占66．58%，已婚占33．42%；用户中具有本科文化程度的人占45．93%，大专程度的占32．81%，硕士、博士程度的占到5．93%，而高中和高中以下学历的人总共只有15．33%；家庭人均月收入在1000元以上的占63．55%，而500元以下的只有8．26%；上网的用户中56．37%是自己支付上网费用。从上述结果可以看出，一般网上调查的受众都是知识水平较高、经济收入宽裕的一些特殊群体，他们大多是年轻人。

在目前条件下，网上调查结果尚缺乏普遍性和权威性，对某些调查来说准确性和针对性不高。网上调查与传统的调查比较，还不可避免地存在着很大的难题：

（1）难以保持样本的抽样科学性。传统调查中的抽样调查，如入户调查和街头拦访等，能保证以小部分人的意见代替全体人（指目标群体）的意见，理论假设就是这小部分人在群体中是随机产生的，具有数理上的科学性。但是网络是一个极为开放的空间，任何人都可以参与；而且从目前的实际上网人数来看，这些群体明显是高收入、城市化和高学历群体，这个群体的意见很难具有人口意义上的真正的代表性。

(2) 难以保证回答的真实性。由于网上调查是在不可见的情况下进行的，而且受访人没有任何的压力和责任，这也容易导致他在问题回答上的随意性，甚至还可能故弄玄虚。而且，网上调查的受访人来源具有不确定性，因此在调查过程中很难进行复核，回答的结果因此也较难保证它的真实。另外，网上调查中往往存在回答不完整，甚至重复回答的现象，这些在数据处理中也很难剔除。

(3) 难以保持样本的连续性或者进行连续性样本（panel）调查。目前网络上的访问者十分复杂，而且访问具有很大的随机性或不确定性，因此每次调查的结果差异很大，特别对于某些事件来说，需要对它保持连续跟踪调查，这样就需要进行连续性样本调查。但如何有效地保持样本的连续性呢？目前在许多网上调查的操作程序中尚未很好地解决。

(4) 难以激励受访人的积极参与。前面讲过，由于网上调查是不可视调查，心理上感觉距离很远，不可能像座谈、面访或电话访问一样给予各种言语或行为上的支持与激励。另外，由于礼品也很难及时获得，所以在语言和物质刺激都缺乏的情况下，使被调查者获得动力完整地做完一整套问卷是有一定的难度的。

(5) 难以真实有效地获得样本的背景信息。对于大型的受众调查来说，样本的背景信息是调查信息中非常重要的一部分，样本背景信息是否真实、有效，直接关系到调查结果的真实有效，但是在调查中通常较难准确、完整地获取有效的样本背景信息，特别是有关年龄、财产和家庭住址等信息。网上调查同样面临这些问题，而且很难解决。

(6) 样本的地域性和数量要求难以保证。由于某些新闻事件具有一定的地域特征，因此在调查中地区取样和样本数量上也有所不同；但是网络却打破了地域特征，在调查过程中很难保证样本的地域性。

对于上述难题，在操作中可以在一定的范围内加以控制。例如，由于不能控制被调查群体，在一项网上调查中，回答问卷的人多为青年人，但是分析调查的结果却是基于所有年龄层次的人，所得结果当然与实际情况大不相符。因此要尽量降低调查课题与被调查群体固有特征的相关性。其中一种行之有效的方法就是提供足以吸引被调查者的奖品或赠品，这样做的原因不仅仅是为了获得更多的样本，从心理学和统计学的角度来看，几乎所有的人都有获得奖品的愿望。这样就可以通过这种手段来提高调查样本的均匀度，从而使得分析结果更加可信。另外就是要根据每一项调查的实际情况，分析被调查群体的特征，制定有效的方案，以提高答卷率和准确率。

九、网上受众调查的发展方向

截至2000年12月底，我国上网人数已达2250万，但仍然十分有限，只占全国亿力消费者的极小一部分，网上调查自身也存在着诸多技术上的局限。在我国，网上受众调查作为一种调查方式来说，可能很难在今后一两年内发展成为一项具有广泛代表性的调查形式，但它提供了一个全新的思路，并以其超越传统受众调查的诸多优势代表着今后受众调查发展的一个方向。

从理论和实践两方面来讨论，规范化是今后中国网上受众调查的发展方向：

(1) 建立通用的样本库。调查是以小群体（样本）的意见和观点推及大群体的意见和观点。如何保证网上调查的科学性？首先就是要保证样本的代表性，而样本是否真正具有代表性，关键在于是否有健全的样本库，所以进行网上调查，需要逐渐扩充自己的样本库，并且不断地更新样本。样本的来源可以从电子邮件供应商和网站供应商等地方获得，并且逐一地进行样本审核。

(2) 规范真实性的鉴别手段。鉴别信息的真实性是调查的生命。如何真正保证从网上所获取的信息是真实的呢？其方法是多样的，比如在问卷设计中本身含有检验真伪的题目，并在统计检验中进一步检测其真实性。再比如对其进行跟踪调查，在下一次调查中夹含前次调查的一些问题（主要是事实性问题），进行进一步的检验。或者是其他种种方法，可能会跟新技术的发展密切相关。

(3) 实施技术的规范。目前网上调查正在兴起，有些技术亟待规范。例如，如何在网上有效地取样？有效样本的数量究竟多少合适？还有实施网络调查的相应软件和问题的表现形式等，都需要有一定的标准规范。从这个角度说，目前在网上大量呈现在网页上的可让人随机访问填写的调查，很难说它已经是科学的调查。但无论如何，经过一定阶段的摸索、研究和总结之后，网上调查有可能会发展成为一种最科学的调研方法。

本章思考与练习

1. 什么是点击率？提高点击率有哪些方面的意义？

2. 访问 http：//wj. beelink. com. cn/cnnic/cnnic/standindex. htm 或 http：//www. cnnic. net/trafficauth/standardindex. shtml，查阅第三方流量认证系统的实现方式。

3. 网上受众调查的优势和难题表现在哪些方面？

4. 简述网上受众调查的方法和操作步骤。

5. 访问 5 个以上新闻类网站，参与这些网站的网上受众调查项目，分别进行投票和查看结果的操作，理解网上受众调查交互性的优势。

第九章　网络新闻媒体的在线管理

做好网络媒体的新闻宣传管理工作，是目前新闻宣传工作面临的新的课题。新闻网站的组织和管理大体可分为两个层次：一是网站内部新闻宣传的组织与管理工作，主要是针对网络新闻的版面、内容的管理，以及舆论导向的控制等等；二是国家对网站的宏观管理，主要手段是政策调控和法律方面的监控。

在网络新闻宣传的管理方面，由于网络媒体是一个新兴的媒体，因此无论是网站内部层面还是国家宏观层面，我们目前都缺乏现成的理论和可操作经验。如果希望网络媒体的新闻宣传工作逐步走上健康发展的道路，我们就必须加强理论研究，特别是从宏观政策与微观操作两方面的理论研究，加强网络法律、法规、政策的制定，以及具体措施的有效设计和运作。

本章主要针对实务层面所涉及到的网络新闻宣传管理工作、我国对网络新闻媒体的法律管理规定以及知识产权保护等问题作些介绍与讨论。

第一节　网络新闻宣传的组织与管理

本节主要介绍新闻网站的管理现状以及我国对网络新闻管理的有关规章，并且从宏观层面论述我国网络发展过程中的相关法律规范及其所起的重大作用。这里所说的网络新闻管理，主要针对的是新闻网站如人民网、CCTV网络版、《光明日报》网络版等专门以新闻报道为主要业务的新闻机构所进行的新闻宣传管理活动；诸如新浪、搜狐、网易、首都在线等网络门户新闻中心的新闻宣传，其管理的基本原则和要求应该是一致的。

一、传统类网络新闻的误区

近年来，我国传统媒体广播、电视、报纸、杂志等纷纷上网。目前已有数百家新闻媒体网站。在传统媒体网络版中，报纸类网站访问人次最多，其次是电视和广播，最后才是杂志。在报纸类网站中，上网人次较多的网站有人民网、《证券时报》、《中国证券报》、中青在线、《北京青年报》、《上海证券报》、《羊城晚报》、《足球报》等。人民网是国内传统媒体新闻网站中办得最为出色的，该网站栏目丰富，分类得当，更新速度快。从2000年开始在新闻的更新、内容的分类等方面迈出了很大的一步。从新闻更新来说，该网站每天从凌晨4点到晚上21点共进行十五次新闻更新。人民网也是进入中国互联网报告优秀网站排行榜（500票以上）的仅有的两家传统媒体类新闻网之一，另一家为中央电视台网站。

但是，当前不少传统媒体新闻网站总体上说仅仅是传统媒体在网上的延伸。许多传统媒体网站基本上不重视新闻的及时更新，大多数网站仅仅是其固有媒体的翻版，依然是一天一次“版面刷新”。传统媒体新闻网站在访问人次上不如综合性和专业类商业网站，这与其新闻更新缓慢、信息量不足等有关系。可以看出，这些网上媒体在网络新闻观念和操作方式上忽略了网络自身的规律。一些人认为，网络新闻就是传统媒体的补充，是让一时看不到传统媒体的人得到“补偿”。其实，这种观念是错误的，他们忽略了网络新闻的更大功效，忽略了“第四媒体”正在对传统媒体报道方式带来的巨大冲击。新闻媒体网站要取得较大的发展，必须跳出传统媒体的框架，走综合类网络新闻媒体的路子。

现有中文新闻网站较为普遍存在的问题，大致有以下几个方面①：

1. 信息更新速度慢

信息更新速度慢，是现有中文新闻网站的通病。这可能与传统媒体在网络版新闻方面的人力、物力投入与重视程度不够有关，也可能与网络新闻从业人员对网络新闻的认识不足有关。最近，人民网的网络新闻采用了定时更新内容的方式，每天分时更新，且次数增加，受到欢迎。

① 参见徐世平、何毅：《中文新闻网络现状分析及对策——关于建立上海综合性新闻网的思考》，《新闻记者》总第202期。

2. 新闻编辑能力较弱

现有的商业性网站，包括新浪、NEWSHOO、YAHOO 中文新闻、SUHO 等从事网络新闻发布业务，都不同程度地存在着新闻编辑方面的问题，其中如 NEWSHOO、YAHOO 等中文新闻网站，所刊发的新闻从内容到标题重复严重。这无形中挤占了网络空间，也浪费了人们上网阅读的时间。即便是新浪网，在新闻编辑层次上也存在缺陷，浓淡搭配不适宜。从网上阅读的习惯来说，受众的层次是不同的，花费在网上的时间也不一样。因此，每一个网页的新闻提示，就显得十分重要。综合类商业网站在网络新闻编辑方面的做法，大有给人“捡到篮里就是菜”的感觉。也许，这种情形同这类网站存在的重网络技术人才而轻新闻编辑人才的倾向不无联系。目前网站发布新闻的数量已经不成为大的问题，差距在于对信息的加工筛选方面。

3. 舆论导向问题

我国新闻机构作为党、政府和人民的喉舌，必须担负起相应的舆论导向责任；网络媒体作为一支生力军，在新闻宣传方面同样应当承担舆论引导的责任。然而，网上新闻舆论引导的规律、方法还有待进一步探讨。

4. 新闻真实性问题

网络媒体的固有特性决定了它必然追求最快捷地报道新近发生的重大事件，但是这同时也就会出现新闻真实性的问题。有的综合性商业网站由于新闻编辑人数的限制，不能收集足够多的新闻；有的东抄西凑，拼成一个“新闻大杂烩”；此外，有的网络编辑期望以独出心裁的方式来吸引网民，追踪“新奇玄妙”的新闻，不择手段制作耸人听闻的标题，这样就很难保证新闻的真实性。在这方面，新闻媒体网站由于长久形成的新闻观念和管理制度，在新闻宣传上更注重质量，注重新闻的生命——真实性。这里有许多值得总结的经验。

5. 版权与知识产权保护问题

目前商业性网站按规定不能自己采集新闻，只有采取“借用”新闻内容的方式。这就涉及网络版权和知识产权的保护问题。网络新闻编辑在采用别的网站的内容时，不能不问一问：是否征求了新闻来源的同意？有没有支付相应的报酬，有没有签订协议？

有关网络知识产权保护问题将在第二节做具体介绍，这里从略。

二、新闻信息管理——网络新闻宣传管理的中心

传播媒介的管理区别于企业管理和行政管理等的最大特点就是，它承担着对信息资源的管理。判断一个传媒机构成功与否的标准其实很简单：是否能够最全面、最及时地获取信息，是否能够最迅速地用受众最容易接受的形式传播信息。作为一个前提性条件，只有在信息的获取与发布上获得成功，新闻媒体才会得到受众的认可；只有受众认可的媒体才有经营的空间。事实上，新闻信息管理业已牵涉到传媒机构的每一个部门，从上面分析的新闻信息管理的几方面内容看，以信息为中心，可以理顺所有部门的分工与合作关系。可以认为，新闻信息是媒体一切工作的中心，传媒机构的一切工作都必须围绕新闻信息展开。

类似于传统媒体，无论是报纸还是杂志的网络新闻媒体都设有新闻编辑部、新闻中心或者类似功能的机构，有新闻总监、新闻主编、编辑等不同职位。新闻信息的管理功能，尤其对于网络新闻信息的采集、编辑和发布，主要由网站的编辑部、新闻中心或新闻部、运营部来完成（时机成熟时，还可设立视频音频中心）。新闻总监管理下设编辑中心与读者中心，编辑中心按政治、经济、文化、体育分成若干小组，读者中心则专门负责公告板。新闻中心应该是新闻网站的核心部门，应该配备充足的人员。尤其是“全天候”的新闻发布，对新闻信息管理提出了较高的要求。

新闻信息管理的具体表现就是对新闻稿件的管理。稿件是网络新闻内容的主要来源，而各级编辑在稿件的筛选方面起着举足轻重的作用。上海“东方网”对录用稿件提出了“十个不用”的原则，对于网络新闻媒体的编辑和新闻信息管理来说，都有一定的借鉴意义。这十个不用是“假不可用”、“险不可用”、“长不可用”、“虚不可用”、“劣不可用”、“乱不可用”、“浅不可用”、“套不可用”、“涩不可用”、“恶不可用”。

此外，作为新闻信息把关人，网络新闻的各级编辑应该强化政治意识、新闻意识、服务意识、法律意识、责任意识，以利于网络新闻宣传的社会目标的实现。

三、网络新闻媒体的舆论引导和管理

当前新闻宣传管理部门应如何加强对网络新闻传播的引导和管理呢？

首先，要建立新闻资源使用的“游戏规则”[①]。商业网站开始发布网上新闻，从严格的意义上来讲，当前存在着同传统媒体在网上进行不公平新闻竞争的倾向。由于商业网站没有自己的新闻采写队伍，其新闻源来自对其他网络媒体和传统媒体新闻的采集、剪辑、编写和转发，在一定范围内侵犯了新闻媒体的知识产权。为此，2000 年 4 月 16 日，国内 23 家网络新闻媒体首次聚集北京，通过了《中国新闻界网络媒体公约》，对商业网站肆意盗用新闻媒体网站新闻的做法表示不满，呼吁全社会重视和保护网上信息产权，坚决反对和抵制任何相关侵权行为。但是，尽管《公约》做出了许多规定，如果没有政府管理部门介入并予以支持的话，操作起来仍然是很困难的。想要确保所有网络媒体在网上发布新闻的权利和享受应有的利益，国家必须尽快制定相关的管理办法和法规。政府管理部门对传统媒体在采集、编写新闻方面有一整套完善的管理机构和完善的管理办法，但对商业网站在网上传播新闻如何管理，一时还缺乏明确的法规和管理手段。新近通过的《互联网信息服务管理办法》、《互联网站从事登载新闻业务管理暂行规定》等，在此方面作出了新的规定，将是步入网络新闻宣传管理规范化的标志性阶段。

2000 年 9 月 30 日，由国务院第 31 次常务会议审议通过的《中华人民共和国电信条例》正式公布施行。10 月 1 日，网络新闻传播业界盼望已久的《互联网信息服务管理办法》审议通过后，也正式颁布并施行。“条例”和“办法”颁布之后，业内反响强烈，新政策不仅使得今后的发展有法可依，而且在市场准入等多方面有所突破，同时也表现出了相当的弹性、灵活性和空间预留意识。与 2000 年以来颁布的多项政策一起，中国初步形成了信息产业面向未来的政策管理框架。

网络新闻宣传管理应该本着如下精神：首先，对传统媒体在发展网络化进程中予以扶持和保护；其次，对商业网站进行有效管理，特别是对商业网站在发布网上新闻方面实行有效调控，如实行 ICP（网络内容提供商）管理条例，减少目前商业网站引用专业新闻媒体的新闻资源引发的版权、知识产权纠纷；第三，对各种网站在网上开设的读者论坛之类的网页加以必要的规定，总结新加坡《联合早报》电子版、人民网“强国论坛”的成功做法，引

---

① 郭乐天：《网络发展与网络管理——传统传媒与传媒管理如何面对因特网的挑战》，《新闻记者》1999 年 11 期。

导网民有效地开展对一些重大新闻事件的讨论，以 E－mail 的方式向网站投稿，供编辑选登。

四、网络新闻的法律管理

在 2000 年，一桩网络官司引来了众多媒体的关注：263 首都在线网站中一个带有考研指南性质的个人主页，其“复习指导”栏目中登载的一篇署名文章，部分内容与《大学生》杂志社出版的《考研胜经》相同。《大学生》杂志社在找不到该个人主页作者的情况下，向法院起诉 263 首都在线侵犯其著作权和名誉权。类似的网络纠纷自 1999 年以来一直没有间断过。由此可见，互联网的兴起及普及，在改变了人们信息传播方式的同时，也与现行的法制产生了不少磨擦与冲突，出现了一些新的社会问题。人们不禁要问：以社会价值标准为基础、规范人们互动行为的法律，是否也要作相应的改变？网络作为一种先进的传播手段高速发展，已不可避免地对社会关系产生了作用，其本身已成为一种社会行为。而法律的功能就在于规范和调整社会关系，因此网络立法很有必要。

网络是一种新兴的信息传播方式，与传统媒体传播方式不同，它有其自身的特性。制定网上的法律规则应该朝宽容性方向发展，不能像现在网下的法律规则一样制定得过于严肃、刻板。总的指导思想应该是有利于网络发展、有利于网络信息传播促进社会的和谐发展。一部网络法规不必要也不可能包罗万象，应当分项立法。分项立法的基础在于网络的各个方面不属于同一机关管辖，如广告、专利权、著作权等均由不同部门管理。可以针对网络中出现的危害社会的行为，通过部门立法予以规范和调整。如对“黑客”行为、传播病毒行为在刑事法律中予以规定，对在聊天室里攻击、谩骂他人等有关名誉权问题在民事法律中予以规定，对以 E－mail 方式交易的行为在经济法律中予以规定。

总体而言，网络法规的内容应包括：

1. 事前检查及网络系统的控制、信息发布的筛选、网络系统的建构、对网络使用人言论的控制等；

2. 契约与商业约定、使用人与网络服务业间的使用契约、网络服务业彼此间的约定、如何签订契约等；

3. 网络上财产的所有及使用、著作权、合理使用、电子邮件、电子档案、资料室、营业秘密、商标权等。

事实上，网络立法不仅是中国，也是全球要面临解决的问题。美国互联网奠基人之一 MCI World. Com 的副总裁 Vinton Cerf 和网络问题专家 Robert Kahn 不久前在一份报告中指出，网络的出现引发了新技术革命，已经远远超出了最初扮演的计算机之间连接的角色。政府应迅速修订相关法律，以便于照章处理日益增多的网络纠纷。西方发达国家在网络立法这一方面，再一次走在了前头。为了适应信息化的发展需要，美国于 1996 年对沿用了 60 余年的《联邦电信法》进行了全面修订，对于竞争的根本原则、有关包括本地和长途电话、有线电视、广播和通信设备制造等整个通信产业的法律规定进行了重大修改；同时，为了规范电子出版物的发展，还制定了《数字千年版权法》[①]。德国更是先人一步，于 1997 年 6 月颁布了世界上第一部规范国际互联网的法律——《多媒体法》，从而确立了自己在信息世界的领先地位。

在中国，有关计算机网络管理方面效力最高的法律规范是由国务院常务会议 2000 年 9 月审议并通过的《中华人民共和国电信条例》和《互联网信息服务管理办法》草案，以及《互联网站从事登载新闻业务管理暂行规定》、《互联网电子公告服务管理规定》。其他的相关法律包括，1996 年 2 月颁布的《中华人民共和国计算机信息网络国际联网管理暂行规定》；原邮电部于 1996 年 4 月颁布的《中国公用计算机互联网国际联网管理办法》，1997 年 9 月颁布的《中国公众多媒体通信管理办法》；在计算机网络安全管理方面，国务院分别于 1994 年、1999 年颁布了《中华人民共和国计算机信息系统安全保护条例》、《商用密码管理条例》。此外，公安部也做出了一些相关规定。这些法律、法规和规定在一定程度上初步构成了我国网络法规体系。

五、国内主要网络管理法规简介

1.《中华人民共和国计算机信息网络国际联网管理暂行规定》（国务院

① 《数字千年版权法》将世界知识产权组织（WIPO）1996 年 12 月公布的两项条约（世界知识产权组织著作权条约以及世界知识产权组织表演人与录音物条约）纳入美国著作权法，并试图解决因国际互联网蓬勃发展而引起的著作权法问题。千禧年著作权法案内一共包含四项法案，分别是法案一：世界知识产权组织条约的实施；法案二：国际互联网著作权侵害的责任；法案三：电脑的维护或修理；法案四：暂时性录制、远程教学、图书馆与档案保存处的免责。

1996年2月1日颁布，1997年5月20日修正)，是我国目前有关计算机互联网络管理方面效力最高的法律规范，主要内容包括：成立国务院信息化工作领导小组（国务院信息办)、负责协调、解决有关国际联网中的重大问题，制定具体管理办法；任何单位和个人都必须使用邮电部国家公用电信网提供的国际出入口信道进行国际联网；现有的中国金桥信息网、中国教育科研网和中国科学技术网等互联网络，分别由电子工业部、国家教育委员会和中国科学院负责管理；对准备从事国际联网经营活动和非经营活动的接入单位分别实行国际联网经营许可证制度和审批制度。

2.《中国公用计算机互联网国际联网管理办法》(原邮电部1996年4月3日颁布)。此管理办法规定了接入中国公用互联网的接入单位应具备的条件及办理手续；要求接入单位负责对用户的管理，并按规定与用户签订协议，明确双方的权利和义务；接入单位和用户应遵守国家的法律法规，对其提供的信息内容负责。

3.《中国公众多媒体通信管理办法》（原邮电部1997年9月10日颁布)。该管理办法第一次以法律规范的形式明确了接入服务经营者和信息源提供者的概念，并规定对前者实行经营许可证制度，对后者实行申报核准制度。该管理办法有关信息内容的法律责任承担的条款尤其令人注意：信息源提供者应对其向中国公用多媒体通信网所提供信息的合法性与真实性承担主要责任，但同时网络经营者和接入服务经营者也要承担相应的责任。

4.《中国互联网络域名注册暂行管理办法》(国务院信息办1997年6月3日颁布)。该办法规定，中国互联网络信息中心（CNNIC）工作委员会，作为日常办事机构，负责管理和运行中国顶级域名CN。中国互联网络的二级域名分为“类别域名”和“行政区域名”两类。按照“先申请先注册”的原则受理域名注册，不受理域名预留。在中国，公民个人不能申请域名，域名注册申请人必须是依法登记并且能够独立承担民事责任的组织。申请人应当保证其申请文件的真实性，并且在其了解的范围内，保证其选定的域名的注册不侵害任何第三方的利益。同时为防止他人通过抢注域名谋利，该管理办法还规定了注册域名可以变更或者注销，但禁止转让或者买卖。

5.《计算机信息网络国际联网安全保护管理办法》（公安部1997年12月30日发布)。本办法系根据我国有关计算机信息网络国际联网规定的法规或规章制定，并进一步延续、细化和补充了具体内容。该办法的第四条至第七条以列举的方式详细规定了不得利用计算机联网从事各种违法行为，其中第七条明确提出用户的通信自由和通信秘密受法律保护，任何单位和个人不得违反法律规定，利用国际联网侵犯用户的通信自由和通信秘密。

6．2000年北京出台《“网吧”安全管理通告》

由于工商行政管理体系现有的管理办法已不能适应互联网迅速发展的要求，网站的名称作为一种特殊的知识产权应该受到保护，为此，北京市工商管理局对网站的管理进行了新的探索，并发布了《网上营业行为登记备案的通知》及其《补充通知》，《网站名称登记备案暂行办法》及其《实施细则》等管理规定。

基本内容包括：(1) 网站名称预先登记制，今后中文网站名称的登记也模仿域名注册的办法，谁先申请谁使用；(2) 在网站注册前要求提交备案登记资料，包括所有者资料和网站资料，形成两个市场的连接；(3) 下载安装标识，注明外观、功能等，方便各界了解网站真实情况；(4) 网站异议期，网站登记后增加90天的异议期，可防止网站对其他知识产权的侵权；(5) 实行共同监管，举报投诉。此次管理办法与以往登记管理办法最大的区别是门槛低，不做过多审查，并且以在线方式进行，大大提高了工作效率。(6) “网吧”的经营者和消费者不得从事危害国家安全、扰乱社会治安秩序、侵犯公众合法权益的违法犯罪活动；不得经营电脑游戏，不得将“网吧”出租或者转让。“网吧”经营者对国家法律、法规禁止传播的信息负有监督、举报并停止上网和查阅的责任。

7．2000年10月国务院通过《中华人民共和国电信条例》和《互联网信息服务管理办法》

新电信条例规定，九种业务属于电信增值业务：(一) 电子邮件；(二) 语音信箱；(三) 在线信息库存储和检索；(四) 电子数据交换；(五) 在线数据处理与交易处理；(六) 增值传真；(七) 互联网接入服务；(八) 互联网信息服务；(九) 可视电话会议服务。在新电信条例中，互联网信息服务被明确列为电信增值业务纳入管理，既是此次政策最大的亮点，也可能是今后管理、执行工作的难点。互联网信息服务，也被称为电信增值业务，许可、备案制度都交由信息产业管理部门执行。此外，一条一法所传达出来的新信息是：电信业对内对外将采取阶段性有限开放策略，网络信息管理则从管制向管理和规范过渡。

《互联网信息服务管理办法》指出，互联网信息服务，是指通过互联网向上网用户提供信息的服务活动。互联网信息服务分为经营性和非经营性两类：经营性互联网信息服务，是指通过互联网向上网用户有偿提供信息或者网页制作等服务活动；非经营性互联网信息服务，是指通过互联网向上网用户无偿提供具有公开性、共享性信息的服务活动。国家对经营性互联网信息服务实行许可制度；对非经营性互联网信息服务实行备案制度。未取得许可或者未履行备案手续的，不得从事互联网信息服务。

依据《互联网信息服务管理办法》，国家对互联网信息服务的管理可能采取由信息产业部、行业主管部门、工商行政部门等共同管理的多重管理体制。例如《办法》第五条规定：从事新闻、出版、教育、医疗保健、药品和医疗器械等互联网信息服务，依照法律、行政法规以及国家有关规定须经有关主管部门审核同意的，在申请经营许可或者履行备案手续前，应当依法经有关主管部门审核同意。《办法》第七条规定：从事经营性互联网信息服务，应当向省、自治区、直辖市电信管理机构或者国务院信息产业主管部门申请办理互联网信息服务增值电信业务经营许可证。第八条则规定：从事非经营性互联网信息服务，应当向省、自治区、直辖市电信管理机构或者国务院信息产业主管部门办理备案手续。第十八条更是明确指出：国务院信息产业主管部门和省、自治区、直辖市电信管理机构，依法对互联网信息服务实施监督管理。新闻、出版、教育、卫生、药品监督管理、工商行政管理和公安、国家安全等有关主管部门，在各自职责范围内依法对互联网信息内容实施监督管理。

《办法》对过去一直没有明确的电子公告、网上新闻出版、接入等领域的用户资料、隐私以及各种信息发布的时间、地址等详细数据提出了要求：互联网信息服务企业必须对这些资料进行记录和备份，“并在国家有关机关依法查询时，予以提供”。网络公司今后的上市道路依然必须经过信息产业部这一关。《办法》第十七条规定：经营性互联网信息服务提供者申请在境内境外上市或者同外商合资、合作，应当事先经国务院信息产业主管部门审查同意；其中，外商投资的比例应当符合有关法律、行政法规的规定。按照草案细则，将来违反管理办法的企业、网站将可能被罚款或关闭。

细看“一条一法”，我们认为以下几个方面的变化和方向值得注意：政策有一定弹性，但为产业发展预留空间不够；对于允许私企经营增值电信业务首次有了明文规定；互联网信息服务被列为电信增值业务纳入管理；企业必须对用户资料和信息发布记录进行备份；信息服务等电信增值业务未提出资本结构要求；电信业对内对外将采取阶段性的有限开放策略；网络信息管理政策方向从管制向管理规范过渡；电信业引进外资管理规定将在入世前公布实施。

8.《互联网站从事登载新闻业务管理暂行规定》，2000 年 11 月 7 日由国务院新闻办公室和信息产业部联合发布。“暂行规定”明确由国务院新闻办公室负责全国互联网站从事登载新闻业务的管理工作。它将通过互联网发布和转载新闻的网站划分为“新闻网站”和“综合性非新闻单位网站”，规定了两类网站从事登载新闻业务的条件、审核报批程序。特别规定，综合性非新闻单位网站“经批准可以登载中央新闻单位、中央国家机关各部门新闻单位以及省、自治区、直辖市直属新闻单位发布的新闻的业务，但不得登载自行采写的新闻和其他来源的新闻。”第十五、十六、十七条，规定了违规惩处的具体条款。

9.《互联网电子公告服务管理规定》（信息产业部 2000 年 11 月 7 日发布），对在互联网上以电子布告牌、电子白板、电子论坛、网络聊天室、留言板等交互形式为上网用户提供信息发布条件的行为，规定了必须提出专项申请或专项备案，应当具备的条件，未经专项批准或者专项备案手续，不得擅自开展电子公告服务；列出了禁止发布的信息条目，规定了违规惩处条款。

以上“暂行规定”和“管理规定”，对规范互联网的新闻登载业务和电子公告等服务，促进互联网新闻传播，无疑具有积极的现实意义。

第二节　互联网知识产权保护

国际互联网在带给我们获得信息、共享信息和处理信息的便利的同时，同样也给我们带来了涉及社会生活各个层面的问题，版权问题便是其中之一。对此，各个国家都非常重视。以美国为代表的西方发达国家采取了实际的立法举措。1996 年 12 月 2 日到 12 日，世界知识产权组织在日内瓦召开了关于版权保护的外交会议。会议结束了长达 7 年的多次国际性和地区性专家会议讨论和协商，通过了两个主要为解决新技术，尤其是数字技术和电子环境下所引起的版权和邻接权① 保护问题的《世界知识产权组织版权条约》和《世界知识产权组织表演和唱片条约》，也被统称为“互联网条约”。我国参与了条约的制定，但尚未加入条约，不是条约成员国，但这并不表明我国就可以漠视网络环境下的版权问题。

一、互联网对现代版权制度的影响

网络传播作为一种崭新的传播作品的方式，并未改变版权作品本身的内容，但却根本改变了传统的作品传播方式。这种改变是信息数字化、网络化的必然结果。信息数字化使得作品在传输过程中的形态发生质的变化；作品不再是以其本来的文字或图形的状态转输，而是被数字化了。作为一种崭新的传播作品的方式，网络传播带给作品使用者以从未有过的便利。这来源于数字化作品的可被无瑕疵地、几乎无成本地、迅速地反复复制的特点，也来源于国际互联网将全球信息网融为一体的巨大的包容性和任何人都可以随时随地上网发布信息和截取信息的交互性。但几乎同时，数字化作品与国际互联网在给使用者带来种种便利的时候，也给从来都是与作品使用者利益相对应的版权人带来种种忧虑。

从 1709 年公认的第一部版权法——英国的《安娜法令》诞生至今，人类对自身知识产权保护的立法历史已经历了近 300 年。作为印刷技术产物的版权法自其诞生起，就注定要不断地追赶着日新月异的新技术的前进步伐，不断地完善自身以适应不断发展的新技术的挑战。然而，300 年后的今天，数字技术的应用，特别是信息高速公路的出现和迅猛发展，带来了迅速、完善与廉价的复制方式和传播方式，版权法因而面临着自印刷术发明以来从未有过的又一次复制及传播技术的革命。如何应对新技术的发明以保护新技术环境下的版权人利益，是当今世界各国版权界所关注的首要课题。

我国著作权法也对知识产权保护做了明确的规定，如我国《著作权法》第 10 条第 5 项规定了作品的使用权和获得报酬权，即以复制、表演、播放、展览、发行、摄制电影、电视、录像或者改编注释、编辑等方式使用作品的

① 邻接权，英文词是 NEIGHBORING RIGHT，有与著作权邻近、相邻或邻接的意思。我国著作权法未使用邻接权的概念，而是将邻接权的含义规定为与著作权有关的权益，实际也是取与著作权相邻、相关的含义。著作权法保护的与著作权有关的权益即邻接权，是指作品的传播者依法享有的权利，主要包括表演者、录音录像制品制作者、广播电视组织以及出版者的权利。

权利，以及许可他人以上述方式使用作品，并由此获得报酬的权利。但是，从该条文中我们可以看到，明文列举式条款中并没有包括网络传输方式，因为在我国著作权法颁布之时，并未料到网络发展如此之快，成文的法律总是落后于变化着的现实。我国著作权法立法者的高明之处在于列举了种种方式之后，以“等方式使用作品的权利”作结尾，表示使用作品的方式及权利并未列举完。这也就是说，在实践中使用作品，出现除列举之外的其他方式，也为著作权法所肯定。王蒙等六作家状告“北京在线”案就是一例。在国际互联网的环境下，六原告作为其作品的著作权人，享有著作权法规定的对其作品的使用权和获得报酬权。这一判例明确表明了我国司法界的态度，互联网上的作品使用一样要受到我国法律的规范。

目前，如何看待已有的知识产权保护法律，如何适当处理既有法律与信息时代传播的关系，成为法学界和传播界研究的问题并产生了不同的观点。有一种观点认为，应对现行著作权法全面改革。尼葛洛庞帝在《数学化生存》一书中提出：“著作权法已经完全过时了，它是谷登堡时代的产物”；由于目前的著作权保护完全是个被动的过程，因此或许我们在修正著作权法之前，得先把它完全覆盖。然而，与此种观点截然不同的是以西方各国政府为代表的另一派观点，认为应保留现有的著作权法，无需修改。1995 年 9 月美国公布了信息基础设施工作组的《知识产权和国家信息基础设施工作组关于知识产权的报告》（即通称的“白皮书”），该报告认为现行的著作权法只要作少许修改和必要的说明，即可为相关权利提供保护。

在此，我们对国际网络著作权的相关立法作一些简单的介绍：

1.《伯尔尼公约》

《伯尔尼保护文学和艺术作品公约》，简称《伯尔尼公约》。该公约于 1886 年 9 月签订，后经多次修订。最后见到的文本是于 1979 年 10 月 2 日修改本。《伯尔尼公约》中关于著作权的规定已经不能适应网络技术发展以来的形势和情况。该公约第 11 条 3 款中规定：文学作品的作者享有下列专有权利：（1）授权公开朗诵其作品，包括用各种方式公开朗诵。（2）授权用各种手段公开播送其作品的朗诵。2. 文学作品作者在对其原作享有权利的整个期间，应享有对其译作的同等权利。该条规定涉及文学作品的口述公开传播，包括该条在内的相关条规，并没有对文字、摄影、美术或图形作品在网络环境中的传播做出规定。

2．世界知识产权组织

世界知识产权组织于1996年12月在瑞士召开的“关于著作权及邻接权问题的外交会议”上通过了《世界知识产权组织著作权条约（WIPO COPYRIGHT TREATY)》和《世界知识产权组织表演条约（WIPO PERFORMANCE AND PHONOGRAMS TREATY)》。这两个条约被新闻界称为“因特网条约”。在前一条约中规定，适用和保护的客体为所有的文学艺术作品、计算机程序；对资料库内容的选择或编排构成精神上的创作亦予以保护；经著作权人授权，对传播导致的终端产生的作品复制如再向公众传输，应取得授权。

3．美国

美国在1995年公布了《知识产权与国家信息基础设施：知识产权工作组的报告》，即通称的“白皮书”（WHITE PAPER)。该报告用一半以上的篇幅讨论了包括数字传输技术在内的数字技术对版权法的影响，并提出了相应的立法建议。

4．欧盟

欧洲委员会于1995年7月公布了题为《信息社会的著作权与相关权》的绿皮书，主要提出著作权和相关权在信息社会的新产品与服务中的应用问题，以及与著作权有效行使密切相关的某些法律与技术概念，但没有论及信息网络内部运行以及网络服务引起的著作权问题。

二、暂时存放还是复制

由于网络上的数字传输，伴随着计算机内随机存储器（RAM）中的暂存，使临时复制（或称为暂时复制）和一次性复制得以产生。现在，大家争论的焦点在于：这种暂存是否为复制？比如，甲将某作品的一份合法复制件通过互联网传输给乙，乙在计算机显示器上看到作品的内容。在乙对所看到的作品进行拷贝之前，甲的传输行为是否构成对该作品的复制？是否需要扩展现行版权法中复制的概念，以包括暂时复制和一次性复制？

在理论界，对在网上使用作品属于上述法条列举中的何种方式仍存在争论。有的学者认为应属于复制，有的认为应归入播放，还有的认为应将此种新方式归结为“网络传播权”。其中，复制说是主流。

复制权是著作权和相关权的核心，它使著作权人可以授权任何人或阻止任何人复制受保护的作品。但复制的定义在各国版权法中不尽相同。

一般地说，复制行为的直接后果是一份或多份复制件的产生，以再现作品。传统的版权法中解决的是永久性的复制和永久性的复制件，永久性的复制件包括图书、录音带、录像带、磁盘、光盘等。复制权是版权法赋予版权人对其作品所拥有的许可他人以复制方式使用作品并收取报酬的权利，是使用和获得报酬权中的一项权利，在版权人的财产权中处于核心地位。版权界权威郑程思先生在谈到复制、传播技术的发展与现代“版权”（copyright）的含义时认为：传统的印刷诚然仍旧是一种 copy 活动，静电复印，也不失为 copy，把表演摄制成影片，现在已统称 copy（拷贝），而复制录音、录像带，复制软件磁盘，无不被称为 copy。所以，表演者、软件所有者等等的权利，都可以归入版权之中①。于是，“版”权法在今天，已不是“印刷”、“出版”权法的意思，而是“复制”权法的意思了，即以保护精神作品的创作者的复制权为基点的法律。如此一来，作品数字化并在互联网上传输，首当其冲受到冲击的当然就是传统的复制的概念；给版权法所带来的最困扰的一个问题，也由此而来。

在新的技术环境下如何界定“复制”？数字作品上网传输后，何种行为构成复制？按照美国、欧盟和日本的看法，下述行为均应视为复制：

（1）将一作品或邻接权的客体存储在任何一个脱机的数字存储器（比如 CD-ROM）中；

（2）将一印刷品扫描成一数字文档；

（3）将一作品或邻接权的客体数字化；

（4）将一数字化文档从某用户的电脑内取出上载到 BBS 或其他信息服务器上；

（5）从 BBS 或其他信息服务器中下载数字化文档；

（6）将一文档从某个电脑网络用户转送到另一个电脑用户；

（7）存储甚至暂存储一种作品或邻接权的客体于存储甚至暂存储一种作品或邻接权的客体于一电脑存储器（比如随机存储器 RAM）中。也就是说，数字作品的网络传输，虽然没有传统有形载体作为复制的基础，但在计算机网络系统中每一次新的数字信息的脱离都是复制。

---

① 郑程思著：《版权法》，中国人民大学出版社 1997 年 8 月第 2 版。

然而这里存在的问题是，如果只在显示屏上显示，并不下载，即该作品只是暂时存储于随机存储器中是否构成复制？《伯尔尼公约》第9条第1款规定文学艺术品的作者享有授权“以任何方式”或“以任何形式”复制这种作品的专有权，公约第9条第2款同时规定：“本同盟成员国法律允许在某些特殊情况下复制上述作品，只要这种复制不与作品的正常使用相冲突也不致无故侵害作者的合法利益。”可见，公约的态度是任何形式的复制都在版权人的专有权范围之内，电子媒介上的复制也不例外，因而承认暂时复制是在版权人的专有权范围内。尽管如此，美国的白皮书还是接受了暂时复制观点，欧盟及其成员国不仅认可，而且积极推动暂时复制在世界范围被承认。

从各国版权法对“复制”的定义来看，都不能将暂时复制排斥在外。只有将暂时复制划出版权人的权利范围才能保护作品使用者的利益，将暂时复制划出版权人的复制权范围并不能保护版权作品使用者通过国际互联网阅读和浏览有价值的作品信息的权利。互联网公约声明提出：受保护作品以数字化形式在电子媒介上的存储构成《伯尔尼公约》第9条意义上的复制。因而，从法律的概念的严谨性来讲，应当承认暂时复制在版权人复制权范围之内，并以一定的合理使用制度来对版权人的复制权进行限制是一种科学的做法，也更符合传统版权的逻辑。

有关专家认为，暂时复制说尽管极大地保护了版权人的利益，但版权法的实质在于在作品的版权人利益与作品的使用人的需要之间保持平衡。对版权人保护不足和保护过度都会阻碍创新：保护不足，则其创新热情将会随其创作收入而减少；保护过度，市场上作品的价格上扬，作品的散布会受阻碍，创新的成本也将会增加。从另外一个层面来讲，暂时复制极大地偏向了版权人的利益，从而严重地限制了技术进步能够应当给公众带来的利益，况且，我国是版权作品的进口国，若完全采信暂时复制，那么就会极大地妨碍国内的用户通过国际互联网络阅读和浏览有价值的作品信息。所以，应对暂时复制作些调整。在给予文学艺术作品的作者以任何方式的直接和间接地，对其作品进行永久的或暂时的复制专有权的同时，也应该考虑公众的阅读和浏览权方面的某些改进——如果暂时复制的目的纯粹为使作品等能被感觉到，或该复制属于短期或一时的行为，只要此种复制被版权人或法律所许可，则复制权的范围应该受到限制。

对此，目前国内学者所持的观点认为，我国是版权作品进口国家，若暂时存储构成复制，那么就会极大地妨碍国内的用户通过国际互联网阅读和浏览有价值的作品信息。

三、关于合理使用制度

版权法对版权人的复制权的保护应当是完全的，任何一种复制的方式都在复制权的范围之内，但不排除法律为了平衡版权所涉及各方——版权人、使用者、传播者的利益而做出对版权人权利的限制，即所谓的合理使用制度①。

合理使用制度是对著作权的一种限制。所谓合理使用，一般是指在法律规定的条件下，允许他人在使用受著作权法保护的作品时，可以不经著作权人许可，也不须向著作权人支付报酬。合理使用制度是各国著作权法中常用的一种著作权限制度②。

对于合理使用的规定来源于《著作权法》第22条规定，在一定条件下，可以不经著作权人许可而使用已发表的作品，不向其支付报酬，但应当指明作者姓名、作品名称，并且不得侵犯著作权人的其他权利。合理使用过程中可考虑的因素有：1）作品使用的目的。如为个人学习研究而造成的暂时复制、浏览、用脱线浏览器下载；下载后为阅读的打印行为等；或公共图书馆为收藏而复制作品的行为；2）作品的性质。如是小说还是新闻，或是政府公文、法律文件；3）合理使用时所使用部分的质量和所占的比例。作者将自己的作品上载，在网上传播，应当被认定为默示许可。因为在网络这一充分开放的环境下，权利人的上载行为即表明其清楚明白地认识到网络传播范围的不确定性，推定其同意其作品在网上传输的意思表示。但对于以营利为目的的下载或其他复制行为，仍应认定侵害作者的著作权。

暂时复制所带来的与其说是对复制权概念的挑战，还不如说是对原有版权合理使用制度的冲击。如果说，承认暂时复制是版权人的专有权让作品使用者感到法律的天平向版权人倾斜了的话，取下暂时复制这一砝码则会导致版权人的利益没有安全保障；而对合理使用制度的强化则是惟一的平衡办

---

① 合理使用制度，是法律为了平衡版权所涉及各方——版权人、使用者、传播者的利益而做出对版权人权利的限制。

② 来源于上海律师协会主办的网站，http：//www. lawyers. com. cn/help/zhishi/100. htm - 2000年4月3日。

法。事实上，版权作品的价值也就在于被公众利用，而被公众使用也就体现着价值、意味着利益。试想，如果走到了过度保护版权人利益的极端，版权人的利益的实现同样也必然面临着危机，这就根本违背了版权制度的初衷。对此，美国当局也已有认识。在1998年10月通过的《数字版权千年法案》对合理使用制度的规定也正体现了以上认识。

四、互联网中与著作权相关的侵权行为

从国外和国内实践中已出现的情况看，网络上常见的著作权侵权行为的主要表现有：

1. 网络使用者或网络服务商在自己设立的网页、电子布告栏等讨论区非法复制、传播、转贴他人作品；

2. 将网络上他人作品下载并复制成光盘，如将学术网络上电子布告栏（BBS）中他人发表的文章下载并拷贝到随书附赠的光盘，同杂志一并出卖；

3. 图文框（FRAME）连接。此种行为使他人的网页出现时，无法显现原貌，使作品的完整性受到破坏，侵害了著作权；

4. FTP文件传输系统，行为人将他人享有著作权的文件上载或下载非法使用、超越授权范围地使用共享软件、试用期满不进行注册而继续使用等；

5. 未经许可将作品原件或复制品提供公众交易或传播，或者明知为侵害权利人著作权的复制品仍然在网上散布以及拟散布地输入上载；

6. 侵害网络作品著作人权益的行为，包括侵害作者的发表权、署名权和保护作品完整权等；

7. 违法破解著作权人利用有效技术手段防止侵权的行为；

8. 网络管理者的侵犯著作权行为，如网络服务商提供设备、引导并鼓励用户将游戏软件上载BBS以及获取游戏软件的行为，经著作权人告知侵权事实后，仍拒绝删除或采取其他合法措施，及其与不法行为人有共同故意的共同侵权行为。

五、网络侵权责任

针对上述侵权行为的法律责任追究问题，法学界提供了各种分析。一般来说，个人或单位侵权的，可以依其责任大小、侵权范围、损害后果等追究

其法律责任。但对于网络连线服务者，学界有不同看法。有学者认为，ISP（网络服务提供商）应被视为信息流通的被动“渠道”，是一种面向所有公众提供服务的“共用通道”；而为了公众利益，法律赋予共用通道以特殊待遇，应免予承担某类法律责任。一般认为电话公司是典型的共用通道，不因用户的通话内容承担侵权责任。

然而，在司法实践中，某些国家和地区，如美国和台湾，网络服务提供商往往在诉讼中被列为被告。原因有三：一是受害人当网络上出现侵害行为时，往往找不到侵害行为的实施人（一般即网络的使用者），但提供网络服务者却有规定的经营地点，目标显著，容易被原告找寻；二是 ISP 一般财力雄厚，受害人认为将他们列为被告使他们的损害容易获得补偿；三是以前法律一般规定提供内容的媒体（ICP）要负法律责任。ISP 承担责任后，则可以向直接责任人追偿。

网络服务提供者应当承担的版权侵权责任，一般有直接侵权责任、共同侵权责任及代替侵权责任等三种形式。

1. 所谓直接侵权，即不依行为人主观已知或应知，也就是说不依主观上是否存在故意或过失的过错而决定是否承担侵权责任。在我国民法和知识产权法规定中，没有直接侵权责任的规定。但美国的此类规定很完备。最早的判例出现于 1993 年，即 PLAYBOY 诉 GEORGE FRENA 侵权案。被告 GEORGE FRENA 是一位 BBS 经营者，其用户在 BBS 上载、下载 PLAYBOY 杂志享有版权的数字化图片。尽管被告对侵权一无所知，且发现后立刻删除，但法院还是依严格责任判令被告侵权。

2. 共同侵权，又称二次侵权，它依赖于直接侵权行为，是直接侵权的继续与扩大，属过失责任。1994 年 SEGA—— MAPHIA 游戏侵权案例是又一个里程碑式的判例。被告 Maphia 公司出售的装置能够用于复制原告 SEGA 公司享有版权的游戏软件，并且鼓励用户在其经营的 BBS 上载和下载该软件。法院判决，由于被告在非法复制中明知有侵犯版权的用途仍提供装置和条件，并给予鼓励和指导，令其承担共同侵权责任。

3. 代替责任，代替责任的构成也不依行为人主观是否存在过错作为成立要件之一。但是代替侵权责任要求成立，必须符合以下两个要件：1）被告有权利及能力控制侵权行为人的行为；2）被告直接因该侵权行为而获得了行为人的财产利益。两个条件必须同时具备。

六、对当前我国网络著作权保护的几点想法

根据我国民法理论和著作权相关规定，比较借鉴国际相关立法，对当前我国网络著作权保护提供下列想法以供参考：

1. 在著作权法中明确规定网络传输为作品的使用方式之一。作品的网络传输是指将作者享有专有权的作品经过数字化转换后，通过网络向公众提供的行为。网络传输的这种使用方式属于著作权人的专有权，应和著作权法第45条第5项中的“表演、播放、展览、发行、摄制电影、电视、录像、改编、翻译、注释、编辑等”使用方式并列，他人不经授权许可，不得擅自侵权。

2. 明确界定侵权行为的范围。作品在网上传输过程中除了会涉及侵权作品发表权、署名权、修改权和保护作品完整权等侵权行为外，复制权是其主要内容。这些复制行为包括：上载、下载、转贴、转寄、粘贴、储存、数字化、扫描、浏览、打印等。

3. 责任承担。侵权责任的种类主要有：直接侵权责任、共同侵权责任及代替侵权责任。民事责任承担的形式为停止侵害、消除影响、公开赔礼道歉、赔偿损失等。

4. 网络著作权保护的限制。通过网络可以进行远距离教学、展览、公益表演、图书馆藏书查询等社会公益活动。如果将网络版权保护绝对化，就会妨害社会公益，所以应进行适当地限制。限制的主要理由是指作品的合理使用和默示许可。

七、案例分析——从三起网络侵权案看网络作品著作权的保护[①]

1999年的4月28日，北京市海淀区人民法院审理了个人网站诉《电脑商情报》侵权案，9月9日北京瑞得公司诉四川东方公司主页侵权案。1999年9月18日，引起社会各界广泛关注的王蒙等六作家状告北京在线网站侵权案又在北京市海淀区人民法院开庭审理。这3起轰动一时的网站侵权案最终以原告胜诉而尘埃落定。同样是与网络有关的侵权案，上述的三个侵权案

① 本部分材料引自赵强《从三起网络侵权案看网络作品著作权的保护》，《新闻记者》2000年第3期。

例分别代表了三种典型的侵权行为：“《电脑商情报》被诉侵权案”是以纸质媒体为代表的传统媒介对网络的侵权；“瑞得诉东方案”是网络对网络的侵权；“王蒙等六作家诉北京在线案”则是网络对传统媒介的侵权。

1. 传统媒体侵犯网络作品著作权的行为

原告陈先生于 1998 年 5 月 10 日以“无方”为笔名，在其个人网页《3D 芝麻街》上发表了《戏说 MAYA》一文，并注明“版权所有，请勿刊载”。而被告《电脑商情报》在未经他同意的情况下，于 1998 年 10 月 16 日将这篇文章登在其第 40 版上。陈先生认为自己的著作权被侵犯，要求被告公开道歉，支付稿费 231 元，同时支付惩罚性稿费 5 万元并承担诉讼费用。被告同意按照国家有关稿酬标准，支付陈先生 231 元稿费，但被告认为自己无侵权故意，此稿是读者投入报纸电子信箱的，稿上未写真实姓名和地址，无法发送稿费，因而不同意向原告道歉。显然，在此案中，被告《电脑商情报》违反了《著作权法》第四十五条第五项、第六项的规定，侵犯了原告的作品使用权和获得报酬权，应当承担侵权责任。因作者地址不明而无法发送稿费的说法也站不住脚。《著作权法实施条例》第四十九条规定：“著作权人或者著作权人地址不明的，应在一个月内将报酬寄送国家版权局指定的机构，由该机构转递著作权人。”最终法院判决被告停止使用原告作品，登报公开道歉，向原告支付稿酬并赔偿损失 924 元，负担 2000 余元受理费。

对于众多的传统媒体来说，对这种侵权行为予以清醒的认识具有极大的实际意义。由于网络上的各类信息资源极为丰富，因而成为很多传统媒体，尤其是报纸的一座富矿，但由于主观和客观上的原因，侵权行为屡屡发生，“《电脑商情报》被诉侵权案”是一个典型，但只是冰山一角。应该明确的是，网上的作品与发表在报纸上的作品相比，只不过是传播的载体不同而已，前者是以报纸这种传统的纸质媒体传播，而后者是以网络这种新型媒体传播，二者在本质上是一致的。从网上“下载”网络作品，与摘登其他报纸的作品一样，应视为“转载”，应依照《著作权法》第三十二条规定，对著作权人的合法权利予以保护。

据了解，不少报纸都在无偿使用网上作品，而且经常不署原作者的姓名。如 1999 年 9 月 17 日，南京地区的一家报纸就在文化娱乐版上，以《老谋子缅怀黑泽明》为题，登载了一篇电影导演张艺谋纪念日本电影大师黑泽明的一篇文章。该文章的作者是张艺谋，其最初发表的纸质媒体是美国《时代》周刊。但该报登载时却署名“辛浪”。且不论该报是否给张艺谋寄了稿费，单从署名来看，就已经侵犯了作者的署名权。

2．网络侵犯网络作品著作权的行为

在“瑞得诉东方案”中，原告北京瑞得公司认为被告四川东方信息服务有限公司的主页，从整体版式、图案到栏目名称均与瑞得公司主页雷同，瑞得公司的徽标和搜索引擎“看中国”也被复制，因而认定被告侵犯了其因特网上主页的著作权，索赔19．99万元。经法庭调查取证，认定被告侵权成立，判决被告向原告公开道歉，赔偿2000元，对原告的巨额赔偿要求则不予支持。另该案受理费5508元，由原告负担5400元，被告负担108元。在上述案件中，被告之所以侵权成立，是因为其侵犯了网站管理者对其网页整体享有的著作权。我国《著作权法》第九条规定：“著作权人包括：(一）作者；(二）其他依照本法享有著作权的公民、法人或者非法人单位。”根据这一规定，网络作品著作权的主体包括两类：作者和网站管理者，因为网站分为个人网站和机构网站，所以后者又可以分为个人管理者和机构管理者两类。作者对自己的作品享有著作权不必多说，需要明确的是网站管理者对其网站的信息内容应该享有何种权利。

首先，网站管理者对其网页的整体享有著作权。网页从文字、颜色到图形，都是以数字化形式加以特定的排列组合，而且网页也可以以有形形式复制，如存储在电脑硬盘上、打印到纸张上，具有传播性，是一种“具有独创性并能以某种有形形式复制的智力创作成果”。对于网络来说，网页就是网站的脸面，它在很大程度上构成了对用户的吸引，因而网站管理者都非常重视网页的设计，而且经常地对网页进行改进。在这个过程中，网站管理者在智力上、精力上和物质上都有较大的投入。根据《著作权法实施条例》第二条的规定，它应该属于《著作权法》保护之列。东方公司对瑞得公司的主页进行仿制，带有“抄袭”的意味，自然属于侵权行为。

第二，网站管理者对其网站的内容整体享有著作权。对于大量来自传统媒体和网络上的信息，网站管理者必须根据需要对其进行分门别类，加以编辑，行使编辑权，特别是对于传统媒体上的信息，还有个“数字化”的过程。这跟报纸的编辑本质上是一致的，只不过范围更为宽泛，工作量更大。由于编辑行为注入了编辑人的智力创作，表达了他们独特的选取和编排材料的方法，并赋予了这些材料以新的组织结构和表现形式，所以编辑人是其编辑作品的作者。《著作权法》第十四条规定："编辑作品由编辑人享有著作权，但行使著作权时，不得侵犯原作品的著作权。编辑作品中可以单独使用的作品的作者有权单独行使其著作权。"《著作权法实施条例》第十二条对此说得更为具体："由法人或者非法人单位组织人员进行创作，提供资金或者资料等创作条件，并承担责任的百科全书、辞书、教材、大型摄影画册等编辑作品，其整体著作权归法人或者非法人单位所有。"所以，作为网站内容的编辑者，网站管理者对其网站的内容整体享有著作权。但必须指出的，网站管理者在编辑作品的时候，需经作品（包括传统媒体作品和网络作品）著作权人同意，并支付报酬，否则，将构成对作者著作权的侵害。另外，对于编辑作品中可以单独使用的部分，其著作权归单独使用部分的著作权人所有。

值得一提的是，侵犯网页著作权的行为只是网络对网络的侵权行为的一个方面，这类侵权行为更多地表现为对其他网站的信息资源著作权的侵犯。这种侵权行为因为技术上的便利而十分常见，成为侵犯网络作品著作权行为的主要部分。特别是有些商业站点，缺乏信息资源，未经授权大量摘抄新闻媒体的网络版信息，它已引起了许多网上媒体的关注。1999 年 4 月中旬，由新华社、《人民日报》社、中央电视台、《中国青年报》社牵头，国内 23 家有影响的上网媒体首次相聚北京，原则通过了《中国新闻界网络媒体公约》，呼吁网上媒体应充分尊重相互之间的信息产权和知识产权；呼吁全社会尊重网上的信息产权和知识产权，坚决反对和抵制任何相关的侵权行为；各公约单位郑重约定，凡不属于此公约的其他网站，如需引用公约单位的信息，应经过授权，并支付相应费用，使用时，或注明出处，或建立链接；各网络媒体无论规格高低、实力大小，实行产权面前人人平等。

3．网络侵犯传统媒体作品著作权的行为

1999 年 6 月 15 日，王蒙、张洁、张抗抗、刘震云、张承志和毕淑敏六位作家通过代理律师，向北京市海淀区人民法院提起诉讼，状告由世纪互联通讯公司主办的"北京在线"，未经许可就将他们享有完全著作权的文学作品登载在网上，侵犯了他们的作品使用权和获得报酬权，要求赔偿经济和精神损失。9 月 18 日，法院作出判决，认定被告未经原告许可将其作品登载到因特网上，侵害了原告对其作品享有的使用权和获得报酬权。被告应停止侵权，在自己主页上刊登致歉声明，并分别赔偿六原告数额不等的经济损失。对原告提出的精神损失费的诉讼请求，法院予以驳回。在这起案件中，被告代理律师的申诉值得研究。被告代理律师认为我国现有《著作权法》对于作品上网并无明文规定，而互联网是新兴行业，网上提供信息具有数量多速度快的特点，在实际操作中会产生无法与信息源沟通等障碍；网上刊载的原告作品，绝大部分是网友用 E－mail 方式提供的，而网友不可能知道刊载这种作品需征得著作权人的同意；网上刊载作品属新型作品使用问题，不同于盗版，法律上尚无明文可依，被告无侵害故意。

但是，从理论上讲，网络在“媒体”这个意义上，与传统媒体享有同等的权利与义务，不论是网上作品“下载”还是传统媒体作品“上载”，都应该视为转载，并依照《著作权法》第三十二条第二款规定，向著作权人支付报酬。在无法与信息源沟通的情况下，付酬方式应按《著作权法实施条例》第四十九条规定执行。

本章思考与练习

1．我国网络新闻管理的相关法律主要有哪些，各有什么主要规定？今后新法规的制定应该遵循什么原则？

2．参考相关网络法规的规定，比较美国 1996 年《联邦电信法案》和德国《多媒体法》和我国的《中华人民共和国电信条例》，评价其各自特点。

3．分析和研究《中华人民共和国电信条例》和《互联网信息服务管理办法》，以及《互联网站从事登载新闻业务管理暂行规定》、《互联网电子公告服务管理规定》，理解其对于促进我国互联网媒体健康发展的意义。

4．目前理论界对于网络内容的“暂存”或者“复制”的主要争议是什么？各国的法令对此有何解释？

5．什么叫做“合理使用制度”，它的存在有何意义？

6．网络服务商（ISP）对于网络版权的侵犯行为是否应负相应的责任？为什么？

附　录

互联网信息服务管理办法

（2000 年 9 月 20 日国务院第 31 次常务会议通过，
中华人民共和国国务院令第 292 号公布施行）

第一条　为了规范互联网信息服务活动，促进互联网信息服务健康有序发展，制定本办法。

第二条　在中华人民共和国境内从事互联网信息服务活动，必须遵守本办法。本办法所称互联网信息服务，是指通过互联网向上网用户提供信息的服务活动。

第三条　互联网信息服务分为经营性和非经营性两类。经营性互联网信息服务，是指通过互联网向上网用户有偿提供信息或者网页制作等服务活动。非经营性互联网信息服务，是指通过互联网向上网用户无偿提供具有公开性、共享性信息的服务活动。

第四条　国家对经营性互联网信息服务实行许可制度；对非经营性互联网信息服务实行备案制度。未取得许可或者未履行备案手续的，不得从事互联网信息服务。

第五条　从事新闻、出版、教育、医疗保健、药品和医疗器械等互联网信息服务，依照法律、行政法规以及国家有关规定须经有关主管部门审核同意的，在申请经营许可或者履行备案手续前，应当依法经有关主管部门审核同意。

第六条　从事经营性互联网信息服务，除应当符合《中华人民共和国电信条例》规定的要求外，还应当具备下列条件：

（一）有业务发展计划及相关技术方案；

（二）有健全的网络与信息安全保障措施，包括网站安全保障措施、信息安全保密管理制度、用户信息安全管理制度；

（三）服务项目属于本办法第五条规定范围的，已取得有关主管部门同意的文件。

第七条　从事经营性互联网信息服务，应当向省、自治区、直辖市电信管理机构或者国务院信息产业主管部门申请办理互联网信息服务增值电信业务经营许可证（以下简称经营许可证）。

省、自治区、直辖市电信管理机构或者国务院信息产业主管部门应当自收到申请之日起60日内审查完毕，做出批准或者不予批准的决定。予以批准的，颁发经营许可证；不予批准的，应当书面通知申请人并说明理由。

申请人取得经营许可证后，应当持经营许可证向企业登记机关办理登记手续。

第八条　从事非经营性互联网信息服务，应当向省、自治区、直辖市电信管理机构或者国务院信息产业主管部门办理备案手续。办理备案时，应当提交下列材料：

（一）主办单位和网站负责人的基本情况；

（二）网站网址和服务项目；

（三）服务项目属于本办法第五条规定范围的，已取得有关主管部门的同意文件。

省、自治区、直辖市电信管理机构对备案材料齐全的，应当予以备案并编号。

第九条　从事互联网信息服务，拟开办电子公告服务的，应当在申请经营性互联网信息服务许可或者办理非经营性互联网信息服务备案时，按照国家有关规定提出专项申请或者专项备案。

第十条　省、自治区、直辖市电信管理机构和国务院信息产业主管部门应当公布取得经营许可证或者已履行备案手续的互联网信息服务提供者名单。

第十一条　互联网信息服务提供者应当按照经许可或者备案的项目提供服务，不得超出经许可或者备案的项目提供服务。

非经营性互联网信息服务提供者不得从事有偿服务。

互联网信息服务提供者变更服务项目、网站网址等事项的，应当提前30日向原审核、发证或者备案机关办理变更手续。

第十二条　互联网信息服务提供者应当在其网站主页的显著位置标明其经营许可证编号或者备案编号。

第十三条　互联网信息服务提供者应当向上网用户提供良好的服务，并保证所提供的信息内容合法。

第十四条　从事新闻、出版以及电子公告等服务项目的互联网信息服务提供者，应当记录提供的信息内容及其发布时间、互联网地址或者域名；互联网接入服务提供者应当记录上网用户的上网时间、用户账号、互联网地址或者域名、主叫电话号码等信息。

互联网信息服务提供者和互联网接入服务提供者的记录备份应当保存60日，并在国家有关机关依法查询时，予以提供。

第十五条　互联网信息服务提供者不得制作、复制、发布、传播含有下列内容的信息：

（一）反对宪法所确定的基本原则的；

（二）危害国家安全，泄露国家秘密，颠覆国家政权，破坏国家统一的；

（三）损害国家荣誉和利益的；

（四）煽动民族仇恨、民族歧视，破坏民族团结的；

（五）破坏国家宗教政策，宣扬邪教和封建迷信的；

（六）散布谣言，扰乱社会秩序，破坏社会稳定的；

（七）散布淫秽、色情、赌博、暴力、凶杀、恐怖或者教唆犯罪的；

（八）侮辱或者诽谤他人，侵害他人合法权益的；

（九）含有法律、行政法规禁止的其他内容的。

第十六条　互联网信息服务提供者发现其网站传输的信息明显属于本办法第十五条所列内容之一的，应当立即停止传输，保存有关记录，并向国家有关机关报告。

第十七条　经营性互联网信息服务提供者申请在境内境外上市或者同外商合资、合作，应当事先经国务院信息产业主管部门审查同意；其中，外商投资的比例应当符合有关法律、行政法规的规定。

第十八条　国务院信息产业主管部门和省、自治区、直辖市电信管理机构，依法对互联网信息服务实施监督管理。

新闻、出版、教育、卫生、药品监督管理、工商行政管理和公安、国家安全等有关主管部门,在各自职责范围内依法对互联网信息内容实施监督管理。

第十九条　违反本办法的规定，未取得经营许可证，擅自从事经营性互联网信息服务，或者超出许可的项目提供服务的，由省、自治区、直辖市电信管理机构责令限期改正，有违法所得的，没收违法所得，处违法所得3倍以上5倍以下的罚款；没有违法所得或者违法所得不足5万元的，处10万元以上100万元以下的罚款；情节严重的，责令关闭网站。

违反本办法的规定，未履行备案手续，擅自从事非经营性互联网信息服务，或者超出备案的项目提供服务的，由省、自治区、直辖市电信管理机构责令限期改正；拒不改正的，责令关闭网站。

第二十条　制作、复制、发布、传播本办法第十五条所列内容之一的信息，构成犯罪的，依法追究刑事责任；尚不构成犯罪的，由公安机关、国家安全机关依照《中华人民共和国治安管理处罚条例》、《计算机信息网络国际联网安全保护管理办法》等有关法律、行政法规的规定予以处罚；对经营性互联网信息服务提供者，并由发证机关责令停业整顿直至吊销经营许可证，通知企业登记机关；对非经营性互联网信息服务提供者，并由备案机关责令暂时关闭网站直至关闭网站。

第二十一条　未履行本办法第十四条规定的义务的，由省、自治区、直辖市电信管理机构责令改正；情节严重的，责令停业整顿或者暂时关闭网站。

第二十二条　违反本办法的规定，未在其网站主页上标明其经营许可证编号或者备案编号的，由省、自治区、直辖市电信管理机构责令改正，处5000元以上5万元以下的罚款。

第二十三条　违反本办法第十六条规定的义务的，由省、自治区、直辖市电信管理机构责令改正；情节严重的，对经营性互联网信息服务提供者，并由发证机关吊销经营许可证，对非经营性互联网信息服务提供者，并由备案机关责令关闭网站。

第二十四条　互联网信息服务提供者在其业务活动中，违反其他法律、法规的，由新闻、出版、教育、卫生、药品监督管理和工商行政管理等有关主管部门依照有关法律、法规的规定处罚。

第二十五条　电信管理机构和其他有关主管部门及其工作人员，玩忽职守、滥用职权、徇私舞弊，疏于对互联网信息服务的监督管理，造成严重后果，构成犯罪的，依法追究刑事责任；尚不构成犯罪的，对直接负责的主管人员和其他直接责任人员依法给予降级、撤职直至开除的行政处分。

第二十六条　在本办法公布前从事互联网信息服务的，应当自本办法公布之日起60日内依照本办法的有关规定补办有关手续。

第二十七条　本办法自公布之日起施行。

世界知识产权组织版权条约

（WCT）（1996）

* 本条约于1996年12月20由关于版权和邻接权若干问题外交会议在日内瓦通过。

**（通过本条约的）外交会议关于WCT若干条款的议定声明在各有关条款下以脚注形式印出。

序　言

缔约各方，出于以尽可能有效和一致的方式发展和维护保护作者对其文学和艺术作品之权利的愿望，承认有必要采用新的国际规则并澄清对某些现有规则的解释，以提供解决由经济、社会、文化和技术发展新形势所提出的问题的适当办法，承认信息与通信技术的发展和交汇对文学和艺术作品的创作与使用的深刻影响，强调版权保护作为文学和艺术创作促进因素的重要意义，承认有必要按《伯尔尼公约》所反映的保持作者的权利与广大公众的利益尤其是教育、研究和获得信息的利益之间的平衡，达成协议如下：

第1条　与《伯尔尼公约》的关系

(1) 对于属《保护文学和艺术作品伯尔尼公约》所建联盟之成员国的缔约方而言，本条约系该公约第20条意义下的专门协定。本条约不得与除《伯尔尼公约》以外的条约有任何关联，亦不得损害依任何其他条约的任何权利和义务。

(2) 本条约的任何内容均不得减损缔约方相互之间依照《保护文学和艺术作品伯尔尼公约》已承担的现有义务。

(3) “《伯尔尼公约》”以下系指《保护文学和艺术作品伯尔尼公约》1971年7月24日的巴黎文本。

(4) 缔约各方应遵守《伯尔尼公约》第1至21条和附件的规定。

第2条　版权保护的范围

版权保护延及表达，而不延及思想、过程、操作方法或数学概念本身。

第3条　对《伯尔尼公约》第2至6条的适用

缔约各方对于本条约所规定的保护应比照适用《伯尔尼公约》第2至6条的规定。

第4条　计算机程序

计算机程序作为《伯尔尼公约》第2条意义下的文学作品受到保护，此种保护适用于各计算机程序，而无论其表达方式或表达形式如何。

第5条　数据汇编（数据库）

数据或其他资料的汇编，无论采用任何形式，只要由于其内容的选择或排列构成智力创作，其本身即受到保护。这种保护不延及数据或资料本身，亦不损害汇编中的数据或资料已存在的任何版权。

第6条　发行权

(1) 文学和艺术作品的作者应享有授权通过销售或其他所有权转让形式向公众提供其作品原件和复制品的专有权。

(2) 对于在作品的原件或复制品经作者授权被首次销售或其他所有权转让之后适用本条第(1)款中权利的用尽所依据的条件（如有此种条件），本条约的任何内容均不得影响缔约各方确定该条件的自由。

第7条　出租权

(1)（ⅰ）计算机程序、（ⅱ）电影作品、和（ⅲ）按缔约各方国内法的规定，以录音制品体现的作品的作者，应享有授权将其作品的原件或复制品向公众进行商业性出租的专有权。

(2) 本条第(1)款不得适用于：（ⅰ）程序本身并非出租主要对象的计算机程序；和（ⅱ）电影作品，除非此种商业性出租已导致对此种作品的广泛复制，从而严重地损害了复制专有权。

(3) 尽管有本条第(1)款的规定，任何缔约方如在1994年4月15日已有且现仍实行作者出租其以录音制品体现的作品的复制品获得公平报酬的制度，只要以录音制品体现的作品的商业性出租没有引起对作者复制专有权的严重损害，即可保留这一制度。

第8条　向公众传播的权利

在不损害《伯尔尼公约》第11条第（1）款第（ⅱ）目、第11条之二第（1）款第（ⅰ）和第（ⅱ）目、第11条之三第（1）款第（ⅱ）目、第14条第（1）款第（ⅱ）目和第14条之二第（1）款的规定的情况下，文学和艺术作品的作者应享有专有权，以授权将其作品以有线或无线方式向公众传播，包括将其作品向公众提供，使公众中的成员在其个人选定的地点和时间可获得这些作品。

第9条　摄影作品的保护期限

对于摄影作品，缔约各方不得适用《伯尔尼公约》第7条第（4）款的规定。

第10条　限制与例外

（1）缔约各方在某些不与作品的正常利用相抵触、也不无理地损害作者合法利益的特殊情况下，可在其国内立法中对依本条约授予文学和艺术作品作者的权利规定限制或例外。

（2）缔约各方在适用《伯尔尼公约》时，应将对该公约所规定权利的任何限制或例外限于某些不与作品的正常利用相抵触、也不无理地损害作者合法利益的特殊情况。

第11条　关于技术措施的义务

缔约各方应规定适当的法律保护和有效的法律补救办法，制止规避由作者为行使本条约所规定的权利而使用的、对就其作品进行未经该有关作者许可或未由法律准许的行为加以约束的有效技术措施。

第12条　关于权利管理信息的义务

（1）缔约各方应规定适当和有效的法律补救办法，制止任何人明知、或就民事补救而言有合理根据知道其行为会诱使、促成、便利或包庇对本条约或《伯尔尼公约》所涵盖的任何权利的侵犯而故意从事以下行为：

（ⅰ）未经许可去除或改变任何权利管理的电子信息；

（ⅱ）未经许可发行、为发行目的进口、广播、或向公众传播明知已被未经许可去除或改变权利管理电子信息的作品或作品的复制品。

（2）本条中的用语“权利管理信息”系指识别作品、作品的作者、对作品拥有任何权利的所有人的信息，或有关作品使用的条款和条件的信息，和代表此种信息的任何数字或代码，各该项信息均附于作品的每件复制品上或在作品向公众进行传播时出现。

第13条　适用的时限 缔约各方应将《伯尔尼公约》第18条的规定适用于本条约所规定的一切保护。

第14条　关于权利行使的条款

(1) 缔约各方承诺根据其法律制度采取必要的措施，以确保本条约的适用。

(2) 缔约各方应确保依照其法律可以提供执法程序，以便能采取制止对本条约所涵盖权利的任何侵犯行为的有效行动，包括防止侵权的快速补救和为遏制进一步侵权的补救。

第15条　大会

(1) (a) 缔约方应设大会。

(b) 每一缔约方应有一名代表，该代表可由副代表、顾问和专家协助。

(c) 各代表团的费用应由指派它的缔约方负担。大会可要求世界知识产权组织（以下称为“本组织”）提供财政援助，以便利按照联合国大会既定惯例认为是发展中国家或向市场经济转轨的国家的缔约方代表团参加。

(2) (a) 大会应处理涉及维护和发展本条约及适用和实施本条约的事项。

(b) 大会应履行依第17条第（2）款向其指定的关于接纳某些政府间组织成为本条约缔约方的职能。

(c) 大会应对召开任何修订本条约的外交会议作出决定，并给予本组织总干事筹备此种外交会议的必要指示。

(3) (a) 凡属国家的每一缔约方应有一票，并应只能以其自己的名义表决。

(b) 凡属政府间组织的缔约方可代替其成员国参加表决，其票数与其属本条约缔约方的成员国数目相等。如果此种政府间组织的任何一个成员国行使其表决权，则该组织不得参加表决，反之亦然。

(4) 大会应每两年召开一次例会，由本组织总干事召集。

(5) 大会应制定其本身的议事规则，其中包括特别会议的召集、法定人数的要求及在不违反本条约规定的前提下作出各种决定所需的多数。

第16条　国际局

本组织的国际局应履行与本条约有关的行政工作。

第17条　成为本条约缔约方的资格

(1) 本组织的任何成员国均可成为本条约的缔约方。

(2) 如果任何政府间组织声明其对于本条约涵盖的事项具有权限和具有约束其所有成员国的立法，并声明其根据其内部程序被正式授权要求成为本条约的缔约方，大会可决定接纳该政府间组织成为本条约的缔约方。

(3) 欧洲共同体在通过本条约的外交会议上做出上款提及的声明后，可成为本条约的缔约方。

第 18 条　本条约规定的权利和义务

除本条约有任何相反的具体规定以外，每一缔约方均应享有本条约规定的一切权利并承担本条约规定的一切义务。

第 19 条　本条约的签署

本条约应在 1997 年 12 月 31 日以前开放供本组织的任何成员国和欧洲共同体签署。

第 20 条　本条约的生效

本条约应于 30 个国家向本组织总干事交存批准书或加入书三个月之后生效。

第 21 条　成为本条约缔约方的生效日期

本条约应自下列日期起具有约束力：

(ⅰ) 对第 20 条提到的 30 个国家，自本条约生效之日起；

(ⅱ) 对其他各国，自该国向本组织总干事交存文书之日满三个月起；

(ⅲ) 对欧洲共同体，如果其在本条约根据第 20 条生效后交存批准书或加入书，则自交存此种文书后满三个月起，或如果其在本条约生效前交存批准书或加入书，则自本条约生效后满三个月起；

(ⅳ) 对被接纳成为本条约缔约方的任何其他政府间组织，自该组织交存加入书后满三个月起。

第 22 条　本条约不得有保留

本条约不允许有任何保留。

第 23 条　退约

本条约的任何缔约方均可退出本条约，退约应通知本组织总干事。任何退约应于本组织总干事收到通知之日起一年后生效。

第 24 条　本条约的语文

(1) 本条约的签字原件应为一份，以英文、阿拉伯文、中文、法文、俄文和西班牙文签署，各该文种的文本具有同等效力。

(2) 除本条第 (1) 款提到的语文外，任何其他语文的正式文本须由总干事应有关当事方请求，在与所有有关当事方磋商之后制定。在本款中，“有关当事方”系指涉及到其正式语文或正式语文之一的本组织任何成员国，并且如果涉及到其正式语文之一，亦指欧洲共同体和可成为本条约缔约方的任何其他政府间组织。

第 25 条　保存人

本组织总干事为本条约的保存人。

互联网站从事登载新闻业务管理暂行规定

(国务院新闻办公室和信息产业部 2000 年 11 月 7 日联合发布)

第一条　为了促进我国互联网新闻传播事业的发展，规范互联网站登载新闻的业务，维护互联网新闻的真实性、准确性、合法性，制定本规定。

第二条　本规定适用于在中华人民共和国境内从事登载新闻业务的互联网站。

本规定所称登载新闻，是指通过互联网发布和转载新闻。

第三条　互联网站从事登载新闻业务，必须遵守宪法和法律、法规。

国家保护互联网站从事登载新闻业务的合法权益。

第四条　国务院新闻办公室负责全国互联网站从事登载新闻业务的管理工作。

省、自治区、直辖市人民政府新闻办公室依照本规定负责本行政区域内互联网站从事登载新闻业务的管理工作。

第五条　中央新闻单位、中央国家机关各部门新闻单位以及省、自治区、直辖市和省、自治区人民政府所在地的市直属新闻单位依法建立的互联网站 (以下简称新闻网站)，经批准可以从事登载新闻业务。其他新闻单位不单独建立新闻网站，经批准可以在中央新闻单位或者省、自治区、直辖市直属新闻单位建立的新闻网站建立新闻网页从事登载新闻业务。

第六条　新闻单位建立新闻网站 (页) 从事登载新闻业务，应当依照下列规定报国务院新闻办公室或者省、自治区、直辖市人民政府新闻办公室审核批准：

（一）中央新闻单位建立新闻网站从事登载新闻业务，报国务院新闻办公室审核批准。

（二）中央国家机关各部门新闻单位建立新闻网站从事登载新闻业务，经主管部门审核同意，报国务院新闻办公室批准。

（三）省、自治区、直辖市和省、自治区人民政府所在地的市直属新闻单位建立新闻网站从事登载新闻业务，经所在地省、自治区、直辖市人民政府新闻办公室审核同意，报国务院新闻办公室批准。

（四）省、自治区、直辖市以下新闻单位在中央新闻单位或者省、自治区、直辖市直属新闻单位的新闻网站建立新闻网页从事登载新闻业务，报所在地省、自治区、直辖市人民政府新闻办公室审核批准，并报国务院新闻办公室备案。

第七条　非新闻单位依法建立的综合性互联网站（以下简称综合性非新闻单位网站），具备本规定第九条所列条件的，经批准可以从事登载中央新闻单位、中央国家机关各部门新闻单位以及省、自治区、直辖市直属新闻单位发布的新闻的业务，但不得登载自行采写的新闻和其他来源的新闻。非新闻单位依法建立的其他互联网站，不得从事登载新闻业务。

第八条　综合性非新闻单位网站依照本规定第七条从事登载新闻业务，应当经主办单位所在地省、自治区、直辖市人民政府新闻办公室审核同意，报国务院新闻办公室批准。

第九条　综合性非新闻单位网站从事登载新闻业务，应当具备下列条件：

（一）有符合法律、法规规定的从事登载新闻业务的宗旨及规章制度；

（二）有必要的新闻编辑机构、资金、设备及场所；

（三）有具相关新闻工作经验和中级以上新闻专业技术职务资格的专职新闻编辑负责人，并有相应数量的具有中级以上新闻专业技术职务资格的专职新闻编辑人员；

（四）有符合本规定第十一条规定的新闻信息来源。

第十条　互联网站申请从事登载新闻业务，应当填写并提交国务院新闻办公室统一制发的《互联网站从事登载新闻业务申请表》。

第十一条　综合性非新闻单位网站从事登载中央新闻单位、中央国家机关各部门新闻单位以及省、自治区、直辖市直属新闻单位发布的新闻的业务，应当同上述有关新闻单位签订协议，并将协议副本报主办单位所在地省、自治区、直辖市人民政府新闻办公室备案。

第十二条　综合性非新闻单位网站登载中央新闻单位、中央国家机关各部门新闻单位以及省、自治区、直辖市直属新闻单位发布的新闻，应当注明新闻来源和日期。

第十三条　互联网站登载的新闻不得含有下列内容：

（一）违反宪法所确定的基本原则；

（二）危害国家安全，泄露国家秘密，煽动颠覆国家政权，破坏国家统一；

（三）损害国家的荣誉和利益；

（四）煽动民族仇恨、民族歧视，破坏民族团结；

（五）破坏国家宗教政策，宣扬邪教，宣扬封建迷信；

（六）散布谣言，编造和传播假新闻，扰乱社会秩序，破坏社会稳定；

（七）散布淫秽、色情、赌博、暴力、恐怖或者教唆犯罪；

（八）侮辱或者诽谤他人，侵害他人合法权益；

（九）法律、法规禁止的其他内容。

第十四条　互联网站链接境外新闻网站，登载境外新闻媒体和互联网站发布的新闻，必须另行报国务院新闻办公室批准。

第十五条　违反本规定，有下列情形之一的，由国务院新闻办公室或者省、自治区、直辖市人民政府新闻办公室给予警告，责令限期改正；已取得从事登载新闻业务资格的，情节严重的，撤消其从事登载新闻业务的资格：

（一）未取得从事登载新闻业务资格，擅自登载新闻的；

（二）综合性非新闻单位网站登载自行采写的新闻或者登载不符合本规定第七条规定来源的新闻的，或者未注明新闻来源的；

（三）综合性非新闻单位网站未与中央新闻单位、中央国家机关各部门新闻单位以及省、自治区、直辖市直属新闻单位签订协议擅自登载其发布的新闻，或者签订的协议未履行备案手续的；

（四）未经批准，擅自链接境外新闻网站，登载境外新闻媒体和互联网站发布的新闻的。

第十六条　互联网站登载的新闻含有本规定第十三条所列内容之一，构成犯罪的，依法追究刑事责任；尚不构成犯罪的，由公安机关或者国家安全机关依照有关法律、行政法规的规定给予行政处罚。

第十七条　互联网站登载新闻含有本规定第十三条所列内容之一或者有本规定第十五条所列情形之一的，国务院信息产业主管部门或者省、自治区、直辖市电信管理机构依照有关法律、行政法规的规定，可以责令关闭网站。并吊销其电信业务经营许可证。

第十八条　在本规定施行前已经从事登载新闻业务的互联网站，应当自本规定施行之日起60日内依照本规定办理相应的手续。

第十九条　本规定自发布之日起施行。

互联网电子公告服务管理规定

（信息产业部2000年10月8日第四次部务会议通过，2000年11月7日发布）

第一条　为了加强对互联网电子公告服务（以下简称电子公告服务）的管理，规范电子公告信息发布行为，维护国家安全和社会稳定，保障公民、法人和其他组织的合法权益，根据《互联网信息服务管理办法》的规定，制定本规定。

第二条　在中华人民共和国境内开展电子公告服务和利用电子公告发布信息，适用本规定。

本规定所称电子公告服务，是指在互联网上以电子布告牌、电子白板、电子论坛、网络聊天室、留言板等交互形式为上网用户提供信息发布条件的行为。

第三条　电子公告服务提供者开展服务活动，应当遵守法律、法规，加强行业自律，接受信息产业部及省、自治区、直辖市电信管理机构和其他有关主管部门依法实施的监督检查。

第四条　上网用户使用电子公告服务系统，应当遵守法律、法规，并对所发布的信息负责。

第五条　从事互联网信息服务，拟开展电子公告服务的，应当在向省、自治区、直辖市电信管理机构或者信息产业部申请经营性互联网信息服务许可或者办理非经营性互联网信息服务备案时，提出专项申请或者专项备案。

省、自治区、直辖市电信管理机构或者信息产业部经审查符合条件的，应当在规定时间内连同互联网信息服务一并予以批准或者备案，并在经营许可证或备案文件中专项注明；不符合条件的，不予批准或者不予备案，书面通知申请人并说明理由。

第六条　开展电子公告服务，除应当符合《互联网信息服务管理办法》规定的条件外，还应当具备下列条件：

（一）有确定的电子公告服务类别和栏目；

（二）有完善的电子公告服务规则；

（三）有电子公告服务安全保障措施，包括上网用户登记程序、上网用户信息安全管理制度、技术保障设施；

（四）有相应的专业管理人员和技术人员，能够对电子公告服务实施有效管理。

第七条　已取得经营许可或者已履行备案手续的互联网信息服务提供者，拟开展电子公告服务的，应当向原许可或者备案机关提出专项申请或者专项备案。

省、自治区、直辖市电信管理机构或者信息产业部，应当自收到专项申请或者专项备案材料之日起60日内进行审查完毕。经审查符合条件的，予以批准或者备案，并在经营许可证或备案文件中专项注明；不符合条件的，不予批准或者不予备案，书面通知申请人并说明理由。

第八条　未经专项批准或者专项备案手续，任何单位或者个人不得擅自开展电子公告服务。

第九条　任何人不得在电子公告服务系统中发布含有下列内容之一的信息：

（一）反对宪法所确定的基本原则的；

（二）危害国家安全，泄露国家秘密，颠覆国家政权，破坏国家统一的；

（三）损害国家荣誉和利益的；

（四）煽动民族仇恨、民族歧视，破坏民族团结的；

（五）破坏国家宗教政策，宣扬邪教和封建迷信的；

（六）散布谣言，扰乱社会秩序，破坏社会稳定的；

（七）散布淫秽、色情、赌博、暴力、凶杀、恐怖或者教唆犯罪的；

（八）侮辱或者诽谤他人，侵害他人合法权益的；

（九）含有法律、行政法规禁止的其他内容的。

第十条　电子公告服务提供者应当在电子公告服务系统的显著位置刊载

经营许可证编号或者备案编号、电子公告服务规则，并提示上网用户发布信息需要承担的法律责任。

第十一条　电子公告服务提供者应当按照经批准或者备案的类别和栏目提供服务，不得超出类别或者另设栏目提供服务。

第十二条　电子公告服务提供者应当对上网用户的个人信息保密，未经上网用户同意不得向他人泄露，但法律另有规定的除外。

第十三条　电子公告服务提供者发现其电子公告服务系统中出现明显属于本办法第九条所列的信息内容之一的，应当立即删除，保存有关记录，并向国家有关机关报告。

第十四条　电子公告服务提供者应当记录在电子公告服务系统中发布的信息内容及其发布时间、互联网地址或者域名。记录备份应当保存60日，并在国家有关机关依法查询时，予以提供。

第十五条　互联网接入服务提供者应当记录上网用户的上网时间、用户账号、互联网地址或者域名、主叫电话号码等信息，记录备份应当保存60日，并在国家有关机关依法查询时，予以提供。

第十六条　违反本规定第八条、第十一条的规定，擅自开展电子公告服务或者超出经批准或者备案的类别、栏目提供电子公告服务的，依据《互联网信息服务管理办法》第十九条的规定处罚。

第十七条　在电子公告服务系统中发布本规定第九条规定的信息内容之一的，依据《互联网信息服务管理办法》第二十条的规定处罚。

第十八条　违反本规定第十条的规定，未刊载经营许可证编号或者备案编号、未刊载电子公告服务规则或者未向上网用户作发布信息需要承担法律责任提示的，依据《互联网信息服务管理办法》第二十二条的规定处罚。

第十九条　违反本规定第十二条的规定，未经上网用户同意，向他人非法泄露上网用户个人信息的，由省、自治区、直辖市电信管理机构责令改正；给上网用户造成损害或者损失的，依法承担法律责任。

第二十条　未履行本规定第十三条、第十四条、第十五条规定的义务的，依据《互联网信息服务管理办法》第二十一条、第二十三条的规定处罚。

第二十一条　在本规定施行以前已开展电子公告服务的，应当自本规定施行之日起60日内，按照本规定办理专项申请或者专项备案手续。

第二十二条　本规定自发布之日起施行。

后　记

校阅完《网络新闻实务》二校稿，正是2001年农历大年初一的深夜。在北京东郊定福庄的寓所，可清晰地听到近郊处不时响起的鞭炮声，混和着电视里重播的春节晚会节目的欢声笑语。沉浸在新世纪第一个春天即将来临的喜庆气氛里，思绪不由地浮想联翩。

在刚刚过去的二十世纪下半叶，人类社会正从工业社会向信息社会迈进；即使是发展中国家的中国，国家与社会的信息化进程的步伐也正在加快。随着向信息社会的过渡，人类社会的生产方式也逐渐从传统的福特模式向后福特模式过渡，一场新的人类交往革命即将发生。国际互联网正是推进这些变化，对人类社会政治、经济、文化、生活方式将产生巨大影响的促进因素。国际互联网大概可以说是有史以来被渲染得最过火的传播系统，她由于适合了信息社会对媒介的内在要求，很可能成为信息时代的主要媒介。人们将会看到，网络媒体最终将以一种完全不同的面目出现；整个网络传播也会以我们难以预见的方式改变着整个人类的生存方式与思维方式。

在信息时代，我们应该寻求与充实的不仅仅是知识；网上阅览，所需要的也绝不仅仅是信息，而更是理解，是感悟，是对大千世界、人间万象瞬间事态之敏锐的判断力。作为网络时代的新闻记者和编辑，如要保持信念，获取较全面之信息，应当有对网络的批判精神和对信息的批判意识，并尽可能多地掌握一些网络使用技术。

在网络上，跨境新闻传播成为一种普通现象，媒介竞争也越来越激烈。西方大传媒集团和通讯社以其强大技术实力和新闻价值观念意欲主导世界之舆论。在媒介主体走向多元的今天，大媒体控制力也越发加强；“网络”这一种谁都能用的、便捷的现代工具，同样可以被用以传播对我不利的信息。

此种危机绝非危言耸听。我们需要构建真正强大的“中华网”，在网上发出自己的强有力的“中华音”。

中国与西方在互联网技术应用上几乎同步，我们一定要抓住互联网这个新的机遇，研究互联网的发展趋势。对于网络传播，除了需要加强宏观研究成分，为制定相关法规、采取相关政策服务，更应当加强网络新闻实务的调查和研究，以增进网络新闻传播的效力。在这里，要的是积三百年来世界新闻传播研究之人文与科学精神；在这里，要的是积百年来中国新闻学术研究之学理，使之在网络传播时代发扬光大。

对于网络新闻媒体的研究，已有先行者做出高山仰止的成绩。但整体学术研究正在兴起，北京广播学院密切关注网络新闻传播之发展，成立网络传播学院以投重力于网络新闻传播人才的培养。建设网络新闻传播教材，正是为了适应教学之需要、促进新学科之成长。本书是对网络新闻实务领域的一个研究性尝试，全书以网络传播多媒体、互动性、综合性、超地域等技术特性为经、以采写编评等新闻业务范畴为纬，构织网络新闻传播的业务框架。内容涉及互联网新闻传播的概念、网络新闻采访、编辑、网站规划与网页设计、流媒体制作、网络评论与网络论坛、网络的国际化传播，以及网上受众调查和网络媒体的组织与管理等，视野开阔，体系宏阔。读者在全书各章节可看到本书这一逻辑架构的鲜明特色。我们的愿望是能够对网络媒体的新闻业务规律做些内在的探索，奉献给全国正在兴起的网络传播专业一本教学参考书，同时也能给当前众多热爱网络新闻传播的青年读者提供一本有益的读物。

在本书调研写作过程中，得到《人民日报》网络版（现人民网）众多老师的热情指点；中央电视台网站尹学东先生提供了宝贵意见；中国社会科学院研究生院新闻系2000届硕士毕业生左赛春、邹声文毫不吝惜地提供了他们的毕业论文供我们参考。北京广播学院院长刘继南教授、北京广播学院新闻传播学院丁俊杰、雷跃捷教授给予倾心指导；北京广播学院教务处、科研处给予立项支持。

在撰写过程中，我们学习和吸收了当前网络传播研究的最新成果；“浙江在线”“中国新闻学评论”网站更是我们经常光顾的热门站点。

北京广播学院袁军教授审阅了初稿并写出了详细意见；新闻与法律方面的年轻学者王军副教授为第九章提供了部分资料。北京广播学院出版社总编辑闵惠泉、责任编辑杨田村、技术编辑阳金洲老师为保证本书的质量付出了心血。特别值得提出的是，我国网络新闻传播研究著名学者、中国社会科学院新闻与传播研究所研究员闵大洪先生不辞辛劳，认真审读了本书初稿，充分肯定了本教材所具有的学术价值和实际应用价值，同时提出了许多宝贵意见，纠正了不少谬误。

在此，一并表示诚挚的谢意。

本书总体框架和体例由金梦玉设计提出，负责全书统稿工作，并校阅了全书一二稿。各章作者具体分工如下：

第一章	金梦玉	第六章	金梦玉
第二章	裴　鸣	第七章	段　鹏
第三章	罗哲宇	第八章	孙江华
第四章	李明辉	第九章	刘　来
第五章	李建刚　庄　捷		

《人民日报》网络版论坛组组长单成彪先生热情参与撰写了第六章第三、四节。

最后，需要说明的是，本书主要作者皆为青年教师，其中孙江华、刘来还是柯惠新教授的在读研究生。他们以对网络媒体传播这一崭新领域莫大探索之勇气和虚心向学之热忱，冒草率懵懂之嫌，发扬团队精神，密切协作，刻苦攻关，历三月余而完成初稿，后经反复修改。没有他们的敢闯精神和勇于创新的品质，就没有这本书的及时问世。但我们毕竟学识初浅，也由于网络媒体新闻传播实践在中国发展的时间尚短，所以本书在相当程度上还受着传统媒体业务与传统新闻学理的影响，虽然我们做出了很大努力，但对网络新闻自身规律的观察与研究还显得很不成熟，书中各章内容深浅不一以及论述不当之处恐难避免。网络媒体的发展正一日千里，而我们的研究工作只是刚刚踏出第一步，对于书中的不足，恳请新闻与教育界同仁并读者诸君给予批评指正。

谨为记。

主编

2001 **年春节**

图书在版编目(CIP)数据

网络新闻实务/金梦玉主编.—北京:中国传媒大学出版社,2001.3

ISBN 978-7-81004-943-6

Ⅰ.网…　Ⅱ.金…　Ⅲ.计算机网络—计算机应用—新闻工作—高等学校—教材　Ⅳ.G210.7

中国版本图书馆 CIP 数据核字(2001)第 05610 号

网络新闻实务

主　　编　金梦玉
责任编辑　杨田村
封扉设计　郭开鹤
责任印制　曹　辉
出 版 人　蔡　翔

出版发行　中国传媒大学出版社(原北京广播学院出版社)
社　　址　北京市朝阳区定福庄东街 1 号　　邮编:100024
电　　话　86-10-65450532 或 65450528　　传真:010-65779405
网　　址　http://www.cucp.com.cn
经　　销　全国新华书店
印　　刷　北京市梦宇印务有限公司

开　　本　730×988 mm　1/16
印　　张　26.625
字　　数　420 千字
版　　次　2001 年 3 月第 1 版　2012 年 7 月第 8 次印刷

ISBN 978-7-81004-943-6/N·582　　**定　价**　45.00 元